Multiprozessorsysteme

Eine Einführung in die Konzepte der modernen Mikrocomputer- und Rechnertechnologie

Von Dr. rer. nat. Herbert Eichele
Professor an der Georg-Simon-Ohm-Fachhochschule Nürnberg

Mit 241 Abbildungen, 12 Tabellen
und zahlreichen Beispielen

B. G. Teubner Stuttgart 1990

Prof. Dr. rer. nat. Herbert Eichele

Geboren 1949 in Göppingen. Von 1970 bis 1975 Studium an der Universität Stuttgart mit Abschluß als Diplom-Physiker. Danach wissenschaftlicher Assistent am Lehrstuhl für Experimentalphysik II der Universität Bayreuth. 1978 Promotion, 1981 bis 1986 in verschiedenen Positionen im Entwicklungsbereich der Philips Kommunikations Industrie AG, Nürnberg tätig. Seit Ende 1986 Professor an der Georg-Simon-Ohm-Fachhochschule Nürnberg. Arbeitsgebiete sind Mikroelektronik/CAE, moderne Rechner- und Mikroprozessortechnik sowie Betriebssysteme.

CIP-Titelaufnahme der Deutschen Bibliothek

Eichele, Herbert:
Multiprozessorsysteme : eine Einführung in die Konzepte der modernen Mikrocomputer- und Rechnertechnologie / von Herbert Eichele. - Stuttgart : Teubner, 1990
ISBN 978-3-519-06128-1 ISBN 978-3-322-94509-9 (eBook)
DOI 10.1007/978-3-322-94509-9

Gesamtherstellung: Zechnersche Buchdruckerei GmbH, Speyer
Umschlaggestaltung: P. Pfitz, Stuttgart

Vorwort

Technische Systemprodukte sind heutzutage ohne den Einsatz von Mikroelektronik und Mikroprozessoren nicht mehr vorstellbar. Der Mikroprozessoreinsatz reicht dabei von spezialisierten Einzelprozessoren, wie z.B. Microcontrollern, bis zu großen Prozessorsystemen, bei denen viele Prozessoren eine Gesamtaufgabe gemeinsam bearbeiten (Multiprozessoren). Im Rahmen einer seit nunmehr drei Jahren durchgeführten Lehrveranstaltung wird versucht, in Ergänzung einer Mikroprozessorgrundausbildung, moderne Mikroprozessor- und Rechnertechnologie zu vermitteln. Dabei liegt der Schwerpunkt nicht bei Hochleistungsrechnern für numerische Anwendungen. Ziel ist vielmehr das Rechnersystem als Teil von technischen Systemen, wie z.B. Prozeßsteuer- und -überwachungssysteme, Maschinen- und Robotersteuerungen, Verkehrsleitsysteme, Meßsysteme, diagnostische Systeme der Medizintechnik oder Systeme der digitalen Kommunikationstechnik.

Die Entwicklung solcher Multiprozessorsysteme muß mit der Lösung von Architekturproblemen starten und auf der Basis eines soliden Grundwissens über Implementierungsaspekte zur Realisierung des Entwurfsziels gelangen. Die durchgeführte Lehrveranstaltung folgt diesem Top-Down-Ansatz. Da hierfür kaum Lehrbücher verfügbar sind, wurden den Studenten ursprünglich Arbeitsunterlagen zur Selbstvervielfältigung zur Verfügung gestellt. Aus ihrem Wunsch, den Lehrveranstaltungsstoff nacharbeiten zu können, entstand ein rudimentäres Manuskript, das zu dem vorliegenden kleinen Buch ausgebaut wurde.

Die besondere Schwierigkeit bei der Erstellung eines solchen Bändchens stammen aus dem rasanten technologischen Fortschritt, der heute noch gültige und aktuelle Details bereits morgen veraltet oder gar ungültig erscheinen läßt. Deshalb ist hier versucht worden, sich schnell verändernde Details zugunsten von länger gültigen Prinzipien zurückzustellen. Der interessierte Student soll die einzelnen Kapitel als Einführung in jeweils einen Aspekt der Multiprozessortechnologie ansehen und sich bei

Bedarf anhand von Spezialliteratur die nötigen Details und vertieften Kenntnisse erarbeiten.

Das riesige Fachgebiet der Multiprozessortechnik kann in einem solchen Buch mit dem beschränkten Umfang nicht vollständig behandelt werden. Die Auswahl der dargestellten Themenkreise ist durch die langjährige berufliche Praxis und Erfahrung des Autors geprägt. Es wäre schön, wenn dieses kleine Buch zahlreiche Studenten ansprechen und zu konstruktiver Kritik und Anregungen motivieren würde[1].

An dieser Stelle möchte ich meinem Kollegen **Dr. H.G. Hopf** für seinen Beitrag über *Systemzuverlässigkeit* sehr herzlich danken, den er trotz sehr hoher Arbeitsbelastung rechtzeitig fertigstellen konnte. Auch meine Familie ist sicher froh, mich nach den letzten Monaten intensiver Arbeit an diesem Buch wieder als normalen Menschen anzutreffen.

Eckental, im Januar 1990

Herbert Eichele

[1] Anschrift des Autors: Georg-Simon-Ohm-Fachhochschule, Fachbereich NF, Keßlerplatz, D8500 Nürnberg 21

Inhaltsverzeichnis

[1] Dieses Kapitel wurde von Prof. Dr. H.G. Hopf bearbeitet.

1 Einführung

1.1 Motivation und Anwendungsgebiete

1.1.1 Rechneranwendungsgebiete

1.1.1.1 Klassischer Computerbereich

Der klassische Computerbereich war noch vor etwas mehr als zehn Jahren *sternförmig* organisiert. Ein Zentralrechner hoher Rechenleistung und Speicherkapazität, nach damaligen Kriterien, war mit zahlreichen, überwiegend alphanumerischen Terminals verbunden. Die Benützung der Anlage erfolgte überwiegend im Stapel- und Timesharingbetrieb. Daneben gab es isolierte Prozeßrechner, die für dedizierte Aufgaben eingesetzt wurden. Mit dem Aufkommen der Home- und Personalcomputer begann eine Dezentralisierung, und die Rechnerleistung wurde an jedem Arbeitsplatz verfügbar. Heutige graphische Arbeitsplatzrechner und Personalcomputer sind z.T. leistungsfähiger, als die früheren Zentralrechner. Gleichzeitig mit der Dezentralisierung wuchs der Kommunikationsbedarf der Arbeitsplatzrechner untereinander, der heute durch die Technologie der *Local Area Networks* bedient wird. Ein Arbeitsplatzrechner oder Personalcomputer ist heute fast schon ein "Prozessorengrab". Nicht nur der eigentliche Rechner ist dort eingebaut. Disk-Controller, Graphic- und LAN-Controller beinhalten Prozessoren. Ja selbst eine Tastatur und fast jede "Maus" wird von einem Microcontroller gesteuert. Jeder Drucker ist mit einem eigenen Rechner ausgestattet, wobei häufig die in Laserdruckern eingebauten Rechner für die Druckaufbereitung leistungsfähiger und mit mehr Speichern ausgestattet sind, als die CPUs der Personalcomputer.

1.1.1.2 Großrechnerbereich

Großrechner und Höchstleistungsrechner werden meistens den Multiprozessorsystemen zugeordnet. Da in der Vergangenheit die verfügbaren Rechnerleistungen von Einzelprozessoren nie ausreichten und mit der verfügbaren Technologie keine entsprechenden Leistungssteigerungen erzielbar waren, wurde versucht, die zu bearbeitenden Probleme zu *parallelisieren*, d.h. in Teilprobleme zu zerlegen. Jedes Teilproblem wurde gleichzeitig von einer eigenen Recheneinheit bearbeitet. Alle Groß- und Größtrechner sind deshalb als Parallelrechner oder Vektorrechner realisiert worden.

Auch wenn heutige moderne Arbeitsplatzrechner "schneller" als frühere Großrechner sind, bleibt des Bedarf an Groß- und Größtrechnern erhalten. Die bedeutendsten Einsatzbereiche sind Luft- und Raumfahrt, Verteidigung, Erdölexploration, Umweltschutz, Kernkraftwerke, Hochschulen und Forschungsinstitute. Einige wenige Aufgabenbeispiele sind Simulation chemischer Reaktionen, Wetterprognosen durch ständige Bearbeitung von Klimamodellen, Simulation des Strömungs- und Schwingungsverhaltens von Flug- oder Kraftfahrzeugen oder auch die Simulation von elektronischen Bauelementen oder Prozessen.

1.1.1.3 Rechnereinsatz in technischen Systemen

Technische Systemprodukte sind heutzutage ohne den Einsatz von Mikroelektronik und Mikroprozessoren nicht mehr vorstellbar. Dabei werden die Signale der analogen Umwelt durch Sensoren aufbereitet und möglichst frühzeitig digital für die Weiterverarbeitung, sehr häufig mit Hilfe von Mikroprozessoren oder Computersystemen, bereitgestellt. Der Einsatz von Mikroprozessoren reicht dabei von spezialisierten Einzelprozessoren, wie z.B. Microcontrollern, bis zu großen Prozessorsystemen, bei denen viele Prozessoren eine Gesamtaufgabe gemeinsam lösen.

Während vor wenigen Jahren ein Hinweis auf den Mikroprozessoreinsatz in einem Produkt noch als verkaufsfördernd genutzt werden konnte, muß heute fast schon begründet werden, warum in einem Produkt *kein* Prozessor enthalten ist. So sind selbst in Haushaltsgeräten, wie z.B. Waschmaschinen oder Mikrowellenherde, Mikroprozessoren im Einsatz. Es gibt praktisch kein modernes Gerät der HiFi-Unterhaltungselektronik, das nicht mit Mikroprozessoren ausgestattet ist. So werden CD-Plattenspieler, Video-Recorder, Rundfunk- und Fernsehgeräte von ihnen gesteuert. Dies geschieht sogar soweit, daß die Prozessoren der einzelnen Geräte zu einem kleinen "Rechnernetz" verbunden sind. Auch die Bedienelemente innerhalb von Geräten sind Teil eines Mikroprozessorsystems. Als Beispiel sei das I^2C-Bus-Prozessorsystem erwähnt, das ursprünglich von Philips-VALVO/Signetics eingeführt wurde und den Bedien- und Verkabelungsaufwand in Geräten der Unterhaltungselektronik vermindert. An den seriellen I^2C-Bus sind Microcontroller, Speicherbausteine, Analog-Digital- und Digital-Analog-Wandler, Uhren- und Kalenderbausteine, sowie zahlreiche andere Ein-/Ausgabebausteine anschließbar. Ein HiFi-System könnte, bei großzügiger Auslegung des Begriffs, bereits als ein *embedded* Multiprozessorsystem bezeichnet werden.

Große Anwendungsbereiche sind die *industrielle Prozeßsteuerung*, die *Fertigungsautomatisierung* und, damit eng verbunden, die *Handhabungs-* bzw. *Robotertechnik*. Weniger augenfällig, aber nicht weniger bedeutsam, sind die Anwendungsbereiche innerhalb der *Steuerungs-* und *Überwachungssysteme für Verkehr*, die *Energieerzeugung* und *-verteilung*. Allen gemeinsam ist, daß sehr viele Sensorpunkte überwacht und deren Daten erfaßt werden müssen. Daraus werden nach übergeordneten Regel-, Steuer- oder Alarmalgorithmen Aktionen ausgelöst bzw. in den industriellen Prozeß eingegriffen oder Bewegungen der Roboterarme korrigiert. Solche Systeme sind sehr oft als hierarchische Rechnernetze aufgebaut, bei denen Leitrechner an Fertigungszellenrechner Anweisungen weitergeben oder von Überwachungsrechnern Rohdaten für die weitere Auswertung erhalten. In gewisser Weise fällt in dieses Umfeld auch die Fernwirktechnik und die Gebäudeautomatisierung. Die Fernwirktechnik ist in jüngerer Zeit von der Deutschen Bundespost unter der Dienstbezeichnung TEMEX eingeführt worden. Damit können als Auftragsdienst Meßstellen abgefragt oder ferngesteuerte Aktionen ausgelöst werden.

Der wohl größte Markt für den Einsatz von Prozessoren und Prozessorsystemen ist sicherlich die moderne Kommunikations-, Übertragungs- und Vermittlungstechnik. Gerade diese Bereiche haben sich mit der Digitalisierung stark gewandelt und decken nicht nur mehr die reine Übertragung von Sprache oder Information ab. Das Zusammenwachsen aller Dienste in das einheitliche ISDN[1] hat den neuen Oberbegriff *Telematik* geprägt. Aus *Anwendungssicht* ist ISDN ein globales Kommunikationssystem, an dessen Anschlußpunkten, den genormten Netzabschlüssen, wahlweise Fernsprecher, (Personal-)Computer, Bildtelefone, Fernkopierer u.v.a.m. einzeln oder gemischt ansteckbar sind. Eine Teilnehmernummer, verbunden mit einer Dienstekennung genügt, um Verbindung mit einem Partner aufzunehmen und,

[1] ISDN: integrated services digital network

falls erforderlich, während der bestehenden Verbindung zwischen den Diensten zu wechseln, ohne neu wählen zu müssen.

Wenngleich offensichtlich ist, daß Personalcomputer Mikroprozessoren enthalten, so ist dies bei anderen Geräten, wie z.B.Telefaxgeräten nicht so deutlich sichtbar. Trotzdem ist deren Funktion ohne eingebaute Mikrocomputer nicht vorstellbar.

Mit der Digitalisierung des Fernmeldenetzes wurde die Voraussetzung für ISDN gelegt. Dies erforderte die Entwicklung und den Einsatz von rechnergesteuerten digitalen Vermittlungssystemen. Digitale Vermittlungssysteme für öffentliche Kommunikationsnetze gehören mit zu den komplexesten und größten Hardware- und Softwaresystemen heutiger Rechnertechnologie. Rechnersysteme und Mikroprozessoren kommen dabei sowohl als zentraler Steuerungsrechner als auch im Peripheriebereich solcher Systeme in großer Zahl zum Einsatz. Beispiele sind die Aufnahme oder Abgabe von Signalisierungs- bzw. Wahlinformation im Peripheriebereich, die Wegesuche und Koppelfeldeinstellung im Zentralbereich oder auch die Datenreduktion sowie die Verbesserung der Übertragungsgüte durch adaptive digitale Filterung mit geeigneten Algorithmen unter Einsatz von Signalprozessoren oder Signalprozessorsystemen.

Ein weiterer großer Einsatzbereich innerhalb technischer Systeme sind meßtechnische Systeme. Fast kein höherwertiges Meßgerät kommt heute ohne eingebauten Rechner, sei es lediglich zur Bedienungsvereinfachung oder zur automatischen Auswertung der Meßergebnisse, aus. Besonders eindrucksvoll ist dies in der medizinischen Überwachungs- bzw. Meßtechnik und hier besonders in der bildgebenden Diagnostik mit Röntgen- oder Kernspintomographen. Dort werden aus einer riesigen Zahl von Einzelmessungen Schnittbilder des Körperinneren errechnet und auf Monitoren dargestellt. Obwohl diese Technik besonders eindrucksvoll darstellbar ist, sind Möglichkeiten der digitalen Signal- und Bildverarbeitung weitaus größer.

Mustererkennung, *Machine Vision*, automatische Qualitätskontrolle u.ä. erfordern ständig steigende Rechnerleistung, die mit Hilfe geeigneter Multiprozessororganisationen bzw. -architekturen bereitgestellt werden muß. Dabei wird durchaus versucht, auch ungewöhnliche Technologien und Architekturen einzusetzen. Hierzu seien aktuelle Bemühungen im Bereich der *optischen Signalverarbeitung* oder der *neuronalen Netze* erwähnt.

1.1.2 Motivation für Multiprozessorsysteme

1.1.2.1 Technologisches und wirtschaftliches Potential

Aus den vorstehenden Ausführungen läßt sich erkennen, daß aufgabenangepaßte Rechnerleistung praktisch überall benötigt und auch bereitgestellt wird. Es spielt dabei keine Rolle, ob es sich dabei lediglich um eine Komfortfunktion oder um eine harte technische Notwendigkeit handelt. Grundsätzlich lassen sich dabei folgende Trends erkennen:

- *Ständig höhere Rechnerleistung: Die Leistungsfähigkeit neuer Rechner- und Mikroprozessorsysteme wächst ständig. Trotzdem hinkt die verfügbare Rechnerleistung immer hinter dem Bedarf hinterher. Offensichtlich werden immer mehr und immer komplexere Aufgabenstellungen bearbeitet. Neben dieser quantitativen Steigerung erfolgt eine qualitative Veränderung durch die gleichzeitig der Benutzungskomfort steigt. Ein augenscheinliches Beispiel sind graphische Benutzeroberflächen mit Mehrfenstertechnik und simulierter Dreidimensionalität der graphischen Elemente.*

- *Dezentralisierung: Die Möglichkeiten der Mikroelektronik erlauben es, Rechnerleistung dort bereitzustellen, wo sie benötigt wird. Man stattet dazu eine Meßstelle mit einem Microcontroller aus, stellt sich einen graphischen Arbeitsplatzrechner auf den Schreibtisch oder installiert ein geeignetes Netzwerk von Rechnersystemen.*

- *Modularität: Die extreme Bandbreite des Rechnereinsatzes und die ständige schnelle Zunahme der Bedarfs an Rechnerleistung in immer kürzeren Zeitabständen kann nur bewältigt werden, wenn die Rechnersysteme mit der Aufgabenstellung wachsen können. Die Projektierung eines Systems für einen geschätzten Endausbau ist immer sehr risikobehaftet. Das System kann dabei zu groß, aber auch zu klein ausgelegt werden. Immer jedoch ist das System während einer großen Spanne seiner Einsatzzeit nur teilausgelastet und dadurch unwirtschaftlich. Die inhärente Modularität von Multiprozessorsystemen ermöglicht die schrittweise Anpassung an den geänderten Bedarf und ggf. die Anwendung neuer Technologien.*

- *Zuverlässigkeit: Nachdem immer mehr Bereiche des täglichen Lebens unmittelbar im Zusammenhang mit Rechnersystemen stehen bzw. von ihnen unmittelbar beeinflußt werden, gewinnt die Verläßlichkeit solcher technischer Systeme enorme Bedeutung. Der Ausfall eines Prozessors in einem CD-Plattenspieler ist bedeutungslos. Der Ausfall eines Prozessors im Sicherheits-kritischen Anwendungsbereich eines Kraftfahrzeugs könnte noch lokal begrenzte Schäden an Personen und Sachen zur Folge haben. Eine Fehlfunktion eines Überwachungssystems in einem Kernkraftwerk kann katastrophale Konsequenzen haben. Auch weniger spektakuläre Ausfälle von Rechnersystemen können beträchtliche wirtschaftliche Konsequenzen haben. Datenverluste und häufige Ausfälle der Rechner in der heute üblichen Computer-gestützten Entwicklung können eine Firma ruinieren. Selbst der Verlust der Korrespondenz bei der Zerstörung eines Büro-Computersystems ist ein kostenträchtiges Ereignis.*

Echtzeitverhalten: Klassische Computeranwender fordern, daß die Ergebnisse möglichst bald vorliegen, der Rechner also "schnell" ist. In vielen Anwendungsbereichen, insbesondere innerhalb technischer Systeme, muß dies jedoch schritthaltend mit der Umwelt erfolgen, d.h. die Umwelt darf sich nicht schneller fortentwickeln, als der Rechner "folgen" kann. Ein Echtzeit-Rechnersystem muß also extern vorgegebene Zeitbedingungen garantiert einhalten[1]. Wichtig ist, daß diese Eigenschaft nicht nur im zeitlichen Mittel, sondern auch unter "worst case" Bedingungen gesichert bleiben muß. Dies ist keine Selbstverständlichkeit, sondern muß als Konstruktionsziel durch eine geeignete Rechnerorganisation- bzw. -architektur einschließlich der Software und des Betriebssystems erreicht werden. Die Bedeutung der "worst case" Forderung wird durch Betrachtung eines sicherheitskritischen Überwachungssystems deutlich. Solange das überwachte System, z.B. ein Kernkraftwerk, störungsfrei arbeitet, liegt ein durchschnittliches Datenaufkommen vor, das vom Rechnersystem verarbeitet werden muß. Während eines Störfalls werden aber viele Meßstellen Alarme und Daten zusätzlich liefern. Die Bearbeitung dieses stark erhöhten Datenaufkommens darf die Ermittlung der richtigen Reaktion auf den Störfall nicht so weit verzögern, daß eine Katastrophe nicht mehr aufzuhalten ist.

1.1.2.2 Realtime Systeme

Wie oben bereits ausgeführt wurde, müssen Echtzeitsysteme schritthaltend mit extern vorgegebenen Zeitbedingungen arbeiten. Häufig wird dabei *Realtime* mit *schnell* verwechselt. Der Fehler kann anhand eines abstrakten Realtime Systems verdeutlicht werden (siehe Bild 1.1). Demnach besteht ein Realtime System aus einem *kontrollierten Objekt* und einem *Kontrollsystem*. Das kontrollierte Objekt unterliegt einer selbständigen zeitlichen Fortentwicklung, da es in

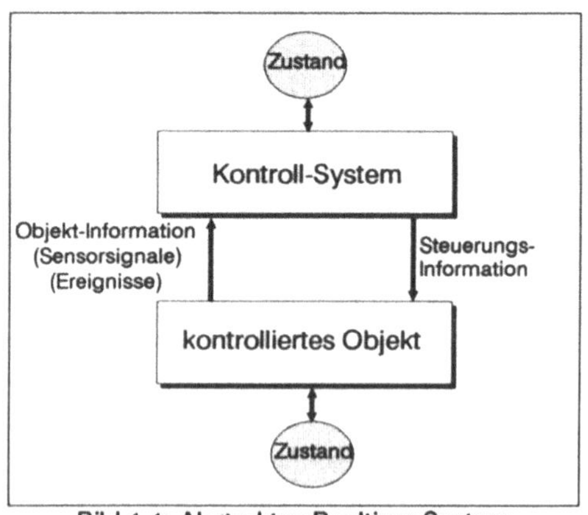

Bild 1.1: Abstraktes Realtime System

[1] Dies ist synonym zu "garantierte Reaktions- bzw. Bearbeitungszeiten" oder "garantierter Durchsatz".

einer Umwelt eingebettet ist. Das Kontrollsystem muß auf Signale des kontrollierten Objekts innerhalb eines Zeitintervalls Δt reagieren, dessen Dauer von dieser Umwelt bestimmt wird. Der interne Zustand des Kontrollsystems bleibt dabei konsistent mit dem internen Zustand der Umwelt, wenn

- *alle vor der Zeit t-Δt eingetretenen Ereignisse vom Kontrollsystem zur Zeit t verarbeitet und so als interner Zustand registriert wurden*

und

- *das kontrollierte Objekt alle Steuerinformation, die dem internen Zustand des Kontrollsystems zur Zeit t-Δt entsprechen, spätestens zur Zeit t akzeptiert hat.*

Die Ergebnisse eines Realtime Rechnersystems haben deshalb eine zusätzliche Qualität. Während ein Ergebnis eines *nicht*-Realtime Rechners allein durch dessen *Werte* gekennzeichnet ist, müssen im Realtime-Bereich folgende Präzisierungen vorgenommen werden:

- *Korrektheit: ein Ergebnis ist* korrekt, *wenn die Werte den Erwartungen entsprechen.*
- *Rechtzeitigkeit: ein Ergebnis ist* zeitgerecht, *wenn es innerhalb der vorgesehenen Spanne Δt der Echtzeit erzeugt wird.*
- *Gültigkeit: ein Ergebnis ist* gültig, *wenn es korrekt und zeitgerecht ist.*

Die Bedeutung dieser Attribute kann anhand eines Verkehrsleitsystems illustriert werden. Ein solches System soll selbstfahrende Transportbehälter in einer Fertigungshalle kollisionsfrei auch über Kreuzungen leiten. Erzeugt beispielsweise ein solcher Selbstfahrbehälter an einer Kreuzung die Reaktion "losfahren" zu lange nach dem Signal "Kreuzung frei", so wird die Konsistenz zwischen der Umwelt "Kreuzung" und dem kontrollierten Objekt "Selbstfahrbehälter" zerstört. Beispielsweise könnte zum aktuellen Zeitpunkt des Losfahrens der Zustand "Kreuzung frei" nicht mehr bestehen und eine Kollision eintreten. Die vorher gültige Information "Kreuzung frei" wurde durch verstreichen der Echtzeit ungültig und muß deshalb verworfen werden.

Aus diesen einfachen Überlegungen wird die Notwendigkeit einer globalen Echtzeituhr deutlich. Diese ist erforderlich, um das Eintreffen eines Ereignisses zeitlich zu kennzeichnen, den Zeitabstand zwischen Ereignissen zu messen, das Fehlen von Information zu erkennen, ungültig gewordene Information zu verwerfen und Berechnungen zeitlich zu synchronisieren. Ist das Echtzeit-Rechnersystem als lose gekoppeltes Multiprozessorsystem bzw. Rechnernetz realisiert, muß dazu auf jedem Rechnerknoten eine *lokale* Echtzeituhr vorgesehen werden. Aus den einzelnen Echtzeituhren wird durch einen Uhren-Synchronisationsalgorithmus eine Globalzeit für das

Multiprozessorsystem abgeleitet, deren Granularität (Zeitauflösung) durch die Genauigkeit der Synchronisation bestimmt wird.

1.2 Rechnerarchitekturen und Verbindungsstrukturen

1.2.1 Taxonomie von Rechnerarchitekturen

1.2.1.1 Der Taxonomiebegriff

Taxonomie ist ein Fachbegriff der Biologie. Mit Taxonomie wird ein Ordnungsschema bezeichnet, das *äußere Merkmale* und *entwicklungsgeschichtliche Bezüge* berücksichtigt. Als Grundlage einer Taxonomie kann die *Struktur* und das *Operationsprinzip* herangezogen werden[1]. Zu den verbreitet angewandten Operationsprinzipien gehören das *von Neumann Operationsprinzip*, die Operationsprinzipien des *impliziten Parallelismus* und die des *expliziten Parallelismus*, wobei das Operationsprinzip durch eine Informationsstruktur und eine Kontrollstruktur charakterisiert ist. So ist z.B. ein *von-Neumann-Rechner* durch einen sequentiellen Kontrollfluß für Programm- und Datenzugriffe gekennzeichnet. Eine Variable besteht aus einem Namen (oder Adresse) und ihrem Wert. Die Reihenfolge der Programmabarbeitung wird durch den Programmzähler bestimmt, der fortlaufend inkrementiert wird. Fast alle Rechner und Mikroprozessoren wenden heutzutage dieses Operationsprinzip an.

Beim Operationsprinzip des *impliziten Parallelismus* nutzt man die in konventionellen Programmen für von-Neumann-Rechner enthaltenen Möglichkeiten zur gleichzeitigen Ausführung bestimmter Aktivitäten. Beispielsweise enthält die Hochsprachenanweisung $y := (a+b) * (c+d)$ implizite Parallelität auf *Anweisungsebene*, da die Additionen $(a+b)$ und $(c+d)$ gleichzeitig ausführbar sind, wie dies in der Baumzerlegung in Bild 1.2 dargestellt ist.

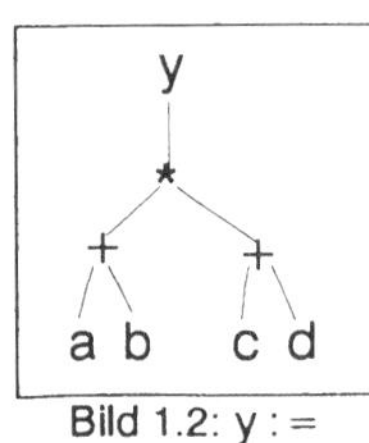

Bild 1.2: $y := (a+b)*(c+d)$

Andere solcher parallel ausführbarer Aktivitäten können unterhalb der Anweisungsebene auf der *Operationsebene* angesiedelt

[1] siehe hierzu Giloi 1981

sein. Darunter kann man sich z.B. die Parallelarbeit spezialisierter Teilprozessoren für gewisse arithmetische oder logische Operationen vorstellen.

Eine weitere Möglichkeit ist die Parallelität auf der Ebene der Software-Prozesse bzw. -Tasks, bei der mehrere Befehlsströme im zeitlichen Wechsel unter Kontrolle eines Multitasking-Betriebssystems vom Prozessor bearbeitet werden.

Beim Operationsprinzip des *expliziten Parallelismus* sind die Programm- und Datenstrukturen so standardisiert, daß die Parallelarbeit a priori vorgegeben ist und nicht erst durch Analyse der Programmstrukturen ermittelt werden muß. Ein besonders einfaches Beispiel ist die Addition von Vektoren $\mathbf{C} := \mathbf{A} + \mathbf{B}$. Aus der Komponentendarstellung

$$C_1 := A_1 + B_1$$
$$C_2 := A_2 + B_2$$
$$\ldots\ldots$$
$$C_n := A_n + B_n$$

ist unmittelbar ersichtlich, daß alle n Additionen und Zuweisungen gleichzeitig ausführbar sind. Eine angepaßte Parallelrechnerarchitektur für solche Problemklassen würde die Aufgabenbearbeitungszeit gegenüber einem von-Neumann-Rechner stark reduzieren.

1.2.1.2 Klassifikation nach Flynn

Eines der einfachsten Klassifikationsschemata für Rechnerarchitekturen ist der boolsche Merkmalraum von Flynn. Obwohl dieses Schema häufig kritisiert wird und auch feinere Klassifikationsmethoden eingeführt sind, findet das Flynn'sche Klassifikationsschema breite Anwendung[1]. Es basiert auf den Wahrheitswerten der beiden in Bild 1.3 dargestellten Aussagen:

- *Die Maschine bearbeitet in einem gegebenen Zeitpunkt mehr als einen Befehl.*

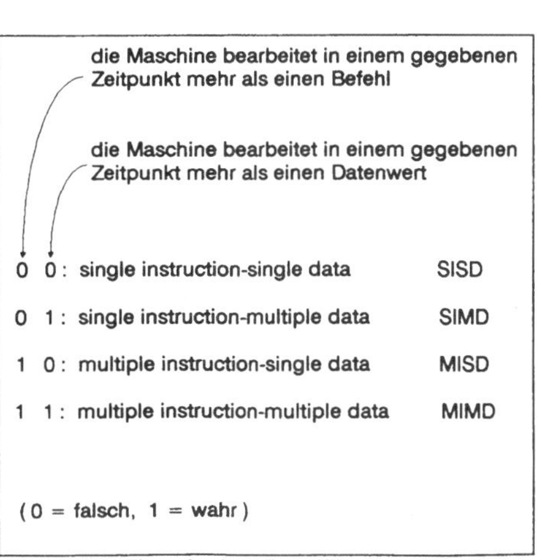

Bild 1.3: Flynn'sche Klassifikationskriterien

[1] siehe z.B. W. Händler 1977

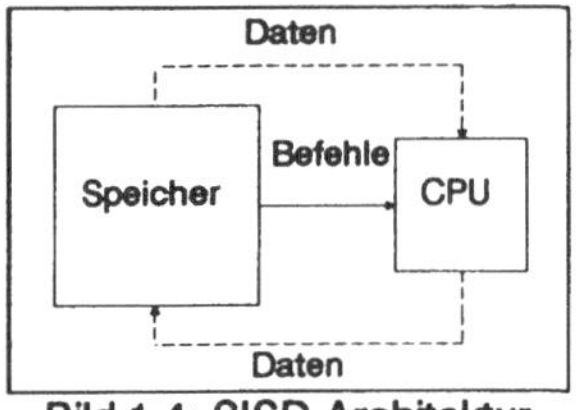

Bild 1.4: SISD-Architektur

- *Die Maschine bearbeitet in einem gegebenen Zeitpunkt mehr als einen Datenwert.*

Die sich daraus ergebende SISD-Architektur umfaßt demnach alle konventionellen sequentiellen von-Neumann-Rechner (siehe Bild 1.4). Eine CPU[1] erhält aus dem Speicher einen Befehls- und einen Datenstrom. Der Datenstrom wird verarbeitet und als *transformierter* Datenstrom wieder im Speicher abgelegt.

Die SIMD-Architektur ist konzeptionell in Bild 1.5 dargestellt. Ein Kontrollprozessor CP erhält aus einem Speicher einen Strom von Programmanweisungen, die er in primitivere Steueranweisungen bzw. -signale für mehrere Verarbeitungselemente (PE, processing element) umsetzt. Alle Verarbeitungselemente erhalten simultan dieselben Steuersignale vom Kontrollprozessor und die zu bearbeitenden Daten auf eigenen Datenpfaden aus dem Speicher, bzw. schreiben die bearbeitenden Daten in den Speicher zurück. Diese Architekturform ist offensichtlich gut für explizit parallele Aufgabenstellungen geeignet, da ein Befehl über den Kontrollprozessor zur simultanen Ausführung von Operationen durch die Verarbeitungselemente führt (ein Befehl bearbeitet so gleichzeitig mehrere Daten). SIMD-Rechner sind unter den Bezeichnungen Array-Processor oder Feldrechner bekannt. Ihr typisches Anwendungsfeld sind alle Aufgabenstellungen, die Vektor- und Matrizenbearbeitung erfordern. Dies ist besonders bei der digitalen Signal- oder Bildverarbeitung gegeben.

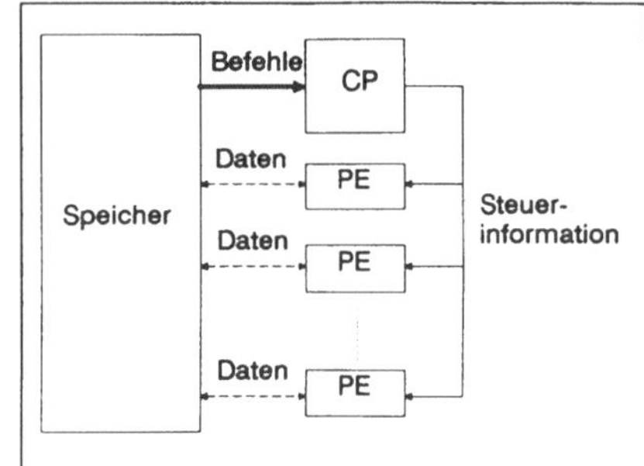

Bild 1.5: SIMD-Architektur

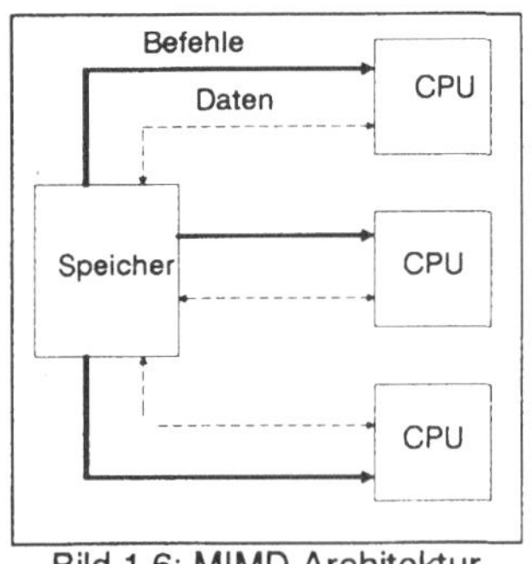

Bild 1.6: MIMD-Architektur

Die MIMD-Architekturvariante ist in Bild 1.6 skizziert. Aus einem Speicher erhalten mehrere CPUs unabängig voneinander eigene Befehls- und Datenströme. Ebenso werden die Datentransformationen unabhängig durchgeführt und die Ergebnisse wieder im Speicher abgelegt. Jede CPU bearbeitet offensichtlich unabhängige asynchrone Aufgaben, die auf einem solchen Multipro-

[1] CPU: central processing unit

zessorsystem oder auch auf einem verteilten Rechnersystem ausführbar sind. Multiprozessorsysteme fallen deshalb in die MIMD-Architekturklasse[1].

n	Befehl holen (F)	Dekodieren (D)	Operand holen (O)	Ausführen (E)		
n+1		F	D	O	E	
n+2			F	D	O	E
n+3				F	D	O

Bild 1.7: MISD-Architektur/Befehlspipelining

Die MISD-Architekturvariante kann nur dann aufrechterhalten werden, wenn der *Parallelismus auf Befehlszyklusebene* als Architekturmerkmal zugelassen wird. Dieses als *Pipelining* bekannte Prinzip ist in Bild 1.7 dargestellt. Ein Befehl in einer von-Neumann-Maschine wird in mehreren Phasen abgearbeitet. In Bild 1.7 wird zur Erläuterung angenommen, daß zunächst der Befehl aus dem Speicher gelesen werden muß (F, fetch phase). Nach der Befehlsdekodierung (D) wird der Operand aus dem Speicher gelesen (O) und schließlich der Befehl ausgeführt (E, execute). Durch zeitliche Schachtelung kann erreicht werden, daß während der Bearbeitung der zweiten Phase eines Befehls (D) bereits die erste Phase (F) des Folgebefehls ausgeführt wird. Wird dies konsequent fortgeführt, so werden während der Dauer einer Befehlsphase *alle* Befehlsphasen, wenn auch von aufeinanderfolgenden Befehlen, simultan ausgeführt. Eine Variante ist in Bild 1.8 dargestellt, bei der ein Kontrollprozessor einen Strom von Programmbefehlen aus dem Speicher erhält und mehrere hintereinandergeschaltete Verarbeitungselemente PE ansteuert. Die zu bearbeitenden Daten gelangen aus dem Speicher zu einem Verarbeitungselement. Nach einem Verarbeitungsschritt gibt dieses sein Zwischenergebnis an das nachfolgende Verarbeitungselement weiter und erhält aus dem Speicher bereits die Daten für den Folgeverarbeitungsschritt. Auf diese Weise können alle Verarbeitungselemente gleichzeitig Operationen auf mehreren Daten ausführen, oder anders ausgedrückt, werden in Folge mehrere Operationen auf einem (Eingangs-)Datum ausgeführt.

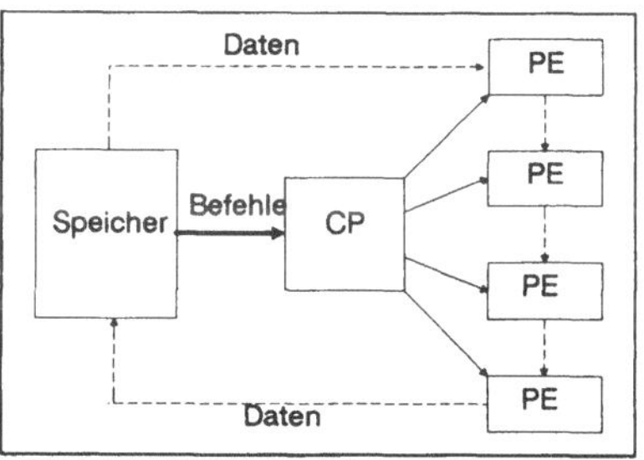

Bild 1.8: MISD-Architektur/Pipelining

[1] Hier setzt starke Kritik an der Flynn'schen Klassifikation an, da die große Vielfalt der Multiprozessorarchitekturen, verteilte Systeme, Rechnernetze, Polyprozessoren u.a.m. alle in nur eine Klasse fallen.

1.2.2 Verbindungsstrukturen

1.2.2.1 Multiprozessormodule und allgemeine Struktur

Multiprozessoren bestehen aus einer Menge von *Master-Modulen*, die über ein *Verbindungsnetzwerk* mit *Slave-Modulen* verbunden sind (siehe Bild 1.9). Die Master sind durch Kreise, die Slaves durch kleine Quadrate gekennzeichnet. Die Pfeilrichtungen kennzeichnen die Richtung der Zugriffskontrolle. Master stellen Zugriffsanforderungen an das Verbindungsnetzwerk für den beabsichtigten Datentransfer. Das Verbindungsnetzwerk muß daraufhin eine Verbindung zu dem gewünschten Slave herstellen. Die Verbindung kann dabei je nach Ausführung des Netzwerks permanent oder auch nur zeitweise hergestellt werden. Nach Herstellung der Verbindung empfängt der Slave die Anforderung des Masters und bedient sie.

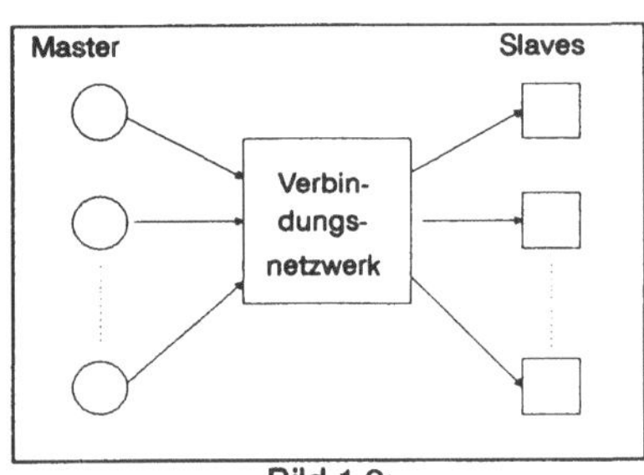

Bild 1.9:
MASTER/SLAVE-Verbindungsstruktur

1.2.2.2 Gemeinsam genutzte Verbindungen

Der logisch einfachste Typ eines Verbindungsnetzwerks ist der gemeinsam genutzte Bus (shared bus, siehe Bild 1.10). Der Bus kann dabei als Parallelbus oder auch als serieller Bus ausgeführt sein. Da offensichtlich nur ein Datentransfer zwischen einem Master-Slave-Paar in einem gegebenen Zeitintervall möglich ist, müssen die verschiedenen Übertragungswünsche durch *Bus-Zuteilungsregeln* koordiniert werden[1]. Gleichzeitig wird so eine Serialisierung der einzelnen Datentransfers erreicht. Durch die Serialisierung entstehen zwangsläufig Wartezeiten zwischen dem Zeitpunkt der Entstehung des Übertragungsbedarfs und dem Zeitpunkt der aktuellen Übertragung. Solange der Bus nur selten benötigt wird, ist die Wartezeit im Mittel kurz und tolerierbar. Steigt aber der Übertragungsbedarf an, so kann der Bus zum Kommunikationsengpaß werden (bus

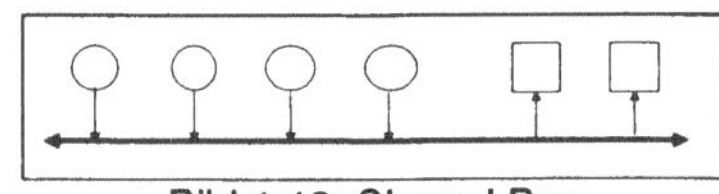

Bild 1.10: Shared Bus

[1] siehe hierzu Kapitel 6

bottleneck)[1]. Durch Einsatz mehrerer Busse kann der Kommunikationsengpaß beseitigt werden. Nachteilig wirkt sich die damit verbundene erhöhte Komplexität aus.

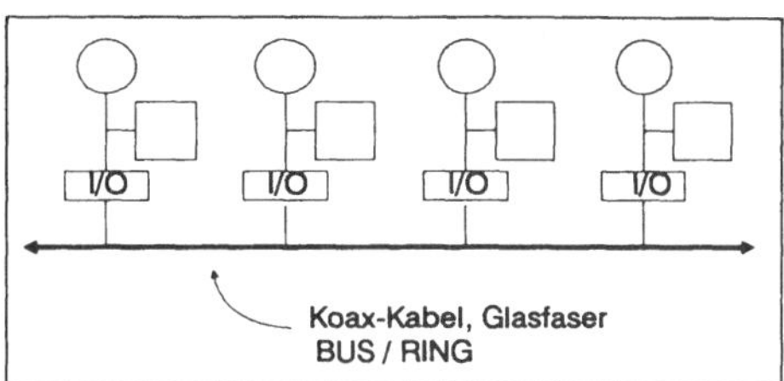

Bild 1.11: Nachrichtenorientiertes Verbindungsnetzwerk

Eine Variante des vorstehend beschriebenen *shared Bus* sind die *nachrichtenorientierten* Verbindungen, wie sie in Bild 1.11 dargestellt sind. Jeder Master verfügt über einen lokalen Slave für die *normale* Funktion. Zum Austausch von Information werden die Daten eines Masters über ein Ein-/Ausgabe-Interface auf einen gemeinsamen, typischerweise seriellen Bus ausgegeben und vom I/O-Interface des Adressaten vom Bus übernommen. Ein direkter Zugriff auf den Speicher des Partners ist nicht möglich. Auch hier sind Zugriffsregeln auf das gemeinsame Kommunikationsmedium erforderlich. Allen gemeinsam ist die Zeitmultiplex-Benützung. Weit verbreitete Zugriffsverfahren sind das

- *Zeitscheibenverfahren: dabei wird jedem Kommunikationspartner ein mit der Periode T wiederkehrendes Zeitintervall ΔT zugeteilt. Während dieses Zeitintervalls kann übertragen werden. Ist kein Übertragungsbedarf vorhanden, bleibt dieses Zeitintervall ungenutzt. Die maximale Dauer des Zeitintervalls ist $\Delta T = T/N$, wobei N die maximale Zahl der angeschlossenen Teilnehmer ist. Jeder Teilnehmer kann maximal den Bruchteil $1/N$ der Übertragungskapazität des Mediums nutzen.*

- *Statistischer Zugriff: eine Station kann immer dann eine Übertragung vornehmen, wenn das Übertragungsmedium aktuell frei ist. Falls keine weitere Station Kommunikationsbedarf hat, steht potentiell die volle Übertragungskapazität zur Verfügung*[2].

- *Polling: die angeschlossenen Stationen geben sich untereinander das Recht auf Übertragung zyklisch weiter. Wer im Besitz des Übertragungsrechts ist führt seine Übertragung durch und gibt anschließend das Übertragungsrecht weiter.*

Grundsätzlich kann auch hier das gemeinsam genutzte Übertragungsmedium zum Engpaß werden.

Bild 1.12 zeigt eine matrixförmige Verbindungsstruktur zwischen den Master- und den Slavemodulen. Die Kreuzungspunkte symbolisieren steuerbare Verbindungen,

[1] siehe hierzu Kapitel 4

[2] siehe hierzu Kapitel 6

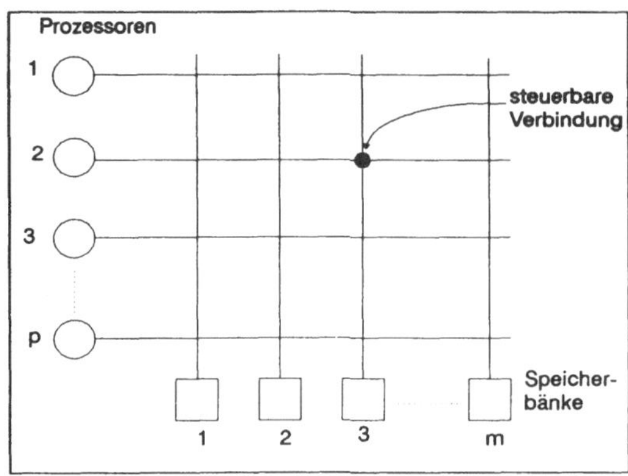

Bild 1.12: Kreuzschienenverteilnetzwerk

d.h. bei Bedarf kann an dieser Stelle eine bidirektionale Verbindung zwischen dem horizontalen Bus zum Master und dem vertikalen Bus zum Slave hergestellt werden. Solange alle Master unterschiedliche Slaves als Kommunikationspartner benötigen, ist parallele Übertragung möglich. Erst wenn zwei Master denselben Slave ansprechen wollen, liegt ein Konflikt vor. Kreuzschienenverteiler sind sehr aufwendig, da die Zahl der Kreuzungsstellen mit dem Produkt aus der Anzahl der Master bzw. Slaves schnell zunimmt. Erst seit wenigen Jahren sind hierfür auch geeignete integrierte Schaltungen verfügbar. Als Beispiel sei der Kreuzschienenverteiler SN74AS8840 von Texas Instruments erwähnt, der 16 vier-Bit-Gruppen beliebig miteinander verbinden kann[1]. Ein Anwendungsbeispiel ist in Bild 1.13 dargestellt[2]. Vier 32-Bit Prozessoren können dynamisch mit vier Speicherbänken mit einer Wortbreite von 32 Bit verbunden werden. Sowohl die Adreß- als auch die Datenbusse werden über die Kreuzschienenschalter 'AS8840 durchgeschaltet. Die Schalteransteuerung kann durch Kontrollregister oder die Ports der Kreuzschienenschalter vorgegeben bzw. dynamisch geändert werden. Der *Network Control And Interface*-Block (NCI) dient in diesem Beispiel der Kontrolle der dynamischen Rekonfiguration des Netzwerks. Die Rekonfiguration des Netzwerks kann während des normalen Betriebs erfolgen, da die Kontrollregister der Kreuzschienenverteiler doppelt ausgeführt sind und ein Registersatz die aktuelle Steuerung übernimmt, während der zweite Registersatz neu geladen werden kann.

Unter der Annahme, daß jeder der vier Prozessoren P1..P4 mit der 32-Bit ALU[3] 'AS8832 aus der Bit Slice Prozessorfamilie 'AS88xx von Texas Instruments ausgestattet ist, enthält das in Bild 1.13 dargestellte Beispiel weitere Möglichkeiten. Jede dieser ALUs kann wahlweise als eine 32-Bit ALU, als zwei 16-Bit ALUs oder als vier 8-Bit ALUs arbeiten. Wenn die vier 'AS8832 synchron als SIMD-Prozessor betrieben werden, so kann das Beispiel als 16 parallele 8-Bit Prozessoren, als acht 16-Bit Pro-

[1] Zusätzlich können diese Bauelemente kaskadiert werden.

[2] siehe Texas Instruments 1987

[3] ALU: arithmetic and logic unit

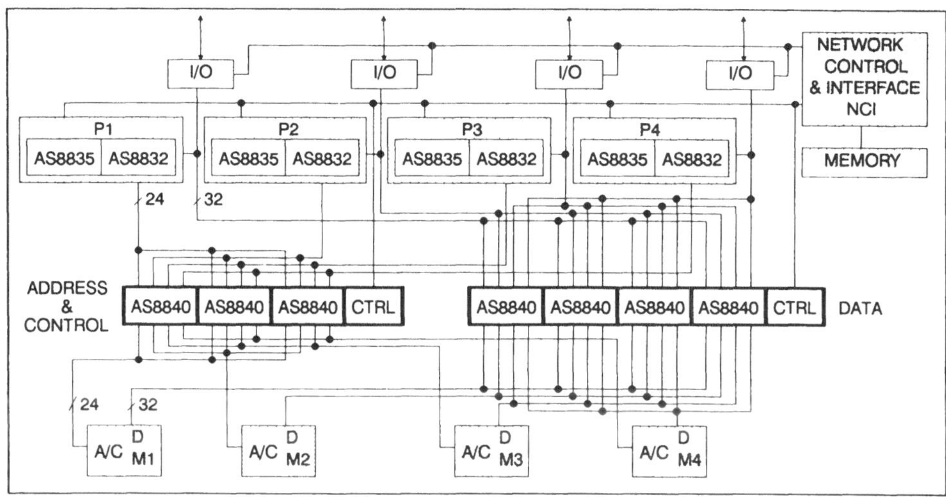

Bild 1.13: Multiprozessor mit Kreuzschienenverteiler

zessoren oder als vier 32-Bit Prozessoren arbeiten. Alternativ ist es möglich, die Kreuzschienenverteiler und die ALUs so zu rekonfigurieren, daß ein MIMD-Netzwerk von Prozessoren entsteht.

Eine weitere Verbindungsform sind die sternförmigen Multiportstrukturen. Dies ist in Bild 1.14 am Beispiel eines Multiport-Speichers dargestellt. Jeder Master (Prozessor) ist über einen privaten Anschluß (Port) mit dem Slave (Speicher) direkt verbunden. Eine Auswahllogik (Arbitrierung) muß gleichzeitige Zugriffe mehrerer Master auf diesselbe Speicherbank erkennen und serialisieren. Falls keine solchen Konflikte auftreten, können mehrere Master gleichzeitig zum bzw. vom Speicher Daten übertragen.

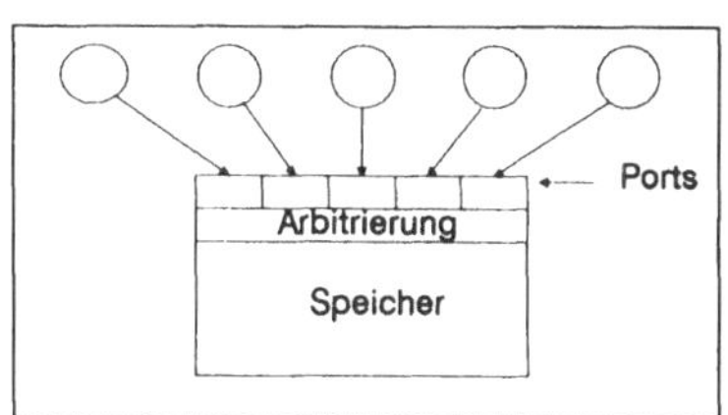

Bild 1.14: Multiportspeicher

Schließlich kann das in Bild 1.9 dargestellte allgemeine Verbindungsnetzwerk als *Vermittlungsnetzwerk* realisiert werden[1]. Dabei können Datenwege durch einen Netzwerk-Controller permanent, aber rekonfigurierbar eingestellt werden, wie dies auch im vorstehenden Beispiel im Prinzip möglich ist. Alternativ kann eine verteilte *Datenpaketvermittlung* zur Anwendung kommen. Dazu wird das zu übertragende Datenpaket mit einer Zieladresse versehen und dem Ver-

[1] siehe Feng 1981

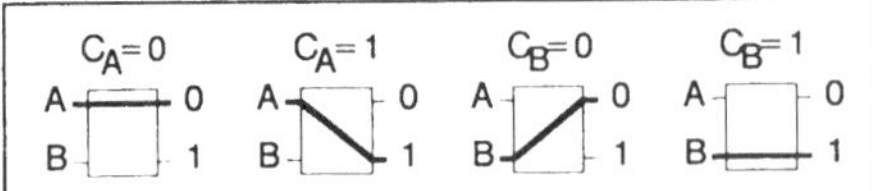

Bild 1.15: Blockierende 2*2 Schaltelemente

mittlungsnetzwerk angeboten. Die Zieladresse (*Tag*) ist dabei so konstruiert, daß das Vermittlungsnetzwerk selbständig einen Weg zum Ziel findet. Dies sei an einem einfachen Netzwerk erläutert, das aus einfachen 2*2 Schaltelementen zusammengesetzt ist (siehe Bild 1.15). Ein solches Schaltelement hat zwei Eingangsports *A* und *B*. Abhängig vom Zustand eines Kontrollbits C_A oder C_B wird ein Eingangsport mit einem der beiden Ausgangsports *0* oder *1* verbunden.

Aus 32 dieser Elemente läßt sich beispielsweise das in Bild 1.16 dargestellte vierschichtige 16*16 *Baseline Network* aufbauen. Von einer Informationsquelle *Q* wird im Bild 1.16 eine Information mit dem *Address-Tag* 1011 auf der Schicht 1 (Eingangsseite) dem Netz angeboten. Das erste Tag Bit **1**011 wird vom zweiten Schaltelement der Schicht 1 ausgewertet und verbindet zum Element 5 der Schicht 2. Dieses wertet das Folgebit 1**0**11 aus und verbindet mit Schaltelement 5 aus Schicht 3. Schließlich wird nach Auswertung der verbleibenden Tag Bits 10**11** der Zielausgang *Z* erreicht. Unter der Adresse 1011 ist *Z* von allen 16 Eingangsports des Netzwerks erreichbar. Falls *Q* das Ziel ist, muß 0010 als Address Tag benützt werden.

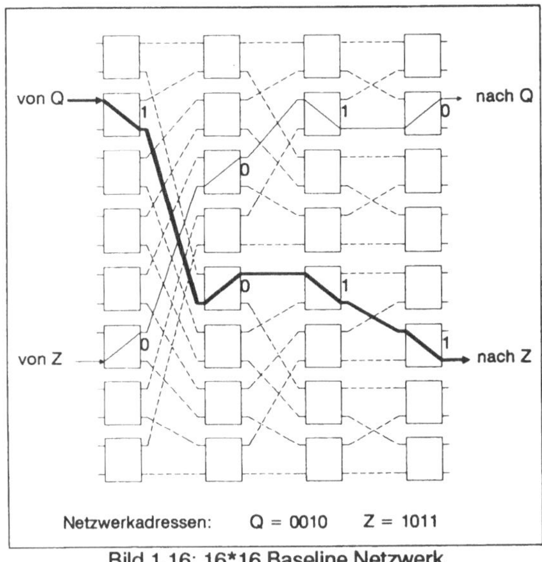

Bild 1.16: 16*16 Baseline Netzwerk

Falls beide Eingänge der in Bild 1.15 dargestellten Schaltelemente gleichzeitig zum selben Ausgang durchzuschalten sind, muß eine Anforderung durch das Schaltelement verzögert oder zurückgewiesen werden. Das damit konstruierte Vermittlungsnetzwerk ist deshalb *blockierend*. Für die Darstellung weiterer Netzwerktypen sei auf die Literaturstellen verwiesen.

1.2.2.3 Punkt-zu-Punkt Verbindungsnetzwerke

Allen voranstehenden Verbindungsstrukturen ist gemeinsam, daß es zu gegenseitigen Behinderungen der Master und damit zu unproduktiven Wartezeiten kommen kann. Dabei können prinzipiell zwei Fälle unterschieden werden:

- *zwei oder mehrere Master fordern denselben Slave an*

und

- *zwei oder mehrere Master benötigen dieselbe Kommunikationsverbindung um verschiedene Slaves zu erreichen.*

Daraus ergibt sich das Entwurfsproblem, die Komplexität des Verbindungsnetzwerks möglichst weit zu reduzieren, ohne die geforderte Leistungsfähigkeit des Multiprozessorsystems zu beeinträchtigen.

Ein Ansatz hierzu sind statische Netzwerke, bei denen die Rechnerknoten paarweise untereinander verbunden sind. Einige Topologien sind in Bild 1.17 skizziert. Jeder Kreis symbolisiert einen eigenständigen Prozessor mit zugeordnetem Speicher und ggf. Ein-/Ausgabemöglichkeiten. Die Verbindungslinie stellt einen privaten (bidirektionalen) Kommunikationspfad dar. Da offensichtlich mit solchen Strukturen immer nur eine Kommunikation zwischen unmittelbar benachbarten Knoten möglich ist, müssen zur Kommunikation zwischen nicht unmittelbar benachbarten Rechnern die Zwischenknoten als Router wirken und die Nachrichten zum Zielrechner weiterreichen. Zur groben Charakterisierung einer Topologie wird deshalb der Grad eines Knotens *d*, das ist die Zahl der nächsten Nachbarn, die *Entfernung D* zwischen zwei Knoten und die Zahl der Verbindungskanten *N* des Netzwerks benützt. Beispielsweise ist für eine lineare oder Stern- Anordnung von n Rechnern N = (n-1). Die maximale Entfernung ist für die Sternanordnung $D_{max} = 2$, während sie für die lineare Anordnung $D_{max} = N$ ist. Ein vollständig vermaschtes Netz ist durch N = n(n-1)/2 und D = 1 gekennzeichnet. Der maximale Grad ist für lineare Anordnungen d = 2, für Sternanordnungen d = (n-1).

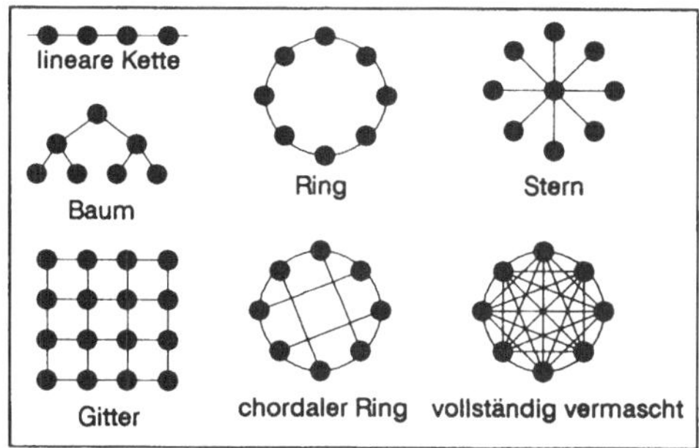

Bild 1.17: Einige Netzwerktopologien

Da jeder Zwischenknoten die Kommunikation im Mittel um eine Zeit ΔT verzögert, muß die Netztopologie der *Kommunikationsstruktur* des vom Multiprozessor zu bearbeitenden Problems *optimal* angepaßt werden. Dabei sind unter anderem Kriterien wie *mittlere Kommunikationsverzögerung*, *Komplexität des Verbindungsnetzes*, *Fehleranfälligkeit*, *Ausbaufähigkeit* und *Kosten* gegeneinander abzuwägen.

Ein Beispiel eines *optimalen Netzes* sind die Binary-n-Cubes (*Hypercubes*). n-dimensionale Hypercubes sind in dem Sinne optimal, als

- **2^n** *Rechner mit* **n** *nächsten Nachbarn verbunden sind,*

und

- *die maximale Entfernung* **D** *im Netz* **n** *ist.*

Beispielsweise kann ein dreidimensionaler Hypercube durch einen Würfel veranschaulicht werden. Jeder Eckpunkt des Würfels stellt einen Rechner dar, jede Würfelkante eine Punkt-zu-Punkt-Verbindung zwischen zwei Rechnern. Ein vierdimensionaler Hypercube kann durch zwei ineinandergestellte Würfel veranschaulicht werden (siehe Bild 1.18).

Als Beispiel eines handelsüblichen Multiprozessors in Hypercubestruktur sei das *Personal Supercomputer System* iPSC/2 von Intel erwähnt. Dieses System kann bis zu einem 7-dimensionalen Hypercube ausgebaut werden. Jeder Knoten besteht aus einem 80386/387 Prozessorpaar mit bis zu 16 MByte Speicher. Sieben Kommunikations-Schnittstellen werden zum Aufbau des Hypercubes, die achte zur direkten Kommunikation untereinander und mit einer graphischen Arbeitsstation (SUN 3) über Ethernet benützt. Für schnelle Fouriertransformation wird die Leistung eines 32-Knoten Rechners (5-dimensionaler Hypercube) mit 154 Millionen Gleitpunktoperationen pro Sekunde (MFLOPS) angegeben[1]. Ein 10-dimensionaler Hypercube ist das

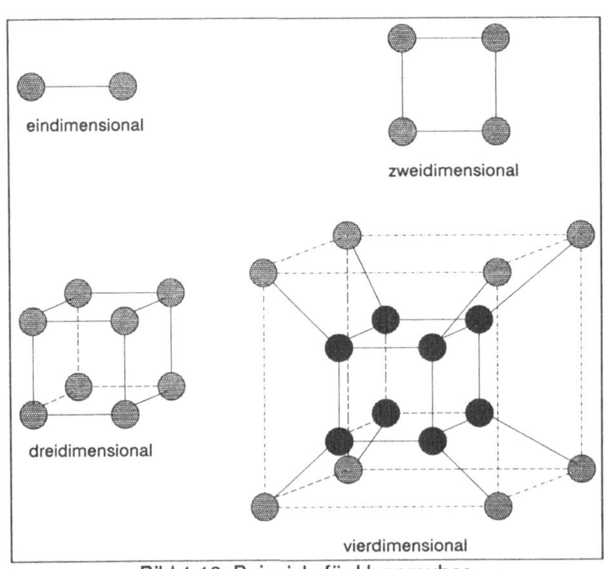

Bild 1.18: Beispiele für Hypercubes

[1] siehe Intel 1987

NCUBE/10-System der NCUBE Corporation. Der größte Hypercube (16-dimensional) von Thinking Machines Corp. besteht aus 65536 Ein-Bit-Prozessoren[1].

1.2.3 Einige Begriffserklärungen

1.2.3.1 Prozessor und Verarbeitungselement

Im Unterschied zu einem Verarbeitungselement (processing element, PE) steuert ein Prozessor autonom den Programmfluß und führt auch die datentransformierenden Operationen des Programms aus. Ein PE führt seinerseits nur die datentransformierenden Operationen aus, wird aber selbst von außen gesteuert. Ein Kontrollprozessor steuert Verarbeitungselemente aufgrund der Befehle eines Programms, führt aber selbst keine Datentransformationen durch.

Einprozessorsysteme sind klassische Rechnersysteme mit einer zentralen Recheneinheit. Spezielle I/O-Prozessoren, die oft Teil einer Ein-/Ausgabeschnittstelle sind, werden in der Regel nicht als eigenständige Prozessoren gezählt.

Multiprozessorsysteme bestehen demnach aus mehr als einem Prozessor oder Verarbeitungselement. Man spricht von einem *homogenen* Multiprozessorsystem, wenn alle Prozessoren dieses Systems hardwaremäßig gleich aufgebaut sind. *Inhomogene* Multiprozessoren enthalten hardwaremäßig unterschiedliche Prozessoren. Neben dieser statischen Unterscheidung wird auch eine funktionelle Unterscheidung getroffen. Falls die Prozessoren innerhalb des Multiprozessorsystems unterschiedliche Rollen spielen, spricht man von einem *asymmetrischen* Multiprozessor. Ein typisches Beispiel wären Master- Slave-Anordnungen, bei denen ein Prozessor die Aufgabenverwaltung und -koordination vornimmt und anderen Aufgaben zur Bearbeitung zuteilt. In einem *symmetrischen* Multiprozessor sind die einzelnen Prozessoren bezüglich ihrer Rolle austauschbar, d.h. jeder Prozessor kann im Prinzip auch die Aufgaben jedes anderen bearbeiten. Daraus ergibt sich, daß symmetrische Multiprozessoren immer homogen sein müssen.

1.2.3.2 Enge- und lose Kopplung

Bei MIMD-Rechnerarchitekturen ist die Unterscheidung von loser und enger Kopplung wesentlich. Zwei Prozessoren sind *stark* bzw. *eng* gekoppelt, wenn sie Zugriff auf einen gemeinsamen Speicher haben (siehe Bild 1.19). Dabei ist es unbe-

[1] siehe J. Bond 1987

deutend, wie der Zugriff realisiert wird. Der gemeinsame Speicher kann nur einen Teil des Adreßraums umfassen und er kann sowohl als zentrales Speichermodul, als auch als verteiltes Speichermodul implementiert sein.

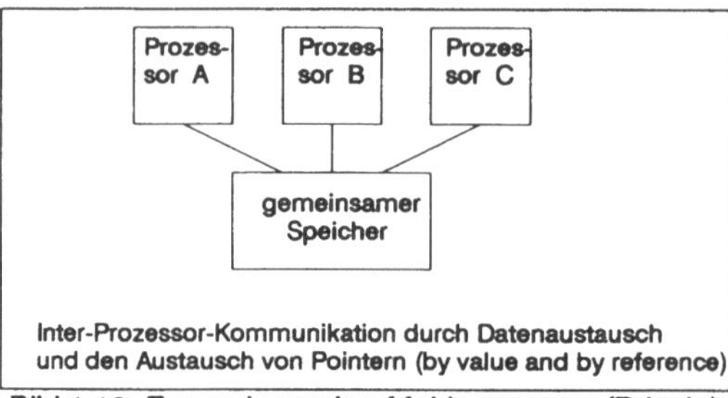

Bild 1.19: Eng gekoppelter Multiprozessor (Prinzip)

In *lose* oder *schwach gekoppelten* Multiprozessorsystemen verfügen die einzelnen Prozessoren über keinen gemeinsamen Adreßraum bzw. Speicher, sondern lediglich über eine Kommunikationseinrichtung, über die sie untereinander durch *Nachrichtenaustausch* kommunizieren können (siehe Bild 1.20). Diese Kommunikationsbeschränkung ist wesentlich und hat beträchtliche Auswirkungen auf die Softwarearchitektur. Da in eng gekoppelten Multiprozessoren ein gemeinsamer Speicher(teil) existiert, können die Prozessoren, bzw. die auf ihnen laufenden Softwareprozesse untereinander durch Austausch der Daten selbst (by value), als auch durch Übergabe von Zeigern (Pointer oder Adressen, by reference) auf die Daten kommunizieren. Im ersten Fall müssen die Daten umkopiert werden, während im zweiten Fall lediglich die Adresse übergeben werden muß. In eng gekoppelten Multiprozessoren ist deshalb auch die gemeinsame Nutzung von Information durch mehrere Prozessoren problemlos möglich, während dies bei lose gekoppelten Multiprozessoren die Replizierung dieser Information erfordert. Mit jeder Replikation von Information stellt sich automatisch das Problem der Konsistenz der Replikate, falls eine Veränderung erforderlich wird.

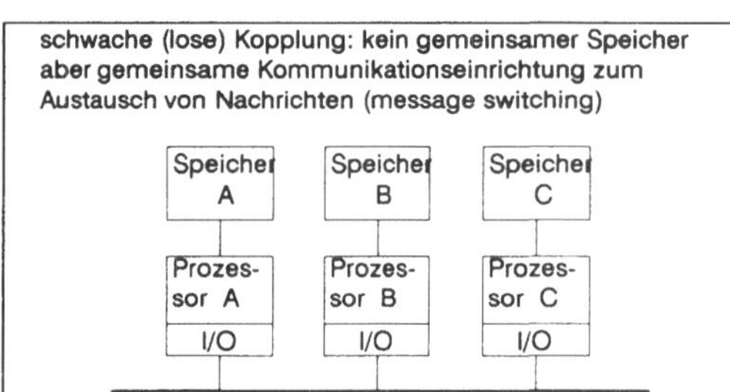

Bild 1.20: Lose gekoppelter Multiprozessor (Prinzip)

Schließlich bietet ein eng gekoppeltes Multiprozessorsystem das Potential für effiziente, d.h. verzögerungsarme Kommunikation. Häufig erfordert die Interprozessorkommunikation in lose gekoppelten Systemen mehr Zeit. Die Entscheidung zugunsten eines lose oder eines eng gekoppelten Multiprozessorsystems erfordert die Berücksichtigung vieler Gesichtspunkte, nicht zuletzt die Eigenschaften des Betriebssystems und des Kommunikationsbedarfs der vorgesehenen Applikation.

1.3 Literatur

1.3.1 Bücher

W. K. Giloi
Rechnerarchitektur
Heidelberger Taschenbücher, Springer Verlag 1981, ISBN 3-540-10352-X

D.D Gajski, V.M. Milutinovic, H.J. Siegel, B.P. Furht (Editors)
TUTORIAL COMPUTER ARCHITECTURE
IEEE COMPUTER SOCIETY PRESS 1987, ISBN 0-8186-0704-2

J.A. Stankovic, K. Ramamritham
TUTORIAL Hard Real-Time Systems
IEEE COMPUTER SOCIETY PRESS 1988, ISBN 8-8186-0819-6

1.3.2 Einzelartikel

D.B. Skillicorn
A Taxonomy for Computer Architectures
COMPUTER November 1988, Seite 46-57

W. Händler
THE IMPACT OF CLASSIFICATION SCHEMES ON COMPUTER ARCHITECTURE
Proc. 1977 Int. Conf. on Paral. Processing, 1977, Seite 7-15

Texas Instruments
SN74AS8840 Digital Crossbar Switch
SC-INFORMATION für unsere Kunden, Ausgabe 13/April 1987, Texas Instruments, Freising

Tse-yun Feng
A Survey of Interconnection Networks
COMPUTER, Dezember 1981, Seite 12-27

Intel
SECOND GENERATION iPSC
SOLUTIONS European Edition, Nov/Dez. 1987, Intel Corporation

J. Bond
Parallel-processing concepts finally come together in real systems
COMPUTER DESIGN, Vol. 26-11, 1987, Seite 51-74

C.L. Seitz
THE COSMIC CUBE
Communication of the ACM, Vol. 28-1, 1985, Seite 22-33

2 Systemzuverlässigkeit

2.1 Einführung

2.1.1 Zuverlässigkeitskriterien

2.1.1.1 Subjektive Zuverlässigkeit

Wenn man sich mit Systemzuverlässigkeit beschäftigt, stehen zwei Fragen im Vordergrund:

- *Wann heißt ein System zuverlässig?*
- *Wie macht man ein System zuverlässig?*

Wann heißt ein System zuverlässig? Auf diese Frage wird man unterschiedlichste Antworten bekommen.

- *Ein Fluggast wird das rechnergestützte Kontrollsystem des Flugzeugs als zuverlässig bezeichen, wenn es keine, die Sicherheit der Passagiere beeinträchtigende Fehlentscheidungen (zum Beispiel beim Landeanflug) trifft.*
- *Ein Wissenschaftler an einem großen Laboratorium (z.B. CERN in Genf oder DESY in Hamburg) wird einen Großrechner als zuverlässig bezeichnen, wenn er genügend Rechenleistung zum Durchführen aktueller Experimente zur Verfügung stellt.*
- *Ein Bankier wird einen Rechner als zuverlässig ansehen, wenn dieser den Zahlungsverkehr seiner Bank korrekt abwickelt und verbucht.*

2.1.1.2 Objektive Zuverlässigkeit

Die vorstehenden wenigen Beispiele zeigen schon, daß der Begriff *Zuverlässigkeit* in vielfacher Bedeutung eingesetzt wird. Dementsprechend muß es die erste Aufgabe sein, diesen Begriff zu objektivieren.

- *Ein System wird unzuverlässig durch das Auftreten von Ausfällen und Fehlern. Insofern gehört das Untersuchen des Ausfallverhaltens zum Festlegen des Begriffs Zuverlässigkeit.*
- *Nachdem das Ausfallprofil ermittelt ist, stellt sich als nächstes die Frage nach der Bewertung eines Ausfalls. Es muß unterschieden werden, ob ein Ausfall keine oder nur eine tolerierbare Einschränkung der Systemfunktionalität bewirkt, oder ob er als Totalausfall des gesamten Systems zu werten ist. Geeignete Maßstäbe müssen gefunden werden, um die Wirkung von Ausfällen festzustellen.*
- *Im dritten Schritt kann man nun daran gehen, auf der Basis der Bewertungsmaßstäbe, Anforderungen an das System zu formulieren.*

Ein System heißt dann zuverlässig, wenn es innerhalb dieser, durch die Anforderungen festgelegte Toleranzen zur Verfügung steht.

Wie macht man ein System zuverlässig? Im nächsten Schritt muß ein, den vorher formulierten Anforderungen entsprechendes System konzipiert werden. Ein erster Systementwurf muß geprüft werden, inwieweit er schon den Anforderungen genügt, beziehungsweise wo seine Schwachstellen liegen. Der Einsatz von *Fehlertoleranzmethoden* und *Redundanztechniken* soll helfen, die Systemunzulänglichkeiten in den Griff zu bekommen. Das so entstandene System wird erneut bewertet und auf Tauglichkeit im Sinne der Anforderungen untersucht. Dieser Prozeß wiederholt sich so lange, bis eine Systemkonzeption erarbeitet ist, die in vollem Umfang den ursprünglichen Anforderungen genügt.

Um diese Bewertung auf Tauglichkeit und Angemessenheit von Fehlertoleranzmethoden und Redundanztechniken möglichst frühzeitig im Systementwicklungsprozeß durchführen zu können, arbeitet man mit *Systemmodellen*. Ein Modell stellt eine Abstraktion des konkret vorliegenden Systems dar. Unwichtige Detailinformation wird zugunsten der charakteristischen Merkmale des Systems vernachlässigt. Die Einschätzung, was im wesentlichen das System ausmacht und was von untergeordneter Bedeutung ist, geht ganz wesentlich in die Formulierung des Modells ein. Gerade in einem frühen Stadium der Systementwicklung wird diese Entscheidung oft mit großen Unsicherheiten behaftet sein. Um trotzdem zu vernünftigen und sinnvollen Modellaussagen zu kommen, muß diese *Modellunschärfe* mit ins Kalkül gezogen werden. Die folgenden Abschnitte greifen die einzelnen oben angesprochenen Punkte auf und versuchen sie zu erläutern.

2.1.1.3 Systemunzulänglichkeiten

Jede Art von Unzulänglichkeit (*impairments*) ist der Verläßlichkeit von Systemen abträglich. Das Feststellen von Unzulänglichkeiten ist somit der erste Schritt auf dem Weg zu verläßlichen Systemen.

Ein *Defekt* (*defect*) bezeichnet ganz allgemein jede Abweichung des Systemverhaltens oder von Systemeigenschaften von (berechtigter- oder unberechtigterweise) an das System gestellten Anforderungen. Ein Defekt kann unabhängig von einer Systemspezifikation festgestellt werden. Ein Defekt beeinträchtigt die Funktionstüchtigkeit nicht notwendigerweise. Sind diese Abweichungen beispielsweise eine Folge von Mißverständnissen des Benutzers bezüglich der Systemleistungen oder Fehlinterpretationen der Spezifikation, dann spricht man von *nicht zufriedenstellendem Systemverhalten* (*unsatisfactory system behaviour*). Im Gegensatz dazu ist *nicht akzeptables Systemverhalten* (*unacceptable system behaviour*) in tatsächlichen Mängeln des Systems zu suchen.

Bei der Analyse von Systemzuverlässigkeit/Verläßlichkeit ist ein wesentlicher Schritt, nicht akzeptables Systemverhalten (*Unzulänglichkeiten*) festzustellen und von nicht zufriedenstellendem Systemverhalten zu unterscheiden. Das erlaubt die Differenzierung zwischen nicht gerechtfertigtem Vertrauen in ein System und tatsächlicher Systemunzuverlässigkeit. Nicht akzeptables Systemverhalten kann sowohl phänomenologisch als auch in abstrakter Terminologie beschrieben werden.

Im phänomenologischen Ansatz werden die Begriffe *Störung*, *Fehler* und *Ausfall* verwendet und gemäß den CCITT Empfehlungen[1] definiert. Die deutsche Übersetzung der englischen Begriffe ist in Übereinstimmung mit Birolini gewählt[2].

Unter einer *Störung* (*fault*) versteht man die Unfähigkeit eines Systems, eine angeforderte Seviceleistung oder Funktion zu erbringen. Unfähigkeit zur Serviceleistung aufgrund von präventiven Wartungsmaßnahmen, Fehlen von externen Ressourcen oder anderen geplanten Aktionen werden nicht als Störung gewertet.

Ausfall (*failure*) bezeichnet die Beendigung der Fähigkeit, geforderte Serviceleistungen auszuführen. Unter einem *Fehler* (*error*) versteht man jede Abweichung zwischen einem berechneten, beobachteten oder gemessenen Wert einer Größe oder eines Zustands und dem wahren, spezifizierten oder theoretisch richtigen Wert.

[1] siehe CCITT 1989

[2] siehe Birolini 1985

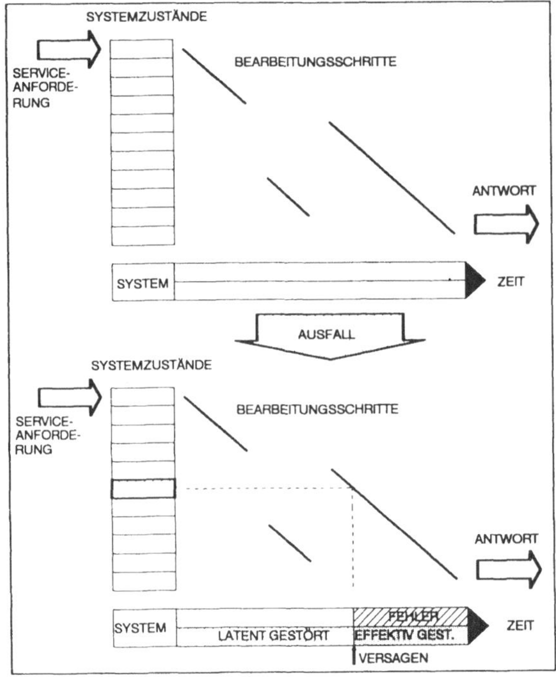

Bild 2.1: Erläuterung zu Störung, Fehler, Ausfall

Durch die Begriffsbildung *fehlerhafter Zustand* und *fehlerhafter Zustandsübergang* wird der Zusammenhang zu einem abstrakt formulierten Systemmodell hergestellt. Ein fehlerhafter Zustandsübergang (*erroneous state transition*) ist ein systeminterner Zustandsübergang, der in (nicht notwendigerweise unmittelbarer) Folge zu einem Systemausfall führen kann. Ein fehlerhafter Zustand (*erroneous state*) bezeichnet einen internen Systemzustand, der auch bei weiteren korrekten Zustandsübergängen zu einem Systemausfall führen kann.

Nach einem Ausfall ist ein System gestört. Eine Störung kann aber auch ohne einen vorherigen Ausfall vorliegen: ein System kann von vornherein gestört sein. Fehler werden durch Störungen verursacht. Eine Störung die sich noch nicht in einem Fehler bemerkbar gemacht hat, wird als *latente Störung* (*latent fault*) bezeichnet. Wird eine latent gestörte Systemeinheit benutzt, kann es zur Aktivierung der Störung und damit zu einem Fehler kommen (siehe Bild 2.1).

2.1.2 Bewertung von Zuverlässigkeit

Bewertungsmaße und Kenngrößen liefern den Maßstab für die Beurteilung der Qualität und Verläßlichkeit von Systemen. Die Verläßlichkeit eines Systems wird dadurch *definierbar*, *meßbar* und *überprüfbar*.

Sowohl die Auswirkungen von Systemunzulänglichkeiten als auch der Erfolg von eingesetzten Mitteln zur Aufrechterhaltung der spezifizierten Funktionalität eines Systems im Fehlerfall können damit festgestellt werden. Es gibt unterschiedliche Kategorien von Kenngrößen. Sie spiegeln die verschiedenen Faktoren wider, die zur

Qualität und Verläßlichkeit eines Systems beitragen. Die folgenden Abschnitte sollen einige Kategorien vorstellen und durch Beispiele für Kenngrößen erläutern.

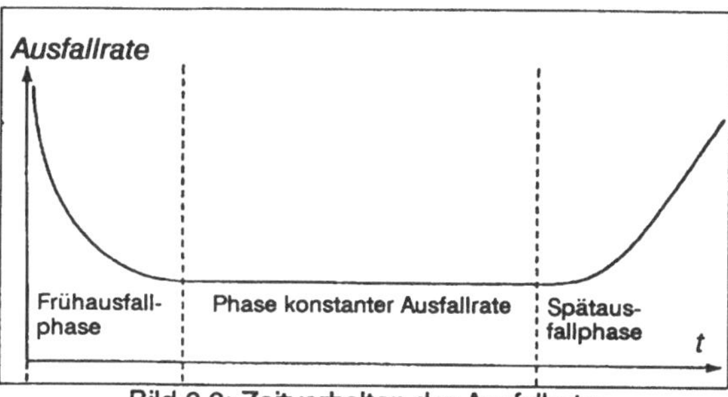

Bild 2.2: Zeitverhalten der Ausfallrate

2.1.2.1 Ausfallrate

Die fundamentale Größe zur Bewertung von Systemausfällen ist die *Ausfallrate* λ. Unter Zugrundelegung einer großen Zahl gleicher Systeme bezeichnet die Ausfallrate die auf die Systemanzahl bezogene Zahl von Systemausfällen pro Zeiteinheit. Das Bild 2.2 zeigt die Ausfallrate als Funktion der Zeit. Man kann drei Bereiche unterscheiden:

- *Den Bereich der Frühausfälle: Zu Beginn ist die Ausfallrate sehr hoch, sie fällt aber mit der Zeit ab. Dieses Verhalten ist auf das Beseitigen von entwicklungs- und fertigungsbedingten Fehlern zurückzuführen.*
- *Nach dieser Phase beginnt der eigentliche Einsatz (useful operating life). Dieser Bereich ist charakterisiert durch eine konstante Ausfallrate.*
- *Der Bereich der Spätausfälle: Alterung führt in dieser Phase wieder zum Anstieg der Ausfallrate.*

Dieser charakteristische Verlauf der Ausfallrate über der Zeit wird auch als 'Badewannenkurve' bezeichnet. Da wir uns für das System im eigentlichen Einsatz interessieren, gehen wir im folgenden von konstanten Ausfallraten aus.

2.1.2.2 Zuverlässigkeit und Verfügbarkeit

Weitere etablierte Maße zur Bewertung von Systemen sind die *Zuverlässigkeit* und die *Verfügbarkeit*.

- *Die Systemzuverlässigkeit oder Überlebenswahrscheinlichkeit R(t) gibt die Wahrscheinlichkeit an, daß das System im Zeitintervall [0,t] funktionstüchtig ist*[1].
- *Die Systemverfügbarkeit A(t) gibt die Wahrscheinlichkeit an, das betrachtete System zum Zeitpunkt t in funktionstüchtigem Zustand vorzufinden*[2].

[1] Die Abkürzung 'R' bezieht sich auf die englische Bezeichnung *reliability* für Zuverlässigkeit.

[2] Die Abkürzung 'A' bezieht sich auf die englische Bezeichnung *availability* für Verfügbarkeit.

Der Unterschied zwischen den beiden Bewertungsgrößen soll an den folgenden Beispielen erläutert werden. Das Funktionsprofil eines Systems sei dazu durch zwei Zustände beschrieben: es kann *funktionsfähig* beziehungsweise *ausgefallen* sein. Es gibt zwei Möglichkeiten mit einem gestörten System zu verfahren:

- *Das System wird nicht repariert und steht folglich nicht weiter zur Verfügung.*
- *Das System wird instandgesetzt und kann nach Abschluß der Reparaturarbeiten wieder genutzt werden.*

2.1.2.3 Nichtreparierbare Systeme

Betrachtet wird ein System, das nicht repariert wird. Man denke bei einem solchen System beispielsweise an einen Satelliten, der zur Erforschung erdferner Planeten eingesetzt wird (z.B. Voyager Mission). Nach dem Ausfall des Satelliten kann keine Reparatur durchgeführt werden. Zu Beginn des Betriebs wird das System als funktionstüchtig vorausgesetzt. Das Auftreten eines Fehlers zum Zeitpunkt $t_{Ausfall}$ führt zum Ausfall des Systems. Das System geht damit vom ursprünglich funktionsfähigen Zustand in den ausgefallenen Zustand über. Da keine Reparaturmaßnahmen geplant sind, bleibt das System ausgefallen. Dieses Ausfallverhalten kann in einem Zustandsübergangsdiagramm veranschaulicht werden (siehe Bild 2.3). Das Funktionsprofil ist im Bild 2.4 dargestellt. Systeme dieses Typs lassen sich durch das Bewertungsmaß *Zuverlässigkeit* sinnvoll beschreiben.

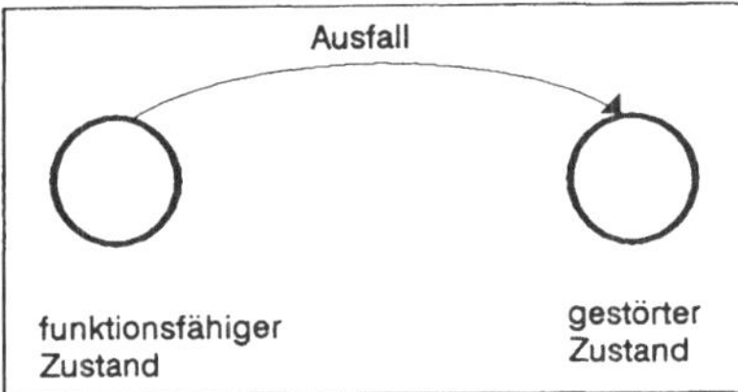

Bild 2.3: Zustands-Übergangsdiagramm

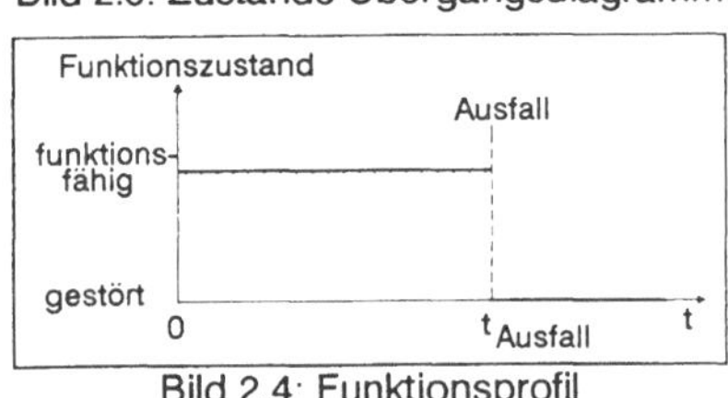

Bild 2.4: Funktionsprofil

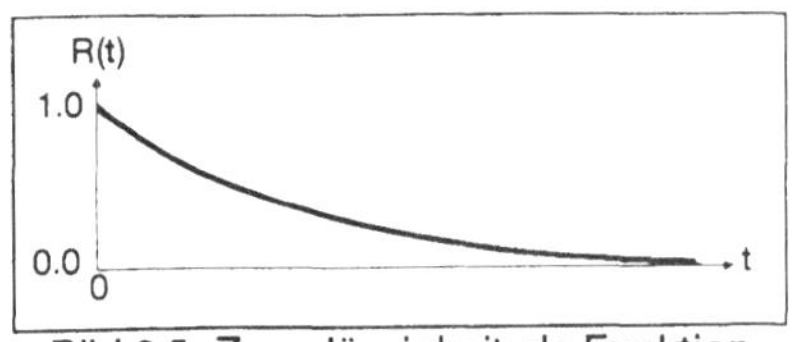

Bild 2.5: Zuverlässigkeit als Funktion der Zeit

Die Überlebenswahrscheinlichkeit ist im Bild 2.5 als Funktion der Zeit aufgetragen. Man spricht auch von der *Zuverlässigkeitsfunktion* $R(t)$. Zum Zeitpunkt $t=0$ ist die Überlebenswahrscheinlichkeit gemäß der Voraussetzung $R(0)=1$. Betrachtet man das System für $t \to \infty$ so ist es mit größter Wahrscheinlichkeit ausgefallen. Damit gilt: $\lim_{t \to \infty} R(t) = 0$. Zwischen diesen beiden Grenzwerten fällt die Überlebenswahrscheinlichkeit monoton.

Häufig ist dieser Abfall exponentiell mit der Zeit, so daß die Überlebenswahrscheinlichkeit durch $R(t) = e^{-\lambda t}$ mit einer konstanten Ausfallrate λ beschrieben werden kann.

Unter der Lebensdauer *T* des Systems versteht man die Betriebsdauer vom Betriebsbeginn bis zum Zeitpunkt des Ausfalls ($T = t_{Ausfall}$). Betrachtet man eine große Zahl gleichartiger Systeme, so fallen diese nicht alle gleichzeitig aus. Einige Systeme werden kurz nach der Inbetriebnahme ausfallen, andere werden sehr lange funktionstüchtig sein bevor sie endgültig ausfallen. Die Lebensdauer ist für die verschiedenen Systeme statistisch verteilt. Von Interesse ist die mittlere Lebensdauer $\overline{T}$ bzw. MTTF[1]. Sie kann auf der Basis der Überlebenswahrscheinlichkeit *R(t)* angegeben werden. Man erhält den folgenden Zusammenhang[2]:

$$\mathrm{MTTF} = \int_0^\infty R(t)\,dt$$

Für eine exponentiell mit der Zeit abnehmende Überlebenswahrscheinlichkeit gilt dann:

$$\mathrm{MTTF} = \int_0^\infty e^{-\lambda t}\,dt = {}^1\!/_\lambda$$

2.1.2.4 Reparierbare Systeme

Betrachtet wird ein System, das nach einem Ausfall repariert wird. Für viele Systeme ist das die Regel (z.B. Kraftfahrzeuge, Rechenanlagen, ...). Das Ausfallverhalten kann in einem Zustandsübergangsdiagramm veranschaulicht werden (siehe Bild 2.6). Zu Beginn des Betriebs wird das System als funktionstüchtig vorausgesetzt. Das Auftreten eines Fehlers zum Zeitpunkt t_1 führt zum Ausfall des Systems. Das System geht damit vom ursprünglich funktionsfähigen Zustand in den ausgefallenen Zustand über. Eine Reparatur stellt die Funktionsfähigkeit des Systems zum Zeitpunkt $\bar{t}_1$ wieder her. Nach jedem weiteren Ausfall wird das System wieder instandgesetzt. Die Ausfallzeitpunkte sind mit t_i, die Zeitpunkte zu denen das System wieder in Betrieb genommen mit $\bar{t}_i$ bezeichnet. Die Zeitabschnitte $[\bar{t}_i, t_{i+1}]$, in denen das System funktionstüchtig ist, werden als Klardauer (up time) bezeichnet. Entsprechend werden die Zeitspannen $[t_i, \bar{t}_i]$, in denen das System auf-

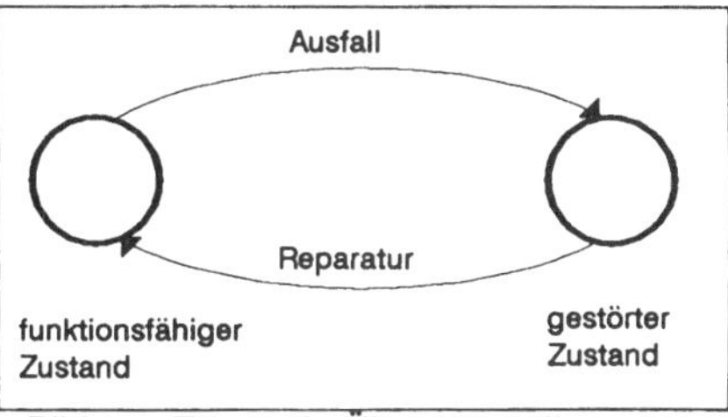

Bild 2.6: Zustands-Übergangsdiagramm

[1] MTTF = mean time to failure

[2] Für die Begründung sei auf Abschnitt 11.1.1.1 verwiesen.

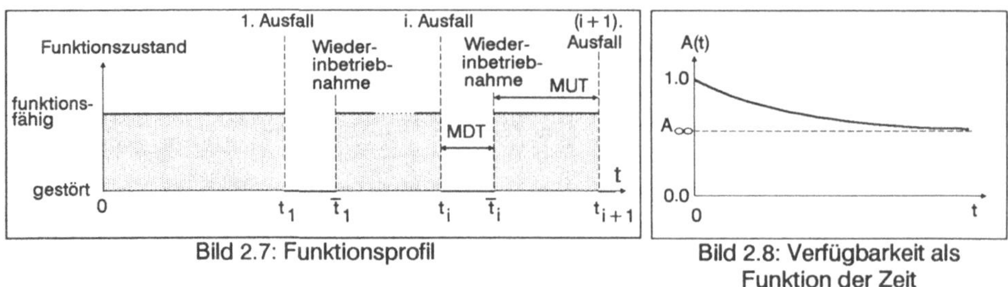

Bild 2.7: Funktionsprofil

Bild 2.8: Verfügbarkeit als Funktion der Zeit

grund eines Ausfalls nicht zur Verfügung steht, als Unklardauer (down time) bezeichnet. Auch hier sind wiederum nicht die Zeitabschnitte im einzelnen, sondern ihr statistischer Mittelwert von Interesse. Mit MUT (mean up time) wird die mittlere Klardauer, mit MDT (mean down time) die mittlere Unklardauer bezeichnet.

Das Funktionsprofil ist im Bild 2.7 dargestellt. Systeme dieses Typs lassen sich durch das Bewertungsmaß *Verfügbarkeit* angemessen beschreiben. Die Verfügbarkeit A ist eine Funktion der Zeit $A = A(t)$ (siehe Bild 2.8). Zum Zeitpunkt $t=0$ ist die Verfügbarkeit $A(0)=1$, da gemäß der Voraussetzung zu Betriebsbeginn ein funktionstüchtiges System vorzuliegen hat. Betrachtet man das System für $t\rightarrow\infty$, so wird das System mit einer gewissen, von 0 verschiedenen Wahrscheinlichkeit funktionsfähig sein, da es ja nach Ausfällen repariert und wieder in Betrieb gesetzt wird. Damit gilt: $\lim_{t\rightarrow\infty} A(t) = A_\infty > 0$. Zwischen diesen beiden Grenzwerten fällt die Verfügbarkeit monoton.

Oft ist nur der Grenzwert A_∞ von Interesse. Häufig wird A_∞ auch vereinfachend als '*die Verfügbarkeit*' bezeichnet. Mit den oben eingeführten Zeitintervallen *MUT* und *MDT* erhält man

$$A_\infty = \frac{MUT}{MUT + MDT}$$

Fällt ein System im Mittel alle 8000 Stunden (MUT) für 2 Stunden (MDT) aus, besitzt es die Verfügbarkeit

$$A_\infty = \frac{8000h}{8000h + 2h} = 0.99975$$

Das bedeutet, daß man das System mit mindestens 99.975 % Wahrscheinlichkeit zu einem Zeitpunkt t funktionstüchtig antrifft. Wie man leicht erkennt, hat ein System, das im Mittel alle 4000 Stunden für eine Stunde ausfällt, oder ein System das im Mittel alle 16000 Stunden für 4 Stunden ausfällt, den gleichen Verfügbarkeitswert.

Die Verfügbarkeit kann demnach durch verschiedene *MUT, MDT* Kombinationen realisiert werden. Alle Wertepaare (MUT,MDT), die zu einem Wert für A_∞ gehören, können in einem MUT-MDT-Diagramm dargestellt werden. Dazu wird die Gleichung für A_∞ nach MUT aufgelöst. Es ergibt sich folgender linearer Zusammenhang:

$$MUT = \frac{A_\infty}{1 - A_\infty} \cdot MDT$$

Alle Wertepaare (MUT,MDT) die zu einem Wert für A_∞ gehören liegen im MUT-MDT-Diagramm auf einer Geraden durch den Ursprung. Die Steigung der Geraden repräsentiert den Verfügbarkeitswert A_∞ (siehe Bild 2.9).

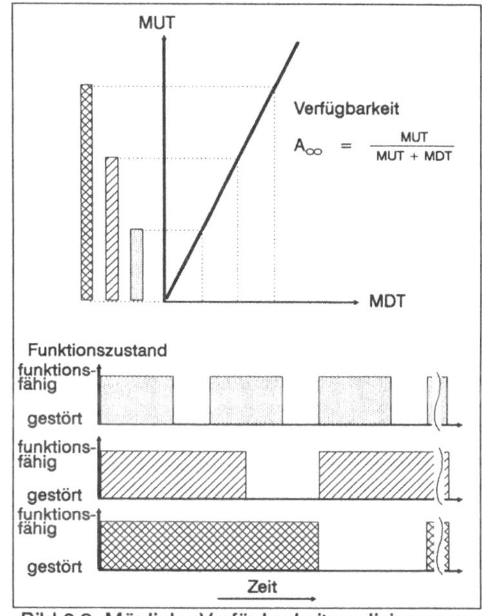

Bild 2.9: Mögliche Verfügbarkeitsrealisierungen

2.2 Anforderungen und Realisierungsprinzipien

2.2.1 Anforderungen

2.2.1.1 Zuverlässigkeits-/Verläßlichkeitsanforderungen

Die Anforderungen an Qualität und Zuverlässigkeit von technischen Systemen aus den verschiedensten Bereichen (Luft- und Raumfahrt, Prozeßsteuerung, Online-Datenbanken, Telekommunikation) sind in den vergangenen Jahren immer größer geworden. Wie eingangs geschildert, sind die Zuverlässigkeitsanforderungen sehr stark vom betrachteten System und von der Benutzergruppe abhängig. Aus diesem Grund sollen typische Zuverlässigkeitsanforderungen für eine spezielle Klasse von Systemen vorgestellt werden. Im folgenden werden digitale Vermittlungsanlagen in Kommunikationsnetzen betrachtet. Zuverlässigkeit ist ein wesentlicher Aspekt von Vermittlungssystemen. Wir alle sind gewohnt, daß beispielsweise das Telefon uneingeschränkt zur Verfügung steht. Hinter dieser Erfahrung stehen strenge Forderungen an die Verfügbarkeit von digitalen Vermittlungsanlagen im deutschen Netz. Derzeit wird für Ortsvermittlungsanlagen eine maximale mittlere Ausfallzeit von 2 Stunden pro Jahr und für Fernvermittlungsstellen eine maximale mittlere Ausfallzeit von 1 Stunde pro Jahr gefordert [1]. Daraus ergeben sich die Verfügbarkeitswerte A_∞(*Ortsvermittlung*) = 0.999772 und A_∞(*Fernvermittlung*) = 0.999886. Mit den im Rahmen von ISDN[2] angebotenen Mehrwertdiensten wachsen die Zuverlässigkeitsanforderungen an digitale Vermittlungsanlagen noch weiter an. So werden innerhalb von CEPT- und CCITT[3]-Arbeitsgruppen maximale Ausfallzeiten von 3 Minuten pro Jahr diskutiert. Dies entspricht einer Verfügbarkeit von $A_\infty = 0.999994$.

Auf dem '*International Switching Symposium*' in Phoenix, Arizona wurde 1987 eine Prognose vorgestellt, die für die nächste Generation von digitalen Vermittlungssystemen sogar eine mittlere Ausfallzeit von 0.3 Minuten (18 Sekunden!) pro Jahr nennt[4]. Dies entspricht einer Verfügbarkeit von

$$A_\infty = 0.999999$$

Daneben sollen Zuverlässigkeits-/Verläßlichkeitsanforderungen künftig immer detaillierter formuliert werden. In CCITT und CEPT Unterlagen zeichnen sich folgende Trends ab[5]:

- *Neben Vorgaben für die mindestens zu erreichende Systemverfügbarkeit* A_∞ *werden auch Maximalwerte für die mittlere Ausfallzeit MDT und Minimalwerte für die mittleren ungestörte Funktionszeiten MUT angestrebt.*
- *Die Anforderungen werden nicht mehr nur global für eine Vermittlungsanlage formuliert, sondern aufgeschlüsselt und abgestuft nach der Anzahl der von einem Ausfall betroffenen Benutzer beziehungsweise Beschaltungseinheiten spezifiziert.*

[1] siehe Blome 1985

[2] ISDN = integrated services digital network

[3] siehe CCITT 1985

[4] siehe Davis 1987

[5] siehe CEPT 1986

- *Ausfälle werden nach Dauer und Störwirkbreite gewichtet in die Definition von Verfügbarkeit mit einbezogen.*
- *Für verschiedene angebotene Dienste werden Zuverlässigkeitsanforderungen getrennt formuliert.*
- *Zwischen der Benutzer- und Betreibersicht wird bei der Festlegung von Zuverlässigkeitsanforderungen unterschieden.*
- *Für verschiedene Stufen der Dienstgüte werden Forderungen getrennt aufgestellt.*
- *Neben Zuverlässigkeit und Verfügbarkeitsmaßen werden weitere sehr präzise definierte Maßgrößen eingeführt und zur Definition von Anforderungen benutzt. Solche Maßgrößen betreffen Wartungs- und Instandhaltungs-, Logistik- sowie Leistungsaspekte von Systemen.*

Aus diesem Grund werden immer häufiger anspruchsvolle Fehlertoleranz-Verfahren und Redundanz-Konzepte zur Erhöhung der Zuverlässigkeit bzw. Verfügbarkeit in der Systementwicklung eingesetzt. Isolierte, lokal begrenzt eingesetzte und nicht koordinierte Fehlertoleranzlösungen führen dabei häufig nicht zum Ziel. Es bedarf eines systemübergreifenden, in sich stimmigen Konzepts. Ein systematisches theoretisches Zuverlässigkeits/Verläßlichkeits-Konzept (*Dependability*-Konzept) soll helfen, in Anbetracht wachsender Komplexität, den gestellten Verläßlichkeitsanforderungen effizient und in ökonomisch vertretbarem Rahmen gerecht zu werden.

2.2.2 Maßnahmen zur Verbesserung der Zuverlässigkeit

In diesem Abschnitt sollen Maßnahmen diskutiert werden, die geeignet sind, die Systemzuverlässigkeit/Verläßlichkeit zu erhöhen. Den Systembenutzer betreffende (negative) Auswirkungen von nicht akzeptablem Systemverhalten sollen dadurch verhindert oder zumindest begrenzt werden. Solche Maßnahmen sind:

- *Fehlervermeidung (fault avoidance): Durch Fehlervermeidungs-Strategien versucht man, Fehler durch konstruktive Maßnahmen zu vermeiden.*
- *Fehlertoleranz (fault tolerance): Ein System wird als fehlertolerant bezeichnet, wenn es auf der Basis von Redundanz fähig ist, auch im (wohlspezifizierten) Fehlerfall seine Funktionalität (system service) aufrecht zu erhalten.*
- *Wartung (maintenance): Maintenance bezeichnet alle Aktionen, die darauf ausgerichtet sind, die Systemfunktionalität aufrecht zu erhalten oder gegebenenfalls wieder herzustellen.*

Erst das sinnvolle Zusammenspiel aller drei Komponenten macht die Zuverlässigkeit/Verläßlichkeit eines Systems aus.

2.2.2.1 Fehlertoleranzgrundsätze

Im folgenden soll näher auf Fehlertoleranz eingegangen werden. Grundsätzlich lassen sich alle Fehlertoleranzkonzepte strukturell in vier Phasen zerlegen[1].

- *Erkennen eventuell vorhandener Fehler (error detection): Es muß eine möglichst vollständige Fehlererfassung angestrebt werden. Der Prozentsatz der erfaßten Fehler wird durch den Überdeckungsfaktor (coverage factor) beschrieben.*
- *Begrenzung bzw. Eingrenzung des Schadens (damage confinement): Das System muß geschützt werden, über einen gewissen, als fehlerträchtig markierten Bereich hinaus, durch Fehlerfortpflanzung infiziert zu werden.*
- *Wiederherstellen eines fehlerfreien internen Systemzustands (error recovery): Die Störung wird in einen latenten Zustand überführt.*
- *Einleitung der Behandlung der dem Fehler zugrundeliegenden Störung (fault treatment) und Aufrechterhaltung des normalen Betriebs (continued service). Mit dem Fehler ist die eigentliche Störung noch nicht behoben. Geeignete Maßnahmen sind zu treffen, die es ermöglichen, eventuell auch durch Eingriffe von außen, die Störung zu beseitigen.*

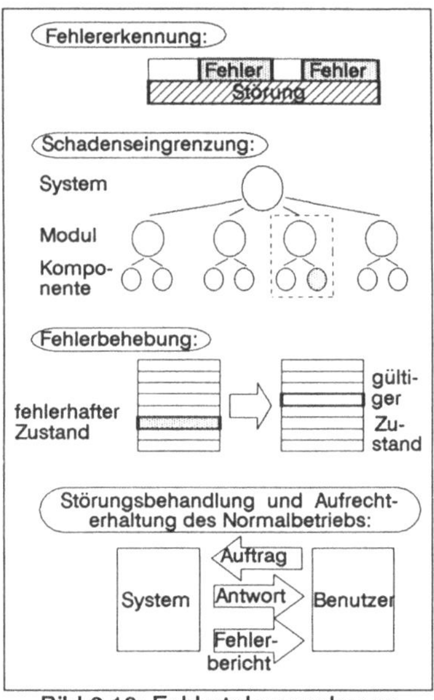

Bild 2.10: Fehlertoleranzphasen

Die einzelnen Phasen sind im Bild 2.10 veranschaulicht.

2.2.2.2 Fehlertoleranzmethoden

In diesem Abschnitt sollen häufig benutzte *Fehlertoleranzmethoden* vorgestellt werden. Der Umgang mit Systemstörungen erfolgt in zwei Schritten: der erste Schritt ist mit den Störungssymptomen (Fehlern), der zweite mit den Störungen selbst befaßt.

- **Fehlerbehandlung** *(error processing). Ziel der Fehlerbehandlung ist, zu verhindern, daß eine Störung zum Systemausfall führt. Dazu versucht man, die er-*

[1] siehe Anderson 1981

kannte Störung in einen latenten Zustand überzuführen und damit das (gestörte) System in einen fehlerfreien Zustand zu bringen. Grundsätzlich stehen zwei Verfahren zur Verfügung:

- **Fehlerkompensation** *(error compensation): Bei der Fehlerkompensation sollen die Auswirkungen eines fehlerhaften Zustandsübergangs ausgeglichen werden. Die Fehlerkompensation kann auf zwei Wegen erreicht werden:*

  Fehlerkorrektur (error correction): Dabei wird ein fehlerhafter Zustand analysiert und der ermittelte Fehler korrigiert. Beispiel für diese Art der Fehlerkompensation sind fehlerkorrigierende Codes.

  Fehlermaskierung (fault masking): Fehlerhafte Ergebnisse von Komponenten werden im Vergleich zu mehrheitlich als korrekt akzeptierten Ergebnissen funktional äquivalenter Komponenten unterdrückt (maskiert). Beispielsweise basieren TMR-Systeme auf diesem Verfahren[1].

- **Fehlerbehebung** *(error recovery): Fehlerbehebungsmaßnahmen stellen im Fehlerfall (fehlerhafter Systemzustand) einen fehlerfreien Systemzustand wieder her.*

  Der fehlerhafte Zustand kann durch einen in der Vergangenheit durchlaufenen fehlerfreien Zustand substituiert werden. Dieses Verfahren wird als Rückwärts-Fehlerbehebung (backward error recovery) bezeichnet.

  Die zweite Möglichkeit besteht darin, durch spezielle Verfahren einen fehlerfreien, vorher nicht durchlaufenen Folgezustand zu finden. Diese Methode wird als Vorwärts-Fehlerbehebung (forward error recovery) bezeichnet.

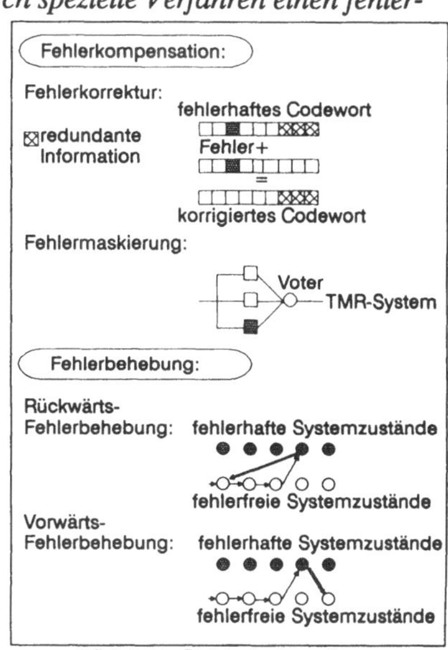

Bild 2.11: Fehlerbehandlung

Die Methoden der Fehlerbehandlung sind im Bild 2.11 im Überblick dargestellt.

- **Rekonfiguration** *(reconfiguration): Nach der Fehlerbehebung kann die Behandlung der eigentlichen Störung (fault treatment) in Angriff genommen werden. Das verwendete Verfahren ist die Rekonfiguration. Die prinzipiellen Schritte sind:*

  - *Die latent gestörte Komponente wird deaktiviert. Damit ist das System im degradierten Betrieb.*

[1] TMR = triple modular redundancy; siehe hierzu auch Kapitel 11.1.1.1

- *Die gestörte Komponente wird aus dem Systemverband ausgegliedert (error passivation).*
- *Eine Ersatzkomponente wird eingegliedert. Das System ist wieder voll funktionsfähig.*

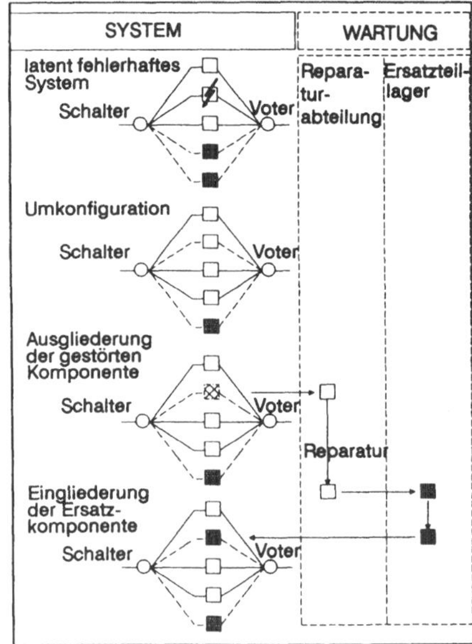

Bild 2.12: Rekonfiguration

Die Rekonfiguration ist im Bild 2.12 veranschaulicht. Um die Systemverfügbarkeit tatsächlich zu erhöhen, müssen die im System selbst realisierten Fehlertoleranzverfahren durch geeignete Wartungsmaßnahmen ergänzt werden. Unter Wartung (maintenance) versteht man alle technischen oder administrativen Maßnahmen, die darauf zielen, ein System im funktionstüchtigem Zustand zu erhalten oder es nach einem Ausfall wieder instandzusetzen. Man unterscheidet dabei:

- *Korrektive Wartungsmaßnahmen oder Instandsetzung (corrective maintenance): Korrektive Wartungsmaßnahmen umfassen alle Aktivitäten, um ein System nach einem Ausfall wieder funktionsfähig zu machen.*
- *Präventive Wartungsmaßnahmen (preventive maintenance): Präventive Wartungsmaßnahmen werden nach festen Zeitintervallen oder gemäß festgelegten Kriterien ausgeführt, um die Fehlerwahrscheinlichkeit zu senken oder einem Leistungsabfall entgegenzuwirken.*

2.2.2.3 Redundanz

Fehlertoleranz kann nur auf der Basis von Redundanz realisiert werden. Mit Redundanz wird jeder zusätzliche Aufwand bezeichnet, auf den in einem fehlerfreien System verzichtet werden könnte. Je nachdem welcher Systemaspekt betrachtet wird, unterscheidet man folgende Redundanzformen:

- *Strukturelle Redundanz: Strukturelle Redundanz bezeichnet die Erweiterung der Systemstruktur (Architektur) um zusätzliche gleich- oder andersartige Komponenten.*
- *Funktionelle Redundanz: Funktionelle Redundanz bezeichnet Erweiterungen der Systemfunktionalität um zusätzliche Funktionen.*

- *Informationsredundanz: Informationsredundanz bezeichnet die Erweiterung der im System abgelegten Nutzinformation um zusätzliche Informationen.*
- *Zeitredundanz: Zeitredundanz bezeichnet zusätzlichen Zeitaufwand zur Ausführung von Funktionen. Dazu gehören zusätzliche Funktionen oder auch Funktionswiederholungen.*

Je nach der Art der Benutzung (Aktivierung) der Redundanz definiert man:

- *Statische Redundanz (static redundancy) oder aktive Redundanz (active redundancy) als Redundanz, die während der gesamten Einsatzdauer aktiv ist.*
- *Dynamische Redundanz (dynamical redundancy) oder Standby Redundanz (standby redundancy) als Redundanz, die erst im Bedarfsfall aktiviert wird.*

Beispiele für die technische Realisierung von redundanten Systemen (Redundanztechniken) sind im Hardware-Bereich *TMR-Systeme* (Triple Modular Redundancy), *NMR-Systeme* (N-ary Modular Redundancy), *Standby-Systeme* oder *Duplex-Systeme*[1], im Software-Bereich das '*Recovery-Block*' Verfahren oder *Software-Diversität* (N version programming)[2]. Fehlertoleranz-Methoden basieren im allgemeinen nicht ausschließlich auf einer einzigen Redundanzform. Häufig sind mehrere Redundanzformen beteiligt.

2.2.3 Bewertung von Fehlertoleranztechniken

Der Zuverlässigkeitsbewertung sowohl zur Zuverlässigkeitsvorhersage wie auch zum Zuverlässigkeitsnachweis kommt immer größere Bedeutung zu. Sowohl die Auswirkungen von nicht akzeptablem Systemverhalten, wie auch der Erfolg von Fehlervermeidungs-, Fehlertoleranz- und Maintenance-Maßnahmen müssen durch geeignete Kenngrößen quantifiziert werden. Grundlage der Bewertung sind *Systemmodelle* auf der Basis unterschiedlichster mathematischer Methoden. Ein fehlertolerantes System wird beispielsweise durch eine Vielzahl von speziellen, die gewählten Fehlertoleranzverfahren charakterisierenden Parametern und Bedingungen beschrieben. Die modellmäßige Erfassung dieser Charakteristika ist Aufgabe des konkreten Modellierungsprozesses. Ausgehend von einem hierarchisch zerlegten System können sich verschiedene Hierarchiestufen mit unterschiedlichen Anforderungen an Systemmodelle und Modellierungsverfahren ergeben. Damit kann die Systemmodellierung in Teilen unter Berücksichtigung spezieller Systemaspekte oder technischer Ein-

[1] siehe Mähle 1988

[2] siehe hierzu Voges 1988

schränkungen vorgenommen werden. Daneben ergibt der Vergleich verschiedener Modellierungsverfahren ein und derselben Systemkomponente Anhaltspunkte für die Güte und Verläßlichkeit der Modellierung. Ergeben sich mit unterschiedlichen Verfahren gleiche oder verträgliche Resultate, werden die charakteristischen Eigenschaften der Komponente offensichtlich in beiden Modellen richtig beschrieben. Zeigen sich dagegen deutliche Unterschiede, deutet dies auf Schwachstellen, Ungenauigkeiten oder prinzipielle Schwierigkeiten in der Modellbildung hin. Mathematische Methoden, die in der Zuverlässigkeitsbewertung Verwendung finden, sind beispielsweise:

- *die Bool'sche Methode (siehe Hoefle 1978),*
- *die Theorie der Erneuerungsprozesse (siehe Schneeweiß 1980; Yak 1985),*
- *die Markov-Theorie (siehe Schneeweiß 1980 ; Hoefle 1978),*

oder

- *stochastische Petri-Netze (siehe Molloy 1982).*

Auf eine Darstellung der einzelnen Methoden und Theorien wird verzichtet, da sie in der Literatur ausführlich dokumentiert sind. Der folgende Abschnitt stellt zwei Beispiele für Zuverlässigkeitsanalysen vor. Im ersten Beispiel geht es dabei um den Vergleich verschiedener Redundanztechniken. Gegenstand des zweiten Modellierungsbeispiels ist ein Speichersystem.

2.3 Beispiele

2.3.1 Modul- und Submodulredundanz

Als erstes Beispiel soll ein ursprünglich von Yak diskutiertes System dienen[1]. Die hier vorgestellte Ausarbeitung stammt von Hopf[2] und Saueressig[3]. Das nichtredundante Ausgangssystem besteht aus einem Modul (siehe Bild 2.13). Dieser Modul setzt sich aus verschiedenen Komponenten zusammen, z.B. einer CPU, einem Speicher,

[1] siehe Yak 1985

[2] siehe Hopf 1989

[3] siehe Saueressig 1988

I/O-Baugruppen, Softwarekomponenten und gegebenenfalls weiteren Komponenten.

2.3.1.1 Systemmodellierung

Häufig besitzt eine dieser Komponenten eine deutlich größere Ausfallrate als die restlichen Komponenten. In einem Modell des Moduls (siehe Bild 2.13) bringt man dies durch Dekomposition in zwei Submoduln S und R zum Ausdruck, die durch unterschiedliche Ausfallraten gekennzeichnet sind. Der Submodul S bezeichnet die Komponenten mit der deutlich höheren Ausfallrate λ_S. Die restlichen Komponenten werden mit einer niedrigeren Ausfallrate λ_R durch den Submodul R modelliert. In diesem Beispiel werden für die Ausfallraten gewählt:

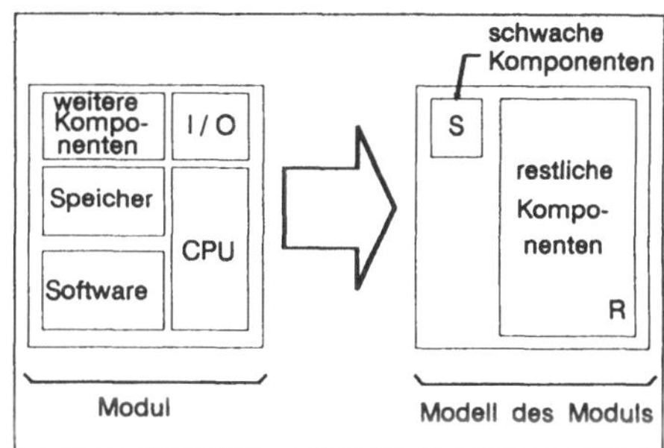

Bild 2.13: Systemmodellierung

$$\lambda_S = 10^{-3} \cdot 1/h$$
$$\lambda_R = 10^{-4} \cdot 1/h$$

Eine erste Zuverlässigkeitsanalyse des Systems, bestehend aus einem Modul, ergibt eine Überlebenswahrscheinlichkeit, wie sie in Bild 2.14 als Funktion der Zeit aufgetragen ist. Unter der Annahme, daß die Zuverlässigkeit des Systems für die angestrebte Anwendung nicht ausreicht, bieten sich prinzipiell zwei Möglichkeiten an, durch Redundanz die Systemzuverlässigkeit zu erhöhen.

- *Zum einen kann man Redundanz auf Modulebene einbringen und den gesamten Modul durch Reservemoduln ergänzen. Auf diese Reservemoduln wird im Fehlerfall umgeschaltet.*
- *Zum andern kann man die 'Schwachstelle' im Modul selbst*

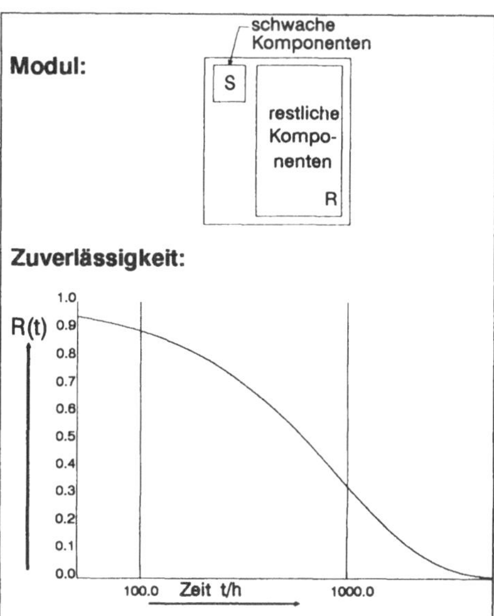

Bild 2.14: Bewertung des nichtredundanten Moduls

durch Einführen von Redundanz auf Submodulebene beseitigen. Der Submodul S kann beispielsweise in TMR-Technik ausgelegt werden. Eine Degradierung des TMR-Systems auf zwei Submodule soll erlaubt sein. Zusätzlich ist es möglich, noch weitere Reserve-Submoduln vorzusehen (Standby-Redundanz).

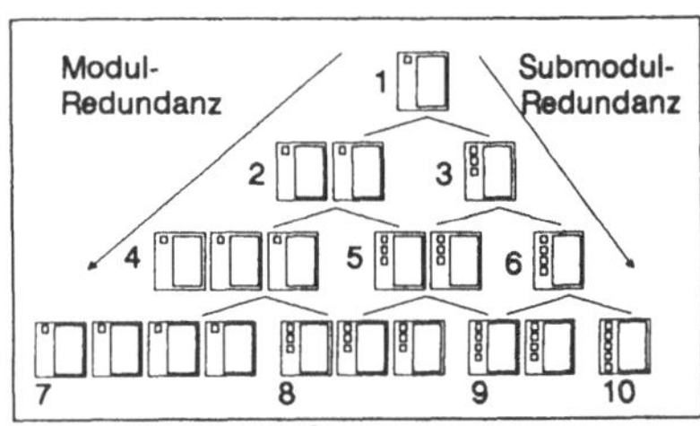

Bild 2.15: Systemvarianten

Aufbauend auf den beiden Redundanzstrategien kann eine Vielzahl von Systemvarianten betrachtet werden. Ausgehend vom nichtredundanten Ausgangsmodul (Basissystem) sind alle redundanten Systemvarianten, die im folgenden vergleichend betrachtet werden, im Bild 2.15 in einer Baumstruktur aufgetragen. Das jeweils linke Nachfolgesystem geht aus dem aktuell betrachteten System durch die Hinzunahme eines weiteren Moduls (Modulredundanz) hervor. Das rechte Nachfolgesystem wird durch Berücksichtigung der Submodulredundanztechnik aus dem aktuellen System abgeleitet. In allen Fällen, in denen ein Ausfall das Umschalten auf eine Ersatzkomponente bedingt, wird von einem Coverage-Faktor von 0.99 ausgegangen. Welche Realisierung des Systems den gestellten Anforderungen am effizientesten gerecht wird, muß eine Zuverlässigkeitsbewertung zeigen. Die Modellierung des fehlertoleranten Submodulsystems S kann beispielsweise im Markov Modell erfolgen. Degradierung kann dabei explizit berücksichtigt werden. Das Bild 2.16 zeigt ein fehlertolerantes Submodulsystem (TMR-System mit einer Reserveeinheit) und das zugehörige Zustandsübergangsdiagramm. Für die Berechnung der Zuverlässigkeit des Gesamtsystems wird eine erneuerungstheoretische Methode, die Methode des "Bounded Set Approach" verwendet.

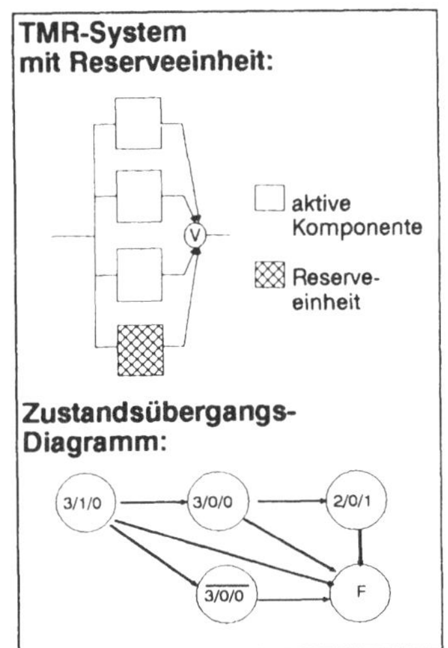

Bild 2.16: Systemmodellierung im Markov-Modell

2.3.1.2 Ergebnisvergleich

Die Ergebnisse für die verschiedenen Systemvarianten sind in den Bildern 2.17 bis 2.20 zusammengestellt. Der Vergleich der Resultate für die verschiedenen Systemvarianten zeigt überraschende Ergebnisse:

- *In Bild 2.17 sind das Ausgangssystem und die aus ihm durch Modulredundanztechnik abgeleiteten Systemvarianten dargestellt. Das Einführen von Modulredundanz bringt eine deutliche Verbesserung der Zuverlässigkeit gegenüber dem nichtredundanten Ausgangssystem. Der Zuverlässigkeitsgewinn ist am größten, wenn das Ausgangssystem um einen Ersatzmodul erweitert wird. Die Hinzunahme weiterer Ersatzmodule bringt deutlich weniger Zuverlässigkeitsgewinn.*
- *Bild 2.18 zeigt einen Vergleich zwischen einem nichtredundanten Modul und einem redundanten Modul, dessen schwache Komponente in TMR-Technik ausgelegt ist. Ist für kleine Zeitwerte die redundante Systemvariante zuverlässiger, so zeigt sich, daß ab einem gewissen Zeitpunkt das nichtredundante Ausgangssystem höhere Überlebenswahrscheinlichkeit besitzt. Redundanztechniken bringen demnach eine Verbesserung der Zuverlässigkeit gegenüber dem Ausgangssystem häufig nur für ein begrenztes Zeitintervall.*
- *Die Auswertung der beiden Redundanzstrategien (Modulredundanz, Submodulredundanz) liefert unterschiedliche Aussagen bezüglich des Zuverlässigkeitsgewinns, je nachdem wieviel Redundanz bereits im System eingesetzt ist und welche Redundanztechniken verwendet werden. Der Vergleich der Systeme (3), (5) und (6) (siehe Bild 2.19) legt nahe, daß Modulredundanztechniken den Submodulredundanztechniken überlegen sind. Ein Vergleich der Systeme (5), (8) und (9) (siehe Bild 2.20) zeigt jedoch das genau konträre Verhalten. Submodulredundanz führt zu zuverlässigeren Systemen als Modulredundanz.*

Neben der Dokumentation von durchaus erfolgreichem Einsatz von Fehlertoleranzmaßnahmen wird mit diesem Beispiel auch die Gefährlichkeit von ad-hoc-Ansätzen in der Entwicklung von fehlertoleranten Systemen aufgezeigt. Als wesentliches Ergebnis kann festgehalten werden, daß Redundanz ein zweischneidiges Schwert ist und nicht automatisch zu höherer Zuverlässigkeit führt.

2.3.2 Codegeschütztes Speichersystem

Das zweite Beispiel befaßt sich mit einem Speichersystem, das durch fehlerkorrigierende Codes geschützt wird (Informationsredundanz).

2.3.2.1 Systembeschreibung

Zuerst soll das betrachtete Speichersystem kurz vorgestellt werden. Ein Speichersystem ist üblicherweise in Speicher-Chips, Speicherseiten und Speicher-Arrays organisiert.

- *Der Speicher Chip ist der kleinste Baustein eines Speichersystems. Ein Chip stellt Speicherzellen zur Verfügung, die in einer Matrix angeordnet sind. Die*

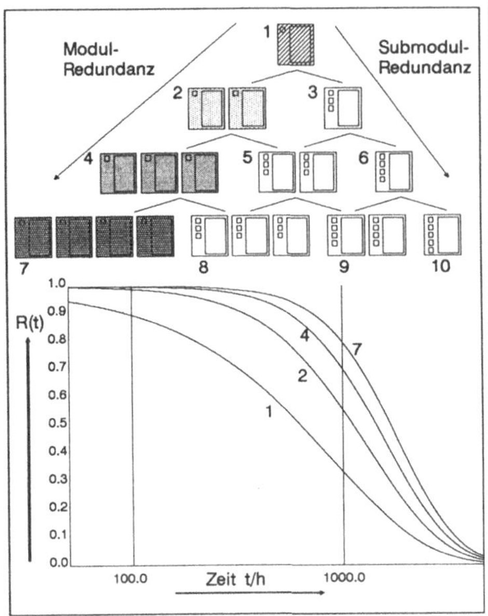

Bild 2.17: Ergebnisvergleich Systeme (1),(2),(4) u. (7)

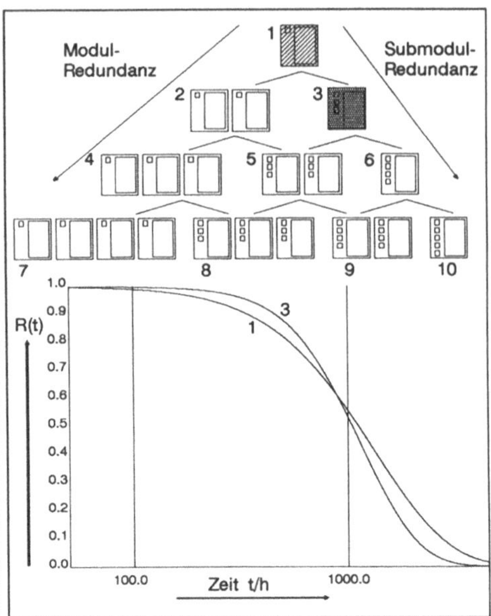

Bild 2.18: Ergebnisvergleich Systeme (1) und (3)

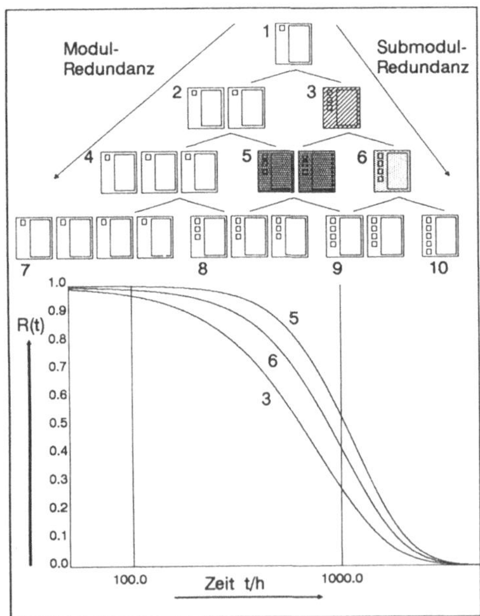

Bild 2.19: Ergebnisvergleich Systeme (3), (5) und (6)

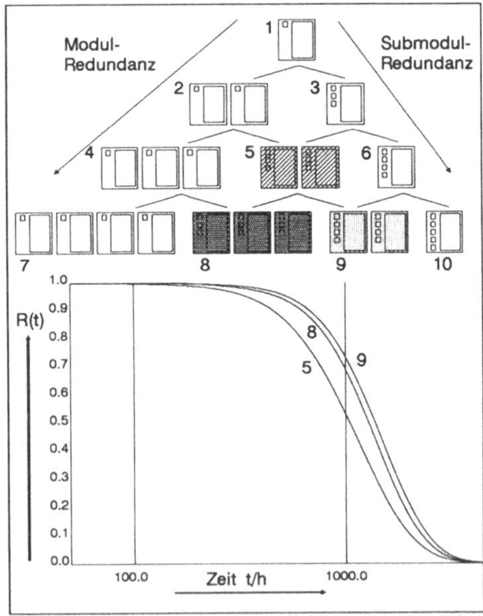

Bild 2.20: Ergebnisvergleich Systeme (5), (8) und (9)

Speicherzellenmatrix sei physikalisch in zwei gleichgroßen Speicherblöcken auf dem Chip realisiert[1]. *Eine ebenfalls auf dem Chip untergebrachte Adressierlogik ermöglicht durch Angabe entsprechender Zeilen- und Spaltenadressen den Zugriff auf die einzelnen Speicherzellen. Ein Chip stellt insgesamt N Speicherzellen zur Verfügung.*

- *Eine Speicherseite besteht aus n_{chip} Speicher-Chips*[2]. *Alle Chips einer Speicherseite nehmen unter der gleichen Adresse genau ein Bit eines Speicherwortes auf. Man spricht in diesem Zusammenhang auch von der* wordline, *auf der die Bits eines Speicherwortes zu finden sind. Die Anzahl n_{chip} der Chips einer Speicherseite bestimmt damit die Breite der abgespeicherten Information (Speicherwortlänge). Eine Speicherseite kann somit N Speicherworte aufnehmen.*
- *Ein Speicher-Array baut sich aus n_{page} Speicherseiten auf. Die Gesamtspeicherkapazität eines Speicher-Arrays beträgt demnach $n_{\text{page}} \cdot N$ Speicherworte.*

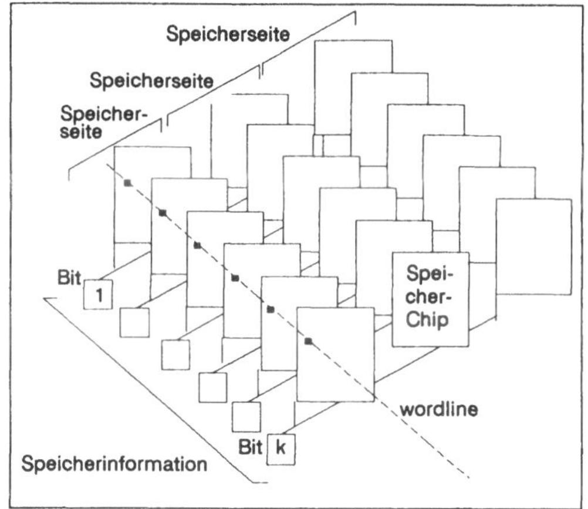

Bild 2.21: Struktur des Speichersystems

Die Struktur dieses Speichersystems ist in Bild 2.21 dargestellt.

2.3.2.2 Ausfallmodell

Die im folgenden für einen Speicher-Chip betrachten Ausfälle, werden in einem sogenannten *Ausfallmodell* zusammengestellt. Jeder Ausfall kann durch den vom Ausfall betroffenen Chipbereich charakterisiert werden. Dementsprechend klassifiziert man die Ausfälle wie folgt:

- *Zellausfall: Hier ist nur eine einzige Speicherzelle des gesamten Chips von dem Ausfall betroffen. Dieser Ausfallbereich wird im folgenden mit D_{Zelle} bezeichnet.*
- *Spaltenausfall: Beim Spaltenausfall ist der Zugriff auf eine ganze Spalte von Speicherzellen nicht mehr korrekt möglich. Dieser Ausfallbereich wird im folgenden mit D_{Spalte} bezeichnet.*

---

[1] Diese Aufteilung kann bei anderen Chips auch unterschiedlich sein. Üblich sind auch Aufteilungen auf vier Blöcke.

[2] Diese Definition des Begriffs *Speicherseite* darf nicht mit dem in Kapitel 10 verwendeten Begriff *Speicherseite* verwechselt werden.

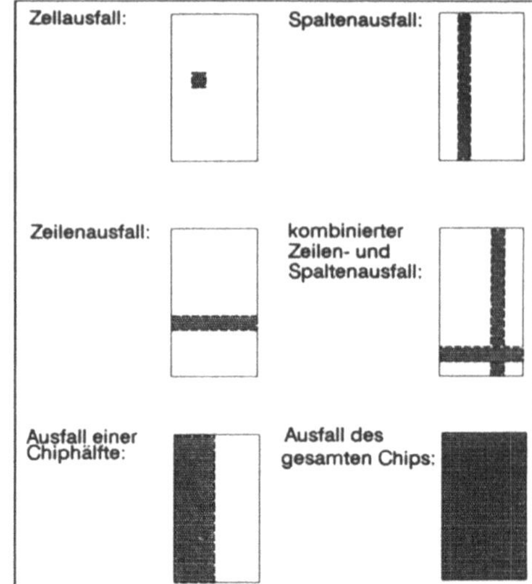

Bild 2.22: Chip-Ausfallklassen

- *Zeilenausfall: Beim Zeilenausfall ist der Zugriff auf eine ganze Zeile von Chip-Speicherzellen nicht mehr korrekt möglich. Dieser Ausfallbereich wird im folgenden mit* D_{Zeile} *bezeichnet.*
- *Kombinierte Zeilen- und Spaltenausfälle: Bei dieser Klasse von Ausfällen ist die in den Speicherzellen einer Zeile und einer Spalte abgespeicherte Information verloren. Dieser Ausfallbereich wird im folgenden mit* $D_{\text{Zeile + Spalte}}$ *bezeichnet.*
- *Ausfälle, die eine Chiphälfte betreffen: Die Speicherzellen einer der beiden Speicherblöcke des Chips können nicht mehr benutzt werden. Dieser Ausfallbereich wird im folgenden mit* $D_{\text{Chiphälfte}}$ *bezeichnet.*
- *Totalausfälle: Der Chip ist total ausgefallen. Keine Speicherzelle des Chips steht mehr zum Abspeichern von Informationen zur Verfügung. Dieser Ausfallbereich wird im folgenden mit* D_{Chip} *bezeichnet.*

Das Bild 2.22 zeigt eine Zusammenstellung der verschiedenen Ausfallklassen mit den entsprechenden Ausfallbereichen im Überblick.

2.3.2.3 Redundanztechniken

Chip-Ausfälle können toleriert werden, wenn die abzuspeichernde Information durch redundante Information ergänzt wird. Fehlerkorrigierende Codes werden zu diesem Zweck eingesetzt. Ausgehend von einem *Datenwort*, das die eigentliche Information enthält, wird durch ein mathematisches Verfahren redundante Zusatzinformation erzeugt. Diese wird zusammen mit der eigentlichen Information im *Codewort* zusammengefaßt[1]. Es gibt verschiedene Klassen fehlerkorrigierender Codes. Je nachdem wieviele Bit-Fehler eines Codeworts durch den Code *korrigiert* werden können, handelt es sich um:

[1] siehe z.B. Kapitel 11

- *Ein-Bit-Fehler-korrigierende Codes: Ein ein-Bit-Fehler-korrigierender Code liegt vor, falls alle ein-Bit-Fehler durch die Anwendung des Codes korrigiert werden können.*
- *Zwei-Bit-Fehler-korrigierende Codes: Zwei-Bit-Fehler-korrigierende Codes sind in der Lage, ein-Bit- und zwei-Bit-Fehler zu korrigieren.*
- *n-Bit-Fehler-korrigierende Codes: n-Bit-Fehler-korrigierende Codes erlauben die Korrektur von bis zu n fehlerhaften Bits pro Codewort.*

Um die für Codierung notwendige redundante Information abspeichern zu können, muß eine Speicherseite um eine entsprechende Zahl von Chips erweitert werden (siehe Bild 2.23). Je umfangreicher die Korrektureigenschaft des Codes, desto umfangreicher wird der Anteil der redundanten Zusatzinformation, um die die eigentliche Information im Codewort ergänzt werden muß. Eine Speicherseite muß dazu um zusätzliche Chips erweitert werden.

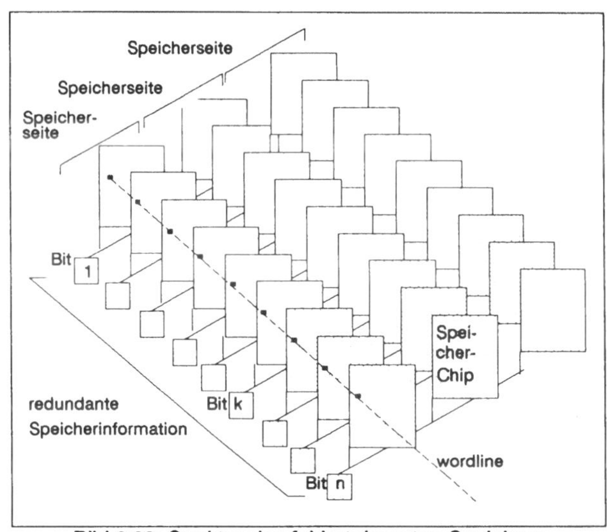

Bild 2.23: Struktur des fehlertoleranten Speichers

2.3.2.4 Zuverlässigkeitsmodell

Es erhebt sich nun die Frage, in welchem Umfang Fehler korrigierbar sein sollten, um den Zuverlässigkeitsanforderungen an das Speichersystem zu entsprechen. Diese Frage soll in einem Modellierungsprozeß durch eine Zuverlässigkeitsanalyse geklärt werden. Für die Berechnung der Zuverlässigkeitsfunktion (Überlebenswahrscheinlichkeit) eines code-geschützten Speichersystems werden im folgenden Modell berücksichtigt:

- *Die verschiedenen Ausfallklassen (Zellausfall, ..., Totalausfall)*

und

- *n-Bit-Fehler korrigierende Codes.*

Die Zuverlässigkeitsfunktion wird schrittweise für das Speichersystem abgeleitet. Zuerst werden die Ausfallraten für einen Speicherchip definiert. Die Überlebenswahrscheinlichkeit für eine Speicherseite $R_{Page}(t)$ wird unter Berücksichtigung fehlerkorrigierender Codes angegeben. Im letzten Schritt wird dann die Zuverlässigkeitsfunktion $R_{array}(t)$ ermittelt.

Speicherchip. Die Chip-Ausfallrate λ_{gesamt} kann bezüglich Ausfallklassen aufgeschlüsselt werden:

$$\lambda_{gesamt} = \sum_{f=Zelle}^{Total} \lambda_f \cdot \frac{|D_{Chip}|}{|D_f|}$$

- *λ_f gibt die ausfallklassenspezifische Ausfallrate an. f kennzeichnet die Ausfallklasse ($f \in$ {Zelle, Spalte, Zeile, Zeile + Spalte, Chiphälfte, Total })*
- *$|D_f|$ gibt die Anzahl der vom Ausfall betroffenen Zellen im Ausfallbereich D_f an.*

Speicherseite. Die Zuverlässigkeitsfunktion für eine aus n_{Chip} Chips bestehende redundant ausgelegte Speicherseite, die wegen der codiert abgelegten Information bis zu n_{Fehler} Fehler auf einer wordline tolerieren kann, ergibt sich zu

$$R_{Page}(t) = R_{nChip,fChip,nFehler}(t)$$

mit

$$R_{n,f,\nu}(t) = \sum_{j=0}^{\nu} \binom{n}{j} [F_f(t)]^j \cdot [\overline{F}_f(t)]^{n-j} \cdot [R_{n-j,f-1,\nu-j}(t)]^{\frac{|D_f|}{|D_{f-1}|}}$$

Die Berechnung von $R_{n,f,\nu}(t)$ erfolgt rekursiv.

- *n bezeichnet die Anzahl der im rekursiven Algorithmus noch zu berücksichtigenden Chips, Der Startwert ist $n = n_{Chip}$*
- *ν bezeichnet die Anzahl der im rekursiven Algorithmus noch tolerierbaren Fehler. Der Startwert ist: $\nu = n_{Fehler}$*
- *f bezeichnet eine Ausfallklasse. Begonnen wird mit f = Total.*
- *$|D_f|$ bezeichnet die Anzahl von durch den Ausfall der Klasse f im Bereich D_f gestörten Zellen.*
- *$F_f(t)$ bezeichnet die Verteilungsfunktion für Ausfälle der Klasse f; $\overline{F}_f(t) = 1 - F_f(t)$*

Die Ausfallklassen *f* werden in einer durch die Teilmengenrelation '$\subset$' auf den Ausfallbereichen D_f definierten Ordnung in der oben angegebenen Berechnungsvorschrift berücksichtigt:

$$D_{Chip} \supset ... \supset D_f \supset D_{f-1} \supset ... \supset D_{Zelle}$$

Der Berechnungsalgorithmus terminiert, wenn alle relevanten Ausfallklassen berücksichtigt sind. Dies wird formal ausgedrückt durch die Beziehung

$$R_{n,0,\nu}(t) = 1$$

Speicherarray. Für ein Speicherarray bestehend aus n_{Page} Speicherseiten ergibt sich damit eine Überlebenswahrscheinlichkeit von:

$$R_{Array}(t) = [R_{Page}(t)]^{n_{Page}}$$

2.3.2.5 Berechnungsbeispiel

Obige Formel soll nun konkret ausgewertet werden. Als Beispiel wird ein 1 MBit Speicherchip betrachtet. Es soll überprüft werden, inwieweit das im letzten Abschnitt vorgestellte, sehr detaillierte Ausfallmodell Einfluß auf das Gesamtergebnis hat.

Dazu werden zwei Sätze von **Modellparametern** betrachtet. Sie werden im folgenden mit Modell '*A*' und '*B*' bezeichnet[1].

- **Modell 'A'**: *Im Modell 'A' wird nur von einer einzigen Ausfallklasse ausgegangen. Man betrachtet nur Zellausfälle. Mit einer Zellausfallrate von* $\lambda_{Zelle} = 1.0 \cdot 10^{-9}/h$ *ergibt sich als Gesamtausfallrate für den Chip* $\lambda_{gesamt} = 1.049 \cdot 10^{-3}/h$.
- **Modell 'B'**: *Im Modell 'B' werden die Ausfallraten nach verschiedenen Ausfallklassen differenziert angegeben. Die einzelnen Ausfallraten für die verschiedenen Ausfallklassen f sind in Tabelle 2.1 zusammengestellt. Wieder ergibt sich als Gesamtausfallrate für den Chip* $\lambda_{gesamt} = 1.049 \cdot 10^{-3}/h$.

Ausfallklassen f	Ausfallraten in 1/h	
	Modell 'A'	Modell 'B'
Zellausfall	$1.000*10^{-9}$	$9.000*10^{-10}$
Zeilen- bzw. Spaltenausfall		$8.192*10^{-8}$
kombinierte Zeilen-/Spalten-Ausfälle		$4.096*10^{-8}$
Ausfall einer Chiphälfte		
Totalausfall		

Tabelle 2.1: Ausfallraten für die Modellrechnung

Die beiden Parametersätze beschreiben zwei verschiedene Ausfallmodelle für einen Chip mit der Gesamtfehlerrate $\lambda_{gesamt} = 1.049 \cdot 10^{-3}/h$.

[1] Die zugrundegelegte Ausfallrate für eine einzelne Zelle ist zur Verdeutlichung der Auswirkungen sehr pessimistisch angenommen. Zellausfallraten moderner Chips haben deutlich niedrigere Werte. Aktuelle Zahlenwerte sind jedoch schwer zu erhalten. Sie werden in Datenbüchern normalerweise nicht angegeben.

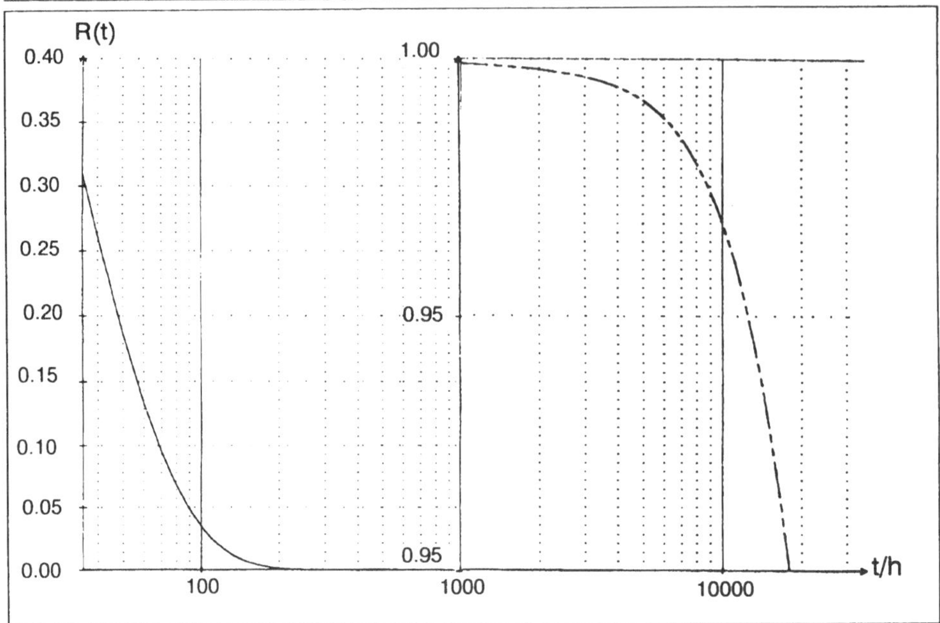

Bild 2.24: Überlebenswahrscheinlichkeit des Models 'A'

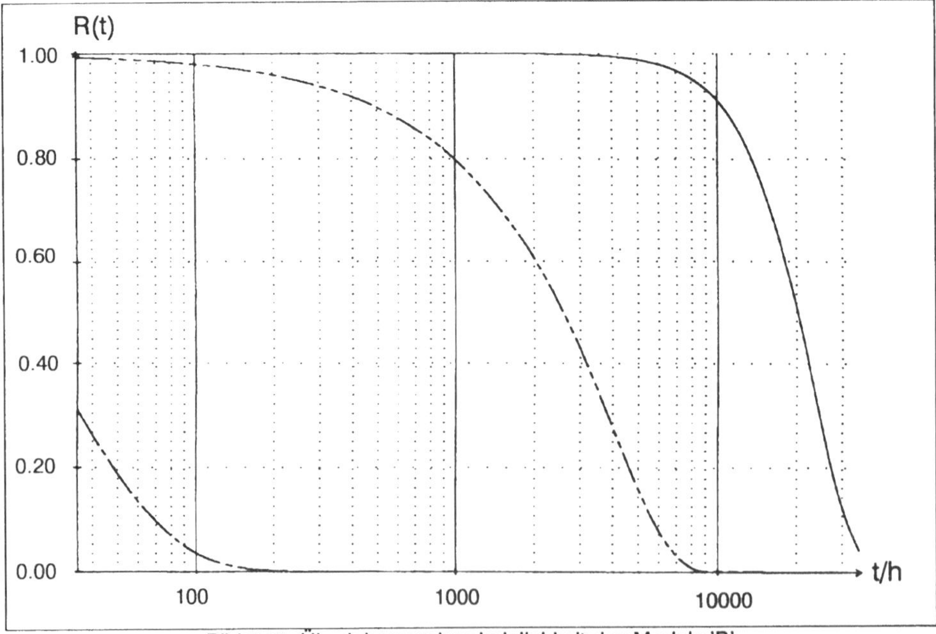

Bild 2.25: Überlebenswahrscheinlichkeit des Models 'B'

Systemstruktur. Im folgenden soll ein Speichersystem diskutiert werden, bei dem ein Speicherarray aus vier Speicherseiten besteht. Für das *nichtredundante* System besteht eine Speicherseite aus acht Speicherchips. Im Fall des Einsatzes eines 1 Bit-fehlerkorrigierenden Codes erhöht sich die Anzahl der Chips pro Page auf 13. Kommt ein 2 Bit-fehlerkorrigierender Code zur Anwendung, besteht eine Speicherseite aus 16 Chips.

Für alle drei Systemvarianten sind die Überlebenswahrscheinlichkeiten als Funktion der Zeit für das Modell 'A' in Bild 2.24 und für Modell 'B'in Bild 2.25 dargestellt. Die Kurve für das nichtredundante System ist trotz unterschiedlicher Maßstäbe natürlich in für beide Modelle identisch.

Die wesentlichen Ergebnisse sind:

- *Fehlerkorrigierende Codes erhöhen, unabhängig vom gewählten Ausfallmodell, deutlich die Zuverlässigkeit von Speichersystemen.*
- *Der errechnete Zuverlässigkeitsgewinn ist stark von dem zugrundeliegendem Ausfallmodell abhängig. Bei gleicher Gesamtfehlerrate in beiden Modellen, führt die detailliertere Aufschlüsselung der Ausfallraten (Modell 'B') zu jedem Zeitpunkt zu deutlich niedrigeren Überlebenswahrscheinlichkeiten im Vergleich zum Resultat für Modell 'A'. Die undifferenzierte Betrachtungsweise des Ausfallmodells 'A' überschätzt deutlich die Zuverlässigkeit des Speichersystems.*

Dieses Beispiel macht die Gefährlichkeit von unreflektierter Zuverlässigkeitsmodellierung sehr deutlich.

2.4 Literatur

2.4.1 Bücher

T. Anderson, P.A.Lee
Fault-Tolerance - Principles and Practice
Prentice/Hall, 1981, ISBN 0-13-308254-7

A. Birolini
Qualität und Zuverlässigkeit technischer Systeme - Theorie, Praxis, Management
Springer-Verlag, Berlin, 1985, ISBN 3-540-15542-2

CCITT Recommendation:
Telephone Network and ISDN; Quality of Service, Network Management and Traffic Engineering.
Vol. II, Fascicle II.3, Recommendation E.800-E.880, Geneva 1989, ISBN 92-61-03271-0

U. Hoefle-Isphording
Zuverlässigkeitsrechnung - Einführung in ihre Methoden.
Springer Verlag, Berlin, 1978, ISBN 3-540-08412-6

W. Schneeweiß
Zuverlässigkeits-Systemtheorie - Methoden zur Beurteilung der Zuverlässigkeit technischer Systeme.
CCG Texte 1, Datakontext-Verlag, Köln, 1980, ISBN 3-921899-15-X

U. Voges (ed.)
Software Diversity in Computerized Control Systems
Springer-Verlag, Wien, 1988, ISBN 3-211-82014-0

2.4.2 Einzelartikel

F. Belli, K. Echtle, W. Görke
Methoden und Modelle der Fehlertoleranz.
Informatik-Spektrum, Heft 9, 1986

F. Blome
Betriebserfahrungen mit der Systemzuverlässigkeit programmgesteuerter Fernsprechvermittlungssysteme der Deutschen Bundespost.
Tagungsband der 13. Fachtagung Technische Zuverlässigkeit (TTZ), Nürnberg, 1985

CEPT subworking group T/SPS
Elaboration of Availability Performance Plan
EME report, 1986

C.L. Davis, R.J. Ferrise
An Agenda for the Reliability and Quality of the Next Generation Switch
IEEE Proceedings, Int. Switching Symposium, Phoenix, USA, 1987

DIN IEC 56(CO)80
Darstellung von Zuverlässigkeits-, Instandhaltbarkeits- und Verfügbarkeitsvorhersagen.
Norm-Entwurf, 1982

H.G. Hopf
Verläßliche Systeme
Tagungsband der 15. Fachtagung Technische Zuverlässigkeit (TTZ), VDI Berichte Nr. 771, München, 1989

J.C. Laprie
Dependable Computing and Fault-Tolerance - Concepts and Terminology
Mitteilungen der GI/ITG Fachgruppe Fehlertolerierende Rechensysteme, 1985

E. Mähle
Architektur fehlertoleranter Systeme.
Informationstechnik it, Heft 3, 1988

M.K. Molloy
Performance Analysis Using Stochastic Petri Nets
IEEE Transactions on Computers, Vol.C-31, No.9, 1982

Y.W. Yak, T.S. Dillon, K.E. Forward
Bounded-set approach to the evaluation of the reliability of fault-tolerant systems - part 1 and 2
IEE Proceedings, Vol.132, No.4, 1985

CCITT Study Group XI
Report R8, Geneva, 1985

P. Saueressig
Entwicklung eines Programms zur Zuverlässigkeitsmodellierung komplexer Systeme nach der Methode des 'Bounded Set Approach'.
Diplomarbeit, Georg-Simon-Ohm-Fachhochschule Nürnberg, Fachbereich Nachrichten-/Feinwerktechnik, 1988

3 Konzepte der Parallelverarbeitung

3.1 Multitasking als Entwurfsmethode

3.1.1 Meßwerterfassung als einfaches Beispiel

3.1.1.1 Problemstellung

Anhand eines übersimplifizierten Beispiels soll in die Entwurfstechnik von Multiprozessorsystemen eingeführt werden. Dabei muß hervorgehoben werden, daß der Ansatz nicht von der Hardwareseite, sondern von der Softwareseite, bzw. spezifischer von der Betrachtung der Aufgabenstellung erfolgt. Die Aufgaben des hier betrachteten Meßsystems lauten:

- *Einlesen der Meßwerte*
- *Abspeichern der Daten*
- *Darstellung der Daten auf einem Bildschirm*
- *Mittelwertbildung nach je 10 Messungen*

Diese Folge von Aufgaben soll endlos ausgeführt werden, wobei die Aufgaben nur als "Platzhalter" dienen, hinter denen sich in "realen" Applikationen komplexe Teilaufgaben verbergen können. Beispielsweise kann man sich hinter der *Mittelwertbildung* einen komplexen Auswerte- oder Verarbeitungsalgorithmus vorstellen. Ebenso könnte *Darstellung auf dem Bildschirm* synonym für die Bedienung einer komplexen Leitwarte sein.

3.1.1.2 Sequentielle Problemlösung

In Bild 3.1 ist eine übliche Lösung der Aufgabenstellung dargestellt. Die Darstellungsform ist eine Spezifikation des Systems, wobei als Ausdrucksmittel eine *Pseudo-*

```
DO FOREVER
  clear_buffer;
  count := 1;
  DO WHILE count <= 10          /* lesen */
    wait_for_new_value;
    buffer := buffer + new_value;
    count := count + 1;
  END_WHILE;
    buffer := buffer/10;         /* Mittelwert */
    write_buffer_to_disk;        /* abspeichern */
    display_buffer_on_CRT;       /* anzeigen */
END_DO.
```

Probleme bei realen Aufgabenstellungen:

* Einhaltung von Zeitbedingungen erfordert Verschachtelung von Einzelaktionen

* unübersichtlich

* fehleranfällig

Bild 3.1: Sequentielle Lösung der Meßaufgabe

codedarstellung gewählt ist. Die Darstellung beschreibt eine Endlosschleife, in der die Einzelaufgaben sequentiell aufgereiht sind. Wenngleich der Ablauf hier sehr klar und übersichtlich ist, so ergeben sich doch in realen Aufgabenstellungen bei dieser Vorgehensweise große Probleme. In realen Aufgabenstellungen muß nicht nur die Folge der Teilaufgaben vollständig bearbeitet werden. Bei *Realtime-Systemen* muß dies zusätzlich schritthaltend mit der *externen Welt* so durchgeführt werden, daß keine Meßwerte verloren gehen. Wegen solcher Forderungen müssen häufig Teilaufgaben in weitere Einzelaktionen aufgebrochen werden, die dann ineinander verschachtelt ausgeführt werden. Dies führt sehr schnell zu unübersichtlichen und fehlerträchtigen Softwarestrukturen, die auch schwer wartbar oder erweiterbar sind. Dies gilt um so mehr, als mit den Erweiterungen auch das Zeitverhalten dieser Software verändert wird und so auch bei logisch korrektem Ablauf zu realem Fehlverhalten führen kann. Aus den erwähnten Gründen heraus ist deshalb eine andere Vorgehensweise vorzuziehen.

3.1.1.3 Multitasking Lösung

Der Entwurfsansatz für diese Methode geht von einer Analyse der Aufgabenstellung(en) aus. Dabei werden die Aufgabenstellungen nach und nach in kleinere Teilaufgaben zerlegt und deren Zusammenwirken präzisiert. Als Zerlegungskriterium kann die *Intensität der Kommunikation* und die strukturelle Klarheit dienen. Diese Zerlegung ist die Entwurfsgrundlage. Die oben spezifizierte Gesamtaufgabe kann beispielsweise so zerlegt werden, wie dies in Bild 3.2 dargestellt ist. Die Aufgabenzerlegung führt zu drei *kooperierenden Tasks*, die *konkurrierend* oder *nebenläufig* zueinander ausführbar sind oder sein können. Diese drei Tasks arbeiten auf getrennten Datenpuffern, die synchron von Task zu Task weitergeschaltet werden. Während die Task T1 in den Puffer P1 neue Daten einliest, kann die Task T2 die Daten des Puffers P3 darstellen. Task T3 kann parallel dazu die Daten des Puffers P2 abspeichern.

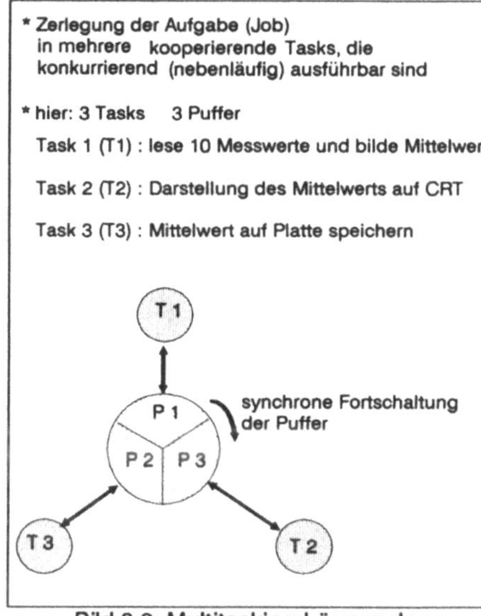

Bild 3.2: Multitasking-Lösung der Meßaufgabe

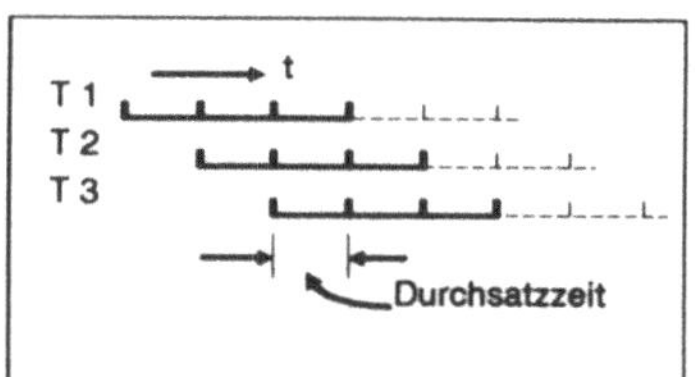

Bild 3.3: Zeitablauf bei gleicher Dauer der Einzeltask

Bild 3.3 zeigt schematisch diesen verschachtelten Zeitablauf, wobei angenommen ist, daß alle Tasks dieselbe Ausführungszeit für einen Zyklus haben. Dies kann immer durch *Synchronisationstechniken* in der Software erreicht werden. Läßt man jede Task von einem eigenen Prozessor bearbeiten, so wird während der Dauer eines Zyklus die Gesamtaufgabe bearbeitet. Die Aufgabenzerlegung führt also nicht nur zu struktureller Klarheit und damit auch Überschaubarkeit jeder Teilaufgabe. Zusätzlich erkennt man dadurch, ob die Gesamtaufgabe für den Einsatz eines Multiprozessorsystems geeignet ist und wie das Multiprozessorsystem strukturiert (*organisiert*) werden kann. Im obigen Beispiel kann die Gesamtaufgabe von einem Dreiprozessorsystem bearbeitet werden. Es macht offensichtlich wenig Sinn, für diese Aufgabe ein Vierprozessorsystem einzusetzen, solange keine weitere Unterstrukturierung möglich ist.

Diese Vorgehensweise sei jedoch auch dann empfohlen, wenn der Einsatz eines Multiprozessorsystems nicht beabsichtigt ist, da dies für eine vernünftige Softwareentwicklung hilfreich ist.

3.1.2 Parallelisierbarkeit von Tasks

Wie oben ausgeführt wurde, startet die Entwicklung eines Multiprozessorsystems und der darauf laufenden Anwendungssoftware mit der Analyse und Zerlegung der Gesamtaufgabe in möglicherweise parallel ablauffähige Tasks. Zwei Tasks einer Gesamtaufgabe sind dann parallel ausführbar, wenn es nicht darauf ankommt, in welcher Reihenfolge diese Tasks ablaufen. Dies ist in Bild 3.4 dargestellt. Wenn die Vertau-

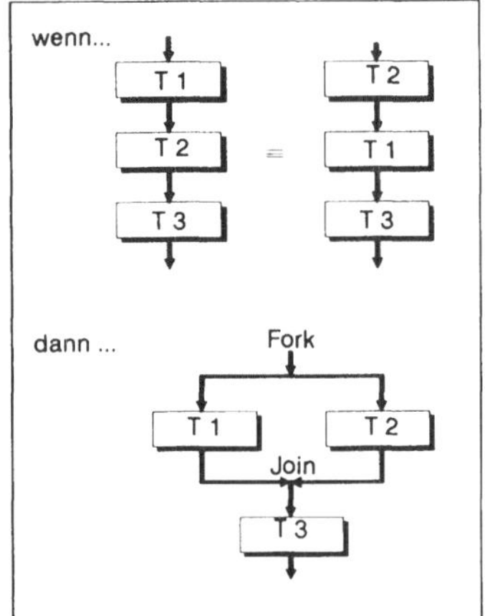

Bild 3.4: Parallelisierbarkeit der Tasks T1 und T2

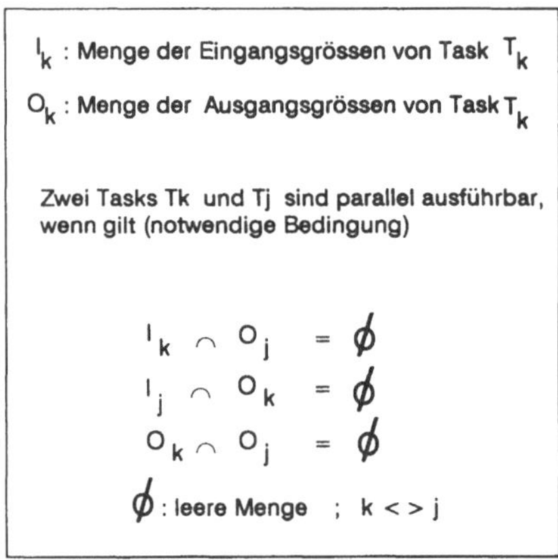

Bild 3.5: Parallelisierbarkeitskriterien

schung der Ausführungsreihenfolge der Tasks T1 und T2 ohne Einfluß auf das Ergebnis ist, können diese zwei Tasks auch gleichzeitig (*parallel*) ausgeführt werden. Der Programmfluß vergabelt sich (*FORK*). Die Tasks T1 und T2 werden parallel ausgeführt. Nach Abschluß beider Tasks müssen deren Ergebnisse wieder zusammengeführt werden (*JOIN*). Danach kann die Weiterverarbeitung (hier Task T3) erfolgen. Die parallele Ausführung beider Tasks kann *echt zeitgleich* erfolgen, wenn der ausführende Rechner ein Multiprozessor ist, oder *quasi gleichzeitig*, wenn der ausführende Rechner ein Einprozessorsystem ist, der von einem *Multitasking-Betriebssystem* gesteuert wird. In beiden Fällen darf der Start der Task T3 erst erfolgen, wenn die Tasks T1 *und* T2 fertig sind (*Synchronisation*).

3.1.2.1 Parallelisierbarkeitsbedingungen

Die obigen anschaulichen Betrachtungen lassen sich formalisieren. In Bild 3.5 ist dies in Form von Mengenrelationen dargestellt. Eine Task ist dabei charakterisiert durch die *Menge ihrer Eingangsvariablen* und der *Menge ihrer Ausgangsvariablen.* Wenn die *Schnittmenge* der Menge der Eingangsvariablen der einen Task und die Schnittmenge der Menge der Ausgangsvariablen der anderen Task leer ist *und* die Schnittmenge der Mengen der Ausgangsvariablen beider Tasks ebenfalls leer ist, sind beide Tasks *gegenseitig datenunabhängig*. Dies ist eine *notwendige Bedingung* für die Parallelisierbarkeit der beiden Tasks. Mit Hilfe dieser Parallelisierbarkeitsbedingung kann ermittelt werden, ob und welche Teilaufgaben eines Gesamtproblems parallel ausführbar sind und wo *Synchronisationspunkte* für Tasks vorzusehen sind. Zusätzlich

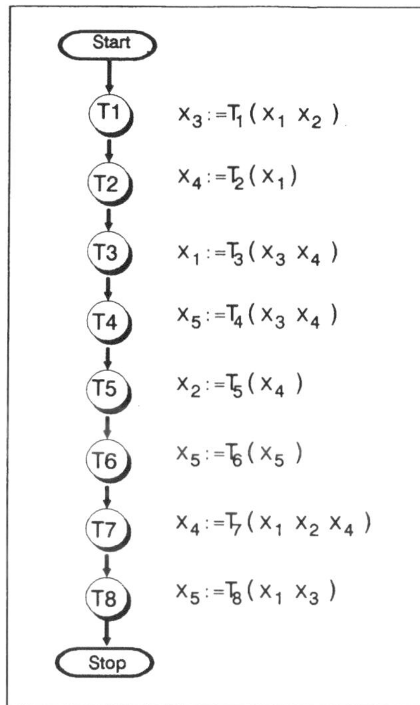

Bild 3.6: Sequentielle Aufgabenbeschreibung

Task #	Eingangs-variable x_i	Ausgangs-variable x_i
1	1;2	3
2	1	4
3	3;4	1
4	3;4	5
5	4	2
6	5	5
7	1;2;4	4
8	1;3	5

Tabelle 3.1

kann durch eine solche Analyse die *maximale Parallelität* eines Problems ermittelt werden.

3.1.2.2 Beispiel einer Parallelisierbarkeitsanalyse

Zur Illustration und Vertiefung der obigen Anmerkungen zur Parallelisierbarkeit sei ein übersimplifiziertes Beispiel betrachtet. In Bild 3.6 ist eine Aufgabe in acht Tasks T1 bis T8 zerlegt und deren Reihenfolge für die Gewinnung eines korrekten Ergebnisses vorgegeben. Die Datenschnittstelle könnte man sich z.B. als einfache arithmetische Ausdrücke vorstellen. Beispielsweise hat die Task T1 die Menge der Eingangsvariablen $\mathbf{I_1} = \{x_1, x_2\}$ und die Menge der Ausgangsvariablen $\mathbf{O_1} = \{x_3\}$. Für die folgende Analyse ist die eigentliche Aufgabe einer Task belanglos. Insbesondere verbirgt sich hinter dem hier betrachteten Beispiel keine wirklich sinnvolle Aufgabenstellung. In Tabelle 3.1 sind die Mengen der Ein-/Ausgangsvariablen aller Tasks dargestellt.

Die Anwendung der Parallelisierbarkeitskriterien ist für einige Taskpaare in Bild 3.7 dargestellt. Danach erfüllen beispielsweise die Task-Paare (T1,T2), (T6,T7) und (T1,T6) das Parallelisierbarkeitskriterium. Trotzdem ist beispielsweise der Schluß, daß die Tasks T1 und T6 vertauschbar (parallelisierbar) sind, falsch. Die Begründung ist in Bild 3.7 ebenfalls dargestellt. Weil offensichtlich die Task T4 weder mit der Task T1 noch mit der Task T6 vertauschbar ist, muß eine indirekte, durch Task T4 verursachte Reihenfolgeabhängigkeit zwischen Task T1 und Task T6 vorliegen.

$I_1 \cap O_2 = \emptyset$
$I_2 \cap O_1 = \emptyset$ $T_1 ; T_2$ parallel ausführbar
$O_1 \cap O_2 = \emptyset$

$I_6 \cap O_7 = \emptyset$
$I_7 \cap O_6 = \emptyset$ $T_6 ; T_7$ parallel ausführbar
$O_6 \cap O_7 = \emptyset$

$I_1 \cap O_6 = \emptyset$
$I_6 \cap O_1 = \emptyset$ $T_1 ; T_6$ parallel ausführbar
$O_1 \cap O_6 = \emptyset$

Falsch

weil

$I_1 \cap O_4 = \emptyset$
$I_4 \cap O_1 \neq \emptyset$ $T_1 ; T_4$ nicht vertauschbar
$O_1 \cap O_4 = \emptyset$

und

$I_4 \cap O_6 = \emptyset$
$I_6 \cap O_4 \neq \emptyset$ $T_4 ; T_6$ nicht vertauschbar
$O_4 \cap O_6 \neq \emptyset$

Bild 3.7: Parallelisierbarkeitsanalyse

Da die Suche nach *vertauschbaren* Taskpaaren offensichtlich keine direkt verwertbaren Aussagen liefert, ist es erforderlich, nach *allen nicht vertauschbaren* Taskpaaren zu suchen. Für das hier betrachtete Beispiel ergeben sich die in Bild 3.8 dargestellten nicht vertauschbaren (nicht parallelisierbaren) Taskpaare. Für jedes dieser Taskpaare ist zu untersuchen und festzulegen, in welcher Reihenfolge (*Präzedenz*) es ausgeführt werden muß, damit ein korrektes Gesamtresultat entsteht. In diesem Beispiel schreibt dies die Eingangsspezifikation vor (Bild 3.6).

3.1.2.3 Präzedenzgraph

Für alle nicht vertauschbaren (nicht parallelisierbaren) Taskpaare muß aus der Aufgabenstellung eine Ausführungsreihenfolge abgeleitet und festgelegt werden. Für das hier betrachtete Beispiel sind diese Präzedenzen (*Vorgänger-/Nachfolger-Beziehungen*) in Bild 3.9 dargestellt. Zwischen den Knoten (Kreise) des Graphen sind *gerichtete Kanten* angezeichnet. Die Pfeilspitze zeigt auf den Nachfolger, das Pfeilende auf den Vorgänger. Beispielsweise ist Task T3 Nachfolger der Task T1 oder die Tasks T1 *und* T2 sind Vorgänger der Task T4. Die so ermittelte erste Form eines Präzedenzgraphen enthält häufig *redundante* Präzedenzen. Beispielsweise ist die Präzedenz T1 → T8 automatisch durch die Präzedenzen T1 → T3 und T3 → T8 erfüllt. Durch Elimination solcher Redundanzen ergibt sich der in Bild 3.10 dargestellte Präzedenz-

(1 ; 3)	(1 ; 4)	(1 ; 5)	(1 ; 8)
(2 ; 3)	(2 ; 4)	(2 ; 5)	(2 ; 7)
(3 ; 7)	(3 ; 8)		
(4 ; 6)	(4 ; 7)	(4 ; 8)	
(5 ; 7)			
(6 ; 8)			

Bild 3.8: Menge aller nicht vertauschbaren Taskpaare

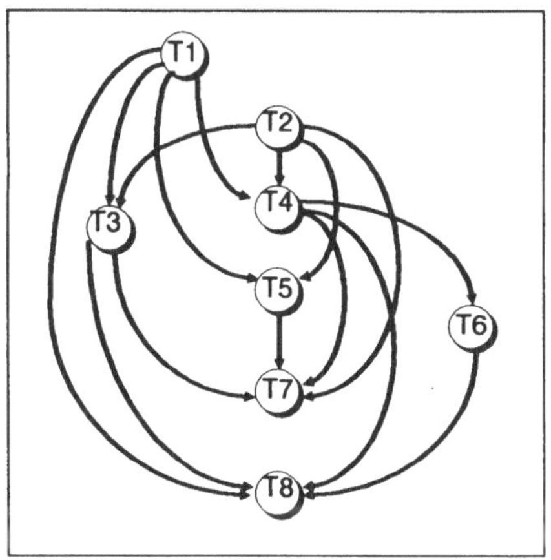

Bild 3.9: redundanter Präzedenzgraph

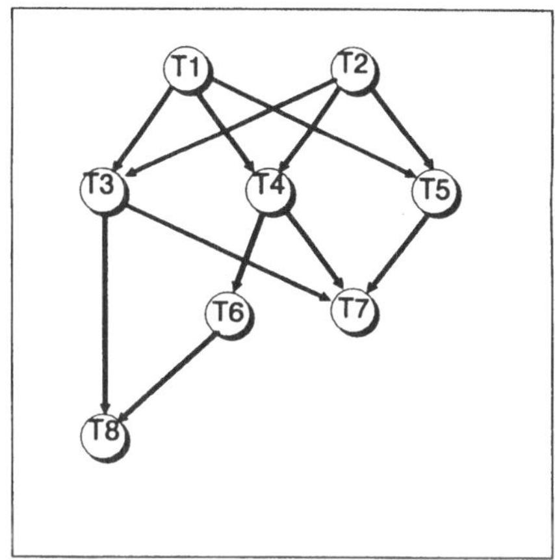

Bild 3.10: redundanzfreier Präzedenzgraph

graph. Wie zu erkennen ist, sind die Tasks T3, T4 und T5 Nachfolger der Tasks T1 und T2 und in der Reihenfolge vertauschbar bzw. parallel (gleichzeitig) ausführbar. Der Graph zeigt also, daß das untersuchte Problem eine *maximale Parallelität* von *drei* hat. Offensichtlich macht es keinen Sinn, diese Aufgabe auf einem Multiprozessor mit mehr als drei Prozessoren laufen zu lassen[1].

3.1.2.4 Scheduling

Nach der Ermittlung der Parallelisierbarkeit einer Aufgabe ist zu untersuchen, wie und auf wieviele Prozessoren die Teilaufgaben zu verteilen sind. Sind die Rechenzeiten der einzelnen Tasks bekannt oder abschätzbar, wie dies bei *Realtime-Anwendungen* in der Regel der Fall ist, kann eine Zuordnung zwischen Prozessoren und Prozessen (Tasks) erfolgen. Eine solche Zuordnung ist in Bild 3.11 dargestellt. Dabei ist angenommen, daß jede Task unseres Beispiels dieselbe Bearbeitungszeit hat.

Bild 3.11 legt fest *wann* und *auf welchem* Prozessor eine bestimmte Task ausgeführt werden soll. Beim Einsatz von drei Prozessoren kann die maximale Parallelität des Problems ausgenützt werden. Aufgrund der gegenseitigen Abhängigkeiten der einzelnen Tasks kann aber die verfügbare Rechenleistung nicht ständig genutzt werden[2]. Die Gesamtdauer der Aufgabenbearbeitung (*Länge des Schedules*) beträgt in diesem Fall die vierfache Ausführungszeit einer einzelnen Task.

[1] falls dies die alleinige Aufgabe für den Multiprozessor wäre

[2] es sei denn, es wären andere, zusätzliche Aufgaben zu bearbeiten

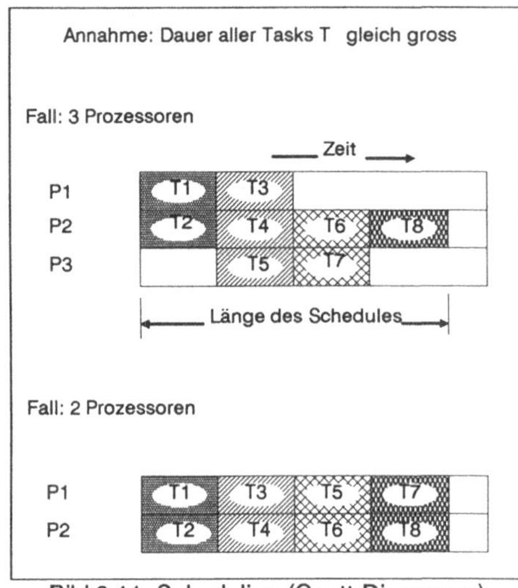

Bild 3.11: Scheduling (Gantt-Diagramm)

Nachdem drei Prozessoren offensichtlich nicht gleichmäßig ausgelastet sind, kann versucht werden, durch andere Aufgabenverteilungen eine bessere Auslastung zu erreichen. Der zweite Fall in Bild 3.11 ordnet die Tasks dieses Beispiels einem Zweiprozessorsystem zu. Dabei wird allerdings die maximale Parallelität des Problems nicht ausgenutzt. Andererseits sind bei diesem Schedule beide Prozessoren gleichmäßig ausgelastet. Darüberhinaus zeigt es sich hier, daß die Gesamtbearbeitungszeit des Problems gleich bleibt, also durch den Verzicht auf einen Prozessor keine Leistungseinbuße erfolgt. Deshalb wäre die Doppelprozessorlösung hier wirtschaftlicher.

3.2 Hilfsmittel

3.2.1 Tasksynchronisation

Unter *Multitasking* wird die gleichzeitige oder quasigleichzeitige Abarbeitung von eigenständigen Programmen oder Programmteilen (*Softwaretasks oder Softwareprozesse*) verstanden. Dabei arbeiten die Tasks asynchron zueinander. Werden Aufgabenstellungen in Form *kooperierender Tasks* gelöst, so ist dazu erforderlich, diese Tasks zu synchronisieren und Möglichkeiten zur Datenkommunikation zwischen Tasks vorzusehen. Dies ist Aufgabe von Betriebssystemen, die hierfür geeignete Dienste anbieten. Dies ist in Bild 3.12 veranschaulicht.

Als Konsequenz der Asynchronität der Softwaretasks ist auch deren relativer Zeitbezug nicht reproduzierbar, d.h. Tasks können sich gegenseitig *überholen*, falls keine *Zeit-* und/oder *Datensynchronisationsvorkehrungen* getroffen werden. Deshalb sind insbesondere bei komplexen Multitaskingsystemen Hilfsmittel erforderlich, mit denen das *Synchronisations-* und *Nebenläufigkeitsverhalten* veranschaulicht oder auch formal untersucht werden kann. Ein solches Hilfsmittel sind die *Petrinetze*, die im nachfolgenden Abschnitt informell und knapp erläutert sind.

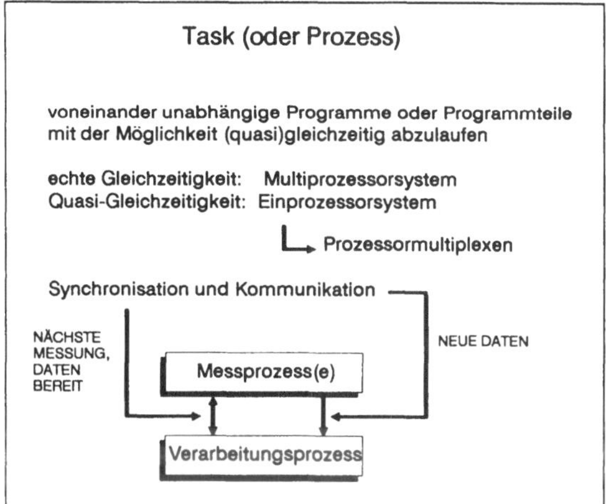

Bild 3.12: Softwarezerlegung in kooperierende Tasks

3.2.2 Petrinetze

Ein Petrinetz besteht aus *Stellen*, *gerichteten Kanten*, *Transitionen* und *Markierungen* (siehe Bild 3.13). Eine gerichtete Kante zeigt entweder von einer Stelle auf eine Transition oder von einer Transition auf eine Stelle. Eine *Stelle* kann man sich als eine *Startbedingung* für eine nachfolgende Aktivität einer (oder mehrerer) Task(s) vorstellen, die nach Erfüllung aller Startbedingungen ablaufen *kann*, falls auch die *Nachfolgebedingungen* erfüllt sind[1]. Die Aktivität der Task laufe als Ganzes ab. Sie geht von einem Ausgangszustand in einen Folgezustand über (*Transition*). Eine Stelle, von der eine gerichtete Kante *weg* zeigt, entspricht einer Start- oder Zündbedingung der Transition. Sie ist erfüllt, wenn *alle Eingangsstellen* einer Transition markiert sind (siehe Bild 3.13). Eine Stelle, auf die eine gerichtete Kante zeigt, entspricht einer Folgebedingung. Sie ist erfüllt, wenn *alle Folgestellen* einer Transition *nicht* markiert sind[2]. Eine Transition *kann zünden*, wenn alle ihre Eingangsstellen markiert sind und alle ihre Ausgangsstellen nicht markiert sind. In der Petrinetzdarstellung werden durch die Zündung der Transition alle Eingangsmarkierungen entfernt und alle Ausgangsstellen markiert (siehe Bild 3.13 und Bild 3.14).

[1] Beispiel: Eine Task verarbeite Eingangsdaten und schreibe sie nach Bearbeitung in einen Datenpuffer. Die Task kann dann aktiv werden, wenn neue Eingangsdaten vorliegen und Platz im Puffer zur Ergebnisausgabe ist. Die Verfügbarkeit neuer Eingangsdaten ist hier die Startbedingung, der freie Speicherplatz ist die Folgebedingung.

[2] Hierbei wird vorausgesetzt, daß die Kapazität der Folgestellen "1" ist, d.h. es kann sich maximal eine Marke in dieser Stelle befinden. Man kann auch Petrinetze mit Stellen konstruieren, deren Kapazität größer als "1" ist. Dann kann eine Zündung erfolgen, wenn durch die zusätzliche Marke die Kapazität der Stelle nicht überschritten wird (Bedingungs-Ereignis-Netze oder Stellen-Transitionen-Netze).

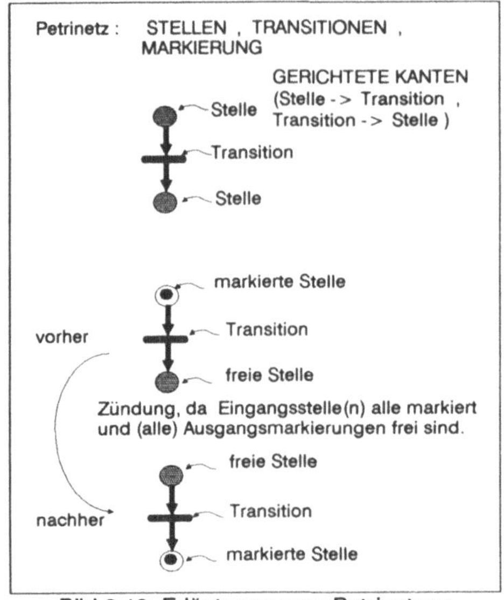

Bild 3.13: Erläuterung von Petrinetzen

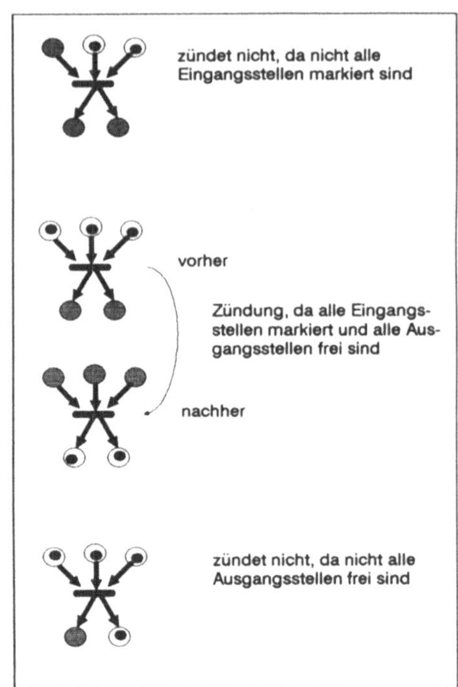

Bild 3.14: Beispiele für Zündbedingungen

Eine Transition, deren Zündbedingungen erfüllt sind, kann, muß aber nicht zünden, falls dies für mehrere Transitionen zutrifft. In einem Einprozessorsystem kann immer nur eine Task zu einer Zeit von der CPU bearbeitet werden. Dies kann bei Petrinetzen dadurch modelliert werden, daß immer nur *eine* Transition zündet. In symmetrischen Multiprozessoren können mehrere Tasks simultan bearbeitet werden. Falls dieses Multiprozessorsystem aus n Prozessoren besteht, kann dies bei der Petrinetzmodellierung dadurch berücksichtigt werden, daß bis zu n Transitionen gleichzeitig zünden dürfen.

3.2.2.1 Ein Petrinetzbeispiel

Das weiter oben auf Parallelisierbarkeit untersuchte Beispiel ist in Bild 3.15 als Petrinetz dargestellt. Durch Markieren der Stelle *Start* kann die oberste Transition zünden. Als Folge davon werden die Eingangsstellen der Transitionen T1 und T2 markiert. Diese beiden Transitionen modellieren die Tasks T1 und T2 des obigen Beispiels. Soll dieses Petrinetz einen Einprozessor modellieren, so kann eine der beiden Transitionen zünden. Falls die Transition T1 zündet, werden deren Ausgangsstellen markiert und ihre Eingangsstelle leer. Dadurch entsteht jetzt eine neue Markierung des Petrinetzes:

- *die Eingangsstelle der Transition T2 ist markiert*
- *jeweils eine der beiden Eingangsstellen der Transitionen T3, T4 und T5 ist markiert*

Als Folge davon kann nur die Transition T2 zünden. Ihre Eingangsstelle wird dadurch leer und die Eingangsstellen der Transitionen T3, T4 und T5 werden markiert. Für die nächste Netzaktivität kann anschließend eine dieser drei Transitionen zünden. Dies geht so weiter, bis die Eingangsstellen der untersten Transition in Bild 3.15 markiert sind und das Multitasking-Programm terminiert.

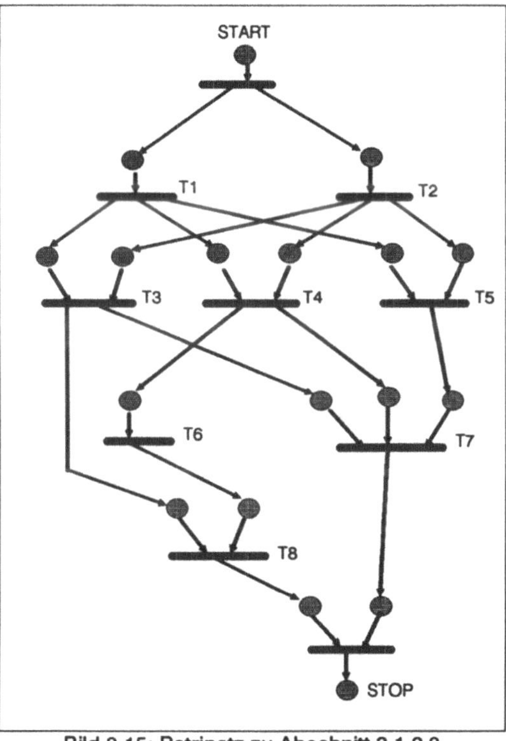

Bild 3.15: Petrinetz zu Abschnitt 3.1.2.3

Wie diese kurze Betrachtung deutlich macht, sind durch Anwendung der obigen Zündregel alle möglichen Zeitbezüge der Tasks dadurch ermittelbar, daß alle erlaubten Zündreihenfolgen durchgespielt werden. Die so ermittelten *Ausführungspfade* können in Wirklichkeit tatsächlich vorkommen[1,2].

[1] vorausgesetzt, das Petrinetz ist richtig konstruiert

[2] dabei kann es vorkommen, daß die Zündbedingung für die letzte Transition nie erfüllt wird. Dies bedeutet, daß das Multitasking-Programm nicht terminiert oder nicht terminieren kann. Es ist auch möglich, daß eine Netzmarkierung entsteht, mit der keine Transition mehr zünden kann (tote Transitionen). Das Multitasking-Programm hat dann einen DEADLOCK, d. h. es kann weder weiterarbeiten noch terminieren. Ob dieser Zustand in Realität tatsächlich erreicht wird, hängt häufig von Zufälligkeiten ab. Die Petrinetzanalyse kann nur zeigen, daß es vorkommen kann (siehe hierzu auch Abschnitt 12.2.3.3).

3.3 Literatur

3.3.1 Bücher

C. G. Hartung
Programmierung einer Klasse von Multiprozessorsystemen mit höheren Petrinetzen
Hochschultechnik Informatik, Hüthig Verlag 1988, ISBN 3-7785-1638-8

M.J. Quinn
Algorithmenbau und Parallelcomputer
McGraw-Hill 1988, ISBN 3-89028-136-2

M. Onoe, K. Preston Jr., A. Rosenfeld (Eds.)
Real-Time/Parallel Computing, Image Analysis
Plenum Press 1981, ISBN 0-306-40639-X

W. Reisig
Petrinetze - Eine Einführung
Springer Verlag 1982, ISBN 3-540-11478-5

Zöbel, Hogenkamp
Konzepte der parallelen Programmierung
Teubner Verlag 1988, ISBN 3-519-02486-1

B. Rosenstengel, U. Winand
Petri-Netze - Eine anwendungsorientierte Einführung
Vieweg Verlag 1983, ISBN 3-528-13582-4

3.3.2 Einzelartikel

O. Herzog, W. Reisig, R. Valk
Petri-Netze: ein Abriß ihrer Grundlagen und Anwendungen
Informatik Spektrum 7 (1984) Seite 20-27

4 Leistungsabschätzung

4.1 Einführung

4.1.1 Aufgabenstellung

Die *Messung, Modellierung* und *Bewertung* von Rechnersystemen ist eine eigene Fachdisziplin der Informatik bzw. Nachrichtentechnik. Ihre Aufgabe ist es, Aussagen über die Leistungsfähigkeit von Rechnersystemen zu machen. Mit solchen Aussagen lassen sich alternative Systemstrukturen und Rechnerarchitekturen bewerten, bevor die eigentliche Implementierung beginnt. Zur Gewinnung solcher Aussagen ist die Entwicklung von Struktur- und Verhaltensmodellen des künftigen Systems und der Applikationen erforderlich.

4.1.2 Methoden

4.1.2.1 Verkehrstheorie

Die Verkehrstheorie ist eine Disziplin der Nachrichtentechnik, mit der unter Anwendung statistischer Methoden ursprünglich Fernmeldenetze untersucht wurden. Heute werden die mathematischen Methoden der Verkehrstheorie auch zur Modellierung und Analyse von Rechnersystemen oder auch einzelnen Rechnern herangezogen. Dabei können Aussagen über Warte- und Bedienzeiten, oder Auftragsverlustwahrscheinlichkeiten, Kollisionen und auch über Lastgrenzen getroffen werden. Häufig können solche Ergebnisse nur durch Simulationsverfahren mit Hilfe von Rechnern und nicht mehr analytisch ermittelt werden.

4.1.2.2 Messungen

Verkehrstheoretische Analysen erfordern Kenntnis der Benutzungsstatistik. Darunter wird die Reihenfolge, zeitliche Verteilung und Art der Aufträge verstanden. Über diese Eingangsdaten kann man natürlich plausible Annahmen treffen. Besser wäre es natürlich, wenn aus Messungen abgeleitete Eingangsdaten vorlägen. Deshalb wird mit Hilfe von *Hardware-Monitoren* diese Statistik an existierenden Systemen gemessen. Hierunter kann auch eine Engpaßanalyse im Einsatz befindlicher Systeme fallen. Beispielsweise könnte der Zugriff auf Plattenlaufwerke in Timesharing-Systemen ein Engpaß sein, wenn zuviele Benutzer gleichzeitig zugreifen wollen.

4.1.2.3 Modellbildung

Die Leistungsbewertung komplexer Systeme wie z. B. Computersysteme kann nicht auf der Ebene von Transistoren oder Gattern unmittelbar aufsetzen. Vielmehr ist es erforderlich, die Realität so zu abstrahieren, daß unnötige Details vernachlässigt werden können, der wesentliche Aussagegehalt des Funktionsmodells aber mit der Realität hinreichend genau übereinstimmt. Dabei ist es durchaus zweckmäßig, mit einer relativ groben Modellierung bzw. starken Abstrahierung zu beginnen. Erst wenn damit ein gewisses Verständnis des Verhaltens eines Rechnersystems gewonnen wurde, kann die Modellbildung schrittweise verfeinert werden.

4.2 Leistungsanalyse eng gekoppelter Multiprozessorsysteme

In diesem Abschnitt soll exemplarisch eine vereinfachte Leistungsanalyse eng gekoppelter Multiprozessorsysteme durchgeführt werden. Dabei wird eine vereinfachte Methode angewandt, die ohne mathematischen Ballast auskommt und trotzdem zu verwertbaren Erkenntnissen führt. Später werden aus den gewonnenen Erkenntnissen Folgerungen für die Organisation und Implementierung eng gekoppelter Multiprozessorsysteme gezogen.

4.2.1 Modellbildung

4.2.1.1 Organisation

Der Multiprozessor bestehe aus einem globalen Bus, an dem **n gleichartige Prozessoren** angeschlossen sind, die Zugriff zu einem oder mehreren Speichermodulen (Slaves) haben (Bild 4.1). Programme und Daten der Prozessoren seien in diesen Speichermodulen abgelegt.

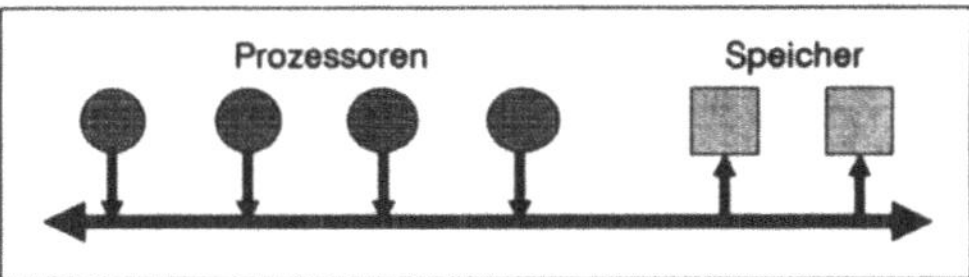

Bild 4.1: Multiprozessororganisation

4.2.1.2 Funktionsabstraktion

Jeder Prozessor führt ein Programm aus. Dazu muß er Befehle aus dem Speicher holen, dekodieren, evtl. Operanden holen oder speichern und den Befehl ausführen. Während des Ablaufs eines jeden Befehls gibt es also Zeitabschnitte, während der der Prozessor den gemeinsamen Bus belegt und solche, während deren er den Bus nicht belegt, sondern ohne *externen Busverkehr* autonom arbeitet. Während der Busbelegungszeit überträgt der Prozessor Befehle und ggf. Operanden. Er ist damit im eigentlichen Sinne *nicht produktiv*. Diese Zeit heiße **IDLE-Time I.** Die Zeit zwischen den Busbelegungen ist die im eigentlichen Sinne *produktive* Zeit. Diese Zeit heiße die **EXECUTE-Time E.** Da die Ausführung von Programmen aus der (sequentiellen) Abarbeitung von Instruktionen besteht, wechseln IDLE- und EXECUTE-Zeiten einander ab. Jeder Prozessor solle zum Zwecke der Abstraktion des realen Verhaltens in dieser Weise beschrieben sein (Aktivitätsprofil, siehe Bild 4.2) und ein zyklisch endloses Programm bearbeiten.

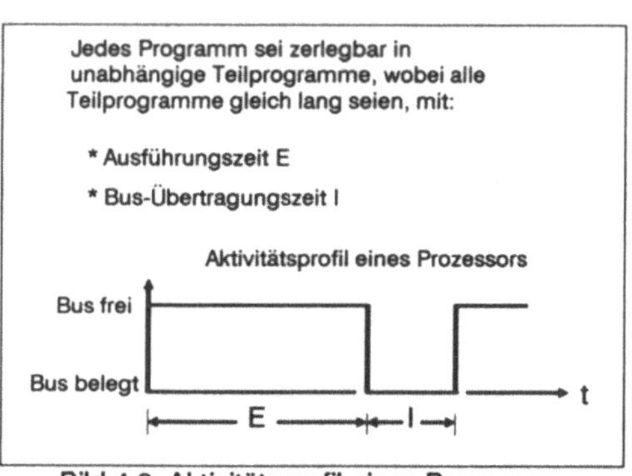

Bild 4.2: Aktivitätsprofil eines Prozessors

4.2.1.3 Einzelprozessorsystem

Entsprechend der Definitionen des vorstehenden Abschnitts benötigt der Prozessor zur Bearbeitung seines Programms ein Vielfaches der EXECUTE-Time und dasselbe Vielfache der IDLE-Time. Seine *relative Leistung* beträgt also P = E/(E + I) (siehe Bild 4.2). Wächst die Zeit, die der Prozessor zur Übertragung von Befehlen und Operanden braucht, so sinkt seine relative Leistung. Im Idealfall könnte seine relative Leistung "1" sein, falls die Übertragungszeit I verschwindet.

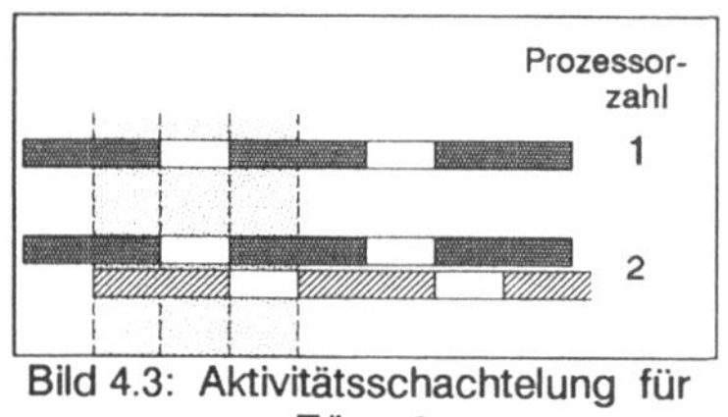

Bild 4.3: Aktivitätsschachtelung für E/I = 2

4.2.1.4 Multiprozessorsystem

Bei einem Mehrprozessorsystem bearbeiten mehrere Prozessoren gleichzeitig ein eigenständiges Programm. Das Verhalten eines jeden **Prozessors i** kann im Rahmen dieser Analyse durch seine EXECUTE-Time $\mathbf{E_i}$ und seine IDLE-Time $\mathbf{I_i}$ beschrieben werden. Im Rahmen dieser Analyse sollen die Prozessoren zeitlich so synchronisiert sein, daß sie zeitlich versetzt ihre E-Phase durchlaufen (Bild 4.3). Wie in Bild 4.3 für das Zahlenverhältnis E/I = 2 dargestellt, kann während der E-Phase des einen Prozessors der jeweils andere seine I-Phase (Busübertragung) durchlaufen, die (relative) Gesamtleistung des Doppelprozessors beträgt deshalb das Doppelte der relativen Leistung eines Einzelprozessors:

$$P_2 = 2E / (E + I)$$

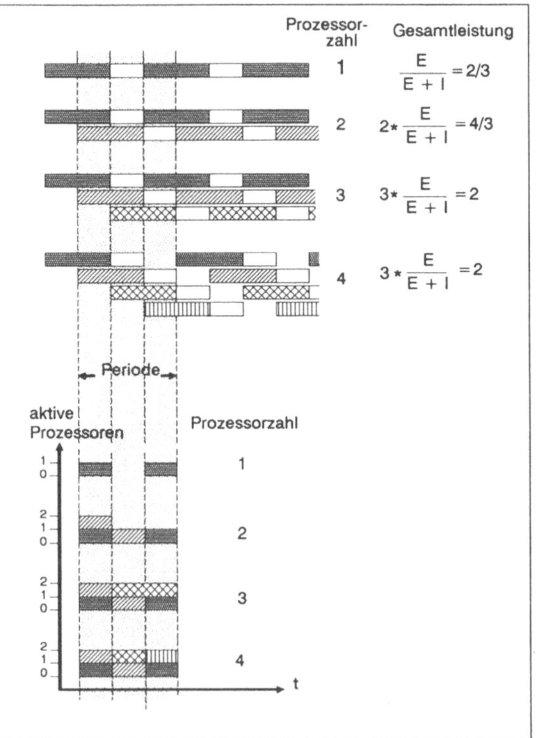

Bild 4.4: Aktivitätsprofil bei mehreren Prozessoren

Bild 4.4 zeigt das Verhalten des Multiprozessors für noch mehr aktive Prozessoren unter der Annahme, daß E/I = 2 ist. Wie zu erkennen ist, können drei Prozessoren ungestört arbeiten. Ihre relativen Einzelleistungen addieren sich. Bei vier Prozessoren müssen *zusätzliche Wartezeiten* zur Busübertragungs- oder IDLE-Time hinzugerechnet werden, da jeder Prozessor bereits mit seiner E-Phase fertig wird, *bevor* der Bus von den jeweils anderen Prozessoren nicht mehr benötigt wird. In diesem Fall erhöht sich die Gesamtleistung des Multiprozessors nicht weiter.

4.2.1.5 Sättigungsbedingung

Aus den obigen Überlegungen läßt sich leicht eine Berechnungsvorschrift zur Ermittlung der Ausbaugrenze ableiten. Dazu seien die n Prozessoren durchnumeriert und der Prozessor k herausgegriffen. Für den Prozessor k ergibt sich im Rahmen des hier konstruierten Modells dann eine zusätzliche Behinderung, wenn er unmittelbar nach Abschluß seiner **E-Phase E_k** keine Übertragung über den Bus durchführen kann. Das ist der Fall, wenn die Gesamtdauer der Busübertragungen (I-Phasen) aller anderen n-1 Prozessoren länger ist als seine E-Phase:

$$E_k < \sum_{i \neq k}^{n} I_i \qquad \text{(Sättigungsbedingung)}$$

Unter der Annahme, daß $E_i = E$ und $I_i = I$ ist, folgt vereinfachend für die Sättigungsbedingung:

$$E < (n-1)\, I$$

Daraus folgt für die Zahl der Prozessoren n_{sat}, ab der keine weitere Leistungssteigerung mehr zu erwarten ist:

$$n_{sat} = \frac{E}{I} + 1 \qquad \text{(Ausbaugrenze)}$$

Da die theoretische Gesamtleistung des Multiprozessors

$$P = n \cdot \frac{E}{E+I} \qquad \text{(Prozessorleistung)}$$

ist, errechnet sich daraus für $n = n_{sat}$ eine Maximalleistung in Einheiten der relativen Leistung eines Einzelprozessors von:

$$P_{max} = \frac{E}{I} \qquad \text{(maximale Prozessorleistung)}$$

Insgesamt ergibt sich aus den bisherigen Betrachtungen eine einfache Abschätzungsformel für die erzielbare Rechnerleistung und die Ausbaugrenze.

$$P_n = \begin{cases} n \cdot \dfrac{E}{E+I} & ; n \leq n_{sat} \\ & \text{(Prozessorleistung, speed up)} \\ \dfrac{E}{I} & ; n \geq n_{sat} \end{cases}$$

Dies ist als Speed-Up-Diagramm in Bild 4.5 für das Zahlenverhältnis E/I = 5 dargestellt. Bis zu einer Ausbaugrenze von 6 Prozessoren wächst die Gesamtleistung des Multiprozessors. Oberhalb von 6 Prozessoren ergibt sich kein weiterer Leistungsgewinn.

4.2.2 Analyse eines 68000-Multiprozessorsystems

4.2.2.1 Modellbildung

In diesem Abschnitt soll ein Multiprozessorsystem mit Hilfe der vorstehenden Methode untersucht werden. Das Multiprozessorsystem sei eng gekoppelt und erfülle die Organisationsvoraussetzungen der vorgestellten Methode. Um keine weiteren Annahmen über die Anwendungssoftware treffen zu müssen, wird als Ausführungsmodell zugrundegelegt, daß jedes Teilprogramm selbst nur aus einem Maschinenbefehl bestehen soll. Mit dem Analyseparameter **E** werde die Befehls-Ausführungszeit und mit dem Analyseparameter **I** die Bus-Transferzeit bestehend aus *Befehls-Fetch* und dem *Operandentransfer* assoziiert. Diese Parameter können für jeden Befehl aus dem Prozessor-Handbuch entnommen werden und so eine Abschätzung ohne weitere Detailkenntnis des Multiprozessors durchgeführt werden.

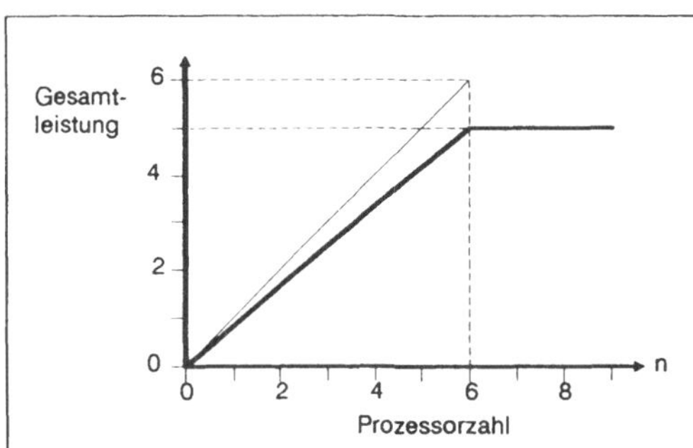

Bild 4.5: Speed-Up-Diagramm für E/I = 5

4.2.2.2 Eigenschaften des 68000-Prozessors

Hier seien nur die für die beabsichtigte Analyse erforderlichen Merkmale zusammengefaßt:

Ein Bus-Transfer des 68000 benötigt minimal 8 Taktphasen oder 4 Taktperioden (Bild 4.6). Dabei wird ein Wort (16 Bit) übertragen. Der Prozessor kann während der Ausführung eines Befehls bereits zeitlich überlappend den Folgebefehl aus dem Speicher lesen und dekodieren (prefetch, 2-stufige Pipeline). Der 68000 hat ein variables Befehlsformat, d.h. seine Befehle haben unterschiedliche Länge und benötigen zur Ausführung unterschiedlich lange Zeiten.

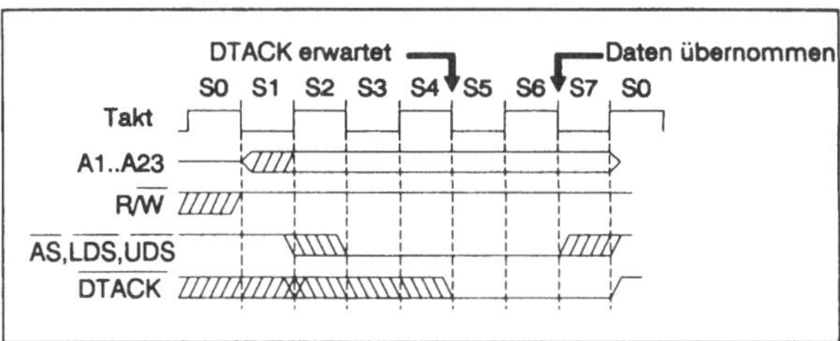

Bild 4.6: Lese-/Schreib-Ablauf des 68000

4.2.2.3 Minimale Befehlslänge

Die minimale Befehlslänge ist ein Wort (16 Bit). Als Beispiel sei der Befehl

MOVE.L A1,D7

herangezogen (Bild 4.7). Dieser Befehl überträgt ein Langwort (32-Bit) zwischen zwei Registern innerhalb des Prozessors. Es sind also keine Operandentransfers außerhalb des Prozessors notwendig. Zur Ausführung des internen Registertransfers benötigt der Prozessor vier Taktperioden. Deshalb gilt für Programme, die nur solche Befehle enthalten:

$$E = 4 \; ; I = 4$$

Daraus ergibt sich direkt

$$n_{sat} = 2$$

d.h., daß der betrachtete eng gekoppelte Multiprozessor bereits mit zwei 68000 Mikroprozessoren seinen Vollausbau erreicht hätte, wenn er ein solches Programm bearbeiten würde. Die Situation ist noch dramatischer, wenn die Pipelinestruktur berücksichtigt wird. In diesem Fall wird der 68000 während der Ausführung des aktuellen Befehls bereits den Folgebefehl aus dem Speicher holen. Da Befehls-Fetch und Befehls-Ausführung gleich lange dauern, wird lückenlos (ohne Pause) der Bus belegt. Anders ausgedrückt bedeuted dies, daß die *effektive* Befehlsausführungszeit "0" ist ($E = 0$). Daraus folgt, daß $n_{sat} = 1$ ist, d.h. der Begriff Multiprozessor ist nicht mehr angebracht, da bereits ein Prozessor die Ausbaugrenze darstellt.

4.2.2.4 Maximale Befehlslänge

Als Beispiel eines maximal langen Befehls sei der Befehl

DIVS.L <Absolutadresse>,D7

untersucht (siehe auch Bild 4.7).

Variable Befehlslänge:

minimum: 1 Wort = 16 Bit = 1 Bus-Transfer

z. B. MOVE.L A1 , D7
Befehl lesen : 1 Bus-Transfer = 4 Takte
Befehl ausführen: 4 Takte
isolierter Befehl : E = 4 ; I = 4 ; $n_{sat} = 2$
Pipelining: $E_{eff} = 0$; I = 4 ; $n_{sat} = 1$

maximum: DIVS.L <absol. Adresse> , D7
3-Wort-Befehl + 2 Wort Datenzugriff
(5 Buszyklen = 20 Takte)
Gesamtausführungszeit: 158 + 16 = 174 Takte
Busübertragungszeit: I = 20 Takte
netto-Ausführungszeit : E = 174 - 20 = 154 Takte
$n_{sat} = 8.7$

typischer Befehlsmix: E + I = 40 Takte
I = 3 Buszyklen = 12 Takte
$n_{sat} = 3.3$

Bild 4.7: mininal und maximal lange 68000-Befehle

Dieser Befehl teilt den Inhalt des Registers D7 durch den Wert (Langwort, 32 Bit), der bei Speicheradresse <Absolutadresse> steht und speichert das Ergebnis im Register D7. Der Befehl besteht aus drei Worten und benötigt zwei Worte Datenzugriff. Die Ausführungszeit des Befehls beträgt 158 Taktperioden plus 16 Taktperioden für die Adreßberechnung (zusammen 174 Taktperioden). Insgesamt sind fünf Busübertragungszyklen erforderlich, so daß I = 20 Takte ist. Die Netto-Ausführungszeit ist deshalb E = (174-20) Takte = 154 Takte. Damit ergibt sich

$$n_{sat} = 154/20 + 1 = 8.7$$

Ein einzelner Prozessor, der ausschließlich solche Instruktionen ausführt, würde den Bus zu 20/174 = 11.5 % belasten. Anders ausgedrückt bedeutet dies, daß der Bus des betrachteten Multiprozessors mit etwa 8 bis 9 Prozessoren gesättigt wäre.

4.2.2.5 Mittelwert der Befehlslänge

Reale Programme bestehen weder ausschließlich aus minimal *noch* maximal langen Befehlen. Durch Messung der Befehlsfolgen realer Programme bzw. durch die Auswertung des von Compilern generierten Codes erhält man einen gewichteten Mittelwert der Befehlsausführungszeit von

$$\overline{E + I} \approx 40 \text{ Takte}$$

und

$$\overline{I} \approx 3 \text{ Buszyklen} = 12 \text{ Takte}$$

so daß sich ergibt

$$n_{sat} \approx 3.3$$

Ein eng gekoppelter Multiprozessor der hier vorausgesetzten Organisation (vgl. Abschnitt 4.2.1.1) ist also bereits mit 3 bis 4 Mikroprozessoren vom Typ 68000 an seiner Ausbaugrenze angelangt.

4.3 Maßnahmen zur Leistungssteigerung

Die oben durchgeführte einfache Analyse zeigt deutlich die Leistungsgrenzen einfacher eng gekoppelter Multiprozessorsysteme auf. Die ermittelte Bussättigung mit ungefähr drei Prozessoren ist nicht untypisch. In diesem Abschnitt seien zwei Möglichkeiten zur Verbesserung der Leistungsfähigkeit eng gekoppelter Multiprozessorsysteme diskutiert.

4.3.1 Leistungssteigerung durch Cache-Speicher

Ein Cache-Speicher ist ein schneller, *softwaretransparenter*[1] Speicher, der zwischen dem Prozessor (CPU) und dem Hauptspeicher angesiedelt ist. Im Falle eines eng gekoppelten Multiprozessors liegt der Cache zwischen dem Prozessor und dem Bus (Bild 4.8). Der Cache-Speicher hat mit der Wahrscheinlichkeit **h (hitrate)** die von der CPU benötigte Information, d.h. Befehle oder Daten *lokal* verfügbar. Wenn immer die Information im Cache-Speicher vorhanden ist, wird die CPU aus dem Cache-Speicher versorgt. Der Zugriff auf den globalen Bus und den globalen Speicher kann unterbleiben. Nur noch der Bruchteil (1-h) aller Code- oder Datenzugriffe erfolgt über den globalen Bus. Die Busbelegungszeit reduziert sich deshalb auf den Wert (1-h)·I (siehe Bild 4.9). Aus Bild 4.9 kann unmittelbar die geänderte Sättigungsbedingung abgelesen werden:

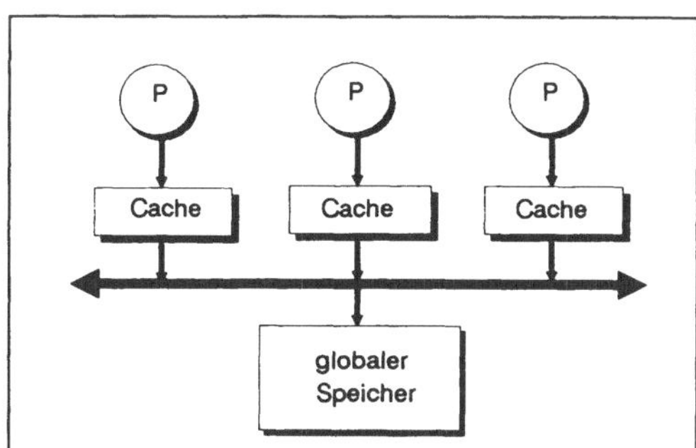

Bild 4.8: Positionierung des Cache-Speichers

$$E_k + h \cdot I_k < \sum_{j \neq k} (1-h) I_j \qquad \text{(modifizierte Sättigungsbedingung)}$$

[1] daher die Namensgebung: *to cache = verstecken*

Für $E_k = E_j = E$ und $I_k = I_j = I$ folgt daraus

$$E + h \cdot I = (n_{sat}-1)(1-h) \cdot I$$

oder umgeformt

$$n_{sat} = \frac{E + h \cdot I}{(1-h)I} + 1 = \left.\frac{E}{I}\right|_{eff} + 1 \quad \text{(neue Ausbaugrenze)}$$

Für den Fall $h = 0$ reduziert sich diese Ausbaugrenze auf das Ergebnis von Abschnitt 4.2.1.5 (kein Cache). Für $h \rightarrow 1$ wächst n_{sat} stark an. Für das oben diskutierte Beispiel mit 68000 Mikroprozessoren (s. Abschnitt 4.2.2.5) ergibt sich bei einer Hitrate $h = 0.9$ eine Ausbaugrenze $n_{sat} \approx 33$.

Die Reduktion der Busbelegung durch den Cache-Speicher erlaubt also eine beträchtliche Leistungssteigerung eines eng gekoppelten Multiprozessors[1].

4.3.2 Leistungssteigerung durch Lokalspeicher

4.3.2.1 Grundprinzip

Ein leistungssteigernder Effekt von Cache-Speichern stammt aus der Reduktion der Busbelegungszeit der angeschlossenen Prozessoren. Dasselbe kann erreicht werden, wenn die Softwareapplikation so strukturiert wird, daß nur **globale Daten im Globalspeicher** (GM) (siehe Bild 4.10) abgelegt werden. Globale Daten sind solche, die von allen Prozessoren referenzierbar sein müssen. **Lokale Daten**, d. h. solche Daten, die nur für einen einzelnen Prozessor referenzierbar sein müssen, **statische Daten**, d. h. solche Daten, die während des Betriebs nicht oder nur sehr selten verändert werden, sowie die **Programme** selbst werden in Privatspeichern (LM) jeder CPU als **lokale Kopie** abgelegt. Nur wenn Globaldaten referenziert werden müssen, ist eine Busbelegung erforderlich. Die Analyse der Sättigungsgrenze bzw. Ausbaugrenze erfolgt wie beim Multiprozessor mit Cache-Speichern, wobei der Wert des Analyseparameters I sich auf die selteneren Zugriffe auf den globalen Speicher beschränkt.

4.3.2.2 Lokalspeichereffekte

Bild 4.11 zeigt eine alternative Organisationsform eines eng gekoppelten Multiprozessors mit Lokalspeichern. Der gemeinsame Speicherraum aller Prozessoren ist

[1] Weitere leistungssteigernde Effekte und die Funktionsweise von Cache-Speichern werden in Kapitel 5 besprochen.

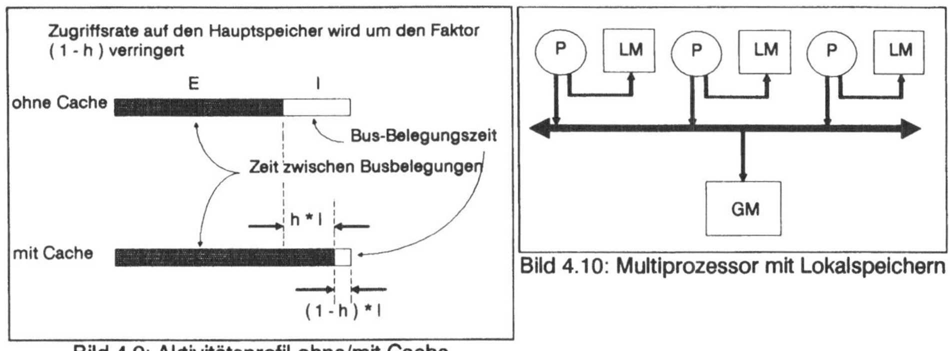

Bild 4.10: Multiprozessor mit Lokalspeichern

Bild 4.9: Aktivitätsprofil ohne/mit Cache

hier nicht als zentrales Modul in Form eines globalen Speichers ausgeführt. Vielmehr ist der gemeinsame Speicherraum auf mehrere Teilspeicher verteilt. Jedes Prozessormodul des Multiprozessors enthält einen Teilspeicher CM, der nicht nur lokal wie der Lokalspeicher LM, sondern auch *remote* über den globalen Bus von den anderen Prozessoren adressierbar ist. Der Lokalspeicher jedes Prozessormoduls ist ausschließlich vom zugeordneten Prozessor ansprechbar. Alle **common memory** Module CM zusammengenommen stellen den gemeinsamen Adreßraum aller Prozessoren dar.

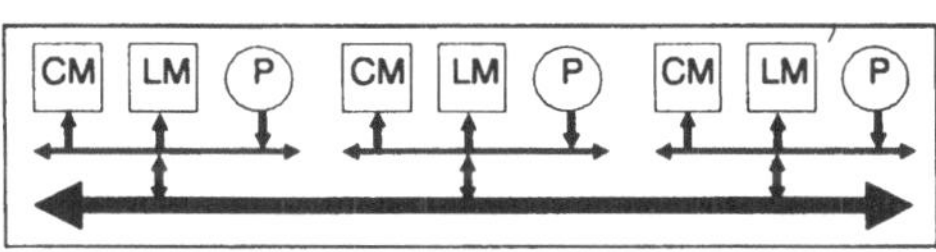

Bild 4.11: Multiprozessor mit verteiltem Globalspeicher

Diese alternative Organisationsform hat durchaus einen Einfluß auf die erzielbare Gesamtleistung eines Multiprozessors. Dies sei hier qualitativ diskutiert, wobei hier Annahmen über das Zusammenwirken der Prozessoren zu treffen sind. Solche Annahmen waren beim bisher angewandten Abstraktionsgrad nicht erforderlich.

Die Einzelprozessoren des Multiprozessors sollen gemeinsam eine größere Aufgabe bearbeiten. Dazu müssen die Prozessoren untereinander Daten austauschen, d.h. ein Prozessor stellt Daten bereit, die ein anderer wiederum benützt. Für den Datenaustausch müssen die kommunizierenden Prozessoren Zugriff auf einen gemeinsamen Adreßraum haben.

- *Multiprozessorstruktur nach Bild 4.10: will ein Prozessor einem kooperierenden Prozessor Daten übermitteln, so muß er dazu über den globalen Bus auf den Globalspeicher zugreifen und die Daten dort ablegen. Der Empfängerprozessor muß seinerseits über den globalen Bus auf den Globalspeicher zugreifen und die Daten übernehmen. Zum Austausch einer Information zwischen zwei Prozessoren sind also zwei Belegungen des globalen Busses erforderlich.*

- *Multiprozessorstruktur nach Bild 4.11: will ein Prozessor einem kooperierenden Prozessor Daten übermitteln, so greift er über den globalen Bus und über den lokalen Bus des Partnerprozessors auf das common memory Modul des Partners zu und legt dort die Information ab. Der Empfängerprozessor greift seinerseits zur Datenübernahme über seinen lokalen Bus auf sein common memory Modul zu. Zum Austausch einer Information zwischen zwei Prozessoren ist hier nur eine Belegung des globalen Busses erforderlich. Zusätzlich kommt es zum Zugriffskonflikt der beiden beteiligten Prozessoren um den lokalen Bus.*
- *Multiprozessorstruktur nach Bild 4.12: will ein Prozessor einem kooperierenden Prozessor Daten übermitteln, so greift er über den globalen Bus direkt auf das common memory Modul des Partnerprozessors zu. Dieses ist als dual port memory ausgeführt. Deshalb ist eine Belegung des lokalen Busses des Partnerprozessors nicht erforderlich. Der Empfängerprozessor greift zur Datenübernahme über seinen lokalen Bus auf das dual port common memory Modul zu. Zum Austausch einer Information zwischen zwei Prozessoren ist hier nur eine Belegung des globalen Busses erforderlich. Zugriffskonflikte um den lokalen Bus entstehen nicht. Während der sendende Prozessor auf das dual port common memory Modul zugreift, kann der Empfängerprozessor weiterhin auf seinem Lokalspeicher arbeiten.*

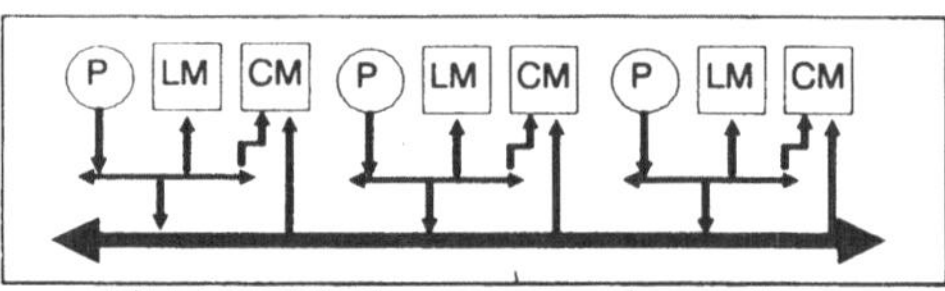

Bild 4.12: Multiprozessor mit verteiltem

Aus den vorstehenden kurzen Betrachtungen wird intuitiv klar, daß die dritte Variante die höchste Leistung haben wird. Dies wird auch durch verkehrstheoretische Untersuchungen bestätigt, wie sie in Bild 4.13 schematisch dargestellt sind. Unter Zugrundelegung eines bestimmten Softwarefunktionsmodells, wie es für Real-Time-Anwendungen charakteristisch ist, erweist sich das Globalspeicher-

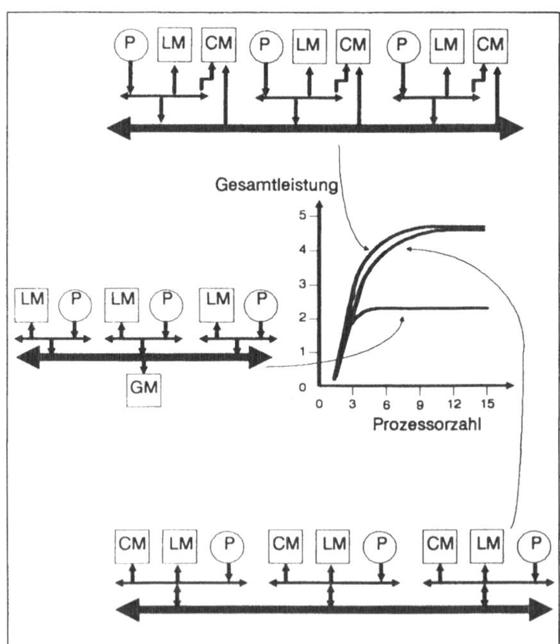

Bild 4.13: Multiprozessoren im Vergleich (schematisch)

konzept nach Bild 4.10 am wenigsten ausbaufähig. Erwartungsgemäß ist das Konzept mit dual port common memory am leistungsfähigsten.

4.4 Literaturverzeichnis

4.4.1 Bücher

K. Hwang, F. A. Briggs
Computer Architecture and Parallel Processing
McGraw Hill Int. Eds/Computer Science Series, ISBN 0-07-Y66354-8, 1988, Kapitel 7

W. K. Giloi
Rechnerarchitektur
Springer Verlag-Heidelberger Taschenbücher Band 208, ISBN 3-540-10352-X, 1981, Kapitel 4.9

G. Conte, D. Del Corso
Multi-Microprocessor Systems for Real-Time Applications
D. Reidel Publ. Co. ISBN 90-277-2054-1, 1985, Kapitel 2

4.4.2 Einzelartikel

P. Stenström
Reducing Contention in Shared Memory Multiprocessors
COMPUTER, November 1988, Seite 26-37

S. J. Frank
Tightly coupled multiprocessor system speeds memory-access times
ELECTRONICS, 12. Januar 1984, Seite 164-169

W. Mayberry, G. Efland
CACHE BOOSTS MULTIPROCESSOR PERFORMANCE
COMPUTER DESIGN, November 1984, Seite 133-138

G. Fielland, D. Rodgers
32-Bit computer systems shares load equally among up to 12 processors
Electronic Design, 6. September 1984, Seite 153-168

5 Cache Speicher

5.1 Funktionsprinzip

Im Bereich der Großrechner werden Cache-Speicher seit langer Zeit eingesetzt. Nachdem die Forderung nach ständig höherer Leistungsfähigkeit von Mikroprozessorsystemen zum Einsatz von immer schnelleren Mikroprozessoren und Multiprozessorsystemen führt, muß auch der Mikrocomputer-Hardware-Entwickler mit immer komplexeren Speichersystemen arbeiten. Ein mittlerweile fester Bestandteil fortgeschrittener Speichertechnologie sind die Cache-Speicher, deren Funktionsweise und Probleme in diesem Kapitel behandelt werden.

5.1.1 Direct mapped Cache

Ein Cache ist ein für die Software unsichtbarer (verborgener) Speicher, der zwischen der CPU und dem Hauptspeicher angesiedelt ist. Ein von der CPU beabsichtigter Speicherzugriff wird vom Cache-Controller geprüft. Stellt der Cache-Controller fest, daß der Cache-Speicher eine gültige Kopie der von der CPU angeforderten Information enthält, unterbleibt der Hauptspeicherzugriff. Der Cache-Controller übergibt der CPU die Information aus dem Cache-Speicher.

5.1.1.1 Struktur des Cache

Ein Cache-Speicher ist immer wesentlich kleiner als der Hauptspeicher. Deshalb enthält er immer nur einen kleinen Ausschnitt der Hauptspeicherdaten in Form von Datenblöcken fester Größe. Ein Block enthält 2^n Bytes, wobei n eine kleine ganze Zahl ist. Unter einer Cache-Adresse (Index) ist neben dem Datenblock die Herkunftsadresse (Block Tag), das ist ein Teil der Hauptspeicheradresse, an der die Originaldaten stehen, abgelegt. Zusätzlich ist je Cache-Adresse vermerkt, ob die einge-

---

Direct mapped Cache

speicherte Information gültig ist (Valid Bit). Der Cache-Controller wertet diese Informationen während des CPU-Memoryzyklusses aus. Der Schlüssel ist dabei die vom Prozessor ausgegebene Speicheradresse. Diese ist konzeptionell in drei Bereiche aufgeteilt:

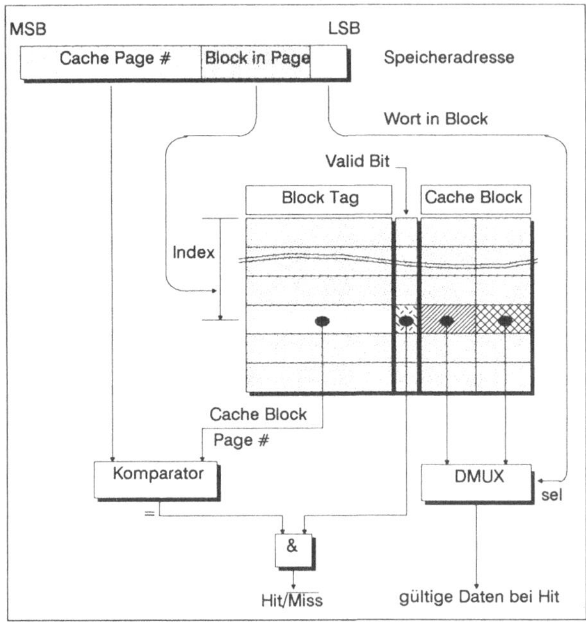

Bild 5.1: Direct mapped Cache Readout

- *Cache Page Number. Der Hauptspeicher ist in Seiten fester Größe eingeteilt*[1]*. Die höherwertigen Adreßbits (Cache Page #) geben die gewünschte Seitennummer an.*
- *Block in Page Number. Jede Seite ist in Blöcke aufgeteilt. Der mittlere Teil des Adreßworts gibt die Blocknummer an.*
- *Byte/Wort in Block. Der niederwertige Teil des Adreßworts selektiert die kleinste Adressierungseinheit*[2] *des Prozessors aus dem Datenblock.*

Der Block-Tag-Teil eines Cache-Speicherworts nimmt die Cache-Page-Nummer eines Cache-Blocks auf.

5.1.1.2 Ablauf eines Lesezugriffes bei HIT

Beim direct mapped Cache wird mit dem mittleren Teil des Adreßworts ein Eintrag des Cache-Speichers adressiert und gleichzeitig der *Cache-Block*, das *Valid-Bit* und der *Block-Tag* ausgelesen. Der ausgelesene Cache-Block enthält dann die vom Prozessor gewünschte Information, wenn er eine Kopie von der Hauptspeicherstelle ist, die der Prozessor augenblicklich adressieren möchte. Dazu vergleicht der Cache-

[1] Diese Seitenzerlegung darf nicht mit der Seitenzerlegung beim "paged memory management" verwechselt werden. Eine Cache-Seite ist die maximale Information, die im Cache gespeichert werden kann. Dabei können alle Blöcke aus derselben Hauptspeicherseite oder auch von verschiedenen Hauptspeicherseiten stammen.

[2] Üblicherweise ein Byte oder ein Wort

Controller den Block-Tag mit der vom Prozessor ausgegebenen Cache Page Nummer. Bei Übereinstimmung *und* Gültigkeit der Cache-Information (Cache-Hit) enthält der Cache die gewünschte Information, die bereits ausgelesen wurde. Der niederwertigste Teil des Adreßworts selektiert das gewünschte Byte (oder Wort) aus dem ausgelesenen Cache Block aus. Der vom Prozessor beabsichtigte Hauptspeicherzugriff kann unterbleiben, d. h. er wird vom Cache-Controller nicht weitergereicht.

5.1.1.3 Ablauf eines Lesezugriffs bei MISS

Der Lesezugriff läuft zunächst wie oben erläutert ab. Nachdem festgestellt wurde, daß das adressierte Cache-Speicherwort *nicht* die vom Prozessor benötigte Information enthält (MISS), wird der Zugriffswunsch des Prozessors auf den Hauptspeicher vom Cache-Controller weitergereicht. Ein normaler Speicher-Lesezyklus läuft ab. Nachdem die gewünschte Information aus dem Speicher ausgelesen ist, wird sie dem Prozessor übergeben und *gleichzeitig* das adressierte Cache-Speicherwort mit den neuen Daten und deren Herkunftsadresse (Tag) überschrieben. Falls in diesem Cache-Wort vorher gültige Information enthalten war, ist sie jetzt verloren.

Wenn der Cache Block mehrere Adressierungseinheiten (Bytes oder Worte) enthält, muß der Cache Controller mehrere Speicherzugriffe ausführen, bevor der Cache Block vollständig gefüllt ist[1].

Auf diese Weise füllt sich ein nach dem RESET leerer Cache Speicher durch seinen Controller selbständig auf. Beim RESET müssen lediglich alle Valid-Bits auf *invalid* gesetzt werden.

5.1.1.4 Ablauf eines Schreibzugriffes

Ein Schreibzugriff modifiziert die Information im Hauptspeicher. Falls ein Cache-Speicher vorhanden ist, kann der Schreibvorgang unterschiedlich ablaufen:

- *Der vom Prozessor mit dem mittleren Teil des Adreßworts adressierte Cache-Eintrag wird invalidiert und der Schreibvorgang immer im Hauptspeicher ausgeführt.*
- *Der vom Prozessor mit dem mittleren Teil des Adreßworts adressierte Cache-Eintrag wird nur dann invalidiert, wenn HIT vorliegt[2]. Der Schreibvorgang wird immer im Hauptspeicher durchgeführt.*

[1] Als Alternative besteht die Möglichkeit, die Wortbreite des Hauptspeichers und des Cache Blocks anzugleichen

[2] Die Prüfung auf HIT erfolgt in gleicher Weise wie bei einem Lesezugriff

Als Variation zu diesen beiden Möglichkeiten kann der Cache-Speicher-Eintrag gleichzeitig mit dem Hauptspeicher beschrieben werden, so daß am Ende des Schreibzyklusses auch der Cache *aktuell* ist (WRITE THRU Cache).

Komplexere Cache-Controller führen die Schreiboperation nur im Cache aus. In diesem Fall hat nur der Cache-Speicher die aktuelle Information. Es ist Aufgabe des Cache-Controllers, zu einem späteren Zeitpunkt den Schreibvorgang im Hauptspeicher nachzuholen (WRITE BACK Cache).

5.1.2 Software-Einflüsse

Der Cache-Controller löscht oder invalidiert beim RESET den gesamten Cache-Speicher. Nach und nach füllt der Cache-Controller den Cache-Speicher mit Information, die die CPU aus dem Speicher ausliest, weil anfänglich alle Zugriffe zu einem Cache-MISS führen. Der erste Zugriff auf eine Speicheradresse führt immer zu einem MISS. Erst wenn dieselbe Adresse *wiederholt* lesend referenziert wird, enthält der Cache-Speicher eine lokale Kopie der entsprechenden Hauptspeicherinformation. Da Programme normalerweise Schleifen durchlaufen, kann beim zweiten und den weiteren Schleifendurchläufen mit hoher Wahrscheinlichkeit die benötigte Information aus dem Cache-Speicher zur Verfügung gestellt werden. Diese Wahrscheinlichkeit (HIT Rate) wird von der Softwarestruktur, dem Anwendungsprofil und nicht zuletzt von der Detailauslegung des Cache-Speichers und des Cache-Controllers beeinflußt.

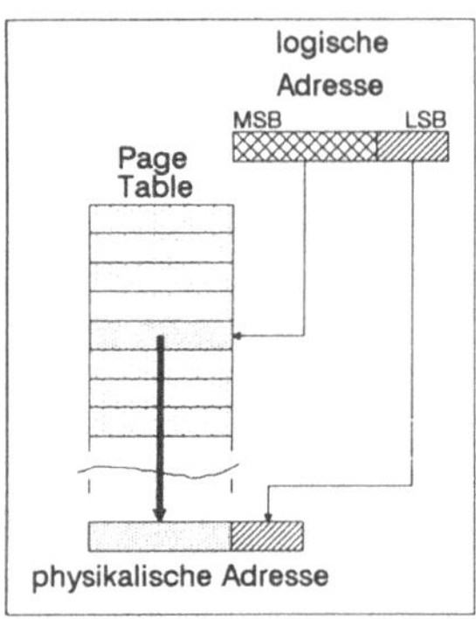

Bild 5.2: Adreßumsetzung

5.1.2.1 Physikalischer Cache

Man spricht von einem *physikalischen Cache*, wenn der Cache-Controller die *physikalischen* Hauptspeicheradressen[1] auswertet. Diese Form liegt immer dann vor, wenn *keine* Adreßumsetzumg durch eine Memory-Management-Unit (MMU) erfolgt, d. h. die Programm- bzw. Prozessoradresse mit der physikalischen Spei-

[1] Physikalische Speicheradressen referenzieren eindeutig Speicherzellen, die auch real (oder physisch) vorhanden sind. Anders ausgedrückt, referenzieren diese Adressen RAM- oder ROM-Bausteine *unmittelbar*. Siehe hierzu auch Kapitel 10.3.

cheradresse identisch ist. Bei Rechnersystemen *mit* Adreßumsetzung (s. Bild 5.2) liegt ein physikalischer Cache vor, falls der Cache-Controller die Adressen *nach* der Adreßumsetzung auswertet.

5.1.3 Logischer Cache

Man spricht von einem *logischen Cache*, wenn der Cache-Controller *logische* Adressen auswertet. Diese Form *kann* vorliegen, wenn eine Adreßumsetzung durch eine Memory-Management-Unit (MMU) zwischen der Programm- bzw. CPU-Adresse und der physikalischen Hauptspeicheradresse erfolgt (s. Bild 5.2). Ein *logischer* Cache liegt vor, wenn die Prozessoradressen *vor* der Umsetzung vom Cache-Controller ausgewertet werden. Falls die Adressen *nach* der Umsetzung vom Cache-Controller ausgewertet werden, liegt ein *physikalischer* Cache vor.

5.1.3.1 Softwareprobleme beim logischen Cache

Die Unterscheidung zwischen diesen beiden Cache-Formen ist wesentlich. Beim physikalischen Cache existiert eine Ein-Eindeutigkeit zwischen Speicherzelle und Adresse, so daß der Cache-Controller eindeutig entscheiden kann, ob eine Kopie des Inhalts einer bestimmten Speicherzelle vorhanden ist. Beim logischen Cache geht diese Ein-Eindeutigkeit zwischen einer logischen Adresse und einer physikalischen Speicherzelle verloren. Ein und dieselbe logische Adresse kann auf unterschiedliche physikalische Adressen abgebildet werden (siehe Bild 5.3). Die dadurch entstehenden Probleme sind in Bild 5.3 erkennbar. Die obersten Segmenttabelleneinträge der Software-Prozesse A und B werden durch dieselben logischen Programmadressen dieser Prozesse angewählt. Die MMU bildet dabei diese logischen Adressen entsprechend der in Bild 5.3 dargestellten Pfeile auf unterschiedliche physikalische Speicherseiten ab (Realspeicher). Wechselt jetzt das Betriebssystem von Prozeß A nach

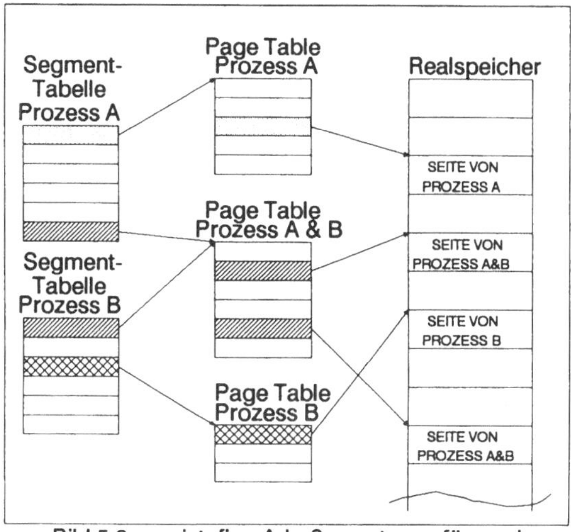

Bild 5.3: zweistufige Adreßumsetzung für zwei Prozesse

Prozeß B (Kontext Switch), so enthält der logische Cache Informationen aus der physikalischen Speicherseite von Prozeß A. Eine HIT-Entscheidung aufgrund eines Tag-Vergleichs würde also Daten aus dem physikalischen Adreßraum von Prozeß A und nicht von Prozeß B an die CPU weitergeben. Deshalb muß das Betriebssystem bei jedem Kontextswitch den Cache explizit invalidieren[1]. Diese Schwierigkeit existiert beim physikalischen Cache nicht.

5.1.4 Nachteile des physikalischen Caches

Der physikalische Cache vermeidet die oben dargestellten Softwareprobleme in Multitaskingsystemen. Da der Cache-Controller mit physikalischen Adressen arbeitet, muß er allerdings immer warten, bis die Memory-Management-Unit die Umsetzung von logischen Adressen auf physikalische Adressen durchgeführt hat. Dadurch verlangsamt sich der Speicherzugriff, d.h. physikalische Caches sind in der Regel langsamer. Trotzdem gibt es Möglichkeiten, diesen Nachteil zu vermeiden. Ein Beispiel ist in Bild 5.4 dargestellt. Dort ist angenommen, daß die Speichergranularität der MMU (Page-Size) und die Größe einer Cache-Page übereinstimmen. Wie in Bild 5.4 zu sehen ist, kann die Übersetzung der logischen Seitennummer in die physikalische Seitennummer gleichzeitig mit der Adressierung und dem Auslesen des Cache-Speichers erfolgen. Bis die Tag-Information des Caches verfügbar ist, steht auch die physikalische Seitennummer durch die MMU bereit und die Entscheidung HIT/MISS kann ohne zusätzlichen Zeitverzug erfolgen. Diese Struktur vermeidet die Softwareprobleme beim Kontextswitch, ohne die vollen Zeitnachteile eines "normalen" physikalischen Caches zu besitzen.

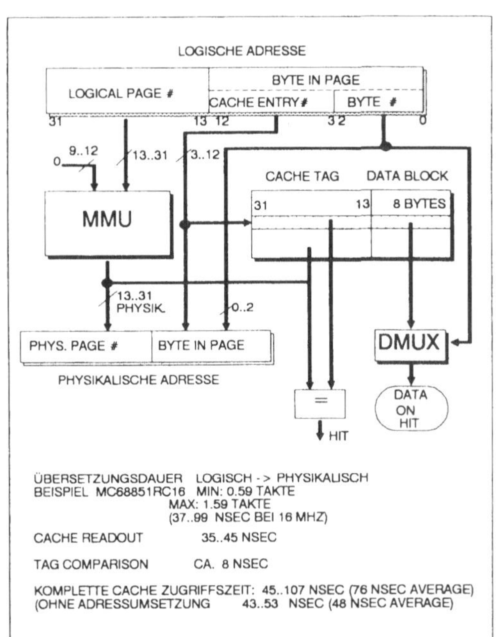

Bild 5.4: Parallelarbeit von MMU und Cache

[1] Siehe hierzu auch Kapitel 12.

5.2 Andere Cache Strukturen

5.2.1 Assoziativer Cache

Beim *direct mapped cache* wird der Cache-Speicher durch einen Teil des Adreßworts des Prozessors *explizit* adressiert. Beim assoziativen Cache wird die Blockadresse (*Cache Page #* und *Block in Page*, s. Bild 5.1) des neuen Adreßworts an den Block Tag Speicherteil des Caches angelegt. Dieses *TAG-RAM* ist als inhaltsadressierbarer Speicher (contents addressable memory, CAM) ausgeführt. Bei einem CAM wird nicht die Adresse angelegt um die Daten aufzufinden, sondern es werden die Daten angelegt, um deren Adresse aufzufinden.

Dieses Verfahren wird beim assoziativen Cache angewandt, um anhand des neuen Speicherworts festzustellen, ob zu diesem Adreßwort gehörige Daten im Cache vorhanden sind und unter welcher Adresse diese abgelegt sind. Dadurch verschwindet die Seitenstruktur des *direct mapped caches* und die damit verbundenen Nachteile werden vermieden. Da CAM-Speicher sehr teuer sind, wird dieses Verfahren nicht sehr häufig angewandt.

5.2.2 Set assoziativer Cache

5.2.2.1 Probleme von direct mapped Caches

Set assoziative Caches sind Varianten der *direct mapped caches*. Beim direct mapped Cache wird je Cache-Wort genau der Block einer Speicherseite eingespeichert, der dieselbe Adresse innerhalb der Speicherseite hat, wie das Cache-Wort innerhalb des Cache-Speichers. Wenn jetzt ein Programm ein Byte des Blocks m der Seite n liest, wird dieser Block im Cache-Speicherwort m abgelegt. Wird anschließend ein Byte des Blocks m der Seite k gelesen, so wird der bisher im Cache-Speicher unter der Adresse m abgelegte Block überschrieben. Dieser Vorgang kann während der Programmausführung modular strukturierter Software relativ oft stattfinden, da dort häufig Prozeduraufrufe und Rücksprünge zu und von anderen Speicherseiten erfolgen. Die Effektivität (Hitrate) des direct mapped Caches wird dadurch reduziert.

5.2.2.2 Abhilfe durch mehrfache Caches

Das oben dargestellte Problem kann gemildert werden, wenn zwei oder mehrere direct mapped Caches parallel betrieben werden, die bei einem MISS im Wechsel mit dem *vermissten* Datenblock neu beschrieben werden. Beispielsweise wird beim *ersten* MISS von Block m der Seite n das Cache-Speicherwort m des Teil-Caches 1 und beim *zweiten* MISS von Block m der Seite k das Cache-Speicherwort m des Teil-Caches 2 überschrieben. Dieses kann im Wechsel so weitergeschehen.

Beim Lesen durch die CPU überprüfen die Cache-Controller beider Teil-Caches gleichzeitig, ob sie die gesuchte Information vorrätig haben. Es kann maximal einer der Teil-Caches einen HIT feststellen und die Information an den Prozessor liefern. Beim nächsten MISS aller Teil-Caches wird immer der Teil-Cache neu beschrieben, der am längsten zurückliegend keinen HIT auf der Cache-Adresse hatte (LRU-Strategie, least recently used), d.h. der oder die Teil-Caches, die jüngst benützte Information enthalten, werden nicht überschrieben.

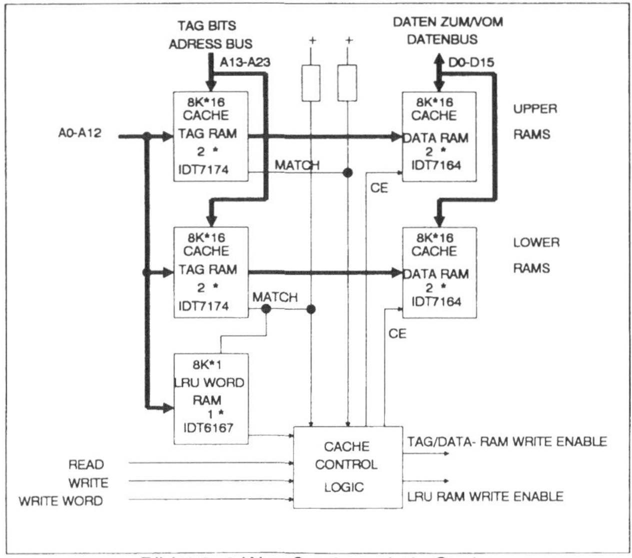

Bild 5.5: 2-Way-Set-Assoziativ-Cache

Ein Set assoziativer Cache, der beispielsweise aus vier Teil-Caches besteht wird als *4-Way Set assoziativ* bezeichnet.

5.2.2.3 Aufbau eines 2-Way-Set-Assoziativ-Caches

In Bild 5.5 ist das Prinzipschaltbild eines 2-Way-Set-Assoziativ-Caches dargestellt[1]. Dabei ist ein 16 MWorte großer Adreßraum, eine Cache-Tiefe von 8 k Einträgen und eine Cache Blockgröße von einem Wort (2 Byte) zugrundegelegt. Die zu-

[1] Aus Application Note AN-07 von Integrated Device Technology, Inc

gehörige Kontroll-Logik ist in Bild 5.6 dargestellt. Mit den niederwertigen 13 Adreßbits werden beide Tag-RAMs adressiert. Die Tag-RAMs enthalten bereits den Komparator zum Vergleich der höherwertigen 11 Bits des Adreßworts. Bei einem HIT werden entweder vom UPPER RAM oder vom LOWER RAM die Daten an die CPU geliefert. Dies geschieht in Abhängigkeit davon, ob das UPPER Tag RAM oder das LOWER Tag RAM *MATCH* signalisiert. Bei einem HIT wird zusätzlich in das LRU-RAM eingeschrieben, ob der HIT im UPPER oder LOWER Tag RAM festgestellt wurde. Abhängig vom LRU-Bit wird entschieden, ob beim nächsten MISS der UPPER Cache oder der LOWER Cache neu beschrieben werden soll.

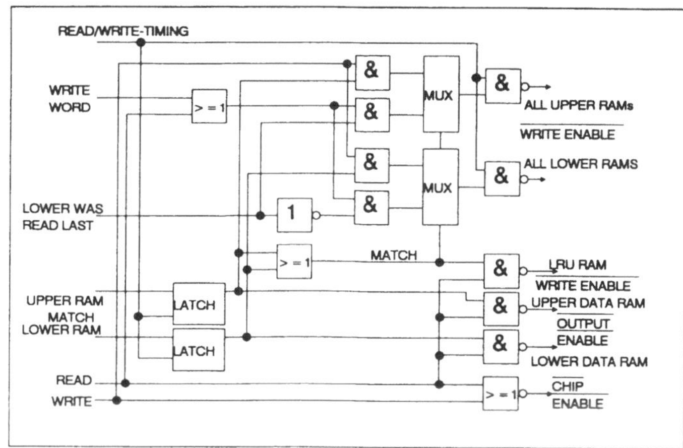

Bild 5.6: 2-Way-Set-Assoziativ-Cache Kontroll-Logik

Tag RAMs sind speziell für Cache-Anwendungen konstruiert. So besitzen sie einen schnellen on-chip Komparator zur Signalisierung des MATCH und einen CLEAR-Eingang, mit dem der gesamte Tag-RAM invalidiert werden kann. Über diesen CLEAR Eingang ist es vom Betriebssystem leicht möglich, beim Kontextswitch den Cache zu invalidieren.

5.3 Cache Speicher in eng gekoppelten Multiprozessorsystemen

5.3.1 Cache Kohärenz

Cache-Speicher enthalten lokale Kopien von Daten oder Programmen. In einem eng gekoppelten Multiprozessorsystem kann jeder Prozessor mit einem eigenen Cache-Speicher ausgestattet sein. Dadurch kann jede Hauptspeicherinformation innerhalb des Gesamtsystems mehrfach repliziert sein. In den Caches der beiden CPUs von Bild 5.7 sei beidesmal der Datenblock A aus dem gemeinsamen Speicher als lokale Kopie vorhanden.

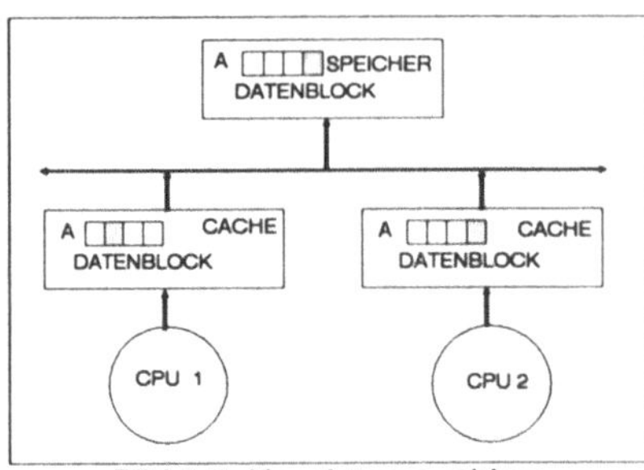

Bild 5.7: Konsistenzproblem

Prozessor 1 modifiziert diesen Block in seinem lokalen Cache ohne ihn sofort in den Speicher zurückzuschreiben. Wenn zwischenzeitlich der Prozessor 2 denselben Block in seinen Cache holt, erhält er einen veralteten Datenblock. Auch wenn anschließend der Prozessor 1 den im Cache veränderten Block zurückschreibt, bleibt die Dateninkonsistenz erhalten. Zur Vermeidung solcher Inkonsistenzen müssen geeignete Vorkehrungen getroffen werden.

5.3.2 Kohärenzstrategien

5.3.2.1 Instruction-Only-Cache

Die einfachste Kohärenz-erzwingende Methode besteht darin, ausschließlich unveränderliche (statische) Information zu "cachen". Darunter fällt der Programm-Code und statische Daten (Konfigurationsdaten). Da diese Information von keinem Prozessor verändert wird, bleiben die lokalen Kopien in allen Caches konsistent.

Manche Prozessoren, wie z. B. der 68020, sind mit einem Instruction-Only-Cache ausgestattet. Bei manchen Cache-Controllern, wie z. B. der 68905/68906 von VALVO/Signetics, können einzelne Seiten oder ganze Bereiche mit Hilfe der Betriebssystemsoftware als *non cacheable* deklariert werden. Auf diese Weise kann dann die Inkonsistenz schnell veränderlicher Information verhindert werden.

5.3.2.2 Bus-Watch-Controller

Das häufigste Verfahren zur Erzeugung der Cache-Kohärenz ist die Methode der Busbeobachtung (Bus-Watch, Snooping Controller). Snooping Controller beobachten ständig den Adreßverkehr auf dem Bus. Sobald die Adresse auf dem Bus mit dem Tag eines Cache-Blocks übereinstimmt, wird der zugehörige Cache-Eintrag invalidiert. Dazu ist erforderlich, daß der Cache-Controller des Prozessors, der Daten verändert, vom WRITE THRU - Typ (s. Bild 5.8) ist. Dadurch erfolgt jede Veränderung der Information sofort im Hauptspeicher, und die Adresse der modifizierten Information wird unmittelbar bei der Veränderung auf dem Bus sichtbar.

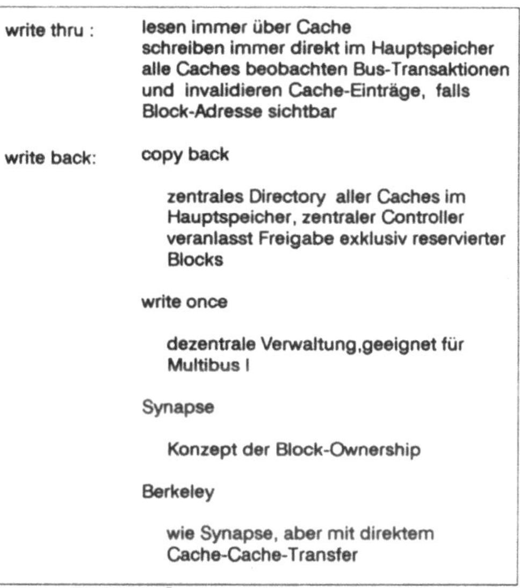

write thru :	lesen immer über Cache schreiben immer direkt im Hauptspeicher alle Caches beobachten Bus-Transaktionen und invalidieren Cache-Einträge, falls Block-Adresse sichtbar
write back:	copy back
	zentrales Directory aller Caches im Hauptspeicher, zentraler Controller veranlasst Freigabe exklusiv reservierter Blocks
	write once
	dezentrale Verwaltung,geeignet für Multibus I
	Synapse
	Konzept der Block-Ownership
	Berkeley
	wie Synapse, aber mit direktem Cache-Cache-Transfer

Bild 5.8: Cache-Kohärenzprotokolle

Ein Controller, der diese Methode anwendet, ist der zum 80386 gehörige Cache-Controller 82385 (s. Bild 5.9)[1,2]. Dieser Controller beobachtet über den Snoop-Bus die Adressen und Kontrollsignale des Systembusses, um gegebenenfalls durch Invalidierung eines Eintrags im Cache Konsistenz zu erzeugen.

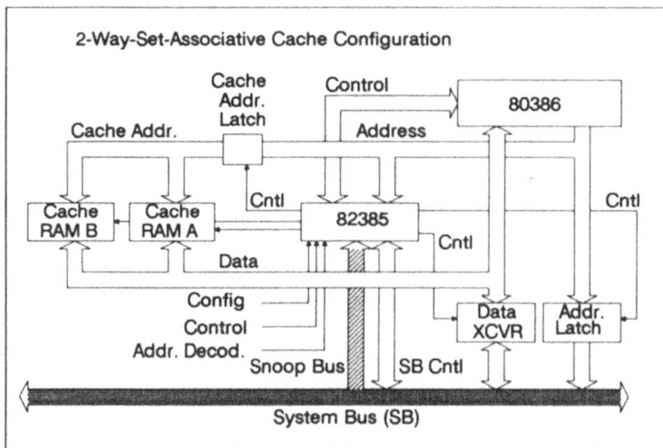

Bild 5.9: Snooping Cache Controller 82385 von Intel

[1] aus 82385 High Performance 32-Bit Cache Controller, Architectural Overview, Intel

[2] Im neuen Mikroprozessor 80486 von Intel ist dieser Cache-Controller bereits auf der CPU mit untergebracht.

5.3.2.3 Write Once Protokoll[1]

Der Motorola 88200 Cache-Controller/MMU kann neben dem **WRITE THRU** Verfahren wahlweise Cache-Kohärenz über das **WRITE ONCE** Protokoll erreichen[2]. Ein Block (Eintrag) im Cache ist jetzt nicht nur *gültig* oder *ungültig*. Vielmehr ist jeder Block durch vier Zustände gekennzeichnet (siehe Bild 5.10).

- *INVALID kennzeichnet den Block als ungültig, d. h. er enthält keine verwertbare Information*
- *VALID kennzeichnet den Block als gültig. Dieselbe Information kann ausschließlich in dem betreffenden Cache, aber auch in einem oder mehreren anderen Caches vorhanden sein*
- *RESERVED kennzeichnet den Block als gültig und gleichzeitig als die einzige Kopie in einem Cache. Kein anderer Cache verfügt über eine weitere Kopie*
- *DIRTY kennzeichnet den Block als die einzige gültige Kopie im Gesamtsystem einschließlich Hauptspeicher.*

Bei einem READ MISS greift der Cache-Controller auf den Systembus zu und versucht die fehlende Information aus dem Hauptspeicher zu lesen. Alle anderen Cache-Controller beobachten diesen Versuch[3]. Der weitere Ablauf hängt dann vom Blockzustand in den anderen Controllern ab:

- *falls der Block in den anderen Caches INVALID oder VALID ist, liefert der Hauptspeicher den benötigten Block an den Cache, der ihn seinerseits an die CPU weitergibt. Der Blockzustand in diesem Cache wird VALID.*

Cache Block States:	INVALID
	VALID (not modified, potentially shared)
	RESERVED (only copy in any cache, write back unnecessary)
	DIRTY (written more than once, only copy in any cache)
READ MISS :	falls eine DIRTY Kopie in einem Cache existiert, verhindert der Cache die Datenabgabe aus dem Hauptspeicher, liefert den Block selbst für den Anforderer und für den Hauptspeicher (State VALID)
	falls RESERVED: Block aus Hauptsp. (State VALID)
	sonst -> Block aus Hauptspeicher, State VALID
WRITE HIT :	falls Block DIRTY –> lokal überschreiben
	falls Block RESERVED –> lokal überschreiben state DIRTY
	falls Block VALID –> write thru, state RESERVED andere Caches State INVALID
WRITE MISS :	Block laden (wie bei READ MISS)
	Block schreiben, State DIRTY, andere Caches State INVALID

Bild 5.10: Write Once Protokoll

[1] J. R. GOODMAN 1983

[2] MC88200 16-Kilobyte Cache/Memory Management Unit (CMMU), Motorola 1988, BRE589/D

[3] Der MC88200 ist ein Snooping-Controller, dies ist Teil des WRITE ONCE Protokolls

- *falls der Block in einem anderen Cache RESERVED ist, liefert der Hauptspeicher den Block an den Cache, der ihn seinerseits an den Prozessor weitergibt. Der Blockzustand in diesem Cache wird VALID. Der RESERVED Zustand wird zu VALID.*
- *falls der Block in einem Cache DIRTY ist, bricht dieser Cache den Speicherzugriffsversuch ab und liefert seinerseits den Block an den anfordernden Cache und an den Hauptspeicher. Der Blockzustand in diesem Cache wird VALID. Der DIRTY Zustand wird zu VALID.*

Der Ablauf bei einem Schreibvorgang hängt seinerseits vom Blockzustand im Cache des schreibenden Prozessors ab. Falls der zu schreibende Block im Cache steht (WRITE HIT), gibt es folgende Alternativen:

- *falls der Block DIRTY ist, wird er einfach im Cache überschrieben, ein System-bus-/Hauptspeicherzugriff unterbleibt.*
- *falls der Block RESERVED ist, wird er einfach im Cache überschrieben und in den Zustand DIRTY gesetzt. Der Zugriff auf den Systembus unterbleibt.*
- *falls der Block VALID ist, wird der Block im Cache und gleichzeitig im Hauptspeicher überschrieben (WRITE THRU). Der Block bekommt den Zustand RESERVED. Alle anderen Caches beobachten diesen Schreibvorgang und setzen für diesen Block den Zustand INVALID.*

Falls der zu schreibende Block nicht im Cache steht (WRITE MISS), wird der Block vom Cache-Controller wie im Falle des READ MISS geladen, anschließend im Cache überschrieben und in den Zustand DIRTY gesetzt. Alle anderen Caches "sehen" das READ MISS-Ereignis und setzen diesen Block auf INVALID.

Dieses Protokoll hat den Vorteil, den Busverkehr dadurch zu reduzieren, daß wiederholte Schreibzyklen auf denselben Block im Cache erfolgen. Als Nachteil ergibt sich, daß der Hauptspeicher nicht immer gültige Daten enthält.

5.3.3 Block Ownership Protokolle

5.3.3.1 Das Synapse Protokoll

Als Beispiel eines Block-Ownership-Protokolls sei das Synapse-Protokoll[1] besprochen. Jeder Cache-Block im Hauptspeicher ist mit einem 1-Bit-Zusatz (Memory-Tag) versehen. Dieses Bit gibt an, ob der Hauptspeicher diesen Block im Falle eines MISS

[1] Synapse Computer Corp., Milpitas, Calif.

liefern soll oder nicht. Jeder Block in einem Cache kann einen von drei Zuständen einnehmen:

- *INVALID, wenn der Block nicht im Cache ist,*
- *VALID, wenn der Block unmodifiziert im Cache ist und möglicherweise auch in anderen Caches enthalten ist,*
- *DIRTY, wenn der Block im Cache vorhanden aber modifiziert ist und keine weitere Kopie, auch nicht im Hauptspeicher, vorliegt.*

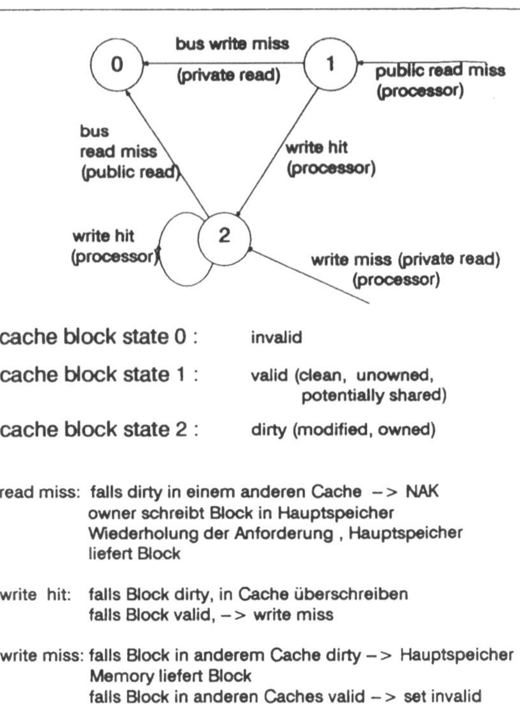

Bild 5.11: Synapse Protokoll

Wenn keine DIRTY-Kopie eines Blocks existiert, ist der Hauptspeicher der Besitzer des Blocks. Bild 5.11 zeigt das Protokoll als Zustands-Übergangsdiagramm. Bei einem READ MISS versucht der Cache-Controller über den Systembus einen Lesezugriff auf den Hauptspeicher:

- *falls der Block in keinem Cache DIRTY ist, liefert der Hauptspeicher den Block, der dann im Cache den Zustand VALID bekommt (public read miss).*
- *falls der Block in einem Cache DIRTY ist, wird der Speicherzugriff negativ quittiert (NAK) (Bus Read Miss). Der Besitzer des Blockes schreibt daraufhin den Block in den Hauptspeicher zurück und setzt ihn INVALID. Der Hauptspeicher wird dadurch wieder Besitzer des Blockes. Der Cache, der den READ MISS ausgelöst hat, muß anschließend den Speicherzugriff wiederholen und bekommt den Block vom Hauptspeicher. Der Blockzustand wird VALID.*

Bei einem Schreibzugriff hängt der Ablauf davon ab, ob der Block im Cache des schreibenden Prozessors vorhanden ist (WRITE HIT) oder nicht (WRITE MISS). Bei WRITE HIT gilt:

- *falls der Block DIRTY ist, wird er lediglich im Cache überschrieben. Ein Buszugriff auf den Systembus unterbleibt.*
- *falls der Block VALID ist, wird wie bei einem WRITE MISS verfahren.*

Bei WRITE MISS wird der Block wie bei READ MISS gelesen. Alle anderen Caches setzen den Block auf INVALID. Der Cache-Controller des schreibenden Prozessors überschreibt den Block im Cache-Speicher und setzt ihn in den Zustand DIRTY. Der Block-Tag im Hauptspeicher wird so gesetzt, daß der Hauptspeicher nicht mehr Besitzer des Blocks ist.

5.3.3.2 Ein VMEbus Block Ownership Protokoll

Als zweites Beispiel eines Block-Ownership-Protokolls sei ein Vorschlag kurz dargestellt[1], der für den VMEbus[2] geeignet ist, obwohl in der VMEbus Norm keine Vorkehrungen für Cache-Kohärenzprotokolle vorgesehen sind. Gemäß diesem Protokoll kann ein Block entweder im Zentralspeicher oder in einem oder mehreren Cache-Speichern enthalten sein.

Ein Block in einem Cache kann die folgenden Zustände einnehmen:

- *Ict (invalid contained); der Block ist im Cache enthalten, sein Inhalt ist aber ungültig.*
- *Vct (valid contained); der Block ist im Cache enthalten, sein Inhalt ist gültig, aber der Cache ist* nicht *Besitzer des Blocks.*
- *DPct (dirty private contained); der Block ist im Cache, sein Inhalt ist gültig, der Cache ist Besitzer des Blocks und kein anderer Speicher enthält denselben Block mit gültigen Daten.*
- *DSct (dirty shared contained); der Block ist im Cache, sein Inhalt ist gültig, andere Caches können den Block ebenfalls mit gültigen Daten enthalten. Im Zentralspeicher sind die Daten des Blocks ungültig.*

Ein Block im Zentralspeicher kann die folgenden beiden Zustände einnehmen:

- *Imt (invalid memory contained); der Block ist im Zentralspeicher, aber sein Inhalt ist ungültig.*
- *Omt (owned memory contained); der Block ist im Zentralspeicher, der Zentralspeicher ist Besitzer des Blocks und die Blockdaten sind gültig.*

Zur konsistenten Benutzung der Datenblöcke werden vier spezielle Busoperationen eingeführt, die von den Cache-Controllern ausgelöst werden. Diese können mit

[1] Siehe R. J. Bril und A. J. Van de Goor

[2] Siehe hierzu auch Kapitel 7

Hilfe der *Address Modifiers*[1] am VMEbus durch zusätzliche Hardware implementiert werden.

- *RS (read shared); der Cache-Controller liest einen Block, der mit dem Zustandsvermerk Vct übernommen wird.*
- *RP (read private); der Cache-Controller liest einen Block und beansprucht Ownership (exklusiv). Der Block wird mit dem Zustandsvermerk DPct übernommen.*
- *CP (claim private); der Cache-Controller führt einen ADDRESS ONLY CYCLE*[2] *am Bus mit dem Tag eines Blocks*[3] *im Zustand Vct bzw. DSct durch. Alle anderen Cache-Controller invalidieren diesen Block, falls dieser Block in ihrem Cache enthalten ist (Zustand Ict). Der den Zyklus auslösende Cache-Controller markiert den bereits im Cache enthaltenen Block DPct.*
- *PD (purge dirty); der Cache-Controller schreibt einen Block in den Zentralspeicher. Der Zentralspeicher wird dadurch Besitzer des Blocks.*

Im Betrieb sind die folgenden vier Fälle zu unterscheiden, wobei der Cache grundsätzlich der Schreib-/Lesepartner der CPU ist:

- *READ HIT; es wird keine Bus-Operation ausgelöst, die Daten werden vom Cache an die CPU abgegeben.*
- *READ MISS; der Cache-Controller liest den Block über den Bus mit einem RS-Zyklus in den Cache ein und übergibt die Daten an die CPU.*
- *WRITE HIT; dies setzt voraus, daß der Block im Zustand DPct ist. Der Block wird im Cache überschrieben, eine Bus-Operation kann unterbleiben.*
- *WRITE MISS; falls der Block nicht enthalten oder im Zustand Ict ist, liest der Cache-Controller den Block mit einem RP-Zyklus ein. Dabei wird er im Zustand DPct übernommen und anschließend im Cache überschrieben (siehe Bild 5.12). Falls der Block im Zustand DSct oder Vct ist, liest der Cache-Controller den Block mit einem CP-Zyklus ein. Dabei wird er ebenfalls im Zustand DPct übernommen und anschließend im Cache überschrieben (siehe Bild 5.12).*

Bild 5.12 zeigt das Block-Zustands-Übergangsdiagramm im Cache, wenn der Cache-Controller als Folge der CPU-Datenzugriffsversuche selbst die Bus-Operationen RS, RP, CP oder PD auslöst. Der PD-Übergang wird ausgelöst, wenn ein anderer Cache-Controller einen READ PRIVATE (RP) Zyklus durchführt. Bild 5.13 zeigt

[1] Siehe Kapitel 7

[2] Dabei wird zwar die Adresse des Datenblocks ausgegeben, aber es findet kein Datentransfer statt.

[3] Vergleiche hierzu Abschnitt 5.1.1.1

das Block-Zustands-Übergangsdiagramm in einem Cache, falls der Controller eines anderen Caches die Bus-Operationen RS, RP, CP oder PD auslöst. In den mit "*" markierten Fällen gibt der *beobachtende* Cache-Controller die Blockdaten aus. Falls der Zentralspeicher Besitzer des Blockes ist, werden die Blockdaten vom Zentralspeicher ausgegeben. Falls ein Cache-Controller einen PD-Zyklus ausführt, übernimmt der Zentralspeicher die gültigen Blockdaten. Dies ist in Bild 5.14 mit "&" markiert.

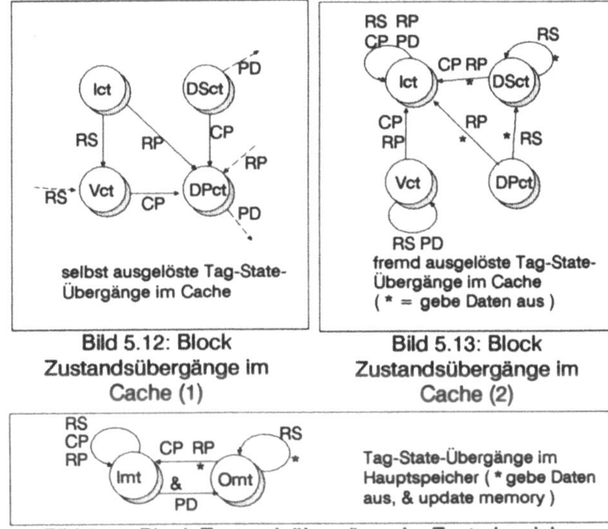

Bild 5.12: Block Zustandsübergänge im Cache (1)

Bild 5.13: Block Zustandsübergänge im Cache (2)

Bild 5.14: Block Zustandsübergänge im Zentralspeicher

5.4 Cache Performance

5.4.1 Beurteilungskriterien

Die Bedeutung der Cache-Speicher wurde bei der Analyse der Leistungsfähigkeit eng gekoppelter Multiprozessoren deutlich. Als leistungssteigernder Effekt ergab sich, daß die Ausbaugrenze (Sättigungsgrenze), d.h. die Zahl der an einem gemeinsamen Bus anschließbaren Prozessoren, um so höher liegt, je höher die Hitrate der Caches ist. Durch eine höhere Hitrate wird die Busbelegungszeit durch einen einzelnen Prozessor reduziert. Als ein Gütekriterium kann deshalb die Hitrate angesehen werden. Ein zweites Gütekriterium stellt die aktuelle Reduktion des Busverkehrs verglichen mit dem Busverkehr ohne Cache dar (bus traffic reduction factor, BTRF). Ein drittes Gütekriterium ist die Reduktion der effektiven Speicherzugriffszeit durch den schnelleren Cache. Ein Prozessor kann deshalb mit höheren Taktfrequenzen betrieben werden, ohne bei Speicherzugriffen durch die Einfügung von *Wait States* verlangsamt werden zu müssen. Die Reduktion der Speicherzugriffszeit durch Caches ist mittlerweile Voraussetzung, um überhaupt schnellere Prozessoren, d.h. Prozessoren mit Taktfrequenzen oberhalb etwa 20 MHz mit voller Leistung betreiben zu können. Dies gilt unabhängig von der Frage, ob ein solcher Prozessor als Einzelprozessor oder als Teil eines Multiprozessors eingesetzt wird.

5.4.1.1 Effektive Speicherzugriffszeit bei Lesezyklen

Die effektive Speicherzugriffszeit bei Lesezyklen wird von der Zykluszeit $\mathbf{T_M}$ des Hauptspeichers, der Zykluszeit $\mathbf{T_C}$ des Cache-Speichers und von der Hitrate **h** beeinflußt. Damit errechnet sich die effektive Speicherzykluszeit zu

$$T_{eff} = h \cdot T_C + (1\text{-}h) \cdot T_M \; ; \quad 0 \leq h \leq 1$$

Unter die Zykluszeit des Hauptspeichers fällt hier nicht nur die Zykluszeit der RAM-Chips, sondern auch die Zeiten, die in die Adreßdekodierung und Busarbitrierung eingehen. Auch wenn heutige dynamische RAM-Chips Zykluszeiten von etwa 150..250 ns haben[1], kann durch die erwähnten Einflüsse leicht eine Mikrosekunde werden. Unter die Zykluszeit des Cache-Speichers fällt nicht nur die Zykluszeit der Cache-RAMs, sondern auch die Entscheidungszeit der Controllerlogik. Statische Cache-RAMs haben eine Zugriffszeit von etwa 10...35 ns[2]. Bei einer angenommenen Hitrate von 0.9 ergibt sich daraus eine effektive Speicherzykluszeit von etwa

$$T_{eff} \approx 0.9 \cdot 25 \text{ ns} + (1 - 0.9) \cdot 1000 \text{ ns} = 122.5 \text{ ns}$$

5.4.1.2 Speicherzugriffszeit bei Lese- und Schreibzugriffen

Werden zusätzlich zu den reinen Lesezugriffen auch die Schreibzugriffe auf den Hauptspeicher berücksichtigt, so sind zwei weitere Analyseparameter einzubeziehen:

- *Anteil der Schreibzyklen W an allen Speicherzyklen. Dieser Anteil liegt typischerweise in der Größenordnung von 0.15 (15 %).*
- *Zykluszeit T_W eines Schreibzugriffes. Bei einem ungepufferten Schreibzyklus wie beim WRITE THRU Cache ist T_W die Schreibzykluszeit des Hauptspeichers. Bei einem gepufferten Schreibzyklus wie bei einem WRITE BACK Cache entspricht T_W der Schreibzykluszeit des Cache-Speichers.*

Damit errechnet sich die effektive Speicherzykluszeit zu

$$T_{eff} = (1 - W)[h \cdot T_C + (1 - h) \cdot T_M] + W \cdot T_W$$

[1] z.B. hat der 1 MBit Chip TC511000P-10 von TOSHIBA eine Zykluszeit von 190 ns

[2] z.B. hat der Cache Tag RAM IDT7174 mit eingebautem Comparator eine Zugriffszeit von 25 ns

Für einen WRITE THRU Cache ergibt sich für obige Zahlenverhältnisse unter der Annahme $T_M = T_W$

$$T_{eff} = (1 - 0.15)[0.9 \cdot 25 \text{ ns} + (1 - 0.9) \cdot 1000 \text{ ns}] + 0.15 \cdot 1000 \text{ ns}$$

$$= 254 \text{ ns}$$

Für einen WRITE BACK Cache (gepuffertes Schreiben) ergibt sich für obige Zahlenverhältnisse

$$T_{eff} = (1 - 0.15)[0.9 \cdot 25 \text{ ns} + (1 - 0.9) \cdot 1000 \text{ ns}] + 0.15 \cdot 25 \text{ ns}$$

$$\approx 108 \text{ ns}$$

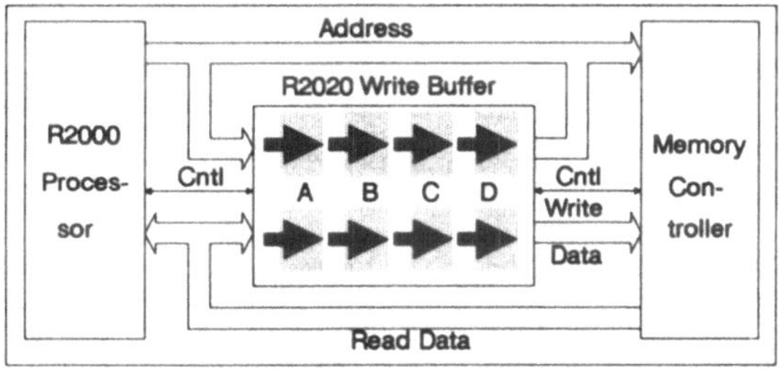

Wie aus diesen Zahlen zu erkennen ist, bringt gepuffertes Schreiben eine beträchtliche Verkürzung der effektiven Speicherzykluszeit und damit das Potential für eine höhere Prozessorleistung. Aus diesem Grund gibt es für RISC-Prozessoren höherer Leistung, wie z. B. der MIPS Prozessor R2000 von *Integrated Device Technology*, einen eigenen Write-Buffer-Controller (IDT79R2020) (s. Bild 5.15).

5.4.2 Cache-Dimensionierung und Hitrate

Eine optimale Dimensionierung eines Cache-Speichersystems ist nicht möglich, da das Optimum von der Applikationssoftware und von den aktuellen Benutzungsverhältnissen abhängt, d.h. das Optimum verändert sich während der Laufzeit des Prozessorsystems. Die Auslegung von Cache-Speichern erfolgt deshalb aufgrund statistischer oder mittlerer Verhältnisse[1]. Oft ist der Preis und die Komplexität bzw. Einfachheit ausschlaggebend für die Cache-Auslegung.

Der ideale Cache eines Einprozessorsystems wäre ein Hauptspeicher, der die Schnelligkeit des Cache-Speichers hat. Dies scheitert am Preis und dem Platzbedarf, da statische Speicher hoher Geschwindigkeit wesentlich weniger hoch integriert sind.

[1] siehe z.B. A.J. Smith: Cache Evaluation and the Impact of Workload Choice

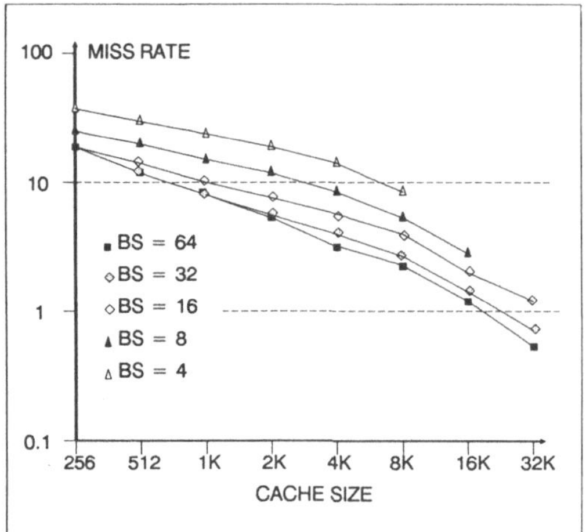

Bild 5.16: Einfluß der Blockgröße auf die MISS-Rate

Als *erster* Design-Parameter wird deshalb die *Cache-Tiefe*, das ist die Zahl der Cache-Zeilen oder Cache-Speicheradressen herangezogen. Dieser Parameter reicht, um zwei Beispiele zu nennen, von 64 beim Instruction-Cache *im* 68020-Prozessor bis zu mehreren k in größeren Rechnern.

Der *zweite* Design-Parameter ist die Blockgröße (in Bytes), die die "gecachete" Information enthält. Dieser Parameter variiert heute von etwa 4 Bytes (ein Langwort)[1] bis etwa 16 Bytes wie im 88200-Cache-Controller. Diese Zahlen stellen aber nicht die Grenzen dar.

Ein *dritter* Design-Parameter ist die Struktur des Caches selbst. Hierunter fallen Entwurfsentscheidungen wie *direct mapped Cache*, *Set-Assoziativ-Cache* (Parameter: Set Size) oder *Assoziativ-Cache*, sowie die Frage nach der Ersetzungsstrategie alter Cache-Einträge durch neue.

Ein *vierter* Design-Parameter stellt die *Nachladestrategie* des Caches dar. Bei einem Cache-MISS ist es erforderlich, den ganzen Block im Cache aus dem Hauptspeicher nachzuladen. Falls der Block breiter ist als die Wortbreite des Hauptspeichers bzw. die Breite des Datenbusses, sind mehrere Buszyklen erforderlich. Das Optimum wäre, die Wortbreite des Hauptspeichers *und* die Breite des Datenbusses zwischen Cache und Hauptspeicher der Breite des Cache-Blocks anzugleichen.

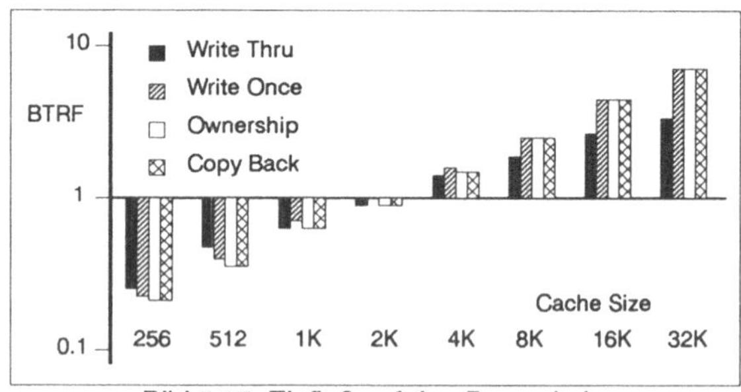

Bild 5.17: Einfluß auf den Busverkehr

Die folgenden Abschnitte illustrieren die Effekte dieser Design-Parameter in einem simulierten UNIX-Umfeld, d.h. starke interaktive Benutzung eines Rechners, wobei 87 % der

[1] z.B. im Instruction Cache des 68020

Speicherzyklen Lesezyklen waren (53.6 % Instruction Fetches, 0.245 % Interrupt Acknowledgements, Rest: Datenzugriffe)[1]. Für ein solches Umfeld ist eine hohe Rate an Prozeßwechseln (Kontext Switches) typisch.

5.4.2.1 Effekt der Blockgröße

In Bild 5.16 ist die MISS-Rate[2] in Abhängigkeit der Cache-Größe[3] für einen 4-fach Set-Assoziativ-Cache dargestellt. Die MISS-Rate sinkt offensichtlich mit wachsender Cache-Größe und wachsender Blockgröße (BS in Bytes).

5.4.2.2 Effekt der Kohärenz-Strategie auf den Busverkehr

Bild 5.17 zeigt den Einfluß der Kohärenzstrategie auf den Busverkehr[4] für einen 4-fach Set-Assoziativ-Cache bei einer Blockgröße von 64 Bytes in Abhängigkeit der Cache-Größe. Eine Zahl > 1 bedeutet also reduzierten Busverkehr, eine Zahl < 1 erhöhten Busverkehr. Offensichtlich ist der WRITE THRU Cache bezüglich des Busverkehrs schlechter als die anderen Kohärenz-Strategien. Bei einem kleinen Cache (hier < 4k) führt die häufige Ersetzung von Cache-Einträgen wegen der großen Blockgröße sogar zu einer Erhöhung des Busverkehrs. Der Cache hat deshalb im Bereich von 256..2k eine umgekehrte Wirkung als beabsichtigt!

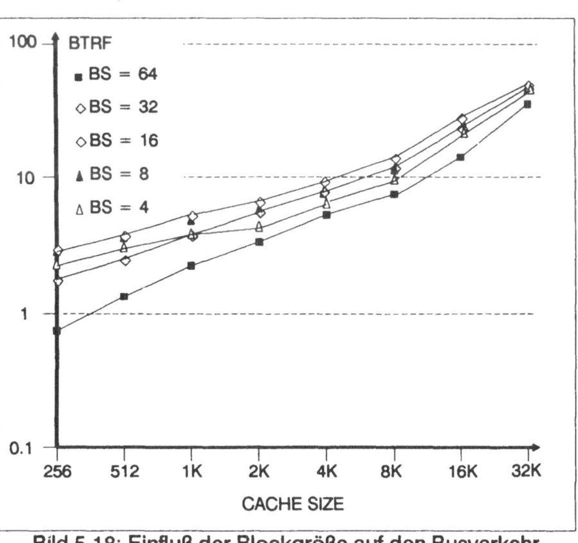

Bild 5.18: Einfluß der Blockgröße auf den Busverkehr

[1] Diese Untersuchungen wurden bei Texas Instruments im Rahmen der Entwicklung eines Cache-Controllers durchgeführt, um eine "optimale" Auslegung zu erreichen

[2] MISS-Rate = 1 - HIT-Rate

[3] Unter CACHE-Größe wird hier die CACHE-Tiefe (Zahl der CACHE-Einträge) verstanden. Häufig wird unter dem Begriff CACHE-Größe auch das Produkt aus CACHE-Tiefe und Blockgröße in Bytes angegeben.

[4] Der Bus-Traffic-Reduction-Factor (BTRF) ist das Verhältnis der Zahl der CPU-Speicherzyklen zur Zahl der tatsächlich ausgeführten Bus-Zyklen.

In Bild 5.18 ist für einen 4-fach-Assoziativ-Cache mit COPY-BACK-Strategie der Einfluß der Blockgröße auf den Busverkehr dargestellt. Kleine Block-Größen führen für alle Cache-Größen zu einer Reduktion des Busverkehrs. Lediglich bei einer Blockgröße von 64 Bytes ergibt sich im Falle eines sehr kleinen Caches eine Verschlechterung. Die dafür in Bild 5.18 sichtbare Verschlechterung ist weniger dramatisch als in Bild 5.17. Der Grund liegt in der Nachladestrategie des Caches. In Bild 5.17 ist eine *NON BURST* Übertragungstechnik angewandt, d.h. jedes zu übertragende Langwort (32 Bit) wird explizit im Speicher adressiert. In Bild 5.18 ist eine BURST Übertragungstechnik angewandt, d.h. es wird nur die Blockanfangsadresse übertragen, worauf der Speicher-Controller automatisch die der Blockgröße entsprechende Zahl von Langworten in Folge überträgt.

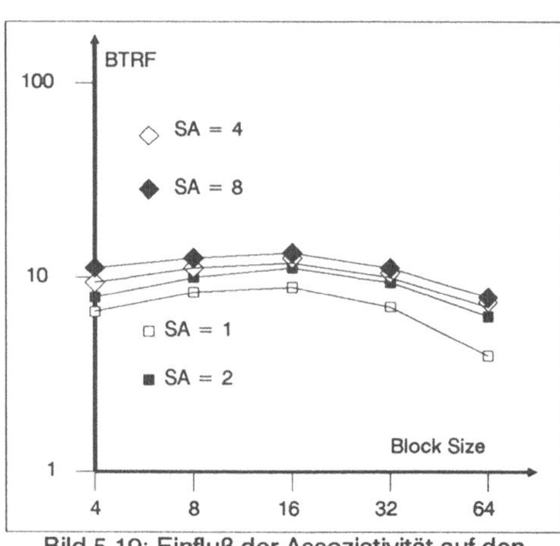

Bild 5.19: Einfluß der Assoziativität auf den Busverkehr

5.4.2.3 Effekt der Set-Assoziativität auf den Busverkehr

Bild 5.19 zeigt für einen 8k-Cache mit COPY-BACK-Strategie und BURST Mode den Einfluß der Set-Assoziativität auf den Busverkehr. Generell ist es offensichtlich so, daß für eine gegebene Blockgröße durch eine höhere Assoziativität der Busverkehr reduziert wird.

5.4.3 Cache-Performance in Mikroprozessoren

In vielen 32-Bit Mikroprozessoren, wie z.B. dem 68020, ist ein ON-Chip-Instruction-Cache, manchmal auch zusätzlich ein Daten-Cache[1] eingebaut. Diese Caches sind notwendigerweise sehr klein, d.h. ihre Performance ist deshalb relativ schlecht.

[1] z.B. im 68030

Für den Instruction-Only-Cache des 68020 kann lediglich mit einer *Instruction-Hitrate* von etwa 64 % gerechnet werden. Über alle Speicherzugriffe betrachtet ist die Hitrate lediglich in der Größenordnung von 35..45 %.[1]

Für den 80000 Mikroprozessor von Zilog, der sich allerdings am Markt nicht durchgesetzt hat, wurden MISS-Raten zwischen 30 und 13 % berichtet[2].

5.5 Literaturverzeichnis

5.5.1 Bücher

H. M. Deitel
An Introduction to OPERATING SYSTEMS
Addison-Wesley Publ. Co.., World Student Series, ISBN 0-201-14502-2, 1984, Kapitel 8

5.5.2 Einzelartikel

D. C. Wyland
CACHE TAG RAM CHIPS SIMPLIFY CACHE MEMORY DESIGN
Integrated Device Technology, Application Note AN-07, Deutscher Distributor: SCANTEC GmbH Behringstraße 10, 8033 Planegg

J. Archibald, J-L. Baer
Cache Coherence Protocols: Evaluation Using a Multiprocessor Simulation Model
ACM Trans. on Comp. Syst. Vol. 4 No. 4 (Nov. 86), Seite 273-298

S. J. Frank
Tightly coupled multiprocessor system speeds memory-access time
Electronics, 12. Jan. 84, Seite 164-169

R.J. Bril, A.J. Van de Goor
Software transparent cache consistency scheme for a VMEbus-based system
Microprocessors and Microsystems, Vol. 12 No. 9 Nov. 88, Seite 513-518

W. Mayberry, G. Efland
CACHE BOOSTS MULTIPROCESSOR PERFORMANCE
COMPUTER DESIGN, Nov. 84, Seite 133-138

[1] C. Alexander et. al., Texas Instruments

[2] C. Alexander et. al., Texas Instruments

F. A. Briggs
Synchronization, Coherence, and Event Ordering in Multiprocessors
COMPUTER, Feb. 88, Seite 9-21

A. Lehmann
PERFORMANCE EVALUATION AND PREDICTION OF STORAGE HIERARCHIES
PERFORMANCE 80, Toronto 27.-30.5.80, Seite 43-54

D. Burns, D. Jones
25 MHz Logical Cache for an MC68020
Motorola Application Note ANE003/D 1987

J-L. Baer, C. Girault
Design of a Parallel Architecture for the Cache Coherence Problem
PARALLEL COMPUTING 85, Seite 411-417

W. Andrew
ASIC memories: bigger, faster, and customized
COMPUTER DESIGN, Oct. 88, Seite 44-62

P. Sweazey, A. J. Smith
A Class of Compatible Cache Consistency Protocols and their Support by the IEEE Futurebus
IEEE 1986 0884-7495, Seite 414-423

A.J. Smith
Cache Evaluation and the Impact of Workload Choice
IEEE 1985 0149-7111 Seite 64-73

P. Bitar, A. M. Despain
Multiprocessor Cache Synchronization: Issues, Innovations, Evolution
IEEE 1986 0884-7495 Seite 424-433

S. Iacobovici, M. Baron
Integrated MMU, cache raise system level issues
COMPUTER DESIGN, 15. Mai 87, Seite 75-79

A.J. Van de Goor, A.C. Van Wijngaarden
Multiprocessing memory subsystem
Microprocessors and Microsystems, Vol. 11 No. 7 Sept. 87, Seite 357-364

R. Gregory
Caching designs eliminate wait states to relieve bottlenecks
COMPUTER DESIGN, 15. Okt. 88, Seite 65-73

M. Dubois, C. Scheurich, F. Briggs
MEMORY ACCESS BUFFERING IN MULTIPROCESSORS
IEEE 1986, 0884-7495, Seite 434-442

C. Alexander, W. Keshlear, F. Cooper (Texas Instruments)
F. Briggs (Rice University)
CACHE MEMORY PERFORMANCE IN A UNIX ENVIRONMENT
Vorabdruck

J. C. Circello, R. H. Duerden, D. A. Pollek
Refined method brings precision to performance analysis
Computer Design, 1. März 89, Seite 77-82

6 Multiprozessor-Busse

6.1 Einführung

6.1.1 Busse einfacher Mikroprozessoren

Einfache Mikroprozessoren wie z. B. der 8080 von Intel kommunizieren mit "ihrer Umwelt" über eine Anzahl paralleler Leitungen. Diese parallele Leitungen bilden einen *Parallelbus*. Dieser Parallelbus läßt sich grob in drei Gruppen einteilen:

- *der unidirektionale Adreßbus zur Adressierung von Speicherzellen und Registern peripherer Bausteine,*
- *der bidirektionale Datenbus zur Übertragung von Informationen,*
- *der Kontrollbus zur Steuerung der Informationsübertragung.*

Solche Prozessoren sind üblicherweise "in ständigem Besitz" dieses Kommunikationsweges. Lediglich ein DMA-Kontroller kann temporär diesen Bus kurzzeitig mitbenutzen. Anschließend wird der Bus wieder vom Prozessor kontrolliert. Anders ausgedrückt: der Prozessor leiht kurzzeitig seinen Bus aus, ohne je seine Hoheit über ihn abzutreten.

6.1.2 Busse von Multiprozessoren

Multiprozessoren enthalten zwei oder mehrere CPUs, die beispielsweise Zugriff auf einen gemeinsamen Speicher haben. Dieser Zugriff erfolgt über eine *gemeinsame* Kommunikationseinrichtung. Diese gemeinsame Kommunikationseinrichtung ist nicht mehr einem Prozessor fest zugeordnet, sondern stellt eine eigenständige Ressource im System dar, die nach festen "Spielregeln" verwendet werden kann.

Ein weiteres Merkmal von Multiprozessoren ist die Tatsache, daß Multiprozessorsysteme in der Regel *modulare Systeme* sind, die über eine, oder gegebenenfalls auch mehrere Verbindungseinheiten zusammengeschlossen sind. Diese Verbindungseinheiten werden gemeinsam zur Informationsübertragung genutzt und sind häufig als Parallelbusse ausgeführt.

6.2 Busprotokolle

Die Eigenschaft der Modularität des Multiprozessorsystems und die Eigenständigkeit des multiprozessorfähigen Busses erfordern die Aufstellung eindeutiger Benutzungsregeln. Durch Befolgung dieser Benutzungsregeln (Busprotokoll) kann Information[1] von einer Information*squelle* zu einer Information*ssenke* übertragen werden (Bild 6.1). Die Kommunikationspartner benutzen dazu ein *Informationsfeld* des Busses zur Übertragung der eigentlichen Information und benützen eine *Kontrollstruktur* zur gegenseitigen Abstimmung über den Stand des Informationsaustauschs. Die Information selbst ist bei der Untersuchung des Informationsaustauschverfahrens unwesentlich. Deshalb bleibt das Informationsfeld bei den folgenden Betrachtungen unberücksichtigt.

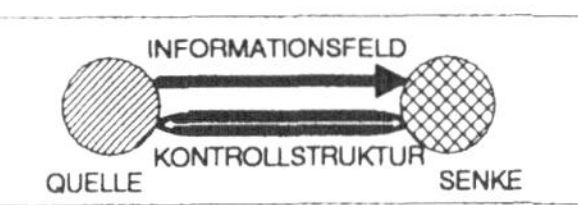

Bild 6.1: Buskommunikation

6.2.1 Buszyklus

Die Übertragung einer Informationseinheit erfolgt schrittweise. Diese Schritte werden als *Elementaraktionen* bezeichnet. Beispielsweise ist die Kennzeichnung des Beginns einer Übertragung eine Elementaraktion. Eine Sequenz von Elementaraktionen, die *eine* Informationseinheit (Byte, Wort, Block) vollständig von der Informationsquelle zur Informationssenke überträgt, wird als *Buszyklus* bezeichnet.

Für die Anwendung in Multiprozessoren müssen viele Informationseinheiten in Folge übertragbar sein. Dazu müssen die Buszyklen verkettbar sein, d. h. die Kon-

[1] Unter Information wird hier nicht eine interpretierte oder interpretierbare Information im Sinne einer Nachricht verstanden. Vielmehr bedeutet der Begriff *Information* hier die elementare (kleinste) Informationseinheit (Byte, Wort, Block), die ausgetauscht werden kann.

trollsignale des Kontrollfelds am Bus und der beteiligten Kommunikationspartner müssen nach dem Zyklus im selben Zustand sein, wie am Beginn des abgelaufenen Zyklus. Solche Buszyklen werden als *abgeschlossene Buszyklen* bezeichnet.

6.2.1.1 Abgeschlossener synchroner Buszyklus

Bild 6.2 erläutert diesen Sachverhalt an einem *synchronen* Zyklus. Die Informationsquelle legt zum Beginn des Zyklus seine Daten auf das Informationsfeld (PUT) und signalisiert der Informationssenke durch die Elementaraktion *VALID*, daß gültige Information vorhanden ist. Nach einer gewissen Zeit t_b signalisiert die Informationsquelle durch die Elementaraktion *NOT VALID*, daß keine gültigen Daten bereitstehen. Dieses Protokoll besteht aus den Elementaraktionen *VALID* und *NOT VALID*. Am Ende des Zyklus ist also die VALID-Signalisierung komplementiert und so der Zustand *vor* Zyklusbeginn wiederhergestellt.

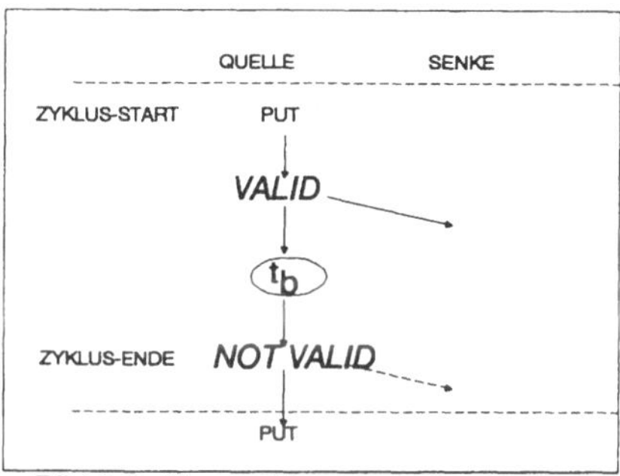

Bild 6.2: Abgeschlossener synchroner Buszyklus

Ein weiteres Merkmal dieses Protokolls ist die Tatsache, daß nach Ablauf einer vorgegebenen Zeit (hier t_b) der Zyklus beendet wird. Die Quelle geht dabei davon aus, daß die Senke *vor* Ablauf dieser Zeitspanne die Daten übernommen hat. Informationsquelle bzw. -senke müssen also mit verträglichen Datenaustauschgeschwindigkeiten, also synchron arbeiten. Insbesondere muß sich die Informationsquelle nach der langsamsten Informationssenke richten.

6.2.1.2 Abgeschlossener asynchroner Buszyklus

Bild 6.3 zeigt einen abgeschlossenen Buszyklus, wenn die beteiligten Kommunikationspartner *nicht* mit einheitlicher Geschwindigkeit, also asynchron arbeiten. Zu Beginn des Zyklus legt die Quelle die Information auf das Informationsfeld (PUT) und signalisiert durch die Elementaraktion *VALID*, daß gültige Daten anliegen. Die Informa-

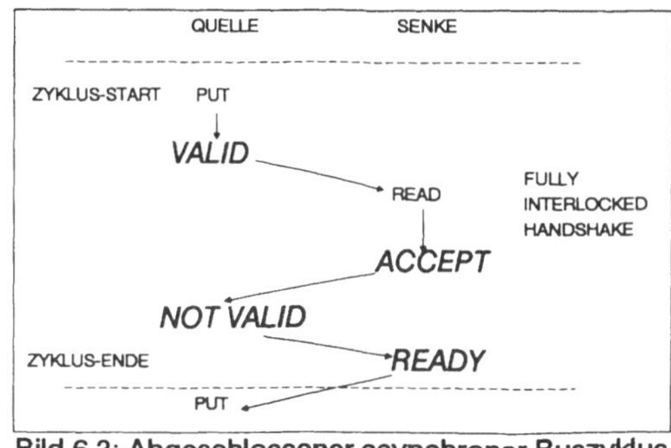

Bild 6.3: Abgeschlossener asynchroner Buszyklus

tionssenke übernimmt irgendwann diese Daten (READ) und signalisiert den Abschluß dieses Vorganngs durch die Elementaraktion *ACCEPT*. Nachdem die Quelle über ACCEPT erkannt hat, daß die angebotene Information übernommen wurde, signalisiert sie durch die Elementaraktion *NOT VALID*, daß die anstehenden Signale auf dem Informationsfeld keine gültigen Daten mehr darstellen, worauf die Senke wiederum durch die Elementaraktion *READY* anzeigt, daß sie für weitere Daten aufnahmebereit ist.

Im Gegensatz zum synchronen Zyklus ist die Zeitspanne zwischen zwei Elementaraktionen nicht vorbestimmt, sondern sie hängt individuell von den beteiligten Kommunikationspartnern ab. Insbesondere kann die Zeit zwischen NOT VALID und READY beträchtlich variieren, falls die Datensenke die neu übernommenen Daten erst verarbeiten muß, bevor sie für weitere Daten aufnahmebereit ist.

Dieser, aus vier Elementaraktionen bestehende Zyklus, wird auch als *fully interlocked handshake* bezeichnet, weil jeder Kommunikationspartner erst den nächsten Protokollschritt durchführen kann, wenn der jeweils andere diesen *freigibt*.

6.2.1.3 Synchronisation des Aktionsablaufs

Während beim sychronen Zyklus alle Busteilnehmer sich nach dem langsamsten richten müssen, ist bei asynchronen Buszyklen die Zyklusgeschwindigkeit nur von den *momentan* kommunizierenden Partnern bestimmt, d.h. sie kann mal groß oder mal klein sein. Das Synchronisationselement des synchronen Zyklus ist also die fest vorgegebene Kommunikationszeit t_b. Das Synchronisationselement des asynchronen Zyklus ist die erforderliche gegenseitige Bestätigung jedes Schritts, bevor der Folgeschritt ausgeführt werden kann. Daneben gibt es die Mischform des *semisynchronen* Protokolls (siehe Bild 6.4). Der Ablauf ist normalerweise synchron, d.h. nach der Zeit t_b (Bild 6.4) wird nach *VALID* wieder *NOT VALID* signalisiert.

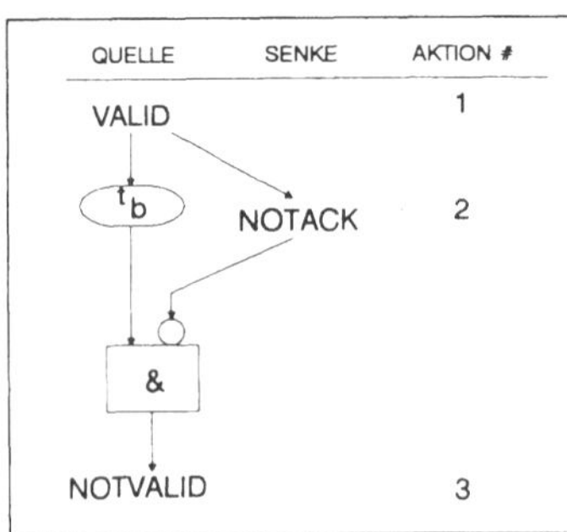

Bild 6.4: Abgeschlossener semisynchroner Buszyklus

Falls die Senke nicht in der Lage ist, innerhalb dieser Zeit die Daten zu übernehmen und gegebenenfalls zu verarbeiten, so kann sie durch Signalisierung von *NOTACK* die Quelle veranlassen, den

Zyklus auszudehnen[1] und *NOT VALID* erst dann zu signalisieren, wenn die Senke durch Komplementierung von *NOTACK* dies freigibt. Die Signalisierung von *NOTACK* muß allerdings erfolgen, bevor der anfänglich synchrone Zyklus zu Ende geht. Ein semisynchrones Protokoll erlaubt also einen Wechsel von einem synchronen Ablauf zu einem asynchronen Ablauf innerhalb eines Zyklus. Dies ist in Bild 6.5 als Impulsdiagramm dargestellt. Der Pegelwechsel *low* → *high* des Signals *WRP* codiert die Aktion *VALID* (# 1), der Pegelwechsel *high* → *low* die Aktion *NOTVALID* (# 3). Solange die Informationssenke das Signal *NOTACK* inaktiv (low) hält, beendet die Quelle den Zyklus nach der Zeit t_b (siehe die beiden ersten Zyklen in Bild 6.5). Im dritten Zyklus von Bild 6.5 aktiviert die Senke vor Ablauf der Zykluszeit t_b des synchronen Zyklus das Signal *NOTACK*, worauf der Zyklus solange verlängert wird, wie dies die Senke verlangt.

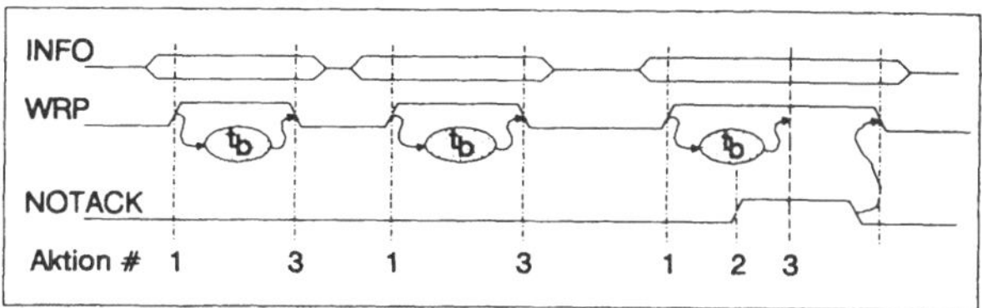

Bild 6.5: Umschaltung synchron/asynchron

6.2.1.4 Konversion des Synchronisationsprotokolls

Häufig müssen Kommunikationspartner zusammenwirken, die unterschiedliche Synchronisationsverfahren benützen. Beispielsweise ist der Buszyklus vieler Mikroprozessoren semisynchron. Halbleiterspeicher, mindestens jedoch die Speicherchips selbst arbeiten synchron[2]. In Bild 6.6 ist ein solcher Fall dargestellt, wenn zuätzlich das Kontrollfeld des Busses ein asynchrones Übertragungsverfahren unterstützt (oberer Teil von Bild 6.6). Die Anpassung der unterschiedlichen Protokolle auf das Busprotokoll erfolgt durch Protokollübersetzer, deren Ausführung im mittleren Teil von Bild 6.6 dargestellt ist. Das Signal *VALID* der CPU wird direkt über den Bus übertragen. Im Protokollumsetzer auf der CPU-Platine wird durch *VALID* das D-Flip-Flop getaktet und so *NOTACK* aktiviert. Der Protokollumsetzer der Speicherplatine generiert die Zeitspanne t_b nach Eintreffen von *VALID* auf dem Bus ein *ACK*-Signal,

[1] Dieses Verfahren ist bei Mikroprozessoren unter dem Begriff "Einfügen von WAIT STATES" gebräuchlich.

[2] Bei dynamischen Speicherchips wird üblicherweise die Adresse in zwei Schritten angelegt. Zuerst wird ein Adreßteil als Zeilenadresse mit Hilfe des RAS-Signals (row address strobe) und anschließend der zweite Adreßteil als Spaltenadresse mit Hilfe des CAS-Signals (column address strobe) eingelesen. Nach einer festen Verzögerungszeit steht die auszulesende Information am Datenausgang zur Verfügung. Eine "Daten-bereit-Meldung" erfolgt nicht.

das im Protokollumsetzer der CPU durch Rücksetzen des D-Flip-Flops *NOTACK* zurücknimmt und der CPU die Bereitschaft zum Zyklusende signalisiert.

6.2.2 Modul-Typen am Bus

An den Bus eines Multiprozessors sind mehrere Module angeschlossen. Entsprechend der unterschiedlichen Eigenschaften werden diese Module folgendermaßen klassifiziert:

- *Ein MASTER kann die Kontrolle über den Bus übernehmen und eine Übertragungsoperation starten.*
- *Ein SLAVE kann an einer Informationsübertragung teilnehmen, falls er von einem Master aufgefordert wird.*

Die *Master-* bzw. *Slave*-Eigenschaften sind *permanente* Eigenschaften der Module. Ein *Master*-Modul kann auch die *Slave*-Eigenschaft beinhalten. Neben diesen *permanenten* Eigenschaften der Module können diese auch *temporäre* Eigenschaften besitzen und werden deshalb zusätzlich danach klassifiziert:

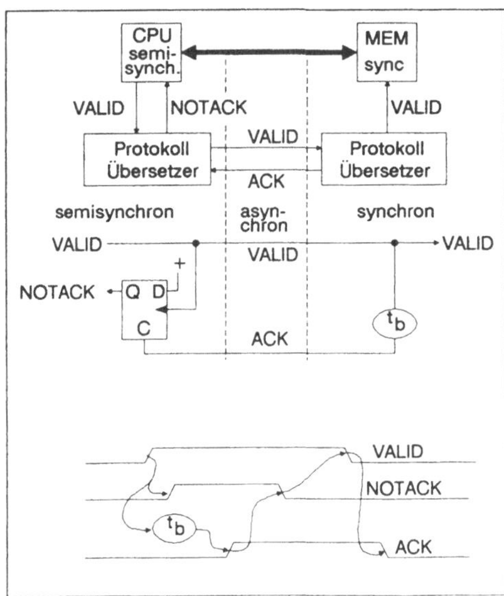

Bild 6.6: Konversion von Synchronisationsprotokollen

- *Ein COMMANDER ist ein MASTER, der aktuell über die Buskontrolle verfügt und die erste Aktion einer Übertragung auslöst.*
- *Ein RESPONDER ist ein SLAVE, der vom COMMANDER ausgewählt wurde, an der augenblicklichen Informationsübertragung teilzunehmen.*

Abhängig von der Richtung des Informationsflusses spricht man von einem Schreibzyklus oder von einem Lesezyklus. Bei einem Schreibzyklus ist der COMMANDER die Informationsquelle und der RESPONDER die Informationssenke. Beim Lesezyklus gilt dies umgekehrt (siehe Bild 6.7).

6.2.3 READ/WRITE-Protokolle

Ein COMMANDER ist immer der Auslöser einer Informationsübertragung. Aus diesem Grund wird eine Informationsübertragung nicht aus der Sicht QUELLE → SENKE, sondern aus dem Blickwinkel COMMANDER ↔ RESPONDER betrachtet. Da der Informationsfluß mal vom COMMANDER zum RESPONDER, mal umgekehrt erfolgen kann, muß das Kontrollfeld des Busses ein *Protokoll zum Austausch der QUELLE/SENKE-Rollen* zwischen COMMANDER und RESPONDER vorsehen. Diese *READ/WRITE*-Protokolle sind üblicherweise Ergänzungen der bisher betrachteten Buszyklen.

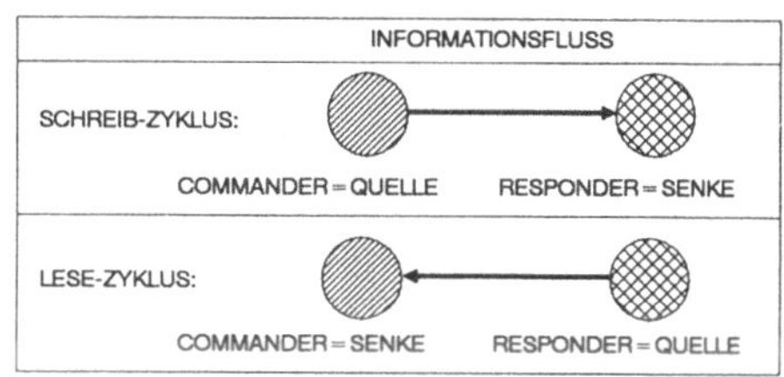

Bild 6.7: Unterscheidung Lese-/Schreibzyklus

6.2.3.1 READPULSE/WRITEPULSE-Protokolle

Als erstes Beispiel eines READ/WRITE-Protokolls sei das READPULSE/WRITEPULSE-Protokoll für einen asynchronen Buszyklus besprochen[1] (vgl. 6.2.1.2). Die Tabelle in Bild 6.8 zeigt für einen Schreibzyklus (WRITE) und für einen Lesezyklus (READ) die Aktionsfolgen und deren Signalcodierungen.

Ein Schreibzyklus beginnt mit Aktion # 1 (*VALID*) ausgelöst durch den COMMANDER. Diese Aktion wird vom RESPONDER durch *ACCEPT* (# 2) quittiert, worauf der COMMANDER *NOT VALID* (# 3) und schließlich der RESPONDER *READY* (# 4) signalisiert. Die Aktionen *VALID/NOT VALID* werden durch das Signal *WRP* (WRITEPULSE) des Kontrollfeldes übertragen, wobei in Bild 6.8 die Aktion *VALID* durch den elektrischen Pegelwechsel (Zustand) *low → high* und die Aktion *NOT VALID*

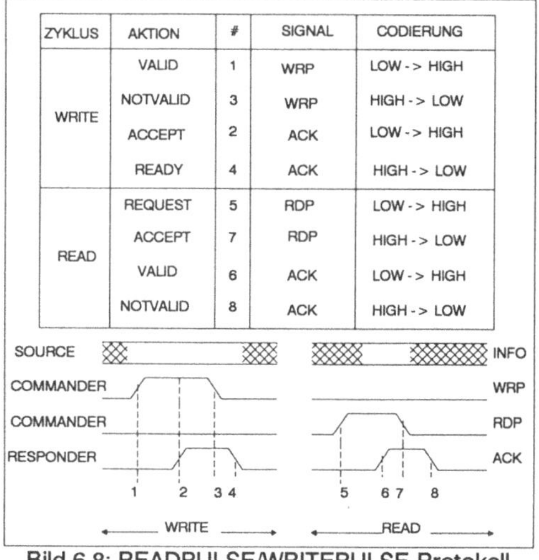

ZYKLUS	AKTION	#	SIGNAL	CODIERUNG
WRITE	VALID	1	WRP	LOW -> HIGH
	NOTVALID	3	WRP	HIGH -> LOW
	ACCEPT	2	ACK	LOW -> HIGH
	READY	4	ACK	HIGH -> LOW
READ	REQUEST	5	RDP	LOW -> HIGH
	ACCEPT	7	RDP	HIGH -> LOW
	VALID	6	ACK	LOW -> HIGH
	NOTVALID	8	ACK	HIGH -> LOW

Bild 6.8: READPULSE/WRITEPULSE-Protokoll

[1] Die Darstellung des READPULSE/WRITEPULSE-Protokolls für einen synchronen Buszyklus sei als Übungsaufgabe empfohlen.

durch den Pegelwechsel *high* → *low* codiert wird. Dies ist im unteren Teil von Bild 6.8 als Impulsdiagramm skizziert. Nach dem Zyklusende sind die Signalpegel von *WRP* und *ACK* (ACKNOWLEDGE) wieder im selben Zustand wie unmittelbar vor dem Zyklus. Wie in der Tabelle von Bild 6.8 dargestellt ist, wird durch das Signal *ACK* der Protokollteil des RESPONDERS codiert. *ACCEPT* wird durch den Übergang *low* → *high* und *READY* durch den Übergang *high* → *low* dargestellt.

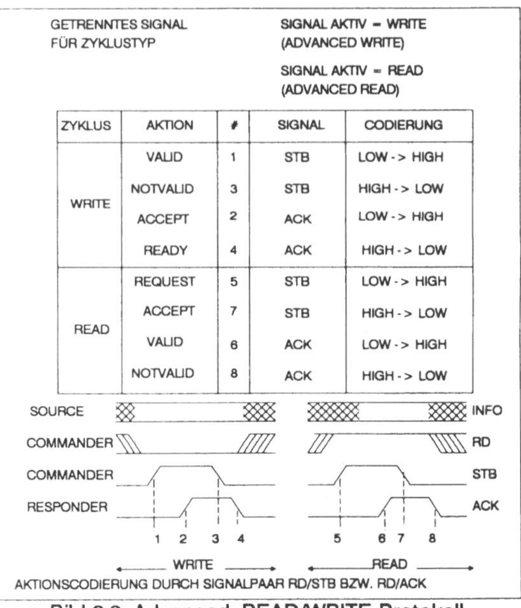

ZYKLUS	AKTION	#	SIGNAL	CODIERUNG
WRITE	VALID	1	STB	LOW -> HIGH
	NOTVALID	3	STB	HIGH -> LOW
	ACCEPT	2	ACK	LOW -> HIGH
	READY	4	ACK	HIGH -> LOW
READ	REQUEST	5	STB	LOW -> HIGH
	ACCEPT	7	STB	HIGH -> LOW
	VALID	6	ACK	LOW -> HIGH
	NOTVALID	8	ACK	HIGH -> LOW

Bild 6.9: Advanced READ/WRITE-Protokoll

Ein Lesezyklus wird durch die Aktionsfolge *REQUEST, VALID, ACCEPT* und *NOTVALID* kontrolliert. Mit der Aktion REQUEST (# 5) initiiert der COMMANDER den Zyklus. *REQUEST* ist durch den Pegelwechsel *low* → *high* auf dem Kontrollfeldsignal *RDP* (READPULSE) codiert. Der RESPONDER quittiert diese Übertragungsaufforderung mit *VALID* (# 6), wobei er vorher die zu übertragende Information bereitstellt. Die Aktion *VALID* wird hier wie beim Schreibzyklus auf dem Signal *ACK* durch den Übergang *low* → *high* codiert. Die Übernahme der Information signalisiert der COMMANDER mit *ACCEPT* (# 7), worauf der RESPONDER auf dem Signal ACK *NOT VALID* (# 8) signalisiert.

Der COMMANDER benützt also bei diesem Protokoll getrennte Kontrollsignale für die beiden Übertragungsrichtungen. Dieser Protokolltyp wird beispielsweise beim MULTIBUS I von Intel benützt, wobei folgende Zuordnung der Signalnamen gilt:

- *WRP* → $\overline{MWTC}$ *(memory write command)*
- *RDP* → $\overline{MRDC}$ *(memory read command)*
- *ACK* → $\overline{XACK}$ *(transfer acknowledge)*

6.2.3.2 Advanced READ/WRITE - Protokolle

Das Advanced READ/WRITE-Protokoll benützt zwei Signale zur Zyklussteuerung und ein getrenntes Signal zur Kontrolle des Zyklustyps. Bild 6.9 zeigt diesen Protokolltyp für asynchrone Buszyklen[1]. Die Aktionen *VALID/NOT VALID* bzw. *ACCEPT/READY* des Scheibzyklus sind durch Pegelwechsel der Kontrollsignale *STB* (STROBE) und *ACK* (ACKNOWLEDGE) codiert. Das Signal *STB* wird vom COMMANDER, das Signal *ACK* vom RESPONDER bedient.

Beim Lesezyklus werden dieselben zwei Signale zur Zyklussteuerung benützt. Die ausgelösten Aktionen haben dann die Bedeutung *REQUEST/ACCEPT* (Signal *STB*) bzw. *VALID/NOT VALID* (Signal *ACK*). Die Richtungsanwahl geschieht durch das Signal *RD*, das vom COMMANDER *vor* Zyklusbeginn entsprechend gesetzt wird[2].

Dieser Protokolltyp wird beim VMEbus angewandt, wobei folgende Signalzuordnung gilt:

- *STB → DS0*, DS1* (data strobe 0 low active, data strobe 1 low active)*
- *RD → WRITE* (write, low active)*
- *ACK → DTACK* (data transfer acknowledge, low active)*

6.2.3.3 VALID/REQUEST-Protokolle

Bei den oben erläuterten Protokollen werden drei Signale zur Aktionscodierung bzw. zur Protokoll-Implementierung benützt. Entweder wird je ein Signalpaar für den Lese- bzw. den Schreibzyklus benützt wie beim READPULSE/WRITEPULSE-Protokoll, oder es wird ein eigenes Signal für die Richtungssteuerung wie beim Advanced READ/WRITE-Protokoll benützt.

Beim VALID/REQUEST-Protokoll werden für beide Übertragungsrichtungen nur zwei Signale benötigt, wobei die *Richtungscodierung sequentiell* erfolgt. Dies ist in Bild 6.10 für einen asynchronen Zyklus dargestellt. Die benützten Signale *VAL* und *REQ* werden jetzt nicht mehr eindeutig vom COMMANDER bzw. RESPONDER bedient. Vielmehr wird *VAL* von der Informationsquelle und *REQ* von der Informationssenke bedient. Die Transfer-Richtung wird aus der Sequenz der Aktionen bestimmt:

[1] Die Umwandlung des dargestellten asynchronen Beispiels in einen synchronen Buszyklus wird als Übung empfohlen.

[2] deshalb auch die Namensgebung: advanced READ/WRITE

- *Schreibzyklus: der Pegelwechsel low → high des Signals VAL wird gefolgt vom Pegelwechsel low → high des Signals REQ.*
- *Lesezyklus: der Pegelwechsel low → high des Signals REQ wird gefolgt vom Pegelwechsel low → high des Signals VAL*

Zur Erkennung der Sequenz der Signalflanken muß die Schnittstellenlogik der Kommunikationspartner mit Speicherelementen (Flip-Flops) ausgestattet sein.

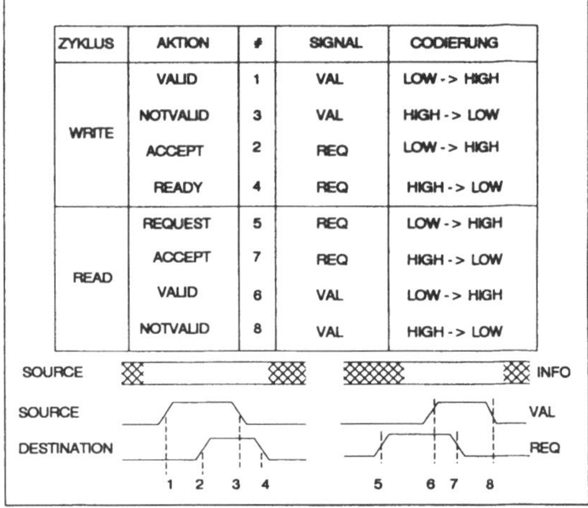

ZYKLUS	AKTION	#	SIGNAL	CODIERUNG
WRITE	VALID	1	VAL	LOW -> HIGH
	NOTVALID	3	VAL	HIGH -> LOW
	ACCEPT	2	REQ	LOW -> HIGH
	READY	4	REQ	HIGH -> LOW
READ	REQUEST	5	REQ	LOW -> HIGH
	ACCEPT	7	REQ	HIGH -> LOW
	VALID	6	VAL	LOW -> HIGH
	NOTVALID	8	VAL	HIGH -> LOW

Bild 6.10: VALID/REQUEST-Protokoll

6.3 BUS-Belegungsverfahren

Der Bus eines Multiprozessorsystems ist eine zentrale Ressource, an der mehrere Master gleichzeitig angeschlossen sein können. Diese Master benötigen diese Ressource konkurrierend zueinander als Kommunikationseinrichtung. Die Konkurrenz bringt mit sich, daß simultan mehrere Master den Bus benützen wollen. Für den Streit um eine gemeinsame Ressource wurde deshalb der Begriff *CONTENTION*[1] eingeführt.

Wenn mehrere Master den gemeinsamen Bus benutzen wollen und dies auch tatsächlich tun, wird mit hoher Wahrscheinlichkeit das Busprotokoll verletzt. Anders ausgedrückt bedeutet dieses, daß inkonsistente Aktionssequenzen am Bus ablaufen und so zu Informationsverlust führen können. Daraus folgt die triviale Forderung, daß zu einer gegebenen Zeit nur *ein* Master *COMMANDER* sein kann.

[1] contention = Streit, Zank, Wettstreit

Es sind deshalb Verfahren erforderlich, die sicherstellen, daß nur einer von mehreren Mastern zu einer Zeit COMMANDER werden kann. Solche Verfahren stellen eine weitere Sorte von Busprotokollen dar.

6.3.1 COMMANDER-Auswahlverfahren

6.3.1.1 Collision Detection

Eine von mehreren Möglichkeiten zur Auswahl eines COMMANDERS stellt das Verfahren der *COLLISION DETECTION* dar. Bei diesem Verfahren wird zugelassen, daß mehrere Master gleichzeitig auf die gemeinsame Ressource (z.B. den Bus) zugreifen und sie benutzen wollen. Durch geeignete Überwachung wird sichergestellt, daß bei solchen *Kollisionen* kein Informationsverlust entsteht. Nach Erkennung einer Kollision werden alle daran beteiligten Master ihren Übertragungsversuch abbrechen und zu einer späteren Zeit einen erneuten Versuch starten.

Jeder Master prüft vor einem Zugriff auf den Bus eine "belegt/frei"-Kennung (BUSY/FREE-indication). Falls der Bus frei ist, benützt er ihn, d. h. er beginnt seinen Buszyklus. Da mehrere Master dasselbe unabhängig voneinander durchführen können, muß dieser gleichzeitige Start erkannt werden, der laufende Buszyklus abgebrochen und später erneut von vorne versucht werden.

Der populärste Vertreter dieses Verfahrens ist das CSMA/CD-Verfahren[1], das im Bereich der lokalen Netzwerke weit verbreitet ist. Dort wird ein Koaxialkabel oder ein verdrilltes Adernpaar als serieller Bus eingesetzt, an dem Rechner als Netzwerkknoten (node) angeschlossen sind (siehe Bild 6.11).
Ein übertragungswilliger Knoten prüft, ob augenblicklich auf dem Bus-Medium eine Datenübertragung stattfindet (carrier sense). Wenn das Bus-Medium frei ist, beginnt die Station mit ihrer Übertragung durch Aussendung eines Datenpakets, das sich in beide Richtungen ausbreitet. Der Datenempfänger erkennt aus der Zieladresse im Datenpaket, daß das Datenpaket für ihn bestimmt ist und kopiert die vorbeilaufende Information. Das Ende des Busses ist durch Abschlußwiderstände terminiert. Das Bus-

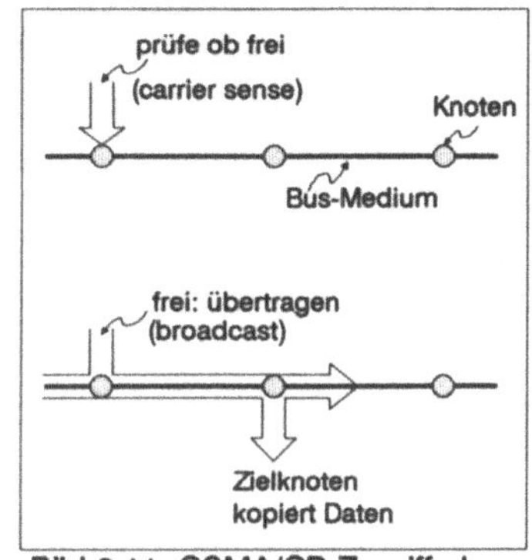

Bild 6.11: CSMA/CD Zugriff ohne

[1] CSMA/CD : carrier sense multiple access with collision detection

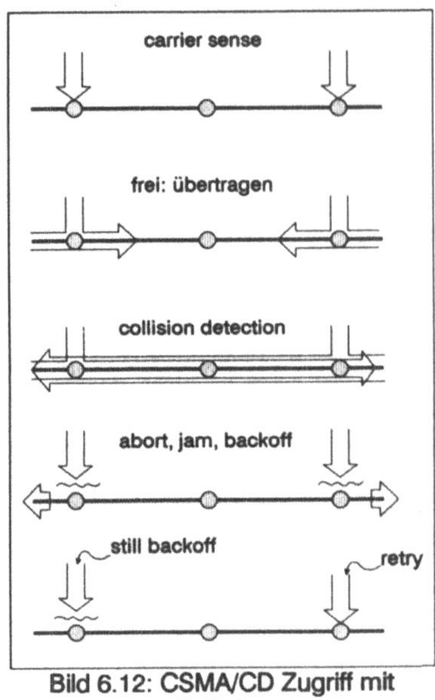

Bild 6.12: CSMA/CD Zugriff mit Kollision

medium ist wieder frei, wenn das Datenpaket beide Busenden erreicht hat.

Bild 6.12 zeigt denselben Vorgang, wenn zwei Stationen gleichzeitig sendewillig sind. Beide "hören" auf den Bus und stellen fest, daß er frei ist. Folglich beginnen sie gleichzeitig mit der Aussendung ihres Datenpakets (transmit). Nach einer gewissen Zeit erreicht das Datenpaket der Station 1 die Station 2 und umgekehrt. Da jede Station während der eigenen Übertragung weiterhin auf den Bus "hört", stellt jede eine Codeverletzung fest. Dies ist das Anzeichen einer Kollision, d.h. daß mehr als eine Station gleichzeitig gesendet haben (collision detection). Daraufhin brechen beide Stationen ihre Übertragung ab (abort) und beginnen mit der Aussendung eines Hemmsignals (jam). Dieses wird so lange ausgesandt, daß jede andere Station am Bus mit Sicherheit von diesem Kollisionsereignis Kenntnis bekommt. Danach warten die kollidierten Stationen eine individuelle, zufällig gewählte Zeit ab (backoff), bevor sie einen Neuversuch beginnen (retry). Eine der beiden Stationen wird beim zweiten oder einem weiteren Sendeversuch erfolgreich sein.

6.3.1.2 Contention Avoidance

Der Wettstreit um die gemeinsame Ressource Bus kann vermieden werden, wenn das *Zugriffsrecht explizit* von Master zu Master *weitergereicht* wird oder *fest vorgegebene Zeiten* für jeden Master für den Buszugriff existieren.

Das *TOKEN PASSING* - Prinzip gehört zur ersten Schema. Der *TOKEN* ist ein eindeutiges Zeichen, das von Master zu Master zyklisch weitergereicht wird. Der Master, der augenblicklich im "Besitz" des TOKENs ist, kann den Bus zur Informationsübertragung benützen. Wenn die Übertragung abgeschlossen ist, reicht er den TOKEN seinem nachfolgenden Master weiter. Falls dieser nicht übertragungswillig ist, reicht dieser seinerseits den TOKEN an seinen Nachfolger weiter.

Das Zeitscheibenverfahren gehört zum zweiten Verfahren. Dabei werden Zeitintervalle eingeführt, die endlos aneinandergereiht sind. Jedes dieser Zeitintervalle ist seinerseits in Zeitschlitze eingeteilt. Jeder Zeitschlitz ist einem Master zugeordnet.

Der Master ist berechtigt, während "seines" Zeitschlitzes den Bus zu benutzen. Kollisionen können nicht entstehen.

6.3.1.3 Collision Avoidance/Contention Resolution

Das bei Multiprozessoren verbreitetste Verfahren ist das Collision Avoidance Prinzip. Dabei bleibt der Wettstreit der Master um die gemeinsame Ressource erhalten. Die Contention wird aber nach festen Regeln aufgelöst und dabei wird ein Master als COMMANDER ausgewählt (*ARBITRATION*, siehe Abschnitt 6.4).

6.3.2 Phasen einer Informationsübertragung

Eine vollständige Informationsübertragung über den Bus eines eng gekoppelten Multiprozessorsystems verläuft in drei Phasen. Dies ist in Bild 6.13 dargestellt. In der ersten Phase muß aus den Mastern ein COMMANDER ausgewählt werden. Der so bestimmte COMMANDER wählt seinerseits einen Slave als RESPONDER aus (Phase 2) um schließlich einen Punkt-zu-Punkt-Datenaustausch vorzunehmen. (Phase 3).

Die drei Phasen können auch folgendermaßen bezeichnet werden:

- *Phase 1: ARBITRIERUNG des Busses bzw. Buszugriffes*
- *Phase 2: ADRESSIERUNG eines Slaves durch den COMMANDER*
- *Phase 3: INFORMATIONSTRANSFER*

Eine vollständige Informationsübertragung stellt damit eine *BUS-Transaktion* dar, die aus den Schritten *ARBITRIERUNG, ADRESSIERUNG* und *TRANSFER* besteht. Eine BUS-Transaktion muß entweder vollständig zu Ende geführt werden oder sie gilt als nicht begonnen und muß erneut von Beginn an versucht werden, falls sie aus irgendwelchen Gründen nicht zu Ende geführt werden konnte.

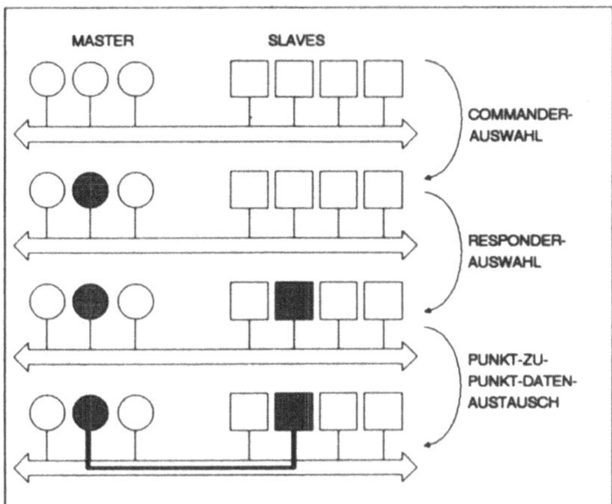

Bild 6.13: Phasen einer Informationsübertragung

Entsprechend der bisher besprochenen allgemeinen Eigenschaften

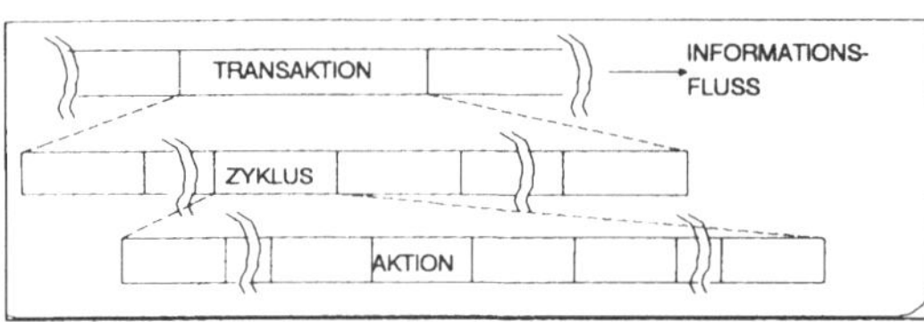

Bild 6.14: Hierarchie der Bus-Operationen

von Bussen zerfällt eine BUS-Transaktion in eine *Hierarchie von Bus-Operationen* (siehe Bild 6.14). Eine BUS-Transaktion überträgt Information zwischen COMMANDER und RESPONDER. Jede Transaktion benötigt dazu i. A. mehrere Buszyklen und jeder Buszyklus zerfällt in eine Folge von Elementaraktionen.

6.4 Arbitrierung

Arbitrierung dient der Vermeidung von Zugriffskonflikten mehrerer Ressourcenbenutzer auf eine gemeinsame Ressource. In Multiprozessoren ist die gemeinsame Ressource häufig der System-Bus oder der gemeinsame Speicher. Die Ressourcenbenutzer sind typischerweise die CPUs.

6.4.1 Logische Struktur eines Arbiters

Bild 6.15 zeigt die logische Struktur eines Arbiters. Der Arbiter nimmt die Belegungswünsche der n Ressourcenbenutzer (*REQUESTs*) entgegen und signalisiert einem dieser *REQUESTORen* die Erlaubnis, auf die gemeinsame Ressource zuzugreifen (*GRANT*). Dieser GRANT kann immer nur dann gewährt werden, wenn die Ressource nicht mehr in Benützung ist (*NOT BUSY*). Formal betrachtet handelt es sich um die Abbildung eines *REQUEST*-Vektors in einen *GRANT*-Vektor, wobei zu jeder Zeit maximal ein GRANT aktiv sein darf.

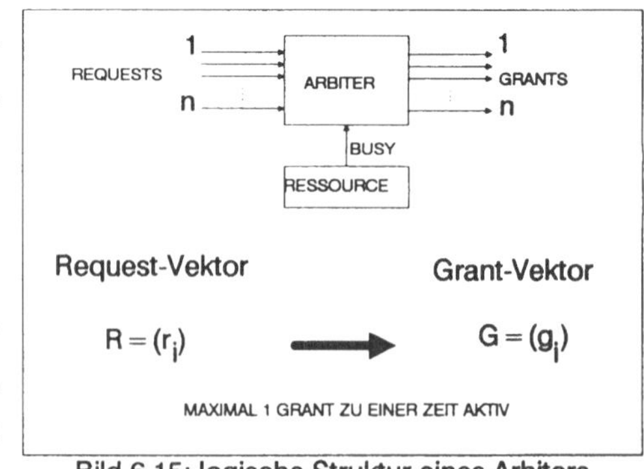

Bild 6.15: logische Struktur eines Arbiters

6.4.2 Zentralisierte Arbiter

Zentralisierte Arbiter sind in einer physikalischen Einheit als zentrales Element eines Systems implementiert

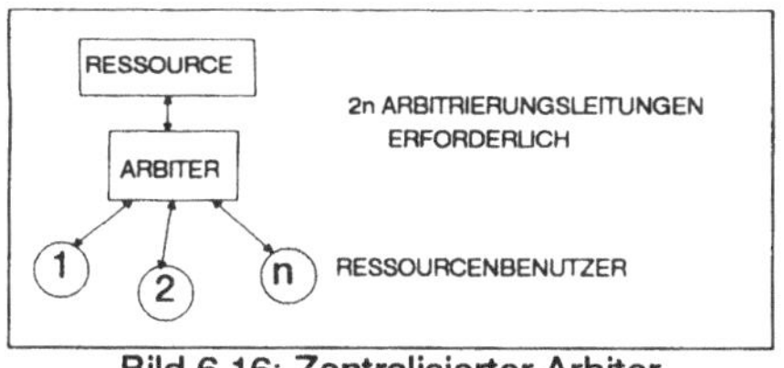

Bild 6.16: Zentralisierter Arbiter

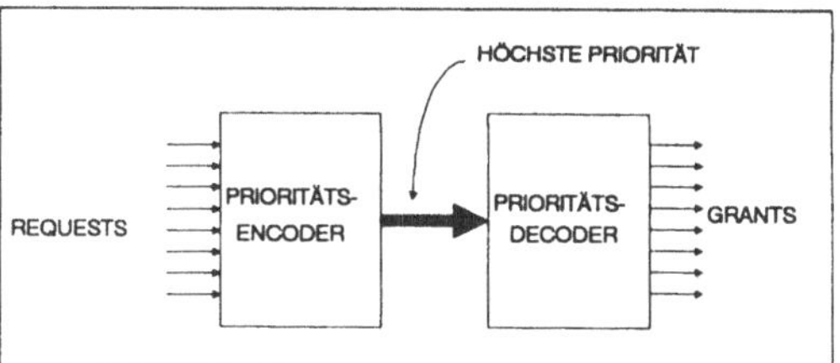

Bild 6.17: Prioritätsencoder als zentraler Arbiter

(Bild 6.16). Bei zentralisierten Arbitern müssen n Request-Leitungen zum Arbiter und n Grant-Leitungen vom Arbiter zu den Ressoursenbenutzern geführt werden. Dies kann bei einer großen Zahl von Ressourcenbenutzern zu einem hohen Verdrahtungsaufwand führen.

Ein einfaches Beispiel eines zentralisierten Arbiters ist der Prioritätsencoder (siehe Bild 6.17). Der Prioritätsencoder übernimmt die Requestsignale der Ressourcenbenutzer. Jeder Eingang des Encoders entspricht einer Priorität von 1..n. Am Ausgang des Encoders erscheint die Nummer (Priorität) des Eingangs höchster Priorität, der von einem Requestor aktiviert wurde. Falls der Ausgang des Encoders diese Priorität in codierter Form ausgibt, muß durch einen nachfolgenden 1 aus n Decoder das dieser Priorität zugeordnete Grant-Signal aktiviert werden.

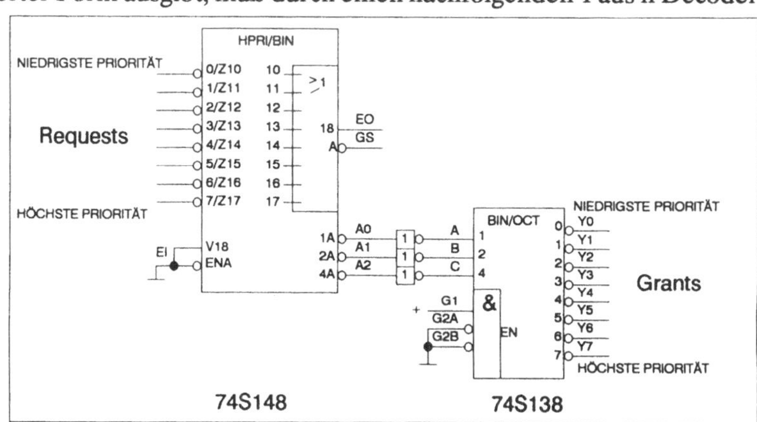

Bild 6.18: Prioritäts-Arbiter mit TTL-Bausteinen

Bild 6.18 zeigt einen solchen Arbiter unter Einsatz von Standard-TTL-Schaltkreisen[1]. Er unterstützt bis zu acht Requestoren, da er acht Prioritätsstufen kennt. Die in der Schaltung verwendeten Bausteine lassen sich kaskadieren, so daß eine Erweiterung auf mehr als acht Prioritäten möglich ist.

[1] In der Schaltung ist die Auswertung des Resource-Busy-Signals nicht enthalten.

6.4.3 Verteilte Arbiter

Neben den zentralisierten Arbitern sind die verteilten oder dezentralisierten Arbiter weit verbreitet. Ein verteilter Arbiter besteht dabei aus einer Menge von identischen Einheiten, die Teil der Ressourcenbenutzer (REQUESTOR) sind (siehe Bild 6.19). Diese Einheiten sind über den Bus untereinander verbunden und bilden zusammen den Arbiter. Ein besonders einfaches Beispiel ist der DAISY-CHAIN-ARBITER (siehe Bild 6.20)[1]. Dort sind die Arbiterelemente von drei Requestern dargestellt. Jeder Requester kann unabhängig von allen anderen einen Zugriffswunsch anmelden (local request). Abhängig vom Eingangssignal *general grant in* wird daraufhin lokal entschieden, ob der Zugriff möglich ist (*local grant*). Falls kein *local request* vorliegt, wird das *general grant in* - Signal an den Nachfolger der Kette weitergereicht (*general grant out*).[2]

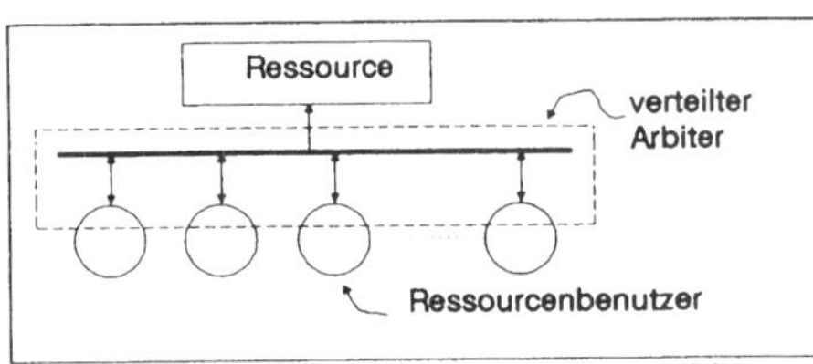

Bild 6.19: Struktur eines verteilten Arbiters

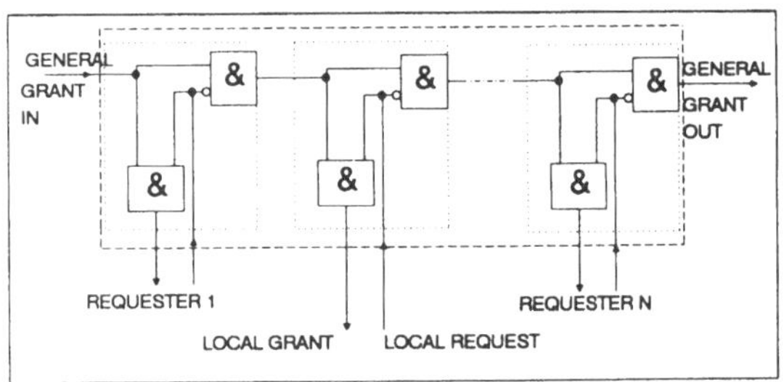

Bild 6.20: verteilter Arbiter: DAISY CHAIN als Beispiel

Das DAISY - CHAIN - Arbitrierungsverfahren wird sehr häufig angewandt, da es sehr einfach ist und wenig Implementierungsaufwand bedeutet. Die wesentlichen Merkmale sind:

- *Die Zahl der Arbitrierungsleitungen ist unabhängig von der Zahl der Stationen (Master oder Requester).*
- *Die Arbitrierungszeit nimmt mit wachsender Stationszahl zu und begrenzt die Zahl der Stationen*[3].
- *Starres Prioritätsschema absteigend vom Anfang der Kette in Richtung Ende der Kette (steckplatzabhängig).*

[1] In der Schaltung ist die Auswertung des Resource-Busy-Signals und der Zeitsteuerung nicht enthalten.

[2] Ein weiteres Beispiel, der Distributed Self Selection Arbiter, wird in einem späteren Abschnit behandelt.

[3] Beispiel: beim Intel Single Board Computer iSBC 86/12A für den MULTIBUS I sind bei DAISY CHAIN Arbitrierung maximal drei Boards bzw. Master erlaubt. Andernfalls wird die für die Arbitrierung verfügbare Zeit überschritten.

6.4.4 Arbitrierungsstrategien

Die oben angeführten Beispiele für zentrale und verteilte Arbiter, der Prioritätsarbiter und der DAISY-CHAIN-Arbiter vergeben den Zugriff auf die Ressource nach einem *festen* Prioritätsschema. Dabei kann es passieren, daß niedrig priorisierte Master möglicherweise den Bus nicht mehr zugeteilt bekommen, weil alle höherpriorisierten Master den Bus voll auslasten. Dieser, *STARVATION*[1] genannte Effekt, *kann* bei Echtzeitanwendung zu Problemen führen. Echtzeitsysteme müssen unter allen Umständen in der Lage sein, mit Ereignissen der externen Welt Schritt zu halten. Falls in einem Prozeßsteuersystem Alarmsituationen auftreten, können sehr viele Busanforderungen höherpriorisierter Master entstehen und so niedrig priorisierte Master vollständig an der Bearbeitung ihrer Aufgabe hindern.

6.4.4.1 Faire Arbiter

Zur Verhinderung der Starvation sind für Echtzeitsysteme *faire Arbiter* erforderlich. Mit fairen Arbitern kann eine *maximale Verzögerungszeit garantiert werden bis nach einem Bus-Request der Bus-Zugriff durch den Arbiter gewährt wird. Dies kann erreicht werden durch:*

- *Dynamische Vergabe von Prioritäten: Die Prioritäten der Master können zur Laufzeit des Systems geändert oder gar nach jedem Grant zyklisch neu gesetzt werden (rotating priority assignment).*
- *ROUND ROBIN SCHEDULING: Bei dieser Strategie werden simultan vorliegende Anforderungen zyklisch bedient. Dadurch ist sichergestellt, daß alle Requests auch tatsächlich zu einem Grant führen.*

Für beide Fälle sei je ein Beispiel erläutert.

6.4.4.2 Zentralisierter fairer 4-Port-Round-Robin-Arbiter

Bild 6.21 zeigt das Blockschaltbild eines 4-Port-Arbiters[2]. Aus den vier möglichen Requests A..D ermittelt der Arbiter einen von vier Grants A..D. Dabei ist sichergestellt, daß simultane Requests im Mittel gleichbehandelt werden.

Die Funktionsweise des Arbiters ist als *Zustands-Übergangs-Diagramm* in Bild 6.22 dargestellt. Jeder Kreis des Diagramms stellt einen Zustand dieses *synchronen Schaltwerks* (endlicher Zustandsautomat) dar, in dem einer oder auch keiner der vier Grants

[1] to starve = hungern, aushungern

[2] nach Honeywell High Speed Arbiter, IEEE 1985 Custom Integrated Cuicuits Conference

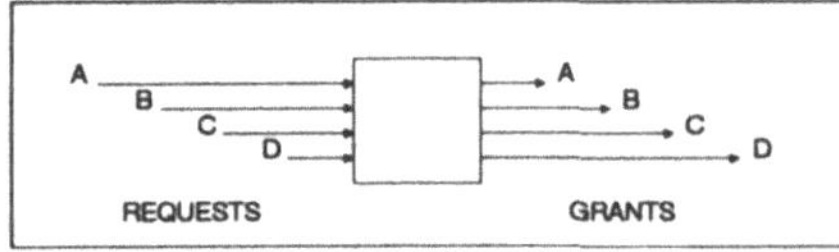

Bild 6.21: 4-Port-Arbiter

aktiviert ist. Die gerichteten Kanten geben die Übergangsbedingungen für den Wechsel von einem Zustand in einen Folgezustand an, der mit der nächsten Taktflanke vorgenommen wird. Nach dem *RESET* wird der Zustand A eingenommen, d.h. Port A wird der Zugriff gewährt. Falls anschließend die Ports B,C und D simultan einen Zugriffswunsch durch Aktivierung ihres Request-Signals anmelden, erfolgt mit dem ersten Folgetakt ein Übergang zum Zustand B, mit dem zweiten Folgetakt zum Zustand C und schließlich mit dem dritten Folgetakt in den Zustand D. Falls aus dem Zustand *NONE* alle vier Teilnehmer simultan einen Zugriff anmelden, werden sie in der Reihenfolge A..D bedient. Es dauert also maximal vier Arbitrierungsschritte, bis dem letzten Teilnehmer der Zugriff gewährt wird. Falls permanent alle Requests anliegen, werden die Grants zyklisch (*round robin*) gewährt.

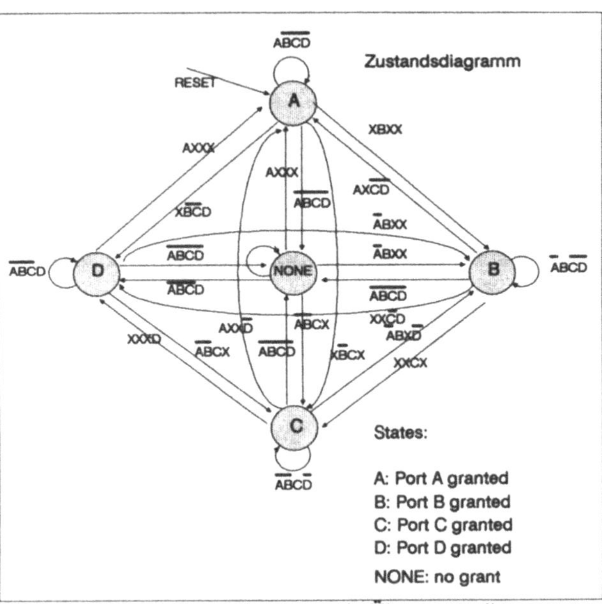

Bild 6.22: 4-Port-Arbiter - Zustands-Übergangsdiagramm

6.4.4.3 Distributed Self Selection Arbitration

Distributed Self Selection Arbitration ist ein verteiltes Arbitrierungsverfahren, das keine festen Prioritäten kennt[1]. Das Prinzip ist in Bild 6.23 dargestellt. Jeder Master verfügt über einen lokalen Arbiter, bestehend aus einer Kontroll-Logik zur Steuerung des Arbitrierungsvorgangs und einem Prioritätsnetzwerk zur Ermittlung des Arbitrierungs-Gewinners. Die Prioritätsnetzwerke der Master sind untereinander über einen WIRED-OR-Parallelbus (Prioritätsbus) verbunden. Ein Master meldet an die

[1] Dieses Verfahren wird beispielsweise beim MULTIBUS II von Intel eingesetzt.

lokale Kontroll-Logik den Bus-Zugriffswunsch (bus request). Am Anfang des nächsten Arbitrierungszyklus gibt die Kontroll-Logik diese Anforderung als want an das Prioritätsnetzwerk. Dieses vergleicht die auf dem Prioritätsbus anliegende Priorität mit der lokalen Arbitrierungs-Kennung (ID, arbitration-ID, Priorität). Bei Übereinstimmung ist dieser Master der Arbitrierungsgewinner[1] (win) und die Kontroll-Logik kann Bus-Grant zurückmelden.

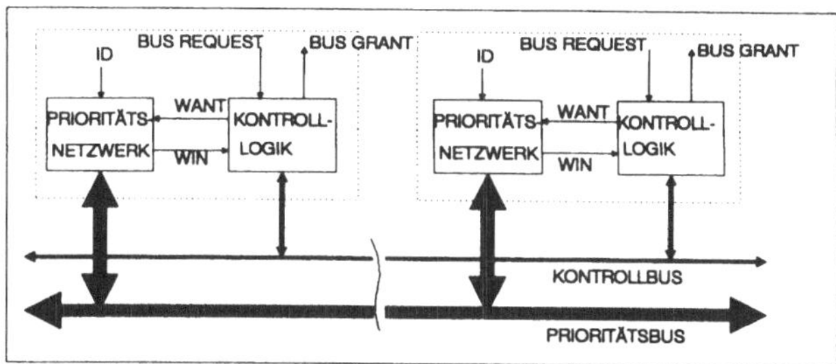

Bild 6.23: Distributed Self Selection Arbiter (Prinzip)

Das wesentliche Element eines solchen Arbiters ist das Prioritätsnetzwerk. Dieses ist in Bild 6.24 für eine 4-Bit ID dargestellt[2]. Bei Vorliegen einer Bus-Anforderung wird *WANT* aktiv (*high*). Dadurch wird der lokale Arbitrierungs-Kenner (local ID) auf die Auswertelogik gelegt. Die Auswertelogik vergleicht bitweise, beginnend mit dem höchstwertigen Bit (hier Bit 3), die *lokale Priorität* (local ID, LP) mit der Priorität, die am Prioritätsbus (BP) anliegt. Dazu wird zunächst das höchstwertige Bit (Bit 3) auf den Prioritätsbus (Bit 3) ausgegeben. Da dieser als *WIRED OR* Bus über invertierende *OPEN COLLECTOR* Treiber angesteuert wird, erscheint auf dem Bus ein *low*-Pegel, falls das zugehörige ID-Bit "1" (*high*) ist. Gleichzeitig wird der Logikpegel vom Prioritätsbus zurückgelesen und durch das *ODER*-Gatter mit dem ausgegebenen Logik-Pegel verglichen. Falls das LP-Bit *low* ist, ergibt sich am zugehörigen BP-Bit *high* und der

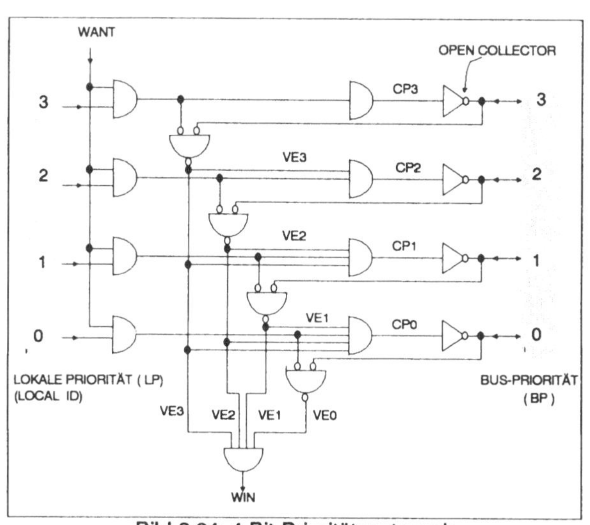

Bild 6.24: 4-Bit-Prioritätsnetzwerk

[1] Abgesehen von der Tatsache, daß auf dem Prioritätsbus die invertierte Priorität anliegt.

[2] Im MULTIBUS II wird eine 5-Bit ID und zusätzlich ein High-Priority-Request-Bit verwendet (zusammen 6 Bit).

BIT	MASTER A (ID=LP=0101) LPx	CPx	VEx	MASTER B (ID=LP=0011) LPx	CPx	VEx	BUS BP
3	L	L	H	L	L	H	H
2	H	H	H	L	L	L	L
1	L	L	H	H	L	H	H
0	H	H	H	H	L	H	L
		WIN=1			WIN=0		

Bild 6.25: Entscheidungsbeispiel

Gatterausgang *VE* ergibt *high*. Falls aber ein anderer Master dasselbe LP-Bit als *high* anlegt, erzwingt er am zugehörigen BP-Bit einen *low*-Pegel. Der Vergleichsausgang des *ODER*-Gatters des ersten Masters ergibt dann *low*, während der zweite Master zur Entscheidung *high* kommt.

Der vollständige Entscheidungsprozeß ist in Bild 6.25 für zwei Master dargestellt. Master A hat dabei die ID 0101 und gewinnt deshalb die Arbitrierung über Master B mit der niedrigeren ID 0011. Da der Wert des Arbiter-ID auch aus einem Register entnommen werden kann, besteht die Möglichkeit, zur Laufzeit eine Neuzuweisung vorzunehmen und so dynamisch neue Prioritäten zu vergeben.

Entsprechend den obigen Ausführungen können die Eigenschaften der Distributed Self Selection Arbitration folgendermaßen zusammengefaßt werden:

- *Dezentrale Arbitrierung*
- *Geringerer Verdrahtungsaufwand als bei zentraler Arbitrierung (ein Prioritätsbus mit N Leitungen kann 2^N Master arbitrieren).*
- *Der Arbiter ist im Gegensatz zum DAISY-CHAIN-Arbiter Steckplatz-unabhängig.*
- *Das Selektor-Netzwerk ist universell und deshalb für die Integration in Standardbausteine geeignet, ohne den Anwender einzuschränken.*
- *Die Arbiter-Kontroll-Logik bleibt Busprotokoll-spezifisch.*
- *Durch dynamische Änderung der Arbiter-IDs kann FAIRNESS erreicht werden.*

6.5 Literaturverzeichnis

6.5.1 Bücher

DIGITAL, Intel, XEROX
The Ethernet
Ethernet V 1.0 Specification (Blue Book) 1980, Intel Corporation

J. P. Hayes
COMPUTER ARCHITECTURE AND ORGANIZATION
McGraw-Hill 1988, ISBN 0-07-100479-3, Kapitel sechs

G. Färber
Bus-Systeme: Parallele und serielle Bussysteme in Theorie und Praxis
Oldenbourg-Verlag 1984

6.5.2 Einzelartikel

J. Carballo, D. Bondurant, L. Jack, D. Wick
A HIGH SPEED ARBITER FOR RESOURCE MANAGEMENT IN DISTRIBUTED PROCESSOR SYSTEMS
IEEE 1985 CUSTOM INTEGRATED CIRCUITS CONFERENCE CH2157-6/85/0000-0395

7 Beispiele für Standard-Busse

7.1 Einführung

In diesem Kapitel sollen einige multiprozessorfähige Industrie-Standard Bussysteme besprochen werden. Allerdings können die hier dargelegten Ausführungen nicht die vollständigen Spezifikationen der Hersteller bzw. internationalen Standardisierungskommissionen ersetzen. Es kann hier lediglich ein Überblick vermittelt werden. Ziel dieses Abschnitts ist, die bisher besprochenen Buskonzepte durch weit verbreitete Produkte zu beleuchten.

7.2 Der MULTIBUS I

Der MULTIBUS I ist ein Multiprozessor-fähiger Bus, der ursprünglich von Intel definiert wurde. Mittlerweile ist er als IEEE Standard P796 genormt. Obwohl der MULTIBUS I schon recht alt ist, ist er trotzdem noch sehr populär. Er wird durch integrierte Schaltkreise gut unterstützt. Zahlreiche Hersteller bieten MULTIBUS I - kompatible Board-Produkte an.

7.2.1 Übersicht über den MULTIBUS I

Der MULTIBUS I ist ein asynchroner Multiprozessor-fähiger Bus. Er unterstützt 8 und 16 Bit Datentransfers und einen Adreßraum von 16 MByte. Das Bus-Interface besteht aus 24 Adreßleitungen, 16 Datenleitungen, 12 Kontroll-Leitungen, 9 Interruptleitungen und 6 Arbitrierungsleitungen (siehe Bild 7.1). Neben den elektrischen Festlegungen sind auch die mechanischen Eigenschaften fixiert.

	Pin	(Component Side)		Pin	(Cireuit Side)	
		Mosmomie	Dascriptiom		Mosmomie	Dascriptiom
Power Supplies	1	GND	Signal GND	2	GND	Signal GND
	3	+5V	+5Vdc	4	+5V	+5Vdc
	5	+5V	+5Vdc	6	+5V	+5Vdc
	7	+12V	+12Vdc	8	+12V	+12Vdc
	9		Reserved, bussed	10		Reservod, bussed
	11	GND	Signal GND	12	GND	Signal GND
Bus Controls	13	BCLK*	Bus Clock	14	INIT*	Initialize
	15	BPRN*	Bus Pri. In	16	BPRO*	Bus Pri. Out
	17	BUSY*	Bus Busy	18	BREQ*	Bus Request
	19	MRDC*	Mem Read Cmd	20	MWTC*	Mem Write Cmd
	21	IORC*	I/O Read Cmd	22	IOWC*	I/O Write Cmd
	23	XACK*	XFER Acknowledge	24	INH1*	Inhibit 1 (disable RAM)
Bus Controls and Address	25	LOCK*	Lock	26	INH2*	Inhibit 2 (disable PROM or ROM)
	27	BHEN*	Byte High Enable	28	AD10*	
	29	CBRQ*	Common Bus Request	30	AD11*	Address
	31	CCLK*	Constant Clk	32	AD12*	Bus
	33	INTA*	Intr Acknowledge	34	AD13*	
Interrupts	35	INT6*	Parallel	36	INT7*	Parallel
	37	INT4*	Interrupt	38	INT5*	Interrupt
	39	INT2*	Requests	40	INT3*	Requests
	41	INT0*		42	INT1*	
Address	43	ADRE*		44	ADRF*	
	45	ADRC*		46	ADRD*	
	47	ADRA*	Address	48	ADRB*	Address
	49	ADR8*	Bus	50	ADR9*	Bus
	51	ADR6*		52	ADR7*	
	53	ADR4*		54	ADR5*	
	55	ADR2*		56	ADR3*	
	57	ADR0*		58	ADR1*	
Data	59	DATE*		60	DATF*	
	61	DATC*		62	DATD*	
	63	DATA*	Data	64	DATB*	Data
	65	DAT8*	Bus	66	DAT9*	Bus
	67	DAT6*		68	DAT7*	
	69	DAT4*		70	DAT5*	
	71	DAT2*		72	DAT3*	
	73	DAT0*		74	DAT1*	
Power Supplies	75	GND	Signal GND	76	GND	Signal GND
	77		Reserved, bussed	78		Reserved, bussed
	79	−12V	−12Vdc	80	−12V	−12Vdc
	81	+5V	+5Vdc	82	+5V	+5Vdc
	83	+5V	+5Vdc	84	+5V	+5Vdc
	85	GND	Signal GND	86	GND	Signal GND

Bild 7.1: Bus-Signale beim MULTIBUS I (Intel)

7.2.2 Die MULTIBUS I Kontroll-Leitungen

Die MULTIBUS I Kontroll-Leitungen umfassen u.a.:

- *zwei Taktleitungen zur Verteilung des Systemtaktes und zur Synchronisation der Bus-Arbitrierung*
- *vier Command-Leitungen und eine Acknowledge-Leitung für den Datenaustausch nach dem READ-PULSE/WRITE-PULSE-Protokoll (siehe Bild 7.2/7.3)*
- *eine Initialisierungs-Leitung als globaler RESET*

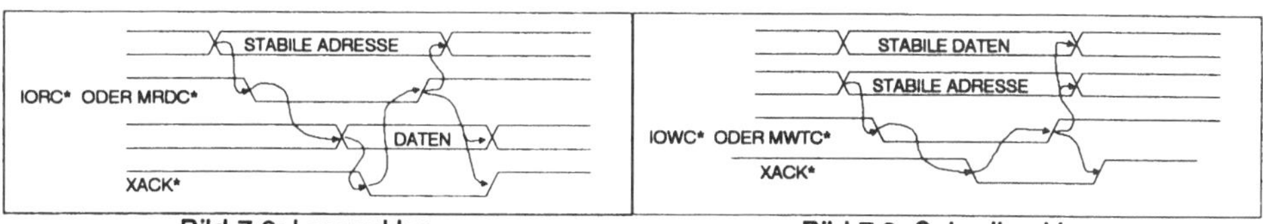

Bild 7.2: Lesezyklus Bild 7.3: Schreibzyklus

- *24 Adreßleitungen, zwei Inhibit-Leitungen und eine Byte-Control-Leitung (BHE). Mit Hilfe der beiden Inhibit-Leitungen kann einer von mehreren 16 MByte-Adreßräumen ausgewählt werden. Das BHE-Signal erlaubt, in 16-Bit-Systemen das obere Byte im Wort anzuwählen.*

7.2.3 MULTIBUS I-Arbitrierung

Der MULTIBUS I unterstützt *verteilte* und *zentralisierte* Arbitrierung. Bei der verteilten Arbitrierung wird das DAISY-CHAIN Verfahren mit Hilfe der Bus-Signale *BPRN** und *BPRO** benützt[1] (siehe Bild 7.4).

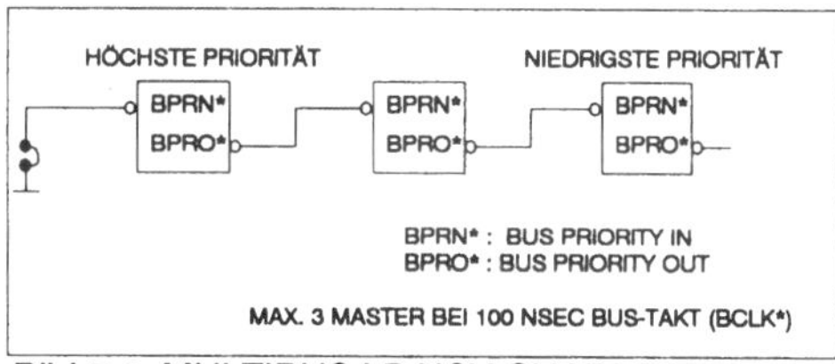

Bild 7.4: MULTIBUS I DAISY CHAIN Arbitrierung

Bei mehr als drei MASTERn muß in der Regel das zentralisierte Arbitrierungsverfahren eingesetzt werden. Dabei wird üblicherweise in einer zusätzlichen Logik das Prioritäts-Schema benützt (siehe Bild 7.5, vgl. Kapitel 6 Abschnitt 4.2). Das *BPRO**-Signal wird hier nicht benützt. Statt dessen wird das *BREQ**-Signal zum zentralisierten Prioritäts-Arbiter geführt, der dem höchst priorisierten MASTER über das Signal *BPRN** den Bus-Zugriff gewährt. Ein MASTER, der augenblicklich im "Besitz" des Busses ist, kann durch Aktivierung des *BUSY**-Signals, das als *WIRED-OR*-Signal ausgeführt ist, den Belegungszustand global anzeigen.

In Bild 7.6 ist ein Arbitrierungsvorgang als Impulsdiagramm zur Verdeutlichung dargestellt[2]. Dabei ist angenommen, daß MASTER A eine niedrigere Priorität als MASTER B hat und anfänglich in Bus-"Besitz" ist. Durch Aktivierung von *BREQ**

[1] Alle Arbitrierungs-Signale müssen auf die fallende Flanke des BCLK*-Taktes synchronisiert sein.

[2] Die Signalbezeichnung in diesem Bild gilt für das zentralisierte Arbitrierungsschema. Wenn BREQ* durch BPRO* ersetzt wird, gilt es in ähnlicher Weise für die DAISY-CHAIN Arbitrierung.

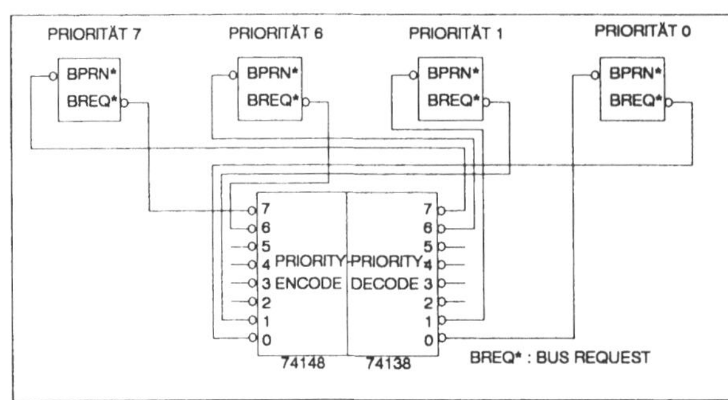

Bild 7.5: MULTIBUS I zentralisierte Arbitrierung

von MASTER B als Folge eines Übertragungswunsches durch die CPU (*transfer request*), wird *BPRN** von MASTER A inaktiv *(high) und BPRN** von MASTER B aktiviert (*low*). MASTER A kann trotzdem noch den Bus benützen, da er *BUSY** aktiviert hat. Sobald MASTER A den Bus nicht mehr benötigt, wird er *BUSY** auf *high* (inaktiv) setzen und auch die anderen Bus-Leitungen, wie z. B. den Adreß-Bus oder die Command-Leitungen nicht mehr treiben (high-impedance). Daraufhin wechselt die "Besitzerschaft" über den Bus zum MASTER B, der jetzt *BUSY** aktiviert und die Busleitungen aktiv treibt.[1]

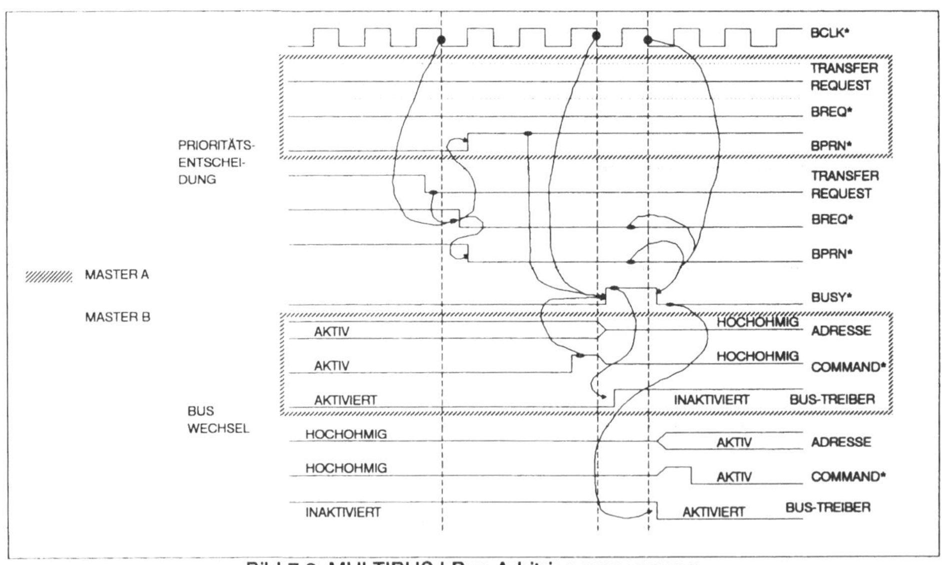

Bild 7.6: MULTIBUS I Bus-Arbitrierungsvorgang

[1] Zur Vereinfachung der Hardware-Entwicklung gibt es hierfür geeignete VLSI-Bausteine wie z.B. der 8289A-Bus-Arbiter von Intel.

7.2.3.1 Unteilbare Buszyklen

Unteilbare Buszyklen werden benötigt, wenn eine Folge von Bus-Datentransfer-Operationen unteilbar, d.h. ohne zwischenzeitlichen Wechsel der Bus-"Besitzerschaft erfolgen müssen. Solche Zyklen werden in eng gekoppelten Multiprozessoren zur Implementierung von Semaphoren benötigt[1]. Zur Realisierung von solchen READ-MODIFY-WRITE-Buszyklen (RMW) benutzt der augenblickliche Commander das BUSY*-Signal. Dies bleibt bis zum Abschluß des RMW-Zyklus aktiv[2].

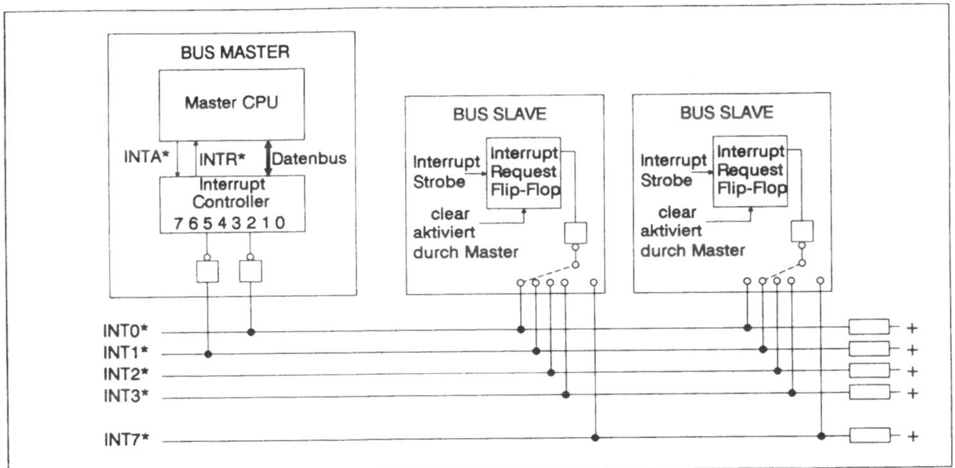

Bild 7.7: MULTIBUS I Non-Bus-Vectored Interrupt Schema

7.2.4 MULTIBUS I Interrupts

Der MULTIBUS I unterstützt zwei Interrupt-Grundtypen:

- *Beim NON-BUS-VECTORED Interrupt, werden die Interrupt-Signale von Interruptquellen (I/O-Bausteine) direkt über die acht Bus-Interrupt-Leitungen (INT0*..INT7*) zu einem Interrupt-Controller übertragen (siehe Bild 7.7). Der Interrupt-Controller löst bei der CPU den Interrupt aus und "erfährt" vom Interrupt-Controller die Kennung des eingegangenen Interrupts. Zum Rücksetzen des Interrupts muß die CPU einen Schreibvorgang beim Slave durchführen, der das*

[1] Näheres hierzu bei der Besprechung der 68000-Prozessorfamilie in Kapitel 8.

[2] Die Arbitrierungslogik muß dazu vom Prozessor informiert werden, ob der RMW-Zyklus beendet ist. Die 80x8x-Prozessorfamilie besitzt hierfür das Prozessorsignal LOCK*, das durch den Prefix-Befehl LOCK vom Programm aus aktivierbar ist.

Interrupt-Request-Flip-Flop zurücksetzt. Dieses Schema unterstützt nur acht unabhängige Interrupt-Quellen.

- *Beim BUS-VECTORED Interrupt ist der Slave, der den Interrupt auslöst, selbst mit einem eigenen Interrupt-Controller ausgestattet (siehe Bild 7.8), der bis zu acht Interrupts dieses Slaves zusammenfaßt und an einen Interrupt-Eingang des Interrupt-Controllers der "zuständigen" CPU weitermeldet. Dieser Interrupt-Controller unterbricht die CPU, die einen zweifachen[1] Interrupt-Acknowledge-Zyklus (INTA) ausführt. Beim ersten INTA erhält die CPU vom MASTER-Interrupt-Controller die eingegangene Interrupt-Nummer. Beim zweiten INTA legt die CPU die zu dieser Interrupt-Nummer gehörige Slave-Adresse (interrupt code) auf den Adreßbus (Bits 8..A), worauf der Slave-Interrupt-Controller den zum anstehenden Interrupt zugehörigen Interrupt-Vektor auf den Datenbus (Bits 0..7) legt und mit XACK* (transfer acknowledge) quittiert. Während des mehrfachen INTA-Zyklus signalisiert die CPU dem zugeordneten Arbiter durch LOCK*, daß der Bus nicht freigegeben werden darf. Dadurch bleibt das BUSY*-Signal am Bus aktiv und die mehrere Buszyklen andauernde Interrupt-Quittierung kann von keinem anderen MASTER gestört werden (unteilbare Buszyklen).*

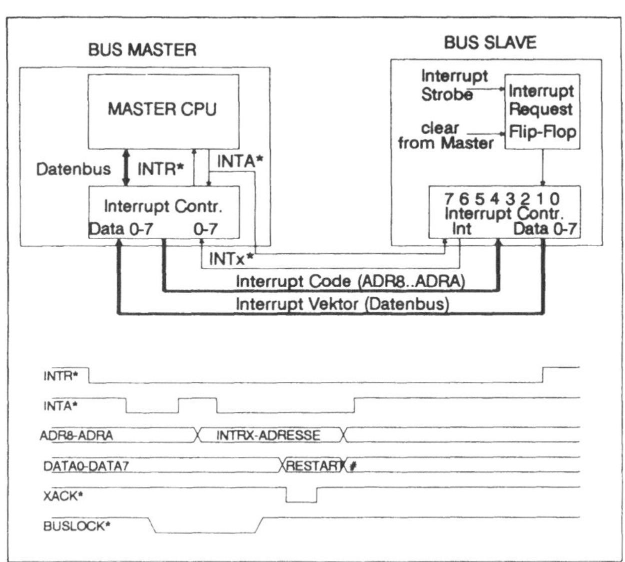

Bild 7.8: MULTIBUS I Bus-Vectored Interrupt Schema

7.2.5 32-Bit-Prozessor für MULTIBUS I

Obwohl der MULTIBUS I ursprünglich für 8- und 16-Bit-Prozessoren gedacht war, gibt es auch MULTIBUS-I-Rechnerplatinen mit 32-Bit-Prozessoren. Ein Bei-

[1] Bei Verwendung des 8259A Interrupt-Controllers von Intel sind auch drei INTA's möglich. Dies erlaubt Interrupt-Vektoren, die zwei Bytes breit sind.

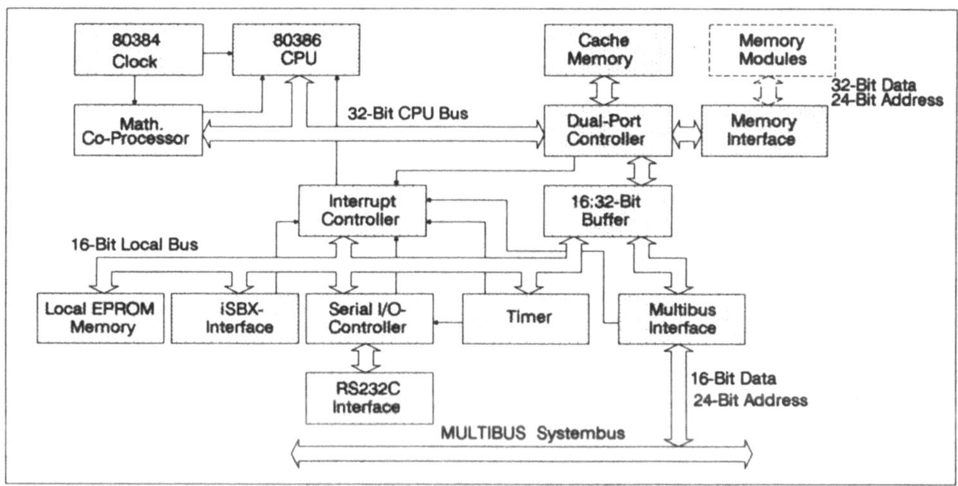

Bild 7.9: 32 Bit Prozessor am MULTIBUS I

spiel von Intel ist in Bild 7.9 dargestellt. Diese Prozessorplatine enthält einen 80386 Prozessor, der von einem 80387 Coprozessor unterstützt wird. Über einen *Dual-Port-Memory-Controller* hat der Prozessor Zugriff auf einen 16 MByte großen, 32-Bit-breiten externen Speicher. Ein Bus-Buffer paßt den 32-Bit Prozessor-Bus auf einen 16-Bit breiten Lokalbus und den MULTIBUS I an. Natürlich ist das Prozessorboard mit einem Cache-Speicher ausgestattet. Andernfalls könnten der 80386 Prozessor und sein Co-Prozessor nie entsprechend ihrer potentiellen Leistungsfähigkeit betrieben werden.

Aus der Sicht der erreichbaren *limitierten* Leistungsfähigkeit ist es nicht sehr sinnvoll, 32-Bit-Prozessoren der Leistungsklasse 80386 an einen 16-Bit-Bus anzupassen. Der Vorteil liegt hier in der weiten Verbreitung des MULTIBUS I und der damit verfügbaren großen Zahl von kompatiblen Platinen für die Ansteuerung von Peripherie. Allerdings ist diese Vorgehensweise lediglich ein *Migrationspfad* von der 16-Bit Multiprozessorwelt in die 32-Bit Multiprozessorwelt.

7.3 Der VMEbus

Der VMEbus ist ein von Motorola, Signetics-Philips und Mostek gemeinsam definierter Bus-Standard, der mittlerweile auch als **IEC 821 BUS** und **IEEE P1014/D1.2**

Standard bekannt ist[1]. Er ist als *high performance bus* für 16/32-Bit-Multiprozessorsysteme konzipiert, deren Haupteinsatzgebiet der Echtzeitbereich ist. Der VMEbus wurde für drei Komplexitätsstufen definiert:

- *Standard: 16 MByte Adreßraum, 16 Bit Datenpfad*
- *Extended: 4 GByte Adreßraum, 32 Bit Datenpfad*
- *Reduced: 64 kByte Adreßraum, 16 Bit Datenpfad*

Von diesen drei Varianten ist die *extended* Form die wichtigste. Auf sie sei deshalb hier eingegangen.

7.3.1 Überblick über den VMEbus

Die VMEbus Spezifikation definiert eine mechanische und elektrische Verbindungsstruktur und die Protokolle für den Anschluß und die Kommunikation von VMEbus-Modulen. VMEbus-Module können CPU-Platinen, Speicher-Platinen und I/O-Platinen sein. Jedes dieser Module zerfällt nach der VMEbus-Terminologie in mehrere *funktionelle Module*, deren Arbeitsweise und Aufgaben spezifiziert werden. Bild 7.10 zeigt einen Überblick über die funktionellen Module und Teilbusse des VMEbusses. Die funktionelle Struktur des VMEbusses kann in vier Kategorien eingeteilt werden, wobei jede Kategorie aus einem Bus und den funktionellen Modulen besteht, die über diesen Bus verbunden sind und zusammen spezifische Funktionen ausführen:

- *Daten Transfer: Die angeschlossenen Geräte übertragen Daten über den datatransfer-bus (DTB), der die Daten- und Adreßpfade sowie die zugehörigen Kontrollsignale umfaßt. Die Funktionsmodule MASTER, Slave, INTERRUPTER und INTERRUPT HANDLER benützen den DTB zum Datenaustausch.*
- *DTB Arbitrierung: Die Funktionsmodule REQUESTER und ARBITER arbitrieren den DTB mit Hilfe des DTB-Arbitration-Bus.*
- *Prioritäts-Interrupt: Die Funktionsmodule INTERRUPTER signalisieren über den Priority Interrupt Bus Unterbrechungen an einen von mehreren möglichen INTERRUPT HANDLER Modulen.*
- *Hilfsfunktionen: Taktsignale, Initialisierungssignale und Fehlererkennungssignale werden über den Utility Bus übertragen.*

[1] Die hier gemachten Ausführungen orientieren sich an der Version C.1 des VMEbus.

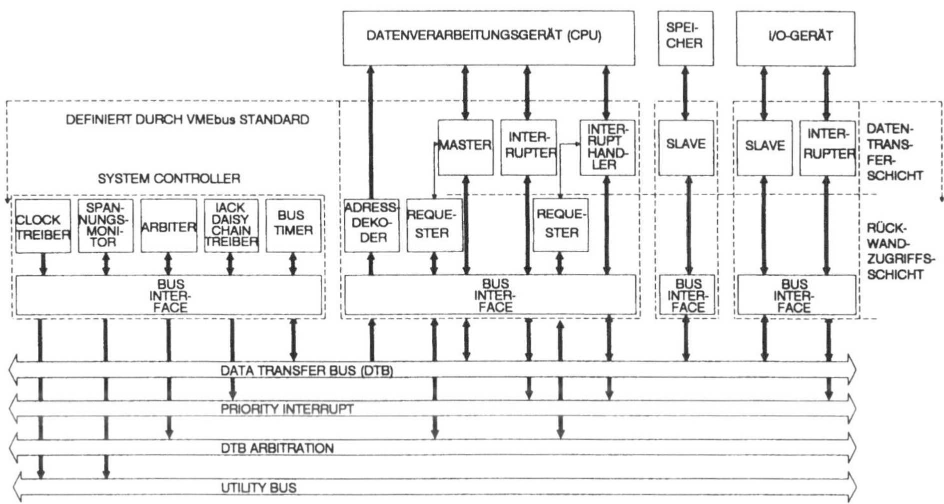

Bild 7.10: Funktionelle Module und Teilbusse am VMEbus

7.3.2 Der Data Transfer Bus (DTB)

Der DTB besteht aus drei Leitungsgruppen, den Adressierungsleitungen, den 32 Datenleitungen und den Kontroll-Leitungen. Die Adressierungsleitungen bestehen aus den

- *Wortadreßleitungen A1-A31*
- *Address-Modifier AM0..AM5. Mit diesen sechs Leitungen kann der Commander zusätzliche Adressierungsinformation zum Slave übertragen. Der VMEbus Standard legt einige Kombinationen der Address-Modifier fest, reserviert Kombinationen und gibt Kombinationen für anwenderspezifische Verwendung frei.*
- *Data Strobe DS0* und DS1*: diese Leitungen werden zur Auswahl der übertragenen Bytes innerhalb eines Worts*[1] *und zur Steuerung des asynchronen Buszyklus* [2]*benützt.*
- *Langwortanwahl LWORD*: wenn dieses Signal aktiv ist (low), wird ein Langwort-Transfer*[3] *ausgeführt.*

Zu den Kontroll-Leitungen gehören:

[1] ein Wort = 2 Bytes = 16 Bits; ein Wort beginnt immer an geraden Byte-Adressen (A0 = 0).

[2] beim VMEbus wird ein asynchrones advanced READ/WRITE-Protokoll eingesetzt.

[3] ein Langwort = 2 Worte = 4 Bytes = 32 Bits; ein Langwort beginnt immer an geraden Wortadressen (A1 = 0).

- *Address Strobe AS*: mit AS* zeigt der Commander den Slaves an, daß gültige Adressen am Bus anliegen.*
- *Data Strobe DS0* und DS1*: s. o.*
- *Bus Error BERR*: mit diesem Signal meldet der Responder, wenn ein Schreibzyklus oder ein Lesezyklus nicht erfolgreich war.*
- *Data Acknowledge DTACK*: mit diesem Signal meldet der Responder, daß die Daten eines Schreibzyklus erfolgreich übernommen wurden, bzw. daß die Daten bei einem Lesezyklus auf den Datenbus gelegt wurden.*
- *WRITE*: mit diesem Signal zeigt der Commander die Übertragungsrichtung an.*

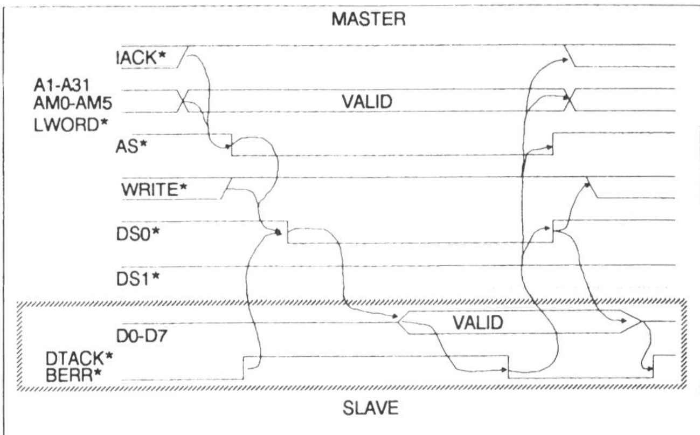

Bild 7.11: Lesezyklus am VMEbus

In Bild 7.11 ist exemplarisch ein Lesezyklus dargestellt. Der Commander[1] legt die Adressen, Address-Modifier und *LWORD** an und signalisiert dieses durch *AS**. Nachdem durch *WRITE* = high* die Transferrichtung festgelegt wurde, startet der *high low* Übergang von *DS0** den Zyklus. Da *DS1** inaktiv bleibt, handelt es sich hier um den Transfer des niederwertigen Bytes eines Worts[2].

Voraussetzung für den Start des Zyklus ist, daß vorher sowohl *BERR**, als auch *DTACK** inaktiv sind. Nach einer gewissen Zeit legt der adressierte Slave (Responder) das Datenbyte auf die Bits 0..7 des Datenbusses und aktiviert *DTACK**. Er hält die Daten so lange am Datenbus, bis der Commander den Zyklus beendet und *DS0** inaktiviert, worauf der Responder den Datenbus wieder freigibt und *DTACK** inaktiviert.

[1] in der VMEbus-Spezifikation wird zwischen den Begriffen MASTER und Commander nicht unterschieden.

[2] diese impliziert gleichzeitig, daß LWORD* inaktiv ist.

7.3.3 Arbitrierung des DTB

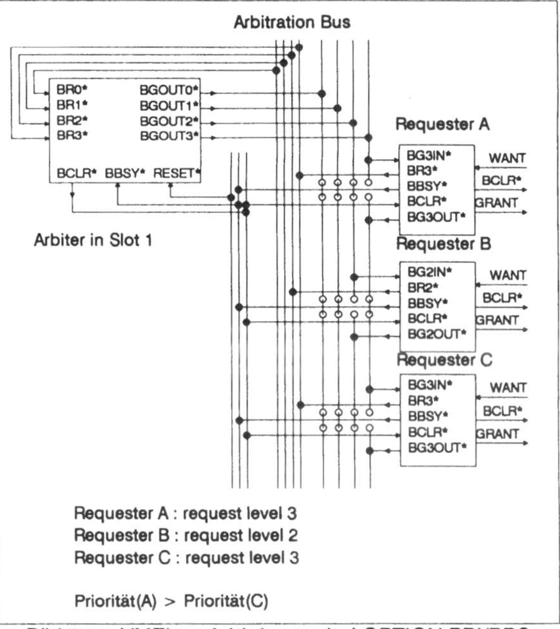

Bild 7.12: VMEbus-Arbitrierung bei OPTION PRI/RRS

Der Arbitrierungsbus besteht aus vier Bus-Request-Leitungen *BR0*..BR3**[1], die als *WIRED-OR*-Busse ausgeführt sind. Diese Leitungen werden von den DTB-REQUESTERn aktiviert, wenn sie den Buszugriff benötigen. Über vier DAISY-CHAINs (*BG0IN* .. BG3IN* / BG0OUT* .. BG3OUT**) werden die GRANTs des zentralisierten Arbiters[2] an die REQUESTER zurückgemeldet. Der REQUESTER, dem der Zugriff gewährt wird, belegt daraufhin durch Aktivierung des Bus-Busy-Signals (*BBSY**) den Bus. Der Arbiter kann erst dann einem neuen REQUESTER den Bus zuteilen, wenn *BBSY** wieder inaktiv wird[3].

7.3.3.1 Arbiter-Optionen

Mit dieser Grundstruktur werden beim VMEbus drei Arbitrierungsverfahren unterstützt.

- *Beim OPTION SGL*[4] *Arbiter wird auf Bus-Request-Level 3 (BR3*) mit BG3IN*/BG3OUT* eine einfache DAISY-CHAIN implementiert.*

[1] Diese Request-Signale werden sogenannten BUS-REQUEST-LEVELs zugeordnet. Der VMEbus unterstützt deshalb vier Bus-Request-Levels.

[2] Der Arbiter sitzt immer im Steckplatz 1 des VMEbus.

[3] Das Arbitrierungsschema des VMEbus wird mittlerweile gut durch VLSI-Bausteine unterstützt. Als Beispiele seien die MC68172 und MC68175 Bus-Controller und der MC68174 VMEbus-Arbiter erwähnt.

[4] SGL = single ; diese Form wird manchmal auch als OPTION ONE Arbiter bezeichnet

- *Beim OPTION PRI[1] Arbiter werden alle Bus-Request-Levels (BR0*..BR3*) benützt und der DAISY CHAIN jedes Levels durch den Arbiter eine feste Priorität zugeordnet. (siehe Bild 7.12). Wenn ein höher priorisierter Bus Request anliegt, aktiviert der OPTION PRI Arbiter das Bus Clear Signal (BCLR*) und fordert damit den augenblicklichen Commander auf, den Bus baldmöglichst freizugeben.*
- *Beim OPTION RRS[2] Arbiter wird dieselbe Grundstruktur wie beim OPTION PRI Arbiter zugrundegelegt. Allerdings wird für die DAISY CHAINS der vier Request Levels eine rotierende Priorität verwendet. Wenn der augenblickliche MASTER den Bus-Request-Level "n" (BRn*) benützt, bekommt der Bus-Request-Level "n-1" (BRn-1*) die höchste Priorität, der Level "n-2" die nächst niedrigere usw.*

7.3.3.2 Requester-Optionen

Neben den drei möglichen Arbiter-Optionen sind beim VMEbus noch zwei Optionen für die REQUESTER möglich:

- *Release when done (RWD): der REQUESTER gibt den Bus wieder frei, wenn der MASTER das WANT-Signal inaktiviert (siehe Bild 7.12).*
- *Release on request (ROR): der REQUESTER gibt den Bus nicht automatisch frei, wenn der MASTER das WANT-Signal inaktiviert. Erst wenn ein anderer MASTER ein Bus Request Signal (BREQ0*..BREQ3*) aktiviert, wird der Bus freigegeben. Ein ROR-REQUESTER muß dazu die BREQx* Signale auswerten.*

7.3.3.3 Ablauf der Arbitrierung

Bild 7.13 zeigt die Arbitrierung zweier Bus-Requests, die auf unterschiedlichen Bus-Request-Levels anstehen, unter Annahme eines OPTION PRI Arbiters. Der Request-Level 2 habe die höhere Priorität. Der Arbiter erkennt simultan beide Requests. Da *BBSY** inaktiv ist (*high*), aktiviert er *BG2IN** für den Level 2 REQUESTER (MASTER B). Dieser belegt daraufhin den Bus durch Aktivierung von *BBSY** und nimmt seine Bus-Anforderung zurück, worauf der Arbiter den Bus Grant inaktiviert. Nach Beendigung des Datentransfers gibt MASTER B den Bus wieder frei (*BBSY** → *high*). Daraufhin gewährt der Arbiter dem MASTER A den Bus-Zugriff durch Aktivierung des *BG1IN**-Signals.

[1] PRI = priority

[2] RRS = round robin select

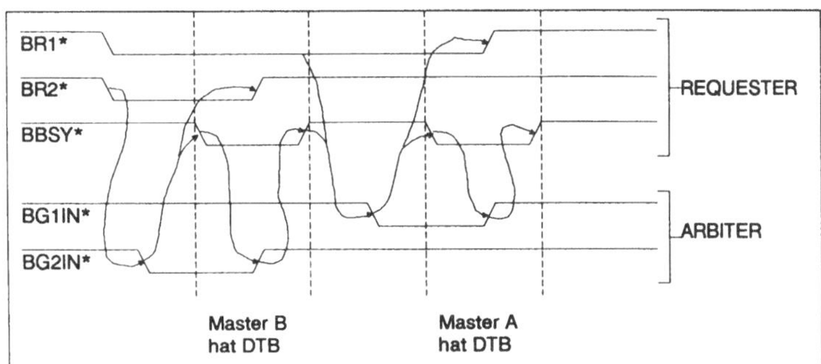

Bild 7.13: Arbitrierung verschiedener Requests Levels

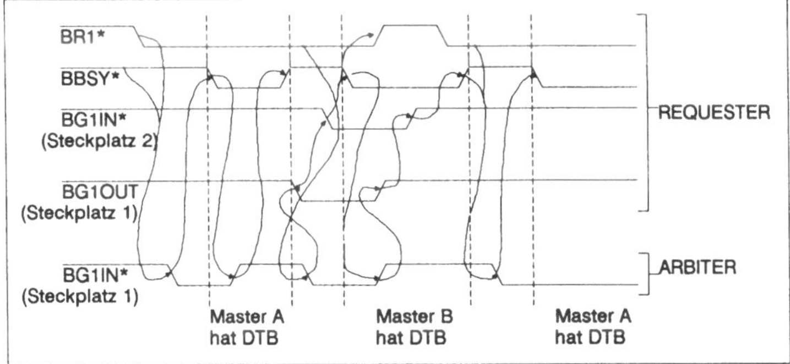

Bild 7.14: Arbitrierung gleicher Bus Requests Levels

Bild 7.14 zeigt denselben Vorgang, wenn beide Requests auf demselben Busrequest-Level anstehen.

7.3.4 Unteilbare Buszyklen

Jeder Commander kann nach Gewährung des Bus-Zugriffes durch Aktivierung von *BBSY** den Bus beliebig lange belegen und so unteilbare Folgen von Buszyklen ausführen. Einen Sonderfall stellt der READ-MODIFY-WRITE Buszyklus dar, der in Bild 7.15 dargestellt ist.

Dieser Zyklus ist dadurch gekennzeichnet, daß ein Lesezyklus unmittelbar von einem Schreibzyklus gefolgt wird. Dabei bleibt *AS** ununterbrochen aktiv, so daß kein Adreßwechsel erfolgen kann[1]. Sonst entspricht der Ablauf dem normalen Lese- bzw. Schreibzyklus.

[1] Dieser Ablauf entspricht unmittelbar dem RMW-Zyklus des 68000 Mikroprozessors.

7.3.5 VMEbus Interrupts

Der VMEbus enthält einen PRIORITY INTERRUPT Bus bestehend aus:

- *sieben Interrupt Request Leitungen IRQ1*..IRQ7*, die als WIRED-OR-Bus ausgeführt sind. IRQ1* hat die niedrigste Priorität, IRQ7* die höchste Priorität[1]. Es sind mehrere INTERRUPTER auf derselben Interrupt Priorität erlaubt.*
- *ein globales Interrupt-Acknowledge Signal IACK**
- *eine Interrupt-Acknowledge DAISY-CHAINs IACKIN*/IACKOUT*.*

Das *IACK**-Signal führt das Interrupt-Acknowledge-Signal des INTERRUPT-HANDLERs zum IACK-DAISY-CHAIN Treiber im Steckplatz 1 des VMEbus, der dieses Signal dann auf die Interrupt-Acknowledge DAISY-CHAIN weitergibt (siehe Bild 7.16).

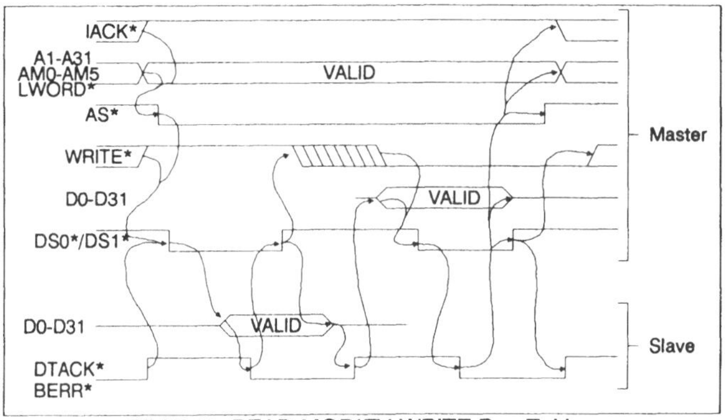

Bild 7.15: READ-MODIFY-WRITE Bus Zyklus

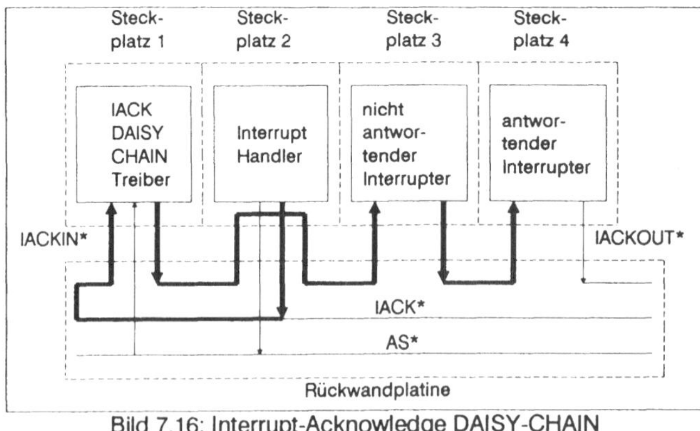

Bild 7.16: Interrupt-Acknowledge DAISY-CHAIN

An einem VMEbus können gleichzeitig mehrere INTERRUPTER und INTERRUPT-HANDLER angeschlossen sein.

Jedem INTERRUPT-HANDLER wird eine Gruppe von Interrupt-Request-Leitungen zugewiesen. Er priorisiert bei mehreren gleichzeitigen Requests, d. h. er bedient immer den höchst priorisierten Interrupt. Dazu beauftragt er den "seinen" REQUESTER, den Bus zu belegen. Wenn der Bus zugeteilt ist, führt der INTERRUPT

[1] Die Abstufung entspricht den Interrupt Prioritäts Stufen der 680xx Mikroprozessorfamilie.

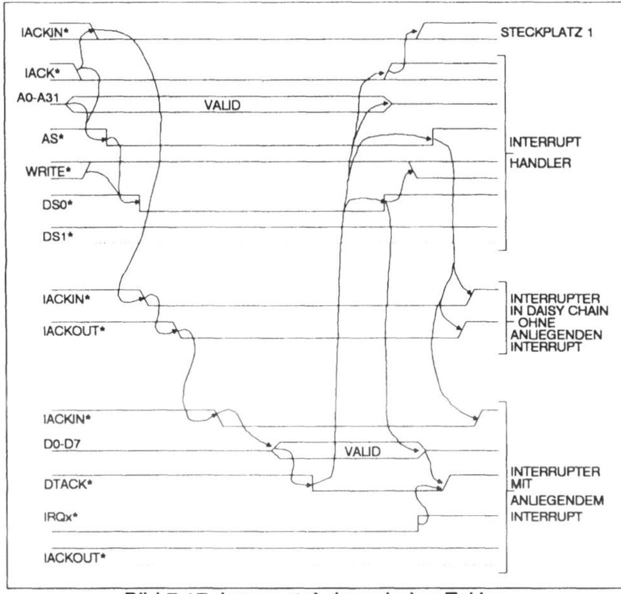

Bild 7.17: Interrupt-Acknowledge Zyklus

HANDLER einen Interrupt Acknowledge Zyklus durch und liest eine Statusinformation vom INTERRUPTER über den DTB ein. Dabei wird auf den Adreßleitungen *A1..A3* angegeben, welche Interrupt-Priorität augenblicklich bedient wird (siehe Bild 7.17).

Nach Erhalt der Statusinformation kann eine zugeordnete Interrupt Service Softwareprozedur aufgerufen werden.

Das Interrupt-Schema des VMEbus wird mittlerweile gut durch VLSI-Bausteine unterstützt. Exemplarisch seien die Bausteine MC68153 (Bus Interrupter), MC68154 (Interrupter) und MC68155 (Interrupt Handler) erwähnt.

7.3.5.1 Single Handler Systems / Distributed Systems

Durch die Möglichkeit, einen zentralen oder mehrere Interrupt Handler mit der Bearbeitung von Interrupts zu beauftragen, können SINGLE INTERRUPT HANDLER Subsysteme und DISTRIBUTED INTERRUPT HANDLER Subsysteme aufgebaut werden. Dies ist in den Bildern 7.18 und 7.19 dargestellt.

Beim SINGLE HANDLER SYSTEM werden alle von peripheren Systemen ausgelösten Interrupts über den Bus an einen Zentralrechner (Überwachungsprozessor) zur Bearbeitung weitergereicht. Auf diesem Prozessor läuft üblicherweise ein Echtzeit-Betriebssystem und die zentrale Applikationssoftware. Die übrigen Prozessoren (dedicated processors) bearbeiten im Auftrag des Zentralprozessors peripheriespezifische Aufgaben[1].

[1] Ein solches Konzept wäre typisch für ein asymmetrisches Multiprozessorsystem mit einem Master-Prozessor, der Slave-Prozessoren Teilaufgaben zuteilt.

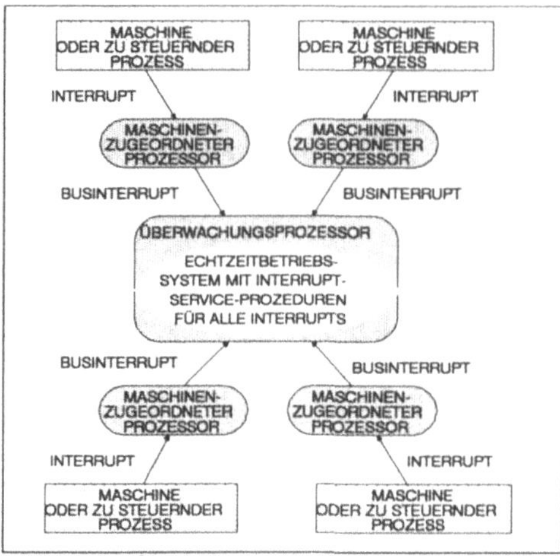

Bild 7.18: Single Interrupt Handler Subsystem

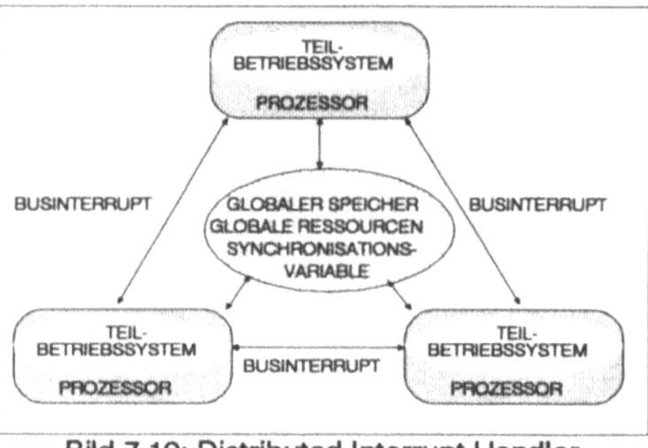

Bild 7.19: Distributed Interrupt Handler

Beim Distributed Interrupt Handler Konzept sind zwei oder mehrere INTERRUPT HANDLER vorhanden. Jeder INTERRUPT HANDLER bedient nur einen Teil der Bus-Interrupts. Bei typischen Implementierungen ist jeder INTERRUPT HANDLER auf einer anderen Prozessor-Platine untergebracht. Diese Prozessoren bearbeiten zusammen die gesamte Applikationssoftware. Ihre lokale Kopie des Betriebssystems benützt die im COMMON MEMORY abgelegten globalen Datenstrukturen[1].

7.3.6 VMEbus Aufbautechnik

Wie beim MULTIBUS I wird in der VMEbus Spezifikation die Aufbautechnik und die mechanischen Erfordernisse spezifiziert. VMEbus-Systeme sind als Einfach-, meistens aber als Doppel-Europa-Karten aufgebaut, die in einem 19" Einsteckrahmen untergebracht sind (siehe Bild 7.20/7.21). Im Gegensatz zum MULTIBUS I sind die Platinen nicht direkt gesteckt, sondern es werden dreireihige Steckleisten verwendet. Werden die Platinen mit Lücken gesteckt, so müssen zur Aufrechterhaltung der DAISY-CHAINs bei den nicht benützten Steckplätzen Steckbrücken eingesetzt werden. Die Bus-Leitungen müssen mit wenigen Ausnahmen alle mit Abschlußwiderständen terminiert werden.

[1] Bis auf die Zuteilung von Interrupt-Gruppen ist ein solcher Multiprozessor symmetrisch.

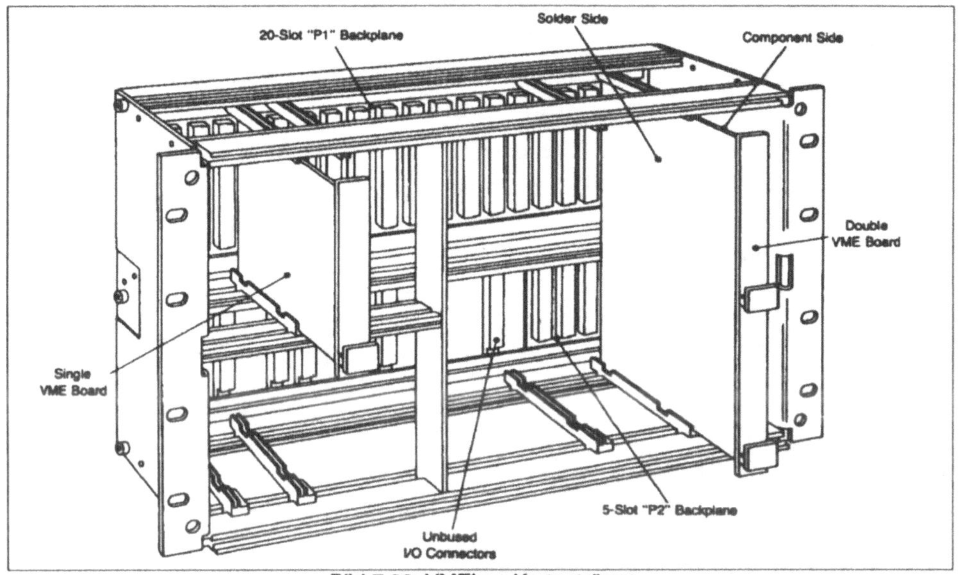

Bild 7.20: VMEbus Kartenträger

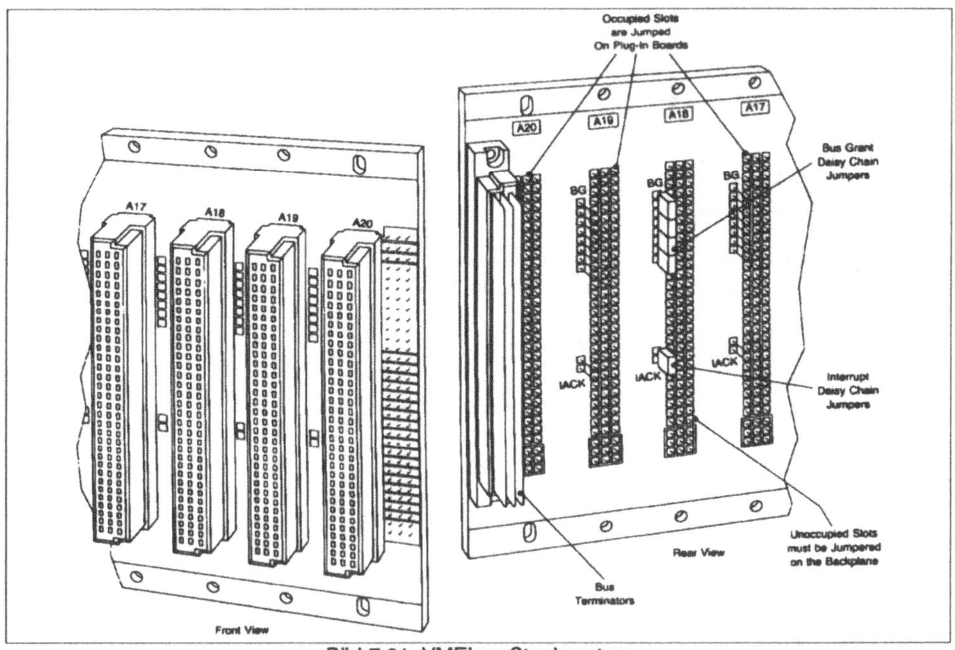

Bild 7.21: VMEbus Stecksystem

7.3.7 Beispiel einer VMEbus Prozessorplatine

Bild 7.22 zeigt das Blockdiagramm eines 32-Bit-Prozessors für den VMEbus von FORCE[1]. Die Platine enthält eine 68020 oder 68030 CPU mit 68882 Gleitpunktprozessor, 4 MByte EPROM, 4 MByte dynamisches DUAL-PORT-RAM, 4 serielle Schnittstellen, eine SCSI-Schnittstelle[2] und eine Floppy Disk Controller Schnittstelle. Bemerkenswert ist besonders, daß zahlreiche Kontroll-Funktionen in ein GATE-ARRAY (FGA-002) zusammengefaßt wurden.

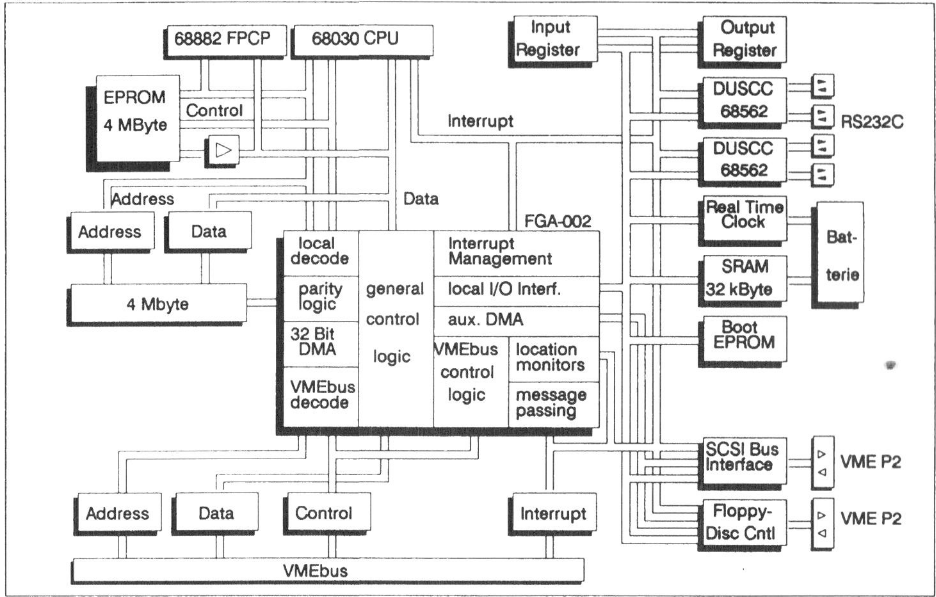

Bild 7.22: Blockdiagramm eines 32-Bit VMEbus Prozessors

7.4 Literaturverzeichnis

7.4.1 Bücher

Joe Barthmaier
Intel MULTIBUS Interfacing
Intel Application Note AP-28A, Best. Nr. 210895-001

[1] FORCE COMPUTERS GMBH, Daimlerstraße 9, 8012 Ottobrunn/München

[2] SCSI = small computers system interconnect

Intel
MULTIBUS SYSTEM BUS
Intel Semiconductor 1982, Best. Nr. 210893-001

Intel
OEM Systems Handbook 1983
Intel Semiconductor, Best. Nr. 210941-001

Micrology pbt Inc.
THE VMEbus SPECIFICATION
PRINTEX Suite #228 P.O. Box #C-4200 Scottsdale, Arizona 85261

7.4.2 Einzelartikel

Motorola
A Microcomputer System Bus Technical Comparison: VMEbus ⇔ MULTIBUS II
MOTOROLA Application Note BR172, Aug. 1984

C. MacKenna, R. Main, J. Black
Backup support gives VMEbus powerful multiprocessing architecture
Electronics, March 22, 1984 Seite 132-138

P. L. Borrill
Objective comparison of 32-bit busses
microprocessor and microsystems, Vol. 10 No. 2 March 1986, Seite 94-100

J. Titus
Industrial Busses
EDN 4(1987)114

8 Mikroprozessoren I: Die 680xx-Familie

8.1 Einführung

8.1.1 Zielsetzung

In diesem Kapitel soll ein Überblick über die Merkmale und Eigenschaften der Mikroprozessorfamilie 680xx gegeben werden. Dabei ist nicht beabsichtigt, die Handbücher der Hersteller nachzuempfinden oder einen Assemblerkurs durchzuführen. Vielmehr soll ein globales Verständnis der 32-Bit Mikroprozessortechnik anhand einer modernen Mikroprozessorfamilie erreicht werden. Dabei bleiben manche Details unberücksichtigt, die der Leser bei Bedarf aus spezialisierten Handbüchern entnehmen muß.

Ein solches Vorgehen ist angesichts der hohen Innovationsrate im Bereich der Mikroelektronik bzw. der Mikroprozessor-/Multiprozessortechnik unvermeidlich. Kein angehender oder im Beruf befindlicher Ingenieur kann ständig alle Details eines Fachgebiets verfolgen und abrufbar haben. Heutzutage ist ein sicheres Verständnis der Grundlagen und der wesentlichen Merkmale einer Technologie erforderlich. Auf einer solchen Basis kann dann in kurzer Zeit das aufgabenspezifische Detailwissen aus der Spezialliteratur entnommen bzw. erarbeitet werden.

Die 680xx Familie wurde als Vertreter einer Prozessortechnologie mit einem *Complex Instruction Set* ausgewählt.

8.1.2 Familienüberblick

Seit der Vorstellung des MC68000 durch MOTOROLA im Jahr 1979 entwickelte sich eine gut ausgebaute Familie kompatibler oder eng verwandter Mikroprozessoren. Neben der Steigerung der Komplexität der Chips ist auch der Zuwachs der Taktfrequenzen bemerkenswert. Während der erste 68000 noch mit 6 MHz betrieben wurde, ist beim 68020 oder 68030 eine Taktfrequenz oberhalb von 30 MHz keine Seltenheit mehr. Die höhere Taktfrequenz, die architektonischen Verbesserungen und die Optimierungen haben relativ zum ersten 68000 zu gewaltigen Leistungssteigerungen geführt. Ein Überblick über die 68000-Familie ist in Tabelle 8.1 dargestellt.[1]

68000	16 Bit Datenbus, 24 Bit Adressbus, linearer Adressraum
68008	8 Bit Datenbus, 20 Bit Adressbus
68010	16 Bit Datenbus, 24 Bit Adressbus, virtueller Speicher
68012	16 Bit Datenbus, 30 Bit Adressbus, virtueller Speicher
68020	32 Bit Datenbus, 32 Bit Adressbus, virtueller Speicher, Coprozessor-Interface, Instruction-Cache
68030	32 Bit Datenbus, 32 Bit Adressbus, virtueller Speicher, Coprozessor-Interface, Instruction-Cache, Data-Cache, Paged MMU, Block Mode Data-Transfer
68070	Mikrocontroller, 16 Bit Datenbus, 24 Bit Adressbus, MMU, DMA, IIC-Bus, UART, Timer/Counter
93C110	16/32-Bit Mikrocontroller, 68000/68070-Software-kompatibel, 34 kB ROM, 512 Byte RAM, 256 Byte EEPROM, Timer, IIC-Bus, u.a.m.
68332	Mikrocontroller mit 68020 Prozessorkern, 2 kB RAM, Timer, serielle Ein-/Ausgabe, u.a.m.

Tabelle 8.1: Die 680xx-Familie im Überblick

Alle Familienmitglieder haben zahlreiche gemeinsame Eigenschaften. Hiervon seien hervorgehoben:

- *Die interne 32-Bit-Architektur, d.h. daß die dem Programmierer zugänglichen Register (Programmiermodell) sind einheitlich 32 Bit breit.*[2]
- *Großer linearer Adreßraum. Dieser reicht von 1 MByte (68008) bis zu 4 GByte (68020/68030).*[3]

[1] Der 68040, über den zur Zeit gesprochen wird, ist noch nicht verfügbar und bleibt deshalb unberücksichtigt.

[2] Der externe Datenbus des 68000 ist nur 16 Bit breit. Deshalb hat sich auch die Kennzeichnung als 16/32-Bit-Mikroprozessor eingebürgert, da er intern 32 Bit breit und extern 16 Bit breit ist.

[3] In einem linearen Adreßraum kann jede Adressierungseinheit direkt, d.h. ohne zusätzliche Adressierungshilfsmittel adressiert werden. Ein Gegenbeispiel ist die Mikroprozessorfamilie 8086..80286 von Intel, bei der der lineare Adreßraum (Segment) 64 kByte beträgt. Durch Aneinanderreihung solcher Segmente mit Hilfe der Segmentregister können größere physikalische Adreßräume referenziert werden.

- *Software-Kompatibilität. Die Familie wurde aufwärts-Software-kompatibel erweitert. Dazu hat die Beibehaltung der internen Architektur, des Registermodells und die Objekt-Code-Kompatibilität beigetragen*[1].

Wegen der eng verwandten Eigenschaften müssen diese Prozessoren nicht einzeln beschrieben werden. Die folgenden Abschnitte beschreiben deshalb Familieneigenschaften. Wesentliche Unterschiede bei Einzelmerkmalen werden gesondert angemerkt.

8.2 Hardware-Eigenschaften

8.2.1 Die Bus-Signale

Bild 8.1 zeigt die Bus-Signale des 68000-Mikroprozessors, die in gleicher Weise auch für den *pinkompatiblen* 68010-Mikroprozessor gelten[2]. Die Bussignale sind in Funktionsgruppen eingeteilt, die in den folgenden Abschnitten beschrieben werden.

Der Datenbus des 68000 bzw. 68010 ist 16 Bit, also ein Wort breit. Der Adreßbus umfaßt die Adreßleitungen A1 bis A23 und enthält lediglich *Wortadressen*. Trotzdem kann der 68000 auch Bytes adressieren. Dazu wird die Wortadresse durch Signale der Funktionsgruppe *Bus-Kontrolle* weiter qualifiziert.

Bild 8.2 zeigt das prinzipielle Zusammenwirken des 68000 Mikroprozessors mit anderen Komponenten eines Mikroprozessorsystems. Das Prinzip unterscheidet sich nicht von anderen Mikroprozessorsystemen. Bemerkenswert ist

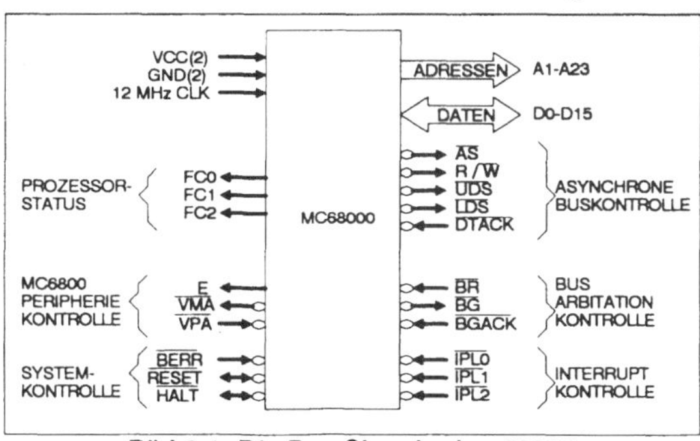

Bild 8.1: Die Bus-Signale des 68000

[1] Bei jüngeren Familienmitgliedern wurden allenfalls Erweiterungen des Programmiermodells und der Befehlssätze vorgenommen. Ausnahme: beim 68030 fehlt im Vergleich zu seinem Vorgänger, dem 68020, der Befehl CALLM (call module) und RTM (return from module).

[2] Die nachfolgenden Bilddarstellungen in englischer Sprache sind Unterlagen von MOTOROLA entnommen, die im Rahmen von Produktvorstellungen verteilt wurden.

lediglich, daß die 680xx-I/O-Peripherie über den asynchronen Bus, die Peripheriebausteine der 8-Bit Vorgängerfamilie 680x über den aus Kompatibilitätsgründen eingeführten synchronen Bus bedient wird[1].

8.2.1.1 Die asynchrone Bus-Kontrolle

Die asynchrone Bus-Kontrolle erfolgt mit Hilfe der Signale

- *read/write (R/$\overline{W}$) zur Kennzeichnung der Übertragungsrichtung*
- *address strobe ($\overline{AS}$) zur Kennzeichnung gültiger Adressen auf dem Adreßbus*
- *upper data strobe ($\overline{UDS}$) zur Kennzeichnung eines gültigen höherwertigen Bytes des adressierten Worts bei einem Schreibzyklus, bzw. zur Anforderung des höherwertigen Bytes des adressierten Worts bei einem Lesezyklus*
- *lower data strobe ($\overline{LDS}$) zur Kennzeichnung eines gültigen niederwertigen Bytes des adressierten Worts bei einem Schreibzyklus, bzw. zur Anforderung des niederwertigen Bytes des adressierten Worts bei einem Lesezyklus*
- *data acknowledge ($\overline{DTACK}$) als Quittungssignal des RESPONDERS bei der erfolgten Datenübernahme bzw. Datenbereitstellung auf dem Datenbus.*

Bild 8.3 zeigt beispielhaft den Ablauf eines Lesezyklus. Der Lesezyklus dauert mindestens acht Taktphasen, die als Taktzustände S0..S7 bezeichnet sind. Zu Beginn der Taktphase S1 ist die Kennzeichnung der Übertragungsrichtung stabil und gültige Wortadressen werden angelegt. Die Gültigkeit der Adresse ist ab der Taktphase S3 gesichert. Mit der fallenden Taktflanke zwischen S4 und S5 erwartet der 68000 das Quittungssignal $\overline{DTACK}$ des RESPONDERS. Falls $\overline{DTACK}$ aktiv (low) ist, werden die Daten auf dem Datenbus mit der fallenden Taktflanke zwischen S6 und S7 übernommen. Anderenfalls werden die Taktphasen S3, S4 wiederholt, bis $\overline{DTACK}$ aktiviert wird. Da $\overline{UDS}$ und $\overline{LDS}$ während des Zyklus aktiv sind, handelt es sich bei Bild 8.3 um einen *Wort*-Lesezyklus.

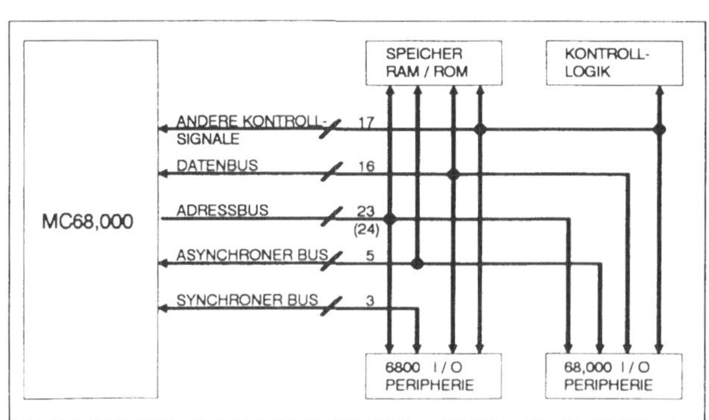

Bild 8.2: Zusammenwirken der Systemteile

[1] Der 68030 unterstützt zusätzlich ein neues synchrones Busprotokoll und BURST-Übertragung.

8.2.1.2 Die synchrone Bus-Kontrolle

Die synchrone Bus-Kontrolle umfaßt die Signale

- *enable (E) zur Kennzeichnung der Busphase 2 für 680x-Peripheriebausteine.*
- *valid peripheral address ($\overline{VPA}$) zur Mitteilung an den Prozessor, daß er die Adresse eines 680x-Peripheriebausteins ausgegeben hat und gemäß des Bus-Protokolls dieser Peripheriebausteine fortfahren soll.*
- *valid memory address ($\overline{VMA}$) zur Qualifizierung des Chip-Select-Signals für die 680x-Peripheriebausteine.*

Diese Signale sind aus historisch-evolutionären Gründen eingeführt worden. Mit der Einführung des 68000 gab es zunächst keine Peripheriebausteine, die mit dem asynchronen Bus-Protokoll des 68000 kompatibel waren. Statt dessen waren zahlreiche Peripheriebausteine der 680x- bzw. 6502-Familie weit verbreitet, und Entwickler von 68000-Systemen konnten so auf diese Peripherie zurückgreifen.

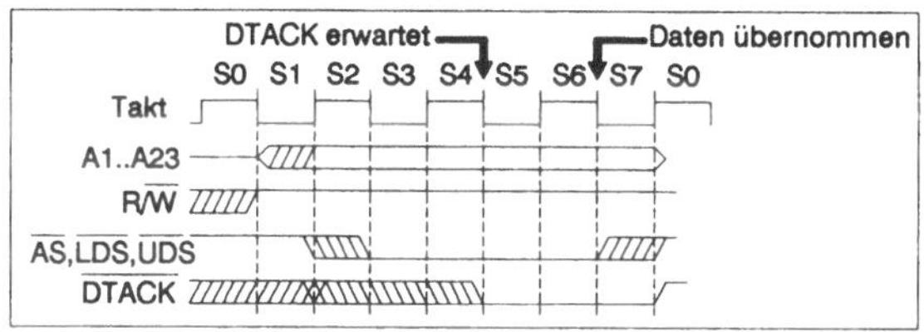

Bild 8.3: Lesezyklus des 68000

8.2.1.3 Die Prozessor-Funktionszustände

Die Prozessoren der 680xx-Familie können in zwei Hardware-Zuständen arbeiten. Im *privilegierten* Supervisor Mode bearbeitet der Prozessor alle ihm bekannten Maschinenbefehle. Im *nicht-privilegierten* User Mode ist die Ausführung gewisser Befehle illegal und führt zu entsprechenden Ausnahmebedingungen[1,2].

In modernen Prozessorsystemen ist die Privilegienabstufung ein Hilfsmittel zur Implementierung eines Sicherheitskonzeptes. Typischerweise wird das Betriebssystem im *Supervisor Mode* bearbeitet. Das Betriebssystem hat damit Zugriff auf alle Ressourcen eines Prozessorsystems. Anwenderprogramme werden vom Prozessor im

[1] priviledge violation exception

[2] mit dem Wechsel des Prozessor-Betriebszustands werden auch manche Register umgeschaltet. Nähreres hierzu in Abschnitt 3.1.1 und 3.1.4

FC2	FC1	FC0	BETRIEBSZUSTAND	MODUS
0	0	0	RESERVIERT FÜR MOTOROLA	USER
0	0	1	DATA SPACE	USER
0	1	0	PROGRAM SPACE	USER
0	1	1	RESERVIERT FÜR ANWENDER	USER
1	0	0	RESERVIERT FÜR MOTOROLA	SUPERVISOR
1	0	1	DATA SPACE	SUPERVISOR
1	1	0	PROGRAM SPACE	SUPERVISOR
1	1	1	INTERRUPT ACKNOWLEDGE	SUPERVISOR

Tabelle 8.2: Funktionszustände des 68000

User Mode abgearbeitet. So wird verhindert, daß sie 'gefährliche' Operationen auslösen[1] können.

Der Prozessor zeigt seinen Betriebsszustand über das *function code* Signal FC2 extern an. Zusätzlich ist an den *function code* Signalen FC0 und FC1 der beabsichtigte bzw. laufende Buszugriff klassifiziert. Wie aus Tabelle 8.2 zu entnehmen ist, unterscheidet der Prozessor zwischen Zugriffen auf den Programmspeicher und Zugriffen auf den Datenspeicher[2]. Unter Berücksichtigung des Betriebsszustands können also vier Adreßräume unterschieden werden. Die *function code* Signale qualifizieren einen Adreßraum als

- *Programm-Adreßraum, wenn der Programmzähler die Adreßquelle ist oder der RESET-Vektor gelesen wird,*

oder als

- *Daten-Adreßraum, wenn bei Lesezyklen der Programmzähler* nicht *die Adreßquelle ist, sowie bei allen Schreibzyklen und bei Zugriffen auf alle anderen Interruptvektoren.*

Werden die *function code* Signale bei der Adreßdekodierung extern ausgewertet, kann auf einfache Weise verhindert werden, daß Anwendungsprogramme (Software-Prozesse oder -Tasks) versehentlich oder absichtlich in den Daten- oder Codebereich des Betriebssystems eingreifen. Dadurch kann verhindert werden, daß das Betriebssystem umgangen wird oder Betriebssystemdatenstrukturen verändert werden.

8.2.1.4 Die System-Kontroll-Signale

Zu den System-Kontroll-Signalen zählen

- *das bus error Signal ($\overline{BERR}$)*
- *das reset Signal ($\overline{RESET}$)*
- *das halt Signal ($\overline{HALT}$).*

Das $\overline{BERR}$ Signal informiert den Prozessor über Fehler beim augenblicklichen Bus-Zyklus. Dies kann beispielsweise der Fall sein, wenn der Prozessor einen nicht

[1] Beispielsweise kann ein User-Mode-Programm nicht den Befehl STOP oder RESET ausführen. Die Umschaltung des Prozessor-Betriebszustands ist vom Supervisor Mode in den User Mode, nicht aber umgekehrt möglich.

[2] Der Funktionszustand FC2..FC0 = "1" heißt beim 6801x, 68020 und. 68030 'CPU Space'.

vorhandenen Speicher adressiert. Dadurch unterbleibt die Quittierung durch $\overline{DTACK}$. Normalerweise würde der Prozessor endlos auf dieses Quittungssignal warten. Deshalb wird üblicherweise eine Zeitüberwachung in Form eines Watchdogs vorgesehen, der eine Maximalzeit bis zum Eintreffen des $\overline{DTACK}$ Signals überwacht. Bei Überschreitung dieser Maximalzeit (Bus-Timeout) aktiviert dieser Watchdog das $\overline{BERR}$ Signal, worauf der Prozessor den Buszyklus abbricht und in eine $\overline{BERR}$-Interrupt-Prozedur verzweigt. Bei einem $\overline{BERR}$-Interrupt versucht der Prozessor Information auf dem Stack abzulegen. Falls dabei ein weiterer *bus error* eintritt, spricht man von einem *double bus error.*

Weitere Gründe für die Aktivierung von $\overline{BERR}$ können beispielsweise ein erkannter Speicherfehler in einem Speicher mit Paritätsprüfung bzw. Fehlererkennung/-korrektur oder Verletzung von Zugriffsrechten auf geschützte Speicherbereiche durch ein nicht autorisiertes Programm (Prozeß) sein.

$\overline{RESET}$ setzt den Prozessor zurück, bzw. der Prozessor kann unter Softwarekontrolle den Rest des Systems zurücksetzen.

$\overline{HALT}$ stoppt den Prozessor am Ende des augenblicklichen Befehls[1]. Einen *double bus error* signalisiert der Prozessor über $\overline{HALT}$.

Eine externe Komponente kann den Prozessor veranlassen, den begonnenen Buszyklus zu wiederholen (re-run). Dazu müssen $\overline{BERR}$ *und* $\overline{HALT}$ aktiviert und anschließend inaktiviert werden.

8.2.1.5 Bus-Arbitrierung

Die Bus-Arbitrierung des 68000 wird durch die Signale

- *bus request* ($\overline{BR}$) *zur Anzeige des Bus-Belegungswunsches*
- *bus grant* ($\overline{BG}$) *zur Gewährung des Zugriffsrechts*

und

- *bus grant acknowledge* ($\overline{BGACK}$) *zur Quittierung der Busübernahme*

unterstützt.

Der Arbitrierungsvorgang ist in Bild 8.4 dargestellt. Der Prozessor ist normalerweise im Bus-Besitz. Der Bus-Bewerber, typischerweise ein DMA-Controller in einem Einprozessorsystem, bzw. der Bus-Arbiter in einem Multiprozessorsystem, meldet den Belegungswunsch mit $\overline{BR}$ an. Der Prozessor quittiert diesen Belegungs-

[1] Damit kann mit Hilfe externer Logik Befehl für Befehl abgearbeitet werden.

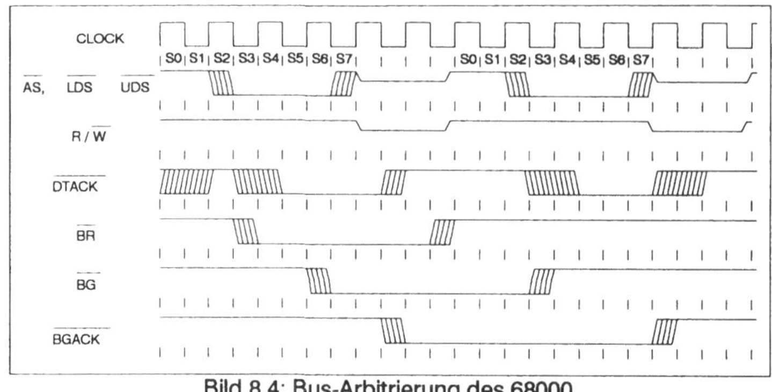

Bild 8.4: Bus-Arbitrierung des 68000

wunsch so früh wie möglich durch $\overline{BG}$. Nachdem $\overline{AS}$ und $\overline{DTACK}$ inaktiv sind, übernimmt der Bewerber mit $\overline{BGACK}$ die Bus-Kontrolle. Nach Abschluß seiner Bus-Benutzung gibt der Bewerber diesen wieder an den Prozessor durch Inaktivierung von $\overline{BGACK}$ zurück.

8.2.2 Exceptions und Interrupts

8.2.2.1 Die Interrupt-Struktur

Die Prozessoren der 680xx-Familie unterstützen das Konzept des *vektorisierten Interrupts*. Wird der Prozessor von einem externen Gerät unterbrochen, so quittiert der Prozessor dies mit einem Interrupt-Acknowledge-Zyklus[1]. Dabei erhält der Prozessor vom unterbrechenden Gerät eine Interrupt-Kenn-Nummer (*vector number*). Der Prozessor benützt diese Nummer als Index in eine Tabelle von Einsprungadressen (*vector table*) von Interrupt-Behandlungs-Prozeduren.

Aus Kompatibilitätsgründen mit der 680x-Peripheriebausteinfamilie unterstützt der 680xx auch autovectoring. Darunter wird verstanden, daß sich der Prozessor selbst Interrupt-Vektor-Nummern generiert, falls die unterbrechende Peripherie keine Vektor-Nummer abgeben kann (*auto vectored interrupt*).

8.2.2.2 Die Interrupt-Eingangsleitungen

Der 680xx besitzt drei Interrupt-Eingänge $\overline{IPL0}$..$\overline{IPL2}$. Mit diesen Interrupt-Signalen wird in codierter Form eine Prozessorunterbrechung ausgelöst. Der über $\overline{IPL0}$..$\overline{IPL2}$ codierte binäre Wert stellt die Interrupt-Priorität[2] dar. Dementsprechend unterscheidet der 680xx acht Interrupt Prioritäts-Stufen (*IPLs*). *IPL 7* ist der höchst

[1] 'CPU-Space'-Zyklus beim 6801x, 68020 und 68030

[2] IPL = interrupt priority level

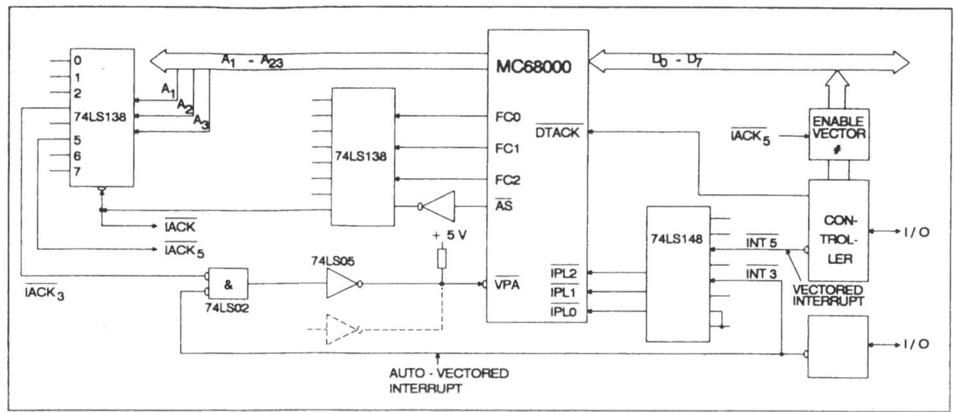

Bild 8.5: Vektorisierter und Autovektor-Interrupt

priorisierte Prozessor-Interrupt, *IPL 1* der niedrigst priorisierte Interrupt. *IPL 0* entspricht *keinem* Interrupt. Die Erkennung von Interrupts kann durch drei Interrupt-Masken-Bits im Prozessor-Statusregister gesteuert werden. Der Prozessor erkennt nur Interrupts, deren *IPL* höher ist, als die in der im Statusregister spezifizierte *Interrupt-Mask-Level*. Der *IPL 7* kann als einziger Interrupt nicht maskiert werden. Er nimmt deshalb die Funktion eines NMIs wahr. Tabelle 8.3 stellt die Interrupt-Prioritäts- bzw. Maskeneigenschaften zusammen. Beispielsweise bedeutet eine Interrupt-Maske von 3 im Statusregister (011), daß nur noch die *IPLs 4..7* erkannt werden. Die niedrigeren *IPLs 1..3* führen erst dann zu einer Unterbrechung, wenn der Maskenwert entsprechend erniedrigt wird.

Bild 8.5 zeigt ein Schaltplanschema für vektorisierte und autovektorisierte Interrupts. Der Prioritätsencoder 74LS148 faßt die möglichen Unterbrechungsanforderungen $\overline{INT1}$..$\overline{INT7}$ zusammen und legt die Nummer des höchsten Interrupts an die Prozessoreingäng $\overline{IPL0}$..$\overline{IPL2}$. Der Prozessor erkennt den Interrupt und bedient ihn nach Abschluß des laufenden Befehls durch einen *Interrupt-Acknowledge*-Buszyklus. Dieser wird durch *FC0..FC2* = "1" signalisiert. Während dieses Zyklus legt der Prozessor auf die Adreßleitungen *A1..A3* den Prioritäts-Level des bedienten Interrupts. Diese Adresse wird vom Dekoder 74LS138 ausgewertet und ein *Interrupt-Acknowledge*-Signal für den Unterbrecher generiert.

PRIORITÄTS-STUFE		INTERRUPT-MASKE (IM SR)			INTERRUPT-ANFORDERUNG		
		I2	I1	I0	IPL2	IPL1	IPL0
▲	7	1	1	1	L	L	L
	6	1	1	0	L	L	H
	5	1	0	1	L	H	L
ANSTEIGENDE PRIORITÄT	4	1	0	0	L	H	H
	3	0	1	1	H	L	L
	2	0	1	0	H	L	H
	1	0	0	1	H	H	L
	0	0	0	0	H	H	H

Tabelle 8.3: 680xx Interrupt Prioritäten

Falls der IPL in Bild 8.5 den Wert 5 hatte, wird $\overline{IACK5}$ aktiviert, worauf der unterbrechende Controller auf den Datenbus D0..D7 seine Interrupt-Kenn-Nummer (vector number) legt und mit $\overline{DTACK}$ wie bei einem normalen Lesezyklus quittiert (vectored interrupt).

Falls der *IPL* in Bild 8.5 den Wert 3 hatte, wird $\overline{IACK3}$ aktiviert. Dadurch wird über das NOR-Gatter 74LS02 und den *open-collector*-Inverter 74LS05 der *VALID PERIPHERAL ADDRESS*-Eingang ($\overline{VPA}$) des Prozessors aktiviert. Daran erkennt der Prozessor, daß es sich um einen *auto-vectored* Interrupt handelt, und er generiert sich automatisch die passende Vektor-Nummer.

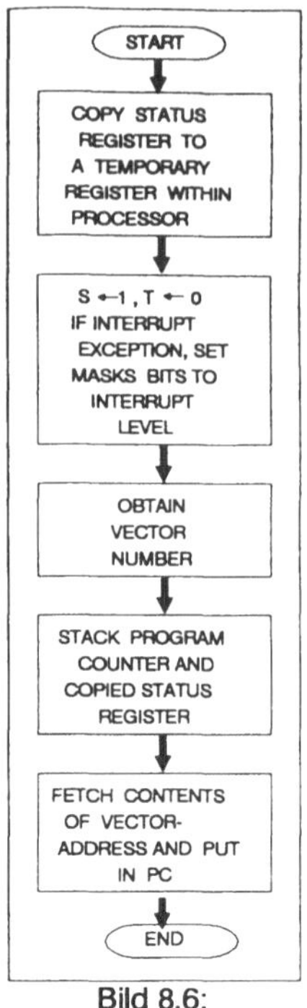

Bild 8.6: Interrupt-Behandlung des 68000

8.2.2.3 Prozessor-interne Interrupt-Behandlung

Der Prozessor bedient anliegende Interrupts *nach* Abschluß des laufenden Befehls, falls der *IPL* höher als die Interrupt-Maske im Statusregister ist. Bild 8.6 erläutert den Anfang der Interrupt-Behandlung für den 68000. Zunächst wird das Statusregister Prozessor-intern gesichert und anschließend das Statusregister-Bit *S* auf "1" gesetzt. Dadurch schaltet der Prozessor in den Supervisor-Mode um. Gleichzeitig wird das *T*-Bit[1] "0" und die Interrupt-Maske auf den erkannten *IPL* gesetzt. Anschließend führt der Prozessor einen Interrupt-Acknowledgezyklus aus und gewinnt so die Interrupt-Vektor-Nummer. Mit Hilfe der Vektor-Nummer wird die Einsprungadresse einer Interrupt-Behandlungsroutine entnommen (*vector fetch*), in den Programmzähler geladen und die Interrupt-Behandlungsprozedur begonnen.

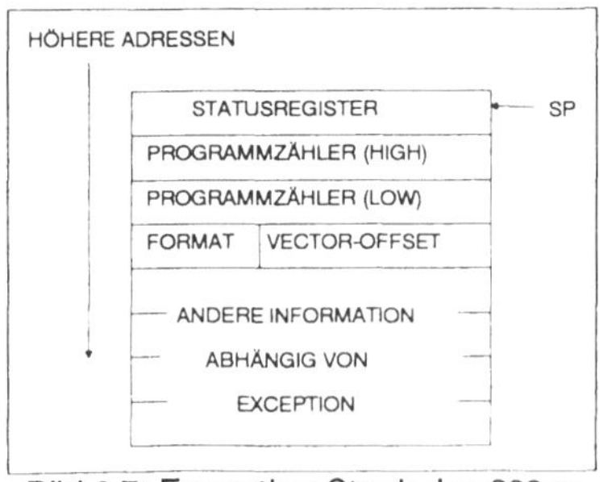

Bild 8.7: Exception Stack des 680xx

Vorher wird noch der alte Programmzählerinhalt und der zwischengespeicherte Statusregisterinhalt auf dem (Supervisor)-Stack abgelegt. Bei Beginn der Interrupt-Behandlungsprozedur zeigt der (Supervisor-)Stackpointer auf den gesicherten Inhalt des Statusregisters. Bei der nächst höheren Wortadresse steht auf dem Stack der höherwertige Teil des gesicherten Pro-

[1] T = 0 deaktiviert den TRACE-Mode des Prozessors.

grammzählerinhalts, gefolgt vom gesicherten niederwertigen Teil des Programmzählerinhalts.

8.2.2.4 Exception Groups

Exceptions sind intern oder extern ausgelöste Ausnahmebedingungen, die den Normalablauf der Prozessoraktivität unterbrechen. Die Prozessoren 6800x..6801x und 68070 unterscheiden beispielsweise:

- *Gruppe 0: hierzu gehören RESET, ADDRESS ERROR und BUS ERROR, die mit höchster Priorität innerhalb der nächsten zwei Taktzyklen bedient werden.*
- *Gruppe 1: hierzu gehören TRACE, externe Interrupts, ILLEGAL INSTRUCTION und PRIVILEDGE VIOLATION. Diese Ausnahmebedingungen werden vor Beginn der Folgeinstruktion behandelt.*
- *Gruppe 2: hierzu gehören alle Ausnahmebedingungen, die als Teil der Befehlsausführung ausgelöst und bedient werden wie z.B. ein Software-Interrupt (trap) oder Division durch Null.*

Die Prozessoren 68020 und 68030 unterscheiden weitere Exception Groups, die mit der erweiterten Funktionalität dieser Prozessoren verbunden sind.

8.2.2.5 Exception Stack Frame Format

Bild 8.7 zeigt den generellen Aufbau des Stacks zu Beginn der Exception-Behandlungs-Prozedur. Der Stackpointer zeigt auf den gesicherten Inhalt des Statusregisters zum Zeitpunkt der Prozessor-Ausnahmebedingung. Die beiden nächst höheren Worte auf dem Stack enthalten den alten Programmzähler-Inhalt, das ist die Adresse, die bei normalem Programmablauf als nächstes referenziert worden wäre.

Das Stack-Frame-Format-Wort enthält den Format-Code (siehe Tabelle 8.4)[1] und die Interrupt-Vector-Adresse (bzw. den Offset zum Vector-Base-Registerinhalt)[2]. Entsprechend der Format-Codierung spricht man auch von den Stack Frame Formaten "0", "1", "2", "8", "9", "A" und "B".

FORMAT-CODE	STACKRAHMENTYP
0000	KURZFORMAT (4 WORTE)
0001	WEGWERFSTACK (4 WORTE)
0010	INSTRUCTION EXCEPTION
1000	68010 BUS FEHLER (29 WORTE)
1001	COPROZESSOR MID-INSTRUCTION(10 WORTE)
1010	68020 KURZER BUSFEHLER (16 WORTE)
1011	68020 LANGER BUSFEHLER (44 WORTE)

Tabelle 8.4: Format Codes der 680xx Exception Stacks

[1] Die Format-Codes des 68020 gelten auch für den 68030. Der 6800x benützt kein Stack-Frame-Format-Wort.

[2] Eine Ausnahme hiervon bildet der Stack-Frame des 6800x bei einer ILLEGAL ADDRESS oder BUS ERROR Exception. Für Details sei auf das Prozessor-Hardware-Handbuch verwiesen.

8.2.3 Die Exception-Vector-Table

Die 680xx-Prozessorfamilie unterstützt 256 Exception-Vektor-Nummern. Die Vektor-Nummer wird als Index in eine Tabelle von Einsprungadressen der Exception-Handler (Bearbeitungsprozeduren) benutzt. Jeder Eintrag ist ein Langwort groß[1]. Die Vektor-Tabelle beginnt an einer Langwortgrenze. Beim 68000 ist dies die Adresse 0. Beim 68010/20/30 wird der Anfang durch das Vector-Base-Register (VBR) festgelegt. Das VBR wird über das $\overline{RESET}$-Signal auf "0" initialisiert. Wie in Tabelle 8.5 dargestellt ist, liegen alle Vektoren im Supervisor-Daten-Adreßraum (SD). Die einzige Ausnahme bildet der Reset-Vektor, der im Supervisor-Programm-Adreßraum liegt. Diese Unterscheidung vereinfacht die Hardware, da mit Hilfe der Function-Code-Signale einfach zwischen einer *ROM*-Adresse "0" und einer *RAM*-Adresse "0" unterschieden werden kann.

Nach dem Start des Prozessors muß als eine der wichtigsten Initialisierungsaufgaben diese Tabelle initialisiert werden.

Die folgenden kurzen Ausführungen erläutern in groben Zügen die Bedeutung der einzelnen Exception-Typen. Für eine vollständige Beschreibung muß allerdings auf die entsprechenden Prozessor-Handbücher verwiesen werden.

- *Eine BUS-ERROR Exception tritt auf, wenn während eines Bus-Zyklus durch externe Logik das $\overline{BERR}$-Signal aktiviert wird (vgl. Abschnitt 8.2.1.4).*
- *Eine ADDRESS-ERROR Exception tritt auf, wenn ein Befehl oder ein Wort- bzw. Langwortoperand von einer ungeraden Adresse geholt wird[2].*
- *Eine ILLEGAL INSTRUCTION Exception tritt auf, wenn das erste Wort eines Befehls kein gültiger Befehlscode ist. Illegale Befehle werden z.B. als Breakpoint-Befehle für DEBUG-Zwecke benützt[3]. Eine besondere Form illegaler Befehle sind die LINE A (1011) bzw. LINE F (1111) Emulator-Befehle[4]. Diese illega-*

[1] Ausnahme: der RESET-Vektor (Vektor-Nummer 0) besteht aus zwei Langworten, dem initialen Supervisor-Stack-Pointer und dem Programmzähler (Startadresse). Dafür gibt es aber keine Vektornummer "1".

[2] Der 68020/68030 kennt keine Beschränkung der Ausrichtung der Operanden, d.h. Worte und Langworte können an beliebigen Byte-Grenzen beginnen.

[3] Als DEBUG-Befehle sind die Hex-Codes $4AFA..$4AFC für den 68008 bzw. 68000 in Benützung. Für die Prozessoren 6801x/68020/68030 sind die DEBUG-Befehle $4848..$484F in Benützung. Manche dieser Codes sind vom Hersteller reserviert (beispielsweise für In-Circuit-Emulation), andere sind anwenderverfügbar. Zur Vereinfachung der DEBUG-Phase führen der 6801x..68030 bei diesen DEBUG-Befehlen einen BREAK-POINT-Bus-Zyklus aus, der von externer Hardware, wie z.B. ein In-Circuit-Emulator bzw. Logikanalysator ausgewertet werden kann.

[4] Bei diesen Befehlen sind die Bits [15..12] des ersten Befehlsworts 1010 bzw. 1111.

Vektor-Nummer	Offset Hex	Offset Space	Zuordnung
0	000	SP	Reset : Initial SSP
-	004	SP	Reset : Initial PC
2	008	SD	Bus Error
3	00C	SD	Address Error
4	010	SD	Illegal Instruction
5	014	SD	Zero Division
6	018	SD	CHK Instruction
7	01C	SD	TRAPV Instruction
8	020	SD	Privilege Violation
9	024	SD	Trace
10	028	SD	Line 1010 Emulator
11	02C	SD	Line 1111 Emulator
12	030	SD	(nicht zugeordnet, reserviert)
13	034	SD	(nicht zugeordnet, reserviert)
14	038	SD	Format Error
15	03C	SD	Uninitialized Interrupt Vector

Vektor-Nummer	Offset Hex	Offset Space	Zuordnung
16 - 32	04C	SD	(nicht zugeordnet, reserviert)
	05F		-
24	060	SD	Spurious Interrupt
25	064	SD	Level 1 Interrupt Autovector
26	068	SD	Level 2 Interrupt Autovector
27	06C	SD	Level 3 Interrupt Autovector
28	070	SD	Level 4 Interrupt Autovector
29	074	SD	Level 5 Interrupt Autovector
30	078	SD	Level 6 Interrupt Autovector
31	07C	SD	Level 7 Interrupt Autovector
32 - 47	080	SD	TRAP Instruction Vectors
	0BF		-
48 - 63	0C0	SD	(nicht zugeordnet, reserviert)
	0FF		-
64 - 255	100	SD	User Interrupt Vectors

Tabelle 8.5: 6801x Exception Vector Table

len Instruktionen führen auf eigene Exception-Handler. Sie werden als nicht-implementierte Befehle bezeichnet. Die zugehörigen Exception-Handler emulieren den Befehl als Software-Prozedur. Beim 68020 bzw. 68030 dienen die LINE-F-Instruktionen als Co-Prozessor-Befehle. Falls der Co-Prozessor vorhanden ist, wird der Befehl vom Co-Prozessor ausgeführt. Andernfalls nimmt der Prozessor die LINE-F-Emulator-Exception und emuliert den Co-Prozessor-Befehl.

- *Die Exceptions ZERO DIVIDE, CHK Instruction, TRAPV und TRAP werden von Maschinenbefehlen ausgelöst. ZERO DIVIDE wird von den Befehlen DIVS (signed divide) und DIVU (unsigned divide) ausgelöst, wenn eine Division durch Null versucht wird. Dadurch ist es nicht erforderlich, vor jeder Division, den Divisor zu prüfen. TRAPV- und CHK-Exceptions werden durch die Befehle TRAPV (trap on overflow) bzw. CHK (check register against bounds) ausgelöst, wenn ein Programm einen Laufzeitfehler erkennt und unter Programmkontrolle diese Exceptions generiert. Die TRAP-Exceptions sind Software-Interrupts, die unter Programmkontrolle ausgelöst werden.*
- *PRIVILEDGE VIOLATION Exceptions sind erzwungene Ausnahmebedingungen, wenn ein Programm (Software-Prozeß) im USER-Mode privilegierte Befehle auszuführen versucht*[1].

[1] Beispiele privilegierter Befehle sind: AND immediate to Status-Register, EOR immediate to Status-Register, MOVE to Statusregister, MOVE from Statusregister (nicht beim 6800x), OR immediate to Statusregister, MOVE to User-Stackpointer, RESET, STOP, RTE, MOVEC, MOVES.

- *Die TRACE-Exception wird am Ende eines Befehls ausgelöst, wenn das T-Bit im Statusregister gesetzt ist. Dadurch kann ein MONITOR- oder DEBUG-Programm nach jeder Instruktion die Kontrolle übernehmen.*
- *Die FORMAT-Error Exception wird ausgelöst, wenn bei einer RTE (return from exception) Instruktion ein illegaler Stack-Frame-Format-Code vorgefunden wird*[1].
- *Die UNINITIALIZED INTERRUPT VECTOR Exception wird ausgelöst, wenn ein 680xx-Peripherie-Baustein die Vektornummer 15 abgibt. Dies geschieht immer dann, wenn das Interrrupt-Vektor-Register dieses Bausteins nicht initialisiert wurde. Diese Konvention ist ein einfaches, aber wirkungsvolles Hilfsmittel, Programmierfehler abzufangen.*
- *Eine SPURIOUS INTERRUPT Exception wird ausgelöst, wenn der Prozessor einen Interrupt erkennt und beim Interrupt-Acknowledge-Zyklus statt DTACK oder VPA BERR signalisiert bekommt. In diesem Fall muß ein Störsignal den Interrupt ausgelöst haben, da kein Peripheriebaustein auf den Interrupt-Acknowledge-Zyklus reagiert.*
- *Ein AUTOVECTOR-INTERRUPT wird genommen, wenn ein entsprechender IPL vorliegt und beim Interrupt Acknowledge-Zyklus VPA aktiviert wird.*
- *Ein USER INTERRUPT VECTOR wird genommen, wenn ein unterbrechender Peripheriebaustein bei einem Interrupt-Acknowledge-Zyklus eine entsprechende Interrupt-Vektor-Nummer abgibt und mit DTACK quittiert.*

Für die Prozessoren 68020 und 68030 werden reservierte Einträge der Exception Vector Table für Co-Prozessor-Exceptions und bereits belegte Einträge in erweiterter Form genutzt.

8.3 Software-Eigenschaften

8.3.1 Das Register-Modell

Die Mitglieder der 680xx-Familie besitzen aufwärtskompatible Registermodelle. Der Grundregistersatz ist der des 68000 (s. Bild 8.8). Er umfaßt acht *Datenregister* D0..D7, neun *Adreßregister* A0..A7/A7' und einen Programmzähler. Diese Register

[1] Da der 6800x kein Format-Code-Wort für Exception Stack-Frames benützt, ist auch die FORMAT-Exception beim 6800x nicht definiert.

sind 32 Bit breit. Das 16-Bit-Statusregister umfaßt das niederwertige *USER-Byte* und das höherwertige *SYSTEM-Byte*.

Datenregister werden als *Ziel-* oder *Quell-Operanden* für Bit-, Byte-, Wort- und Langwort-Datenformate[1] benützt.

Adreßregister können für Quelloperanden im Wort- oder Langwortformat benützt werden. Als Zieloperand werden Adreßregister *immer* im Langwort-Format benützt. Adreßregister dienen hauptsächlich als Zeiger auf Daten im Hauptspeicher, d. h. der Inhalt eines Adreßregisters ist die Adresse des Operanden im Hauptspeicher.

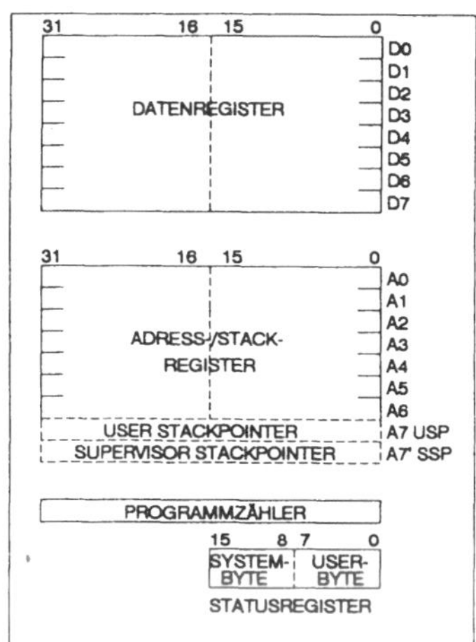

Bild 8.8: Registermodell des 6800x

8.3.1.1 Der Stackpointer im 6800x/6801x

Eine Besonderheit stellt das Adreßregister A7 dar. A7 ist eigentlich ein doppeltes Register, das als Stackpointer benützt wird. Im USER-Mode des Prozessors wird durch die *Registeradresse 7* das eigentliche Register A7 referenziert. Deshalb heißt A7 auch USER-STACK-Pointer (USP). Im SUPERVISOR-Mode des Prozessors wird durch die Registeradresse 7 das Register A7' referenziert, das deshalb SUPER-VISOR-STACK-Pointer (SSP) heißt.

Für Interrupts und Exceptions wird immer der SSP benützt. Für Subroutine-Calls bzw. -Returns wird abhängig vom Prozessor-Modus, der durch das S-Bit im Statusregister festgelegt wird, der USP *oder* der SSP benützt. Dies ist in Bild 8.9 dargestellt. Beispielsweise wird auf dem USER-Stack in Bild 8.9 die Rücksprungadresse, das ist der alte Inhalt des Programmzählerregisters, bei USP-2 bzw. USP-4 abgelegt[2], bevor der Programmzähler mit der neuen Zieladresse geladen wird.

Die Referenzierung von A7 bzw. A7' erfolgt *implizit*. Im USER-Mode kann der SSP *nicht* referenziert werden. Im SUPERVISOR-Mode kann der USP nur mit der speziellen Instruktion

```
MOVE USP,An
```

[1] 1 Wort = 2 Byte = 16 Bit; 1 Langwort = 4 Byte = 32 Bit

[2] Der STACK wächst von hohen nach niederen Adressen.

bzw.

MOVE An,USP

explizit referenziert werden. Der erste Befehl überträgt den Inhalt des USER-STACK-Pointer-Registers in das angegebene Adreßregister An (A1..A7), der zweite Befehl lädt den USP mit dem Inhalt des angegebenen Adreßregisters.

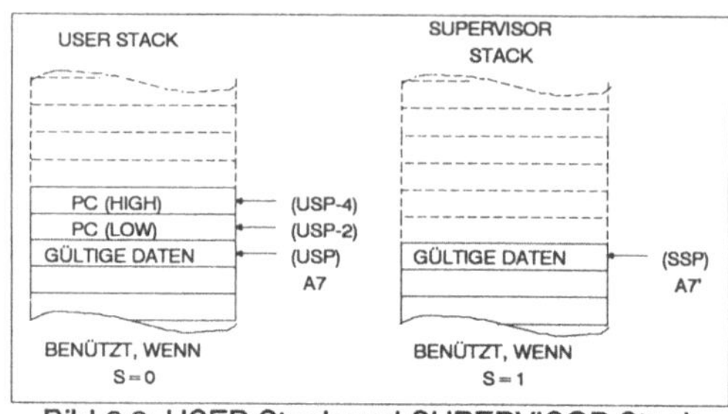

Bild 8.9: USER Stack und SUPERVISOR Stack

Durch die Trennung der Stacks im Supervisor- und User-Modus können die Stacks von Anwenderprogrammen (Prozessen) und der Stack des Betriebssystems getrennt werden. Insbesondere ist die Behandlung von Interrupts und Exceptions unabhängig von der Stackbenutzung durch Programme im User-Mode.

8.3.1.2 Das Status-Register (6800x/6801x)

Bild 8.10 zeigt den Aufbau des Statusregisters der Prozessoren 6800x und 6801x. Das USER-Byte des Statusregisters wird als Condition-Code-Register bei der Befehlsausführung benützt. Zahlreiche Befehle setzen, löschen oder benützen einzelne oder mehrere der Statusbits des *USER*-Bytes.

Die Bits des SYSTEM-Bytes umfassen die drei Interrupt-Masken-Bits (vgl. Abschnitt 8.2.2.2), das *SUPERVISORY*-Bit S, das zwischen dem USER-Modus und dem SUPERVISOR-Modus unterscheidet, sowie das TRACE-Mode-Bit T. Ist T = "1", so wird nach jeder ausgeführten Instruktion eine TRACE-Exception ausgelöst (s. Bild 8.11). Durch die TRACE-Exception wird das T-Bit zurückgesetzt. Dadurch kann der TRACE-Exception-Handler, der typischerweise als Debugger verwendet wird, ohne weitere Unterbrechungen ablaufen. Durch die Rückkehr mit *RETURN FROM EXCEPTION* (RTE) wird der alte Prozessorstatus wieder geladen. Nach Ausführung der Folgeinstruktion wird erneut eine TRACE-Exception ausgelöst.

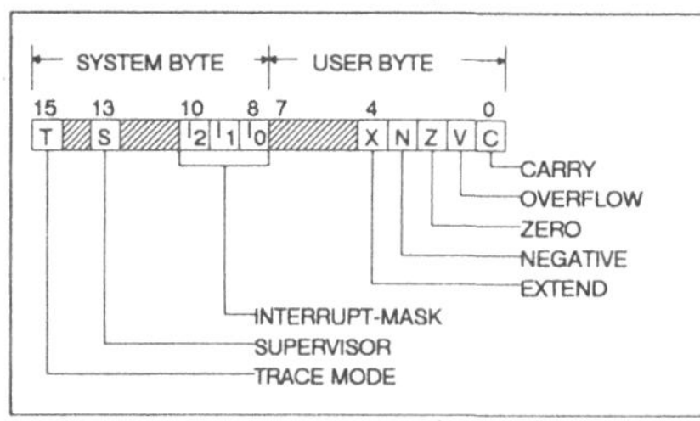

Bild 8.10: 6800x/6801x-Statusregister

Zugriffe auf das SYSTEM-Byte des Statusregisters sind privilegiert, d. h. sie sind nur im SUPERVISOR-Modus erlaubt. Ein Zugriffsversuch im USER-Modus löst eine PRIVILEDGE-VIOLATION-Exception aus[1].

8.3.1.3 Erweitertes Registermodell des 6801x

Die Prozessoren 6801x haben im Vergleich zum 68000 zwei Ergänzungen des Registermodells.

- *Das VECTOR-BASE-REGISTER (VBR) enthält die Anfangsadresse der EXCEPTION-VECTOR-Table. Beim RESET wird das VBR mit "0" vorinitialisiert. Die effektive Vektoradresse ist die Summe des VBR-Inhalts und der vierfachen Exception Vector Nummer.*
- *Das ALTERNATE FUNCTION CODE Registerpaar SFC (source function code) und DFC (destination function code).*

Beide Erweiterungen sind nur im SUPERVISOR-Modus benützbar. Das USER-Mode-Registermodell des 6801x ist unverändert. Die beiden 3-Bit-Register SFC und DFC können mit den privilegierten Befehlen (move control register)

```
MOVEC SFC,Rn
MOVEC Rn,SFC
MOVEC DFC,Rn
MOVEC Rn,DFC
```

in ein Daten- oder Adreßregister ausgelesen bzw. mit deren Inhalt geladen werden. Damit kann im SUPERVISOR-Modus bei einem Datentransfer mit der MOVES-Instruktion (move address space) an den Function-Code Signalen FC0..FC2 eine bestimmte Zugriffsklassifikation *erzwungen* werden. Beispielsweise schreibt der Befehl

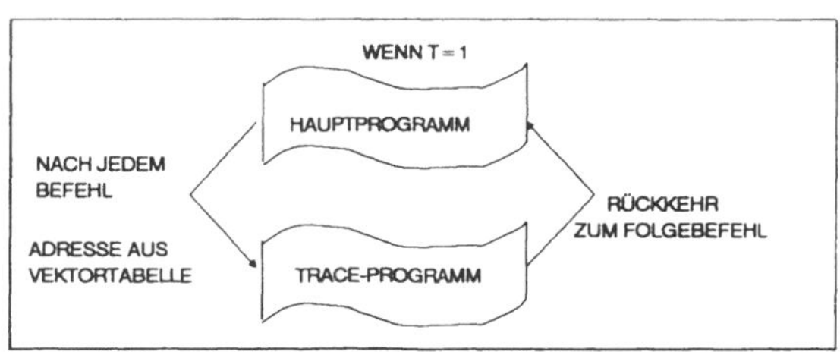

Bild 8.11: Anwendung der TRACE-Exception

```
MOVE.L D1,<ea>
```

[1] Beim 680x ist der Befehl MOVE FROM STATUSREGISTER auch im USER-Modus erlaubt. Beim 6801x, 68020, 68030 ist das SYSTEM-Byte des Statusregisters gegen alle Zugriffe im USER-Modus gesperrt. Das USER-Byte kann als CONDITION-CODE-Register angesprochen werden.

den Inhalt des Datenregisters D1 in das Langwort mit der effektiven Adresse <ea> im SUPERVISOR-DATA-SPACE (vgl. Abschnitt 8.2.1.3). Dagegen schreibt der Befehl

```
MOVES.L D1,<ea>
```

den Inhalt des Datenregisters D1 in das Langwort derselben effektiven Adresse <ea>. Beim Buszyklus wird allerdings der Inhalt des DESTINATION-FUNCTION-CODE-Registers auf FC0..FC2 ausgegeben. Falls das DFC mit '001' geladen war, wäre dies ein Zugriff auf den USER-DATA-SPACE im SUPERVISOR-Mode. Auf diese Weise hat ein Betriebssystem, das normalerweise im SUPERVISOR-Mode ausgeführt wird, volle Kontrolle über alle Adreßräume.

8.3.1.4 Erweitertes Registermodell des 68020

Das Registermodell des 68020 ist im USER-Modus unverändert. Der SUPERVISOR-STACK-Pointer (SSP) des 68010 wurde durch einen INTERRUPT-STACK-Pointer (ISP) *und* einen MASTER-STACK-Pointer (MSP) ersetzt. Das Adreßregister A7' bildet den *INTERRUPT-STACK-Pointer* und das neu eingeführte Adreßregister A7" bildet den *MASTER-STACK*-Pointer.

Im Statusregister wurde zusätzlich das M-Bit und ein *zweites* TRACE-Bit eingeführt. Das T-Bit des 68010 heißt beim 68020 *T1*, das neu eingeführte T-Bit des 68020 heißt *T0*.

- *Falls T1 = '0' und T0 = '1' ist, wird bei jeder Änderung des Kontroll-Flusses durch einen Verzweigungsbefehl wie z.B. BRA, JMP usw. eine TRACE-Exception ausgelöst.*
- *Falls T1 = '1' und T0 = '0' ist, wird wie beim 68010 nach jeder Instruktion eine TRACE-Exception ausgelöst.*
- *Falls beide Trace-Bits '0' sind, wird keine TRACE-Exception ausgelöst.*

Der Prozessor ist im SUPERVISOR-Modus, falls das S-Bit '1' ist. Durch das M-Bit kann im SUPERVISOR-Modus zwischen Supervisor-Aktivitäten unterschieden werden, die in engem Bezug zu einer (Anwender-)Task stehen und solchen SUPERVISOR-Aktivitäten, die mit asynchronen Aufgaben des Betriebssystems, wie z.B. Interrupt-Behandlung stehen:

- *Falls M = '0' wird dazu der INTERRUPT-STACK-Pointer als SSP (supervisor stack pointer) benützt (interrupt state). Dieser Fall entspricht dem 6800x bzw. 6801x.*

- *Falls M = '1' ist, befindet sich der Prozessor im MASTER-Status, in dem er den MASTER-STACK-Pointer als SSP benützt (master state). Dieser Zustand kånn von Betriebssystemen als Task-bezogener Kontext benützt werden.*

Eine Exception im USER-Modus führt in einen der beiden SUPERVISOR-Modi. Eine Exception im MASTER-State führt immer in den INTERRUPT-State. Bei der Exception-Behandlung durch den Prozessor wird zunächst der Prozessor-Kontext auf dem augenblicklich aktiven SUPERVISOR-Stack abgelegt. Falls die Exception ein INTERRUPT war und das M-Bit gesetzt war, wird anschließend das M-Bit gelöscht und so in den INTERRUPT-State umgeschaltet. Auf dem Interrupt-Stack wird ein zweiter Stack-Frame abgelegt (s. Bild 8.12).

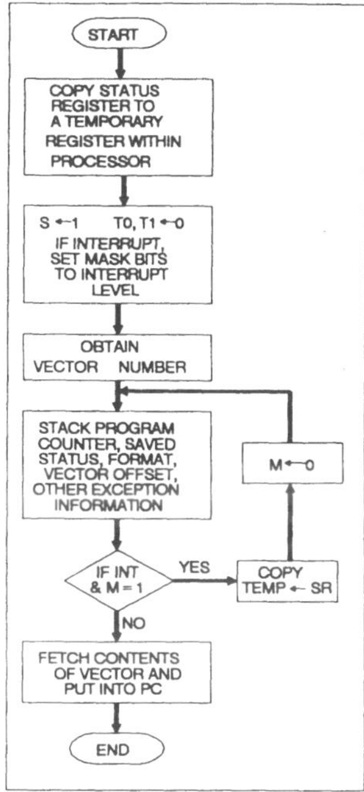

Bild 8.12: 68020 Exception Bearbeitung

Darüberhinaus enthält der 68020 ein CACHE CONTROL REGISTER (CACR) und ein CACHE ADDRESS REGISTER (CAAR). Mit diesen beiden Registern kann der Instruction-only-Cache des Prozessors manipuliert werden.[1]

8.3.2 Der Befehlssatz

Tabelle 8.6 zeigt die Befehlstypen der 6800x- und 6801x-Prozessoren. Für zahlreiche Befehlstypen gibt es Varianten. Beispielsweise gehören zu dem Befehlstyp MOVE die folgenden Instruktionen:

- *MOVE move source to destination*
- *MOVEA move address*
- *MOVEC move control register (nicht 6800x)*
- *MOVEM move multiple registers*
- *MOVEP move peripheral data*

[1] Der 68030 besitzt weitere Register, die z. B. zur Manipulation der On-Chip-Memory-Management-Unit dienen.

Mnemonic	Beschreibung	Mnemonic	Beschreibung
ABCD	Add Decimal with Extend	MOVE	Move Source to Destination
ADD	Add	MULS	Signed Multiply
AND	Logical AND	MULU	Unsigned Multiply
ASL	Arithmetic Shift Left	NBCD	Negate Decimal with Extend
ASR	Arithmetic Shift Right	NEG	Negate
Bcc	Branch Conditionally	NOP	No Operation
BCHG	Bit Test and Change	NOT	One 's Complement
BCLR	Bit Test and Clear	OR	Logical OR
BRA	Branch Always	PEA	Push Effective Address
BSET	Bit Test and Set	RESET	Reset External Devices
BSR	Branch to Subroutine	ROL	Rotate Left without Extend
BTST	Bit Test	ROR	Rotate Right without Extend
CHK	Check Register against Bounds	ROXL	Rotate Left with Extend
CLR	Clear Operand	ROXR	Rotate Right with Extend
CMP	Compare	RTD	Return and Deallocate
CBcc	Decrement and Branch Conditionally	RTE	Return from Exception
DIVS	Signed Divide	RTR	Return and Restore
DIVU	Unsigned Divide	RTS	Return from Subroutine
EOR	Exclusive OR	SBCD	Subtract Decimal with Extend
EXG	Exchange Registers	Scc	Set Conditional
EXT	Signed Extend	STOP	Stop
JMP	Jump	SUB	Subtract
JSR	Jump to Subroutine	SWAP	Swap Data Register Halves
LEA	Load Effective Address	TAS	Test and Set Operand
LINK	Link Stack	TRAP	Trap
LSL	Logical Shift Left	TRAPV	Trap on Overflow
LSR	Logical Shift Right	TST	Test
		UNLK	Unlink

Tabelle 8.6: 6800x/6801x - Befehlstypen

- *MOVEQ move quick*
- *MOVES move alternate address space (nicht 6800x)*
- *MOVE from SR move from statusregister*
- *MOVE to SR move to statusregister*
- *MOVE from CCR move from condition code (nicht 6800x)*
- *MOVE to CCR move to condition codes*
- *MOVE USP move user stack pointer*

Viele dieser Befehle können wahlweise mit BYTE-, WORT- oder LANGWORT-Operanden arbeiten. Beispielsweise transportiert die Befehlsvariante *MOVE.B* Byte-Operanden, *MOVE.W* Wort-Operanden und *MOVE.L* Langwort-Operanden. Die Befehle sollen hier nicht diskutiert werden, da die meisten verständlich sein dürften, wenn Kenntnisse anderer Prozessoren vorliegen. Lediglich auf einige wenige Instruktionen wird in späteren Abschnitten etwas ausführlicher eingegangen[1].

[1] Die Prozessoren 68020 und 68030 vefügen über zusätzliche Befehle. Auf die Bitfeldinstruktionen und die für Multiprozessorsysteme wesentlichen Instruktionen wird in späteren Abschnitten noch eingegangen.

8.3.3 Die Adressierungsarten

Die Prozessoren 6800x und 6801x verfügen über 14 Adressierungsarten, die in Tabelle 8.7 zusammengefaßt sind. Zusätzlich zu diesen Adressierungsarten machen manche Befehle implizite Referenzen zu Registern wie z.B. dem Programmzähler, dem Statusregister oder den Stackpointer-Registern (Beispiel: ORI to SR). Zwei Adressierungsarten seien exemplarisch erläutert:

"REGISTER DIRECT" ADRESSIERUNG	
DATA REGISTER DIRECT	EA = Dn
ADDRESS REGISTER DIRECT	EA = An
STATUS REGISTER DIRECT	EA = SR
"REGISTER INDIRECT" ADRESSIERUNG	
REGISTER INDIRECT	EA = (An)
POSTINCREMENT REGISTER INDIRECT	EA = (An), An <- An + M
PREDECREMENT REGISTER INDIRECT	An <- An - M, EA = (An)
REGISTER INDIRECT WITH OFFSET	EA = (An) + d_{16}
INDEXED REGISTER INDIRECT WITH OFFSET	EA = (An) + (Rx) + d_8
"PROGRAM COUNTER RELATIVE" ADRESSIERUNG	
RELATIVE WITH OFFSET	EA = (PC) + d_{16}
RELATIVE WITH INDEX AND OFFSET	EA = (PC) + (Rx) + d_8
"ABSOLUTE DATA" ADRESSIERUNG	
A: ABSOLUTE SHORT	EA = (NEXT WORDS)
B: ABSOLUTE LONG	EA = (NEXT TWO WORDS)
"IMMEDIATE DATA" ADRESSIERUNG	
IMMEDIATE	DATA = NEXT WORD(S)
QUICK IMMEDIATE	INHERENT DATA

Tabelle 8.7: 6800x/6801x Adressierungsarten

- *Bei der ABSOLUT-ADRESSIERUNG in der langen Form folgt auf das Befehlswort der höherwertige Teil der 32-Bit-Operandenadresse. Das Folgewort enthält den niederwertigen Adreßteil.*
- *Bei der INDIREKTEN ADRESSIERUNG über ein Adreßregister wird als Operand die Nummer des Adreßregisters spezifiziert, das die eigentliche Operandenadresse enthält. Zusätzlich kann hierzu ein Distanzwert V der Länge 8-Bit addiert werden. Zu diesem Wert kann noch der Inhalt eines beliebigen Daten- oder Adreßregisters (Index-Register Xi) addiert werden. Dieser Index wird noch mit der Größe des Zieloperanden (os) in Zahl von Bytes (1, 2, 4 beim 6800x/6801x; 1, 2, 4, 8 beim 68020/68030) multipliziert, bevor die Berechnung der efffektiven Adresse erfolgt. Der Index kann ein Wort oder ein Langwort groß sein. Dies wird mit is spezifiziert (s. Bild 8.13).*

Der 68020 und der 68030 besitzt 18 Adressierungsarten. Bild 8.14 zeigt beispielhaft eine Memory-Indirekt-Adressierung mit Indizierung und zweifacher Verschiebung. Dabei wird ein Adreßregister als Zeiger auf ein Langwort benützt. Zum Inhalt des Adreßregisters wird noch ein 32-Bit-Distanzwert *bd* addiert. Das dadurch referenzierte Langwort (Pointer) enthält selbst nur die Adresse eines anderen Operanden im Speicher. Dessen effektive Adresse wird dadurch errechnet, daß der mit der Operandengröße multiplizierte Inhalt eines als Indexregister benützten Adreß- oder Datenregisters und eine 32-Bit-Außendistanz hinzuaddiert werden.

Das letzte Adressierungsbeispiel sei eine Anwendung der Bitfeld-Instruktion **EXTRACT BIT FIELD UNSIGNED (BFEXTU)**. Bei diesen Befehlen wird zusätzlich zu den sonstigen Adreßspezifikationen noch der Versatz (Offset) bis zum Beginn des Bitfelds und die Länge des Bitfelds angegeben. Das Beispiel in Bild 8.15 extrahiert ein Bitfeld von 24 Bit Länge aus einer komplexen Datenstruktur. Dabei zeigt das Adreßregister A3 auf den Anfang eines Felds von Datensätzen (records). Durch die Distanz-Spezifikation REC5 des Befehls würde das Feldelement REC5 adressiert werden. Durch das als Indexregister mit der Länge eines Wortes benützte Datenregister D3 wird ein bestimmtes Langwort in diesem Feldelement effektiv adressiert. Das Datenregister D4 enthält den Bit-Versatz relativ zu dieser Langwortadresse. Von dieser Bitposition werden 24 Bits in das Datenregister D0 eingelesen. Die Feldbreite kann auch durch ein Datenregister spezifiziert sein. Die maximale Bitfeldlänge beträgt 32 Bits. Das Bitfeld kann sich über beliebige Bytegrenzen erstrecken. Der Bit-Versatz kann von -2^{31} bis $+2^{31}-1$ reichen.

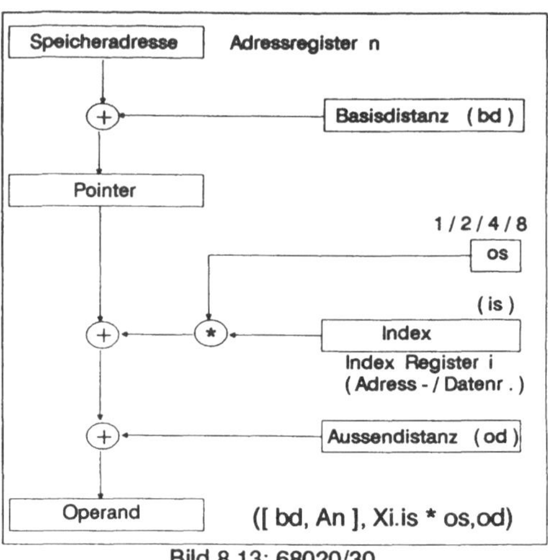

Bild 8.13: 68020/30 Memory-Indirekt-Adressierung

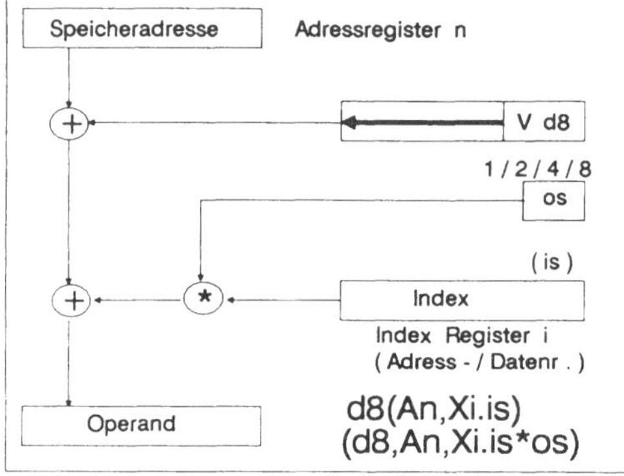

Bild 8.14: Adreßregister-indirekt mit Index und Distanz

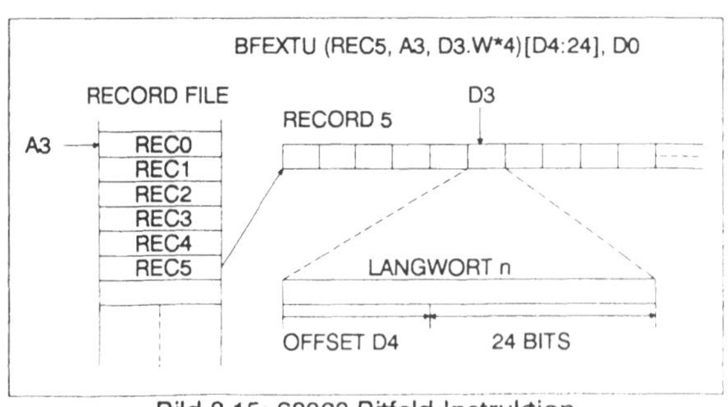

Bild 8.15: 68020 Bitfeld-Instruktion

8.3.4 Unterstützung für Hochsprachen

Modernen CISC[1]-Mikroprozessoren wird häufig die Eigenschaft zugeschrieben, Hochsprachen gut zu unterstützen. Einige Beispiele aus der 680xx-Familie seien hier in knapper Form ausgeführt. Programmiersprachen wie z.B. PASCAL oder C kennen neben einfachen Datentypen auch strukturierte Datentypen. Hierzu gehören ARRAYs, RECORDs oder auch ARRAY OF RECORDs u.a.m.. Der Zugriff auf die Elemente dieser strukturierten Datenstrukturen wird durch die mächtigen Adressierungsarten bzw. deren Elemente wie Distanz, Index oder Indirection gut unterstützt. Jedes Adreßregister kann als Zeiger auf Datenstrukturen, zur Implementierung von Software-Stacks, FIFO-Puffern oder Listen benützt werden. Beispielsweise entspricht der Befehl

```
MOVE.W xx,-(An)
```

einem *PUSH ON STACK* - Befehl anderer Prozessoren. Das Adreßregister An übernimmt die Rolle eines Stackpointers, der erst dekrementiert wird, um auf den nächsten freien Platz auf dem Stack zu zeigen.

```
MOVE.W (An)+,xx
```

entspricht der *POP FROM STACK* - Anweisung. Nach Entnahme des Datums vom BOTTOM OF STACK wird der Stackpointer An wieder inkrementiert.

Das Konzept der *lokalen Variablen* von Prozeduren und der Parameterübergabe über den Stack wird durch das Befehlspaar LINK (link and allocate) und UNLK (unlink and deallocate) effizient unterstützt.

```
LINK An,#<alloc>
```

entspricht einer fiktiven Befehlsfolge

```
PUSH An
MOVE.L SP²,An
```

[1] CISC = complex instruction set computer

[2] SP ist ein Synonym für den aktiven Stackpointer. SP und A7 sind gleichwertige Registerangaben.

```
ADD #<alloc>,SP
```

Dabei wird zunächst der Registerinhalt von An auf dem Stack gesichert und der Stackpointer in An kopiert. Anschließend wird auf dem Stack Platz der Größe <alloc> reserviert. Dabei entsteht über An eine verkettete Liste von Stack-Frames, da nach LINK das Adreßregister An auf den vorangehenden BOTTOM OF STACK zeigt, und dort wiederum der vorangehene Inhalt von An steht.

```
UNLK An
```

entspricht der fiktiven Befehlsfolge

```
MOVE.L An, SP
POP An
```

Er gibt den mit LINK reservierten Platz auf dem Stack wieder frei. Nach UNLK ist der Zustand *vor* LINK wiederhergestellt.

Dieses Verfahren wird bei Prozeduraufrufen durch die Hochsprachencompiler angewandt. In einem C-Programm soll die Function FOO deklariert sein, die von einem Anwender aufgerufen wird:

```
x = FOO(a, b, c);
```

Der C-Compiler übersetzt diesen Aufruf in die Befehlsfolge

```
MOVE.W c,-(SP)
MOVE.W b,-(SP)
MOVE.W a,-(SP)
JSR FOO
ADD.L #6,SP
MOVE.L D0,xx
```

Der Prolog bzw. Epilog der Function FOO wird übersetzt in

```
LINK A6,#-variable_space
MOVEM.L ...,-(SP)
..... body of FOO .....
```

```
MOVE.L result,D0
MOVEM.L (SP)+,...
RTS
```

Vor dem Aufruf von FOO schreibt der Aufrufer die drei Übergabeparameter auf den Stack. Mit JSR FOO wird FOO aufgerufen. FOO allokiert zunächst mit LINK Platz für die lokalen Variablen auf dem Stack. Mit MOVEM.L (move multiple register) werden die benötigten Register auf dem Stack gesichert[1]. Nach Abarbeitung des eigentlichen Prozedur-Körpers wird der Rückkehr-Status in das Datenregister D0 geschrieben und mit MOVEM.L die alten Registerinhalte vom Stack zurückgeholt. Mit UNLK wird der von FOO belegte Stack wieder freigegeben (s. Bild 8.16). Anschließend gibt der Aufrufer mit ADD #6,SP den Parameter-Stack frei und speichert den Rückkehr-Status ab.

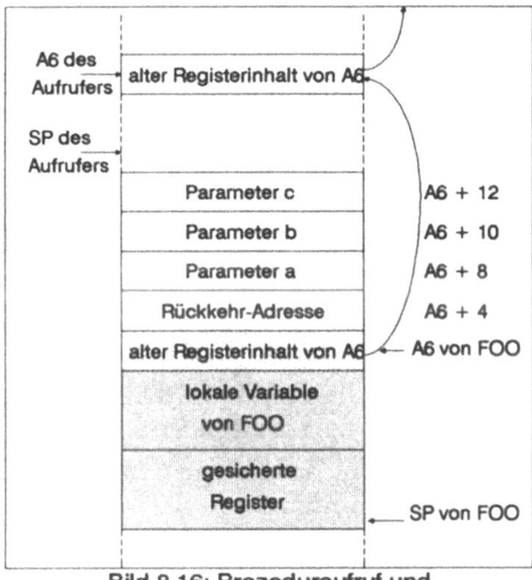

Bild 8.16: Prozeduraufruf und Stack-Frame-Verkettung

8.3.5 Multiprozessor-Unterstützung

8.3.5.1 Synchronisation des Zugriffs auf globale Daten

In eng gekoppelten Multiprozessoren greifen mehrere Prozessoren auf gemeinsame Datenstrukturen zu. Solange die Zugriffe nur lesend erfolgen, sind keine besonderen Vorkehrungen erforderlich, da die Busarbitrierung die Zugriffe auf den gemeinsamen Speicher koordiniert. Probleme können entstehen, wenn mindestens eine CPU versucht, gemeinsame Daten zu verändern. Konkurrierende Lese- oder Schreibzugriffe von anderen Prozessoren können zu inkonsistenten Ergebnissen führen. Deshalb müssen sich die Programme der Prozessoren untereinander abstimmen, wenn der Zugriff auf gemeinsame Daten erfolgen soll. Diese Abstimmung (Zugriffssynchronisation) wird üblicherweise von einem Betriebssystem unterstützt. Die

[1] Die Registerliste ist hier nicht explizit angegeben.

Anwenderprogramme (Prozesse) beantragen beim Betriebssystem die Zugriffsberechtigung auf die gemeinsamen Daten. Das Betriebssystem eines Prozessors muß dazu prüfen, ob die betroffene Datenstruktur augenblicklich frei ist. Falls dies der Fall ist, muß sie als belegt gekennzeichnet werden. Anschließend kann der Applikationsprozeß die Daten benützen.

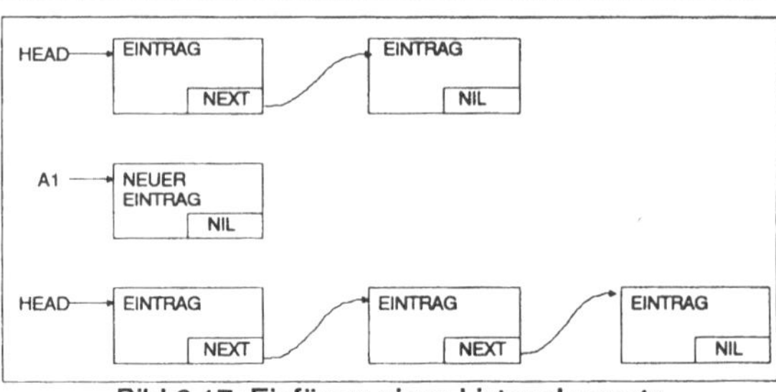

Bild 8.17: Einfügen eines Listenelements

Auch die Betriebssysteme, die auf den einzelnen Prozessoren laufen, benützen gemeinsame Datenstrukturen. Wenn immer diese benützt werden, muß eine solche Prüfung und Belegung erfolgen. Dazu wird üblicherweise jeder kritischen Datenstruktur eine Synchronisationsvariable zugeordnet, die angibt, ob diese Ressource belegt oder frei ist. Solche Synchronisationsvariablen werden als *Semaphore* oder *Locks* bezeichnet.

Für diesen Zweck verfügen die Prozessoren der 680xx-Familie über einen speziellen Befehl. Dieser TEST-AND-SET-Befehl (TAS) prüft und setzt das Bit 7 eines solchen Synchronisationsbytes. Falls das Bit 7 gesetzt war, wird das N-Bit des Statusregisters gesetzt, andernfalls zurückgesetzt. Nach dem TAS-Befehl ist Bit 7 des Synchronisationsbytes sicher gesetzt. Das Wesentliche an dieser Instruktion ist, daß die *beiden* nötigen Bus-Zyklen, erst ein Lesezyklus, dann ein Schreibzyklus *unteilbar* (atomar) ausgeführt werden. Die Prozessoren 6800x und 68010 halten dazu das ADDRESS-STROBE Signal $\overline{AS}$ *zwischen* den beiden Zyklen aktiv. Die anderen Vertreter der 680xx-Familie kennzeichnen diesen READ-MODIFY-WRITE-Zyklus durch Aktivierung des $\overline{RMC}$-Signals. In beiden Fällen muß die Bus-Arbitrierung einen Wechsel des Commanders verhindern. Falls dies nicht so geschähe, könnte ein zweiter Prozessor auch eine Prüfung des Synchronisationsbytes versuchen, *bevor* der erste das Byte zurückgeschrieben hat.

8.3.5.2 Manipulation verketteter Listen

Die Bearbeitung verketteter Listen ist eine Standardaufgabe in Prozessorsystemen. Bild 8.17 zeigt eine solche Liste, die am Kopfzeiger *HEAD* beginnt. Am Anfang dieser Liste soll ein neues Element eingefügt werden. Die Adresse des neuen Elements stehe im Adreßregister A1 des Prozessors. Durch die Befehlssequenz

```
MOVE.L HEAD,(NEXT,A1)
MOVE.L A1,HEAD
```

wird das neue Element eingefügt. Der erste Befehl schreibt die Adresse des *ersten* Listenelements in das NEXT-Feld des neu einzufügenden Listenelements. Der zweite Befehl ändert den Kopfzeiger *HEAD*, so daß dieser jetzt auf das *neue* Listenelement zeigt.

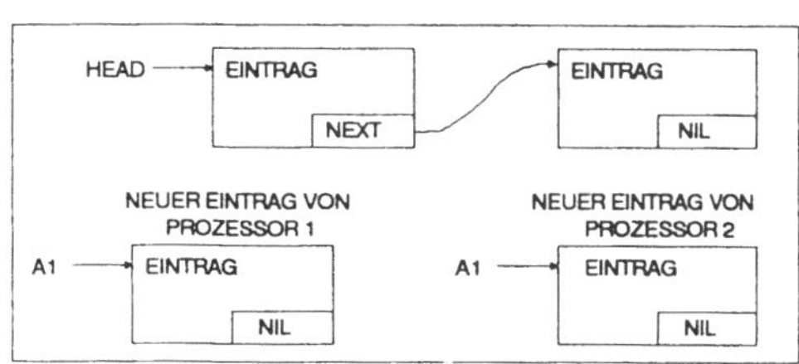

Bild 8.18: Gleichzeitiges Einfügen eines Listenelements

In Einprozessorsystemen oder Single-Task-Systemen bereitet diese Vorgehensweise keine Probleme. In Multiprozessorsystemen kann es aber vorkommen, daß mehr als ein Prozessor beabsichtigt, in diese Liste ein neues Element einzufügen. Dies ist in Bild 8.18 dargestellt. Jeder Prozessor will ein Listenelement einfügen, dessen Adresse jeweils im Adreßregister A1 steht. Einer der beiden Prozessoren beginnt nun mit dem ersten Befehl

```
MOVE.L HEAD,(NEXT,A1) ; Prozessor 1
```

Unmittelbar nach diesem Befehl erhalte der zweite Prozessor Zugriff auf den Bus. Er führt dann seinerseits diese Instruktion aus

```
MOVE.L HEAD,(NEXT,A1) ; Prozessor 2
```

und direkt anschließend noch

```
MOVE.L A1,HEAD ; Prozessor 2
```

Zuletzt beendet Prozessor 1 seine Einfügeoperation mit

```
MOVE.L A1,HEAD ; Prozessor 1
```

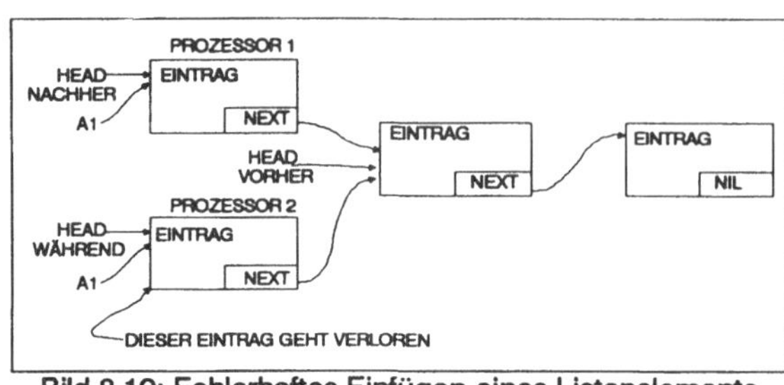

Bild 8.19: Fehlerhaftes Einfügen eines Listenelements

Das Gesamtergebnis ist in Bild 8.19 dargestellt. HEAD zeigt auf das Listenelement von Prozessor 1 und dieses auf die bisherige Liste. Das Listenelement von Prozessor 2 ist aber nicht mehr auffindbar, da mit der letzten Instruktion von Prozessor 1 der Kopfzeiger verändert wurde.

Der Zugriff auf die Liste muß also wie oben ausgeführt wurde, synchronisiert bzw. exklusiv durchgeführt werden. Dazu kann ein Synchronisationsbyte und die TEST-AND-SET-Instruktion benützt werden.

Dies ist beim 68020/30 nicht unbedingt erforderlich, da die Listenoperationen mit den COMPARE-AND-SWAP-Befehlen CAS bzw. CAS2 konsistent durchführbar sind[1]. Beide Instruktionen benützen wie TAS einen READ-MODIFY-WRITE-Zyklus. Der CAS-Befehl sei hier exemplarisch erläutert. Er benützt drei Operanden:

```
CAS.L Dc,Du,<ea>
```

Dc ist ein Datenregister, das zu Vergleichszwecken benützt wird. Du ist ein Datenregister, das zu Update-Zwecken benützt wird. <ea> ist die effektive Speicheradresse eines dritten Operanden. CAS vergleicht den Inhalt des Langworts bei <ea> mit dem Vergleichsregister Dc. Bei Übereinstimmung schreibt CAS den Inhalt des Update-Registers an die Speicherstelle <ea>, andernfalls wird der Inhalt von <ea> in das Vergleichsregister übernommen.

Unter Verwendung von CAS lautet die Einfügeoperation:

```
     MOVE.L HEAD,D0
     MOVE.L A1,D1
LOOP MOVE.L D0,(NEXT,A1)
     CAS.L D0,D1,HEAD
     BNE LOOP
```

[1] Diese Befehle haben, wie auch der Befehl TEST-AND-SET, ihr Vorbild in Prozessorarchitekturen von Großrechnern wie z.B. der IBM 360-/370-Serie.

Der erste Befehl schreibt den Inhalt des Listenzeigers in das Datenregister D0, das hier von CAS als Vergleichsregister verwendet wird. Die Adresse des neuen Listenelements wird mit der zweiten Instruktion in das Datenregister D1 geschrieben. Dieses Register wird von CAS als Update-Register benützt. Die dritte Instruktion schreibt an die NEXT-Stelle des neuen Listenelements die Adresse des bisherigen Listenanfangs. Die eigentliche kritische Operation, die Änderung des Kopfzeigers HEAD, wird von CAS durchgeführt.

Falls während der drei Instruktionen zwischen dem ersten MOVE.L und CAS.L ein anderer Prozessor ein Listenelement eingefügt hat, ergibt die Vergleichsoperation von CAS, daß der Inhalt des Kopfzeigers HEAD verändert ist. Als Folge davon wird der neue Inhalt des Kopfzeigers in das Vergleichsregister D0 übernommen und die Schleife ein zweites Mal durchlaufen. Dabei wird die NEXT-Stelle des neuen Listenelements erneut beschrieben. Er zeigt damit auf den neuen Listenanfang. Beim zweiten Vesuch stellt CAS Übereinstimmung des Kopfzeigers und des Vergleichsregisters fest und schreibt deshalb den Inhalt des Update-Registers in den Kopfzeiger, der damit auf das jetzt erfolgreich eingefügte Element zeigt (s. Bild 8.20).

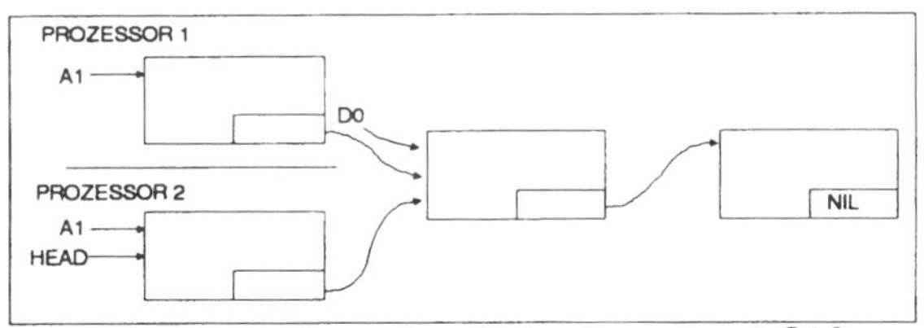

Bild 8.20: Einfügen eines Listenelements mit CAS

8.3.5.3 Das Co-Prozessor-Interface

Die Prozessoren 68020 und 68030 besitzen eine Hardware- und Software-Schnittstelle für Co-Prozessoren (siehe Bild 8.21). Co-Prozessor-Operationen werden durch die LINE-F-Instruktionen ausgelöst. Eine solche Instruktion veranlaßt die CPU, einen Co-Prozessor mit der Bearbeitung des Befehls zu beauftragen. Das Format eines solchen LINE-F-Befehls ist in Bild 8.22 dargestellt. Da ein System mehrere Co-Prozessoren enthalten kann, wird mit dem Co-Prozessor-ID der zu beauftragende Co-Prozessor gekennzeichnet. Die IDs 000..101 sind von MOTOROLA reserviert. Die IDs 110 und 111 können für anwenderspezifische Co-Prozessoren benützt werden. Das Typ-Feld wählt einen Co-Prozessor-Instruktions-Typ aus. Dazu gehören

- *GENERAL*
- *BRANCH*

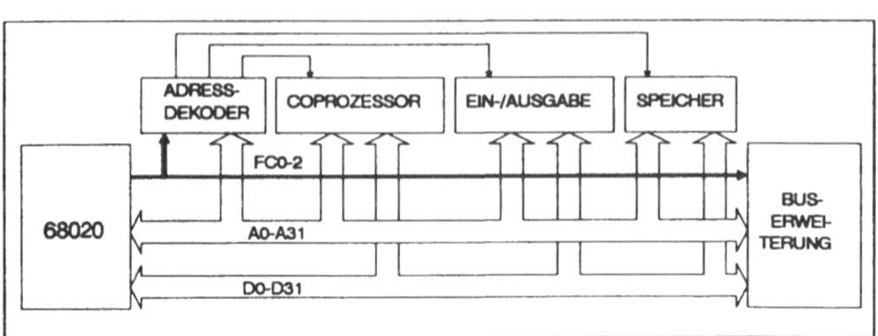

Bild 8.21: Systemstruktur mit Co-Prozessor

- *CONDITIONAL*
- *SAVE*
- *RESTORE*

Nach einer LINE-F-Instruktion führt die CPU einen CPU-SPACE-Buszyklus aus. Dabei wird über A16..A19 angegeben, daß es sich um einen Co-Prozessor-Zyklus handelt. Die Adreß-Bits A13..A15 geben den Co-Prozessor-Kenner (CP-ID) aus. Mit A0-A4 wird das Co-Prozessor-Interface-Register angewählt[1]. Die Folgeworte des LINE-F-Befehlsworts sind Co-Prozessor-spezifisch.

15			12	11 .. 9	8 .. 6	5 .. 0
1	1	1	1	CP-ID	OP-Type	type-dependent

Bild 22: LINE-F-Instruktion

Damit wird es möglich, eigene Co-Prozessoren zu entwickeln und davon mehrere in einer MASTER-SLAVE-Multiprozessor-Konfiguration mit dem 68020 bzw. 68030 zusammenarbeiten zu lassen.

8.4 Literaturverzeichnis

8.4.1 Bücher

J. Koch
Der 16-Bit-Mikroprozessor SC 68000
Befehlsvorrat
VALVO Datenbuch, Verlag Boysen + Maasch, ISBN 3-87095-257-1

MOTOROLA
MC68010 16 BIT VIRTUAL MEMORY MICROPROCESSOR
Advance Information ADI-942-R1

VALVO
68000-System Datenkommunikation CRT-Controller
Datenbuch 1987, Hüthig Verlag, ISBN 23-7785-1548-9

[1] Ausnahme: Die Register von Memory-Management-Units mit dem Coprozessor-ID '0' werden im CPU-Space '1' über A0..A6 adressiert

MOTOROLA
MC68020 32-Bit Microprocessor User's Manual
PRENTICE-HALL, ISBN 0-13-541418-0

MOTOROLA
MC68030 Enhanced 32-Bit Microprocessor User's Manual, second edition
PRENTICE-HALL, ISBN 0-13-566951-0

8.4.2 Einzelartikel

MOTOROLA
AN ARCHITECTURAL CONTRAST
The M68000 Microprocessor Family and the 8086/iAPX 286
Technical Note F100

T. W. Starnes
Design Philosophy Behind Motorola's MC68000
BYTE Magazine April 83/May 83/June 83

D. MacGregor, B. Moyer
Built-in tight-loop mode raises µP's performance
Electronic Design Vol. 31 No. 22, 1983

B. Beims
MULTIPROCESSING CAPABILITIES OF THE MC68020 32-BIT MICROPROCESSOR
WESCON 1984 Professional Program Papers

B. Beims
The MC68020 and System V/68
WESCON 1984 Professional Program Papers, Session 17/1

M. Freeman, C. Kaplinsky
Coprocessors up system throughput
SYSTEMS & SOFTWARE, Dec. 84

MOTOROLA
MC68030 Second Generation 32-Bit Enhanced Microprocessor
Technical Summary, BR508/D

S. Harris, T. Johnson
Software links math chip to 6800-family µPs
EDN, 23. Jan. 1986

D. MacGregor, D. Mothersole, B. Moyer
The Motorola MC68020
IEEE MICRO, Vol. 4. No. 4, Aug. 84, Seite 101-118

MOTOROLA
MC68020 Microprocessor to VERSAbus/VMEbus Interconnection Techniques
ENGENEERING BULLETIN EB114

T. C. Cooper, W. D. Bell, F. C. Lin, N. J. Rasmussen
A Benchmark Comparison of 32-bit Microprocessors
IEEE MICRO, Vol. 6, No. 4, Aug. 86, Seite 53-58

B. Beims
The MC68020 32-Bit MPU: Opening New Application Doors
WESCON 1985 Professional Program Papers, Session 1/1

M. W. Cruess
Memory management chip for 68020 translates addresses in less than a clock cycle
Electronic Design, Vol. 34, no. 11, 1986

A. S. Jackson
A BASIC COMPARISON OF THE MC68020 WITH THE iAPX 286/386, NS32032, DEC PDP-11, & DEC VAX
MOTOROLA BRE330S

N. Mokhoff
Supermicro look-alikes differ below the surface in processing power
Computer Design, 1. Sept. 1986

MOTOROLA
32-BIT COMPUTER DESIGN USING 68020/68881/68851
Application Note ANE 001/D

9 Mikroprozessoren II: Transputer

9.1 Einführung

9.1.1 Zielsetzung

In diesem Kapitel soll ein Überblick über die Merkmale und Eigenschaften der Transputerfamilie und der Programmiersprache OCCAM gegeben werden. Die hier gemachten Ausführungen sind allerdings kein Ersatz für die Original-Herstellerdokumentation oder für eine vertiefte Einführung in die Parallel-Programmierung mit OCCAM. Ziel ist lediglich, einen so umfassenden Überblick zu bieten, der es im Einzelfall ermöglicht, die Einsatzmöglichkeiten des Transputers zu beurteilen und seine Besonderheiten kennenzulernen.

Der Transputer und die Programmiersprache OCCAM wurden gleichzeitig entwickelt. Das Ziel war dabei, eine Programmiersprache zu schaffen, mit der Programme aus parallelen Prozessen geschrieben werden können, die effizient von einem für die Sprache optimierten Prozessor, dem Transputer, ausgeführt werden. Deshalb muß in diesem Kapitel sowohl auf die Prozessoreigenschaften, als auch auf die Programmierung paralleler Prozesse eingegangen werden.

Sozusagen als Nebenprodukt fallen einige Anmerkungen zu dem Konzept der reduced instruction set computer (RISC) ab.

9.1.2 Das Transputer-Konzept

9.1.2.1 Namensgebung

"TRANSPUTER" ist ein Kunstwort, das Analogien zu dem Kunstwort "TRANSISTOR" erzeugt. Der Transputer soll ein programmierbares Bauelement sein, mit dem intelligente aktive Systeme auf möglichst einfache Weise aufgebaut werden sollen. Deshalb wurde ähnlich wie aus den Worten *transfer resistor* das Wort TRANSISTOR aus den Worten *Transistor* und *Computer* der Begriff *TRANSPUTER* geschaffen, der offensichtlich zum Ausdruck bringen soll, daß der Transputer ein **Computer-Bauelement** ist, so wie der Transistor ein aktives elektronisches Bauelement darstellt.

Mit dem Transputer soll (nach Meinung der Erfinder) ein Computerbauelement verfügbar sein, mit dem Computersysteme vom Microcontroller bis hin zu Supercomputern auf einfache Weise gebaut werden können sollen. Die Programme sollen nach dem Konzept der *kommunizierenden sequentiellen Softwareprozesse* erstellt sein. Dementsprechend wurde in Anlehnung an CSP[1] von C. A. Hoare die Programmiersprache OCCAM zur Programmierung von Transputern geschaffen. Umgekehrt unterstützt der Transputer wirkungsvoll die Erfordernisse von OCCAM[2].

9.1.2.2 Die Software-Architektur

Das Transputerkonzept entspricht der in diesem Manuskript vorgeschlagenen Vorgehensweise für die Entwicklung einer Rechneranwendung: ausgehend von der zu bearbeitenden Aufgabe soll eine Aufgabenzerlegung in einfachere Teilaufgaben vorgenommen werden und deren Parallelisierbarkeit untersucht werden. Die Teilaufgaben können dann durch untereinander kommunizierende Software-Prozesse bearbeitet werden. Je nach Parallelisierbarkeit können diese dann von *einem* Prozessor oder von einem *Multi*prozessor ausgeführt werden.

Ein Prozeß ist in diesem Sinne eine unabhängige Software-Aufgabe, die aus Programm-Code und *lokalen* Datenbereichen besteht. Er stellt einen "schwarzen Kasten" dar, der über *Eingangskanäle* Information aufnehmen, verarbeiten und über *Ausgangskanäle* wieder ausgeben kann. Mehrere Prozesse können untereinander kommunizieren, wie dies in Bild 9.1 dargestellt ist. Jeder Kreis stellt einen Prozeß dar. Die gerichteten Kanten symbolisieren unidirektionale Kommunikationskanäle. Beispielsweise kann nach der Prozeßstruktur in Bild 9.1 der Prozeß P3 Information in Form einer Nachricht an den Prozeß P2 senden. P2 kann In-

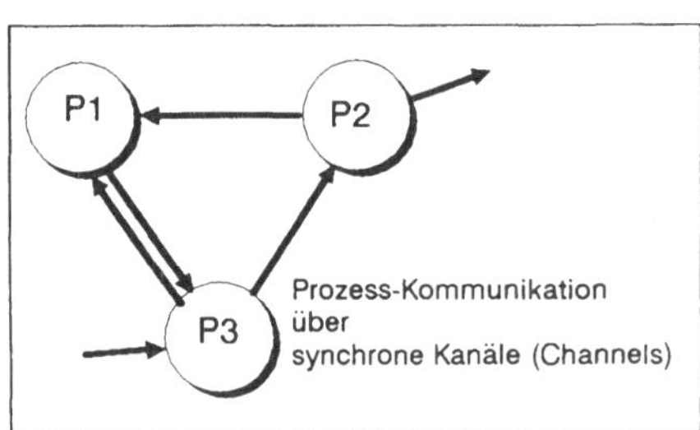

Bild 9.1: Kommunizierende Prozesse

[1] communicating sequential processes

[2] dies wird in den folgenden Abschnitten deutlich werden.

formation an P1 und auch an weitere Prozesse, die hier nicht dargestellt sind, ausgeben. Mehrere Prozesse können zusammengefaßt wiederum als ein komplexerer Prozeß aufgefaßt werden. Beispielsweise sind in Bild 9.2 die Prozesse P1..P3 zu einem komplexeren Prozeß zusammengefaßt, der einen Eingangskanal und einen Ausgangskanal hat. Auf diese Weise lassen sich aus *primitiven* Prozessen komplexe Prozess-Systeme aufbauen. OCCAM stellt hierfür die erforderlichen Sprachmittel und der Transputer eine effiziente Prozessorunterstützung zur Verfügung.

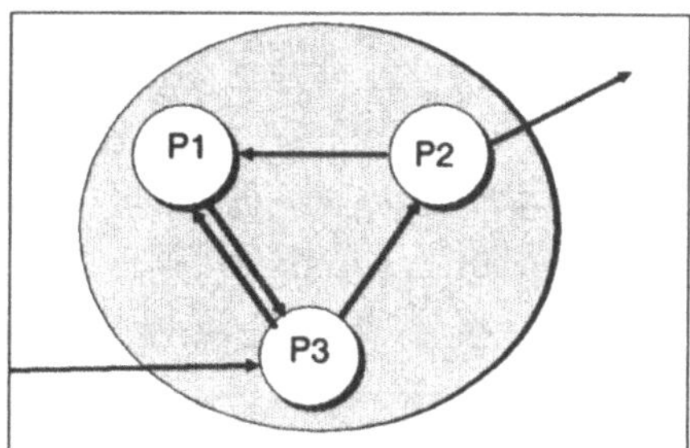

Bild 9.2: Zusammenfassung kommunizierender Prozesse

9.1.3 OCCAM

In den folgenden Abschnitten sollen die wesentlichen Merkmale der Programmiersprache OCCAM in aller Kürze vorgestellt werden, soweit sie für das bessere Verständnis von Transputern erforderlich sind. Diese Ausführungen können allerdings nicht die Referenz eines OCCAM-Programmierhandbuchs ersetzen[1]. OCCAM-Programme werden aus drei *primitiven Prozessen* zusammengesetzt:

- *ZUWEISUNG. Eine Zuweisung weist einer Variablen den Wert eines Ausdrucks oder einer Konstanten zu (z.B.: z := x + y).*
- *INPUT. Mit INPUT wird ein Wert über einen Kanal empfangen und einer Variablen zugewiesen (z.B.: kanal.name ? x)*[2].
- *OUTPUT. Mit OUTPUT wird der Wert einer Variablen oder Konstanten über einen Kanal ausgegeben (z.B.: kanal.name ! x)*[3].

Prozesse können zu *sequentiellen, parallelen, alternativen, wiederholten* oder *bedingten* Konstrukten zusammengefaßt werden. Hierzu dienen die Anweisungen:

- *SEQ. Mit der Anweisung SEQuence wird erreicht, daß Komponenten eines Prozesses zeitlich nacheinander (sequentiell) ausgeführt werden.*
- *PAR. Mit der Anweisung PARallel wird erreicht, daß die Komponenten eines Prozesses gleichzeitig oder quasigleichzeitig, d.h. parallel ausgeführt werden.*

[1] siehe z. B. R. Steinmetz, OCCAM 2

[2] Das Fragezeichen "?" ist die OCCAM-Anweisung für INPUT.

[3] Das Ausrufezeichen "!" ist die OCCAM-Anweisung für OUTPUT.

- *ALT. Mit der Anweisung ALTernative wird von mehreren kommunikationsbereiten Komponenten-Prozessen derjenige ausgewählt, auf dessen Kommunikationkanal zuerst Daten eingehen.*
- *WHILE. Mit der Anweisung WHILE können Wiederholungen von Prozessen beschrieben werden.*
- *IF. Mit der Anweisung IF können Prozesse bedingt ausgeführt werden.*

Ein solches Konstrukt ist selbst ein Prozeß und kann deshalb seinerseits als Komponente eines anderen Konstrukts verwendet werden.

9.1.3.1 Sequentielle Prozesse

Gewöhnliche sequentielle Programme können in OCCAM mit Variablen und Zuweisungen als sequentielle Konstrukte formuliert werden. Das Programmfragment

```
SEQ
  inpchan ? x
  y := x + 1
  outchan ! y
```

liest zunächst Daten vom Kanal *inpchan* in die Variable *x* ein. Anschließend wird zu *x* die Konstante *1* addiert und der Variablen *y* zugewiesen. Schließlich wird der Inhalt der Variablen *y* über den Kanal mit dem Namen *outchan* ausgegeben. Die Anweisung SEQ schreibt die sequentielle Ausführung dieser drei primitiven Prozesse vor. Sequentiell bedeutet, daß ein Folgeprozeß erst startet, wenn sein Vorgänger terminiert. Das SEQ-Konstrukt terminiert, wenn sein letzter Prozeß (hier *outchan ! y*) terminiert. Die zweifache Einrückung kennzeichnet den Beginn des zu SEQ gehörigen Prozeßblocks. Eine zweifache Ausrückung kennzeichnet das zugehörige Ende. Dies entspricht der *BEGIN...END* - Klause eines PASCAL-Compound-Statements oder der {...} - Klammerung in der Programmiersprache "C".

9.1.3.2 Parallele Prozesse

Mit der OCCAM-PAR-Anweisung können parallel ausführbare Prozesse beschrieben werden. Das Programmfragment

```
PAR
  SEQ
    inputchan1 ? x
    x := x + 1
  SEQ
    inputchan2 ? y
    y := y - 1
```

beschreibt zwei parallele Prozesse. Jeder dieser beiden parallelen Prozesse besteht aus einem SEQ - Konstrukt. Das erste SEQ - Konstrukt umfaßt einen Primitiv-Prozeß, der vom Kanal *inputchan1* in die Variable *x* einliest und einen Primitiv-Prozeß, der anschließend den Inhalt von *x* inkrementiert. Das zweite SEQ - Konstrukt umfaßt einen Primitiv-Prozeß, der vom Kanal *inputchan2* in die Variable *y* einliest und einen zweiten, der den Inhalt von *y* dekrementiert.

Alle Komponenten eines PAR-Konstrukts starten (praktisch) gleichzeitig. Das PAR-Konstrukt terminiert, wenn alle seine Komponenten-Prozesse terminiert sind.

9.1.3.3 Alternative Prozesse

Mit Hilfe der OCCAM-Anweisung ALT kann eine bedingte Auswahl aus mehreren Prozessen erfolgen, von denen einer zur Ausführung kommt. In dem Programm-Fragment

```
ALT
  inpchan1 ? x
    SEQ
      ... 1. alternativer Prozess
  inpchan2 ? x
    SEQ
      ... 2. alternativer Prozess
  inpchan3 ? x
    SEQ
      ... 3. alternativer Prozess
```

warten drei Prozesse auf eingehende Daten. Derjenige Prozeß, der als erstes seine Daten über seinen Eingangskanal empfängt, gelangt zur weiteren Ausführung. Falls beispielsweise über den Kanal *inpchan2* zuerst Daten ankommen, wird der 2. Alternativprozeß ausgeführt. Das ALT-Konstrukt terminiert, wenn der so aktivierte Alternativ-Prozeß terminiert.

9.1.3.4 Wiederholte Prozesse

Mit *wiederholten* Prozessen können Ausführungsschleifen beschrieben werden. In dem Programmfragment

```
SEQ
  x := 0
  WHILE x > = 0
    SEQ
      inpchan ? x
      outchan ! 2 + x
```

werden vom Kanal *inpchan* Daten in die Variable *x* eingelesen und um 2 erhöht wieder über den Kanal *outchan* ausgegeben, solange x positiv ist. Wenn ein negativer Wert für x empfangen wird, terminiert der WHILE-Prozeß.

9.1.3.5 Bedingte Prozesse

Mit dem IF-Konstrukt kann durch eine Entscheidungsbedingung einer von vielen Prozessen ausgewählt werden. Lediglich der ausgewählte Komponenten-Prozeß wird ausgeführt. Wenn er terminiert, terminiert der bedingte Prozeß. In dem Programmfragment

```
IF
  x = 1
    ... 1. bedingter Prozess
  x = 2
    ... 2. bedingter Prozess
  TRUE
    SKIP
```

wird der erste Komponenten-Prozeß (1. bedingter Prozeß) ausgeführt, falls x den Wert 1 hat. Für x = 2 wird der zweite Komponenten-Prozeß ausgeführt. Für alle anderen Werte von x wird der reservierte Prozeß *SKIP* ausgeführt. SKIP startet und terminiert, ohne eine weitere Aktion auszuführen.

9.1.3.6 Replizierte Prozesse

Durch Erzeugung von Kopien von Prozessen (Replikation) lassen sich Arrays von Prozessen definieren. Die allgemeine Form eines Replikators lautet:

```
REP index = base FOR count
  process
```

REP steht hier für *SEQ*, *PAR*, *ALT* oder *IF*. Ein einfaches Anwendungsbeispiel zeigt das Programmfragment:

```
[6]CHAN OF INT pipe :

PAR i = 0 FOR 5
  WHILE TRUE
    INT x :
    SEQ
      pipe[i] ? x
      pipe[i+1] ! x
```

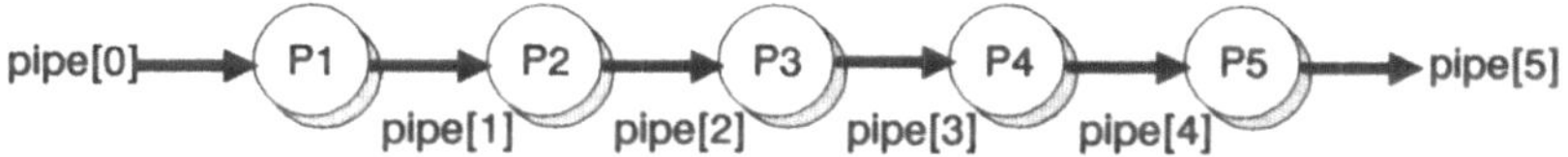

Bild 9.3: Replizierte Prozesse als FIFO-Queue

Die Prozeß-Struktur des vorstehenden Beispiels ist in Bild 9.3 dargestellt. Der Prozeß P1 empfängt über den Kanal *pipe[0]* einen Zahlenwert und gibt ihn an seinen Nachfolger P2 über den Kanal *pipe[1]* weiter. Dies setzt sich fort, bis der Prozeß P5 den Zahlenwert über den Kanal *pipe[5]* ausgibt. Da jeder Prozeß dieses Beispiels als einfacher Puffer wirkt, handelt es sich hier um einen FIFO[1]-Puffer oder eine FIFO-Warteschlange (Queue) der Länge 5.

9.1.3.7 OCCAM-Channels

OCCAM-Channels sind Kommunikationswege, über die zwei Prozesse Daten austauschen können. Dabei handelt es sich um unidirektionale Punkt-zu-Punkt-Verbindungen (s. Bild 9.1). Die Kommunikation erfolgt synchron. Darunter wird folgendes verstanden:

- *Wenn der sendewillige Prozeß bereit ist, die Daten zu senden, der Empfängerprozeß aber noch nicht empfangsbereit ist, muß der sendewillige Prozeß auf die Empfangsbereitschaft des Empfängers warten.*
- *Wenn der Empfängerprozeß der Daten empfangsbereit, der Senderprozeß aber noch nicht sendebereit ist, so muß der Empfänger auf die Sendebereitschaft des Sendeprozesses warten.*

Sowohl Sender, wie auch Empfänger müssen für die Datenübergabe gleichzeitig bereit sein (synchron sein), d.h beide Prozesse führen ein "Rendezvous" durch, da sie

[1] FIFO: first in ... first out, der zuerst eingetroffene Datenwert wird auch als erster wieder ausgegeben.

zur selben Zeit am selben Ort (Kanal) Daten austauschen. Nach erfolgtem Datenaustausch werden beide Prozesse fortgeführt.

9.2 Die Rechnerorganisation

9.2.1 Der Grundaufbau

Der Grundaufbau eines typischen Transputers und seine charakteristischen Funktionsblöcke sind in Bild 9.4 dargestellt. Auf einem einzigen Chip sind ein Prozessor, Speicher und serielle Datenübertragungseinrichtungen (Links) mit einer maximalen Übertragungsrate von je 20 MBit/s untergebracht. Zusätzlich können weitere anwendungsspezifische Interfaces, wie z.B. eine Speichersteuerung, ein Kontroller für Floppy-Disk- und Winchester-Disk-Laufwerke oder ein Graphik-Kontroller untergebracht sein. Zu den System-Services gehören die Taktversorgung, die Stromversorgung, Signale für die Initialisierung des Transputers und Zeitgeber.

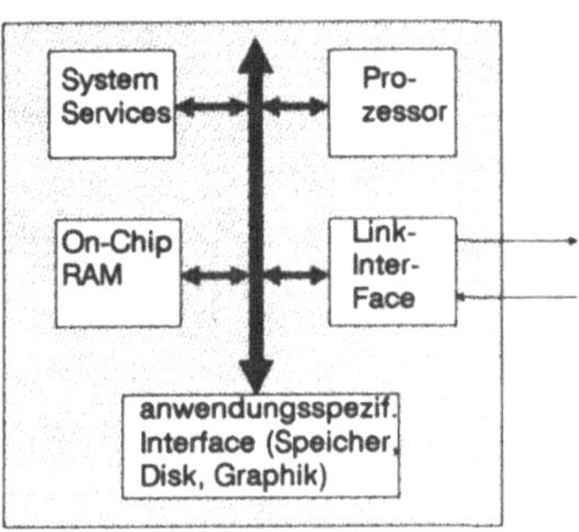

Bild 9.4: Grundaufbau eines Transputer-Chips

9.2.1.1 Die Transputer-Links

Die Links sind ein wesentliches Merkmal der Transputer. Eine Link ist eine serielle Kommunikationsschnittstelle hoher Übertragungsrate. Die Standardübertragungsrate beträgt 10 MBit/s, sie kann aber auch auf 5 bzw. 20 MBit/s konfiguriert werden. Jede Link ist mit einem eigenen DMA-Controller ausgestattet, so daß mehrere Übertragungen gleichzeitig möglich sind. Über Links werden grundsätzlich 8-Bit-Bytes (Oktetts) asynchron übertragen. Dazu wird jedes Oktett von einem Startrahmen aus zwei Bit und einem Stopbit begrenzt (siehe Bild 9.5). Der Ruhezustand einer Linkleitung ist ein TTL-"0"-Pegel. Die Übertragung eines Oktetts beginnt mit einem Startbit und einer Kennzeichnung, daß Daten folgen (data flag). Nach der Übertragung des höchstwertigen Bits des Oktetts (Bit 7) folgt ein Stopbit mit dem TTL-Pegel "0". Vor der Übertragung eines weiteren Oktetts erwartet die *sendende*

Link eine Empfangsquittung der *empfangenden* Link (acknowledge). Eine solche Quittung besteht aus einem Startbit, das unmittelbar von einem Stopbit gefolgt wird. Diese Quittung kann auch überlappend mit der noch laufenden Übertragung eines Oktetts eingehen. Dieses Quittierungsverfahren stellt allerdings nur eine *Flußkontrolle* dar. Die empfangende Link signalisiert damit nur, daß ein Pufferplatz für ein weiteres Oktett verfügbar ist. Eine automatische Fehlererkennung bzw. -korrektur wird dadurch nicht erreicht. Dies ist insbesondere dann problematisch, wenn das Quittungspaket durch einen Übertragungsfehler verstümmelt wird. Die Links sind deshalb nur für kurze Entfernungen geeignet[1]. Die Implementierung der Links unterstützt die Semantik der OCCAM-Channels, so daß zwei OCCAM-Prozesse auch über Links kommunizieren können.

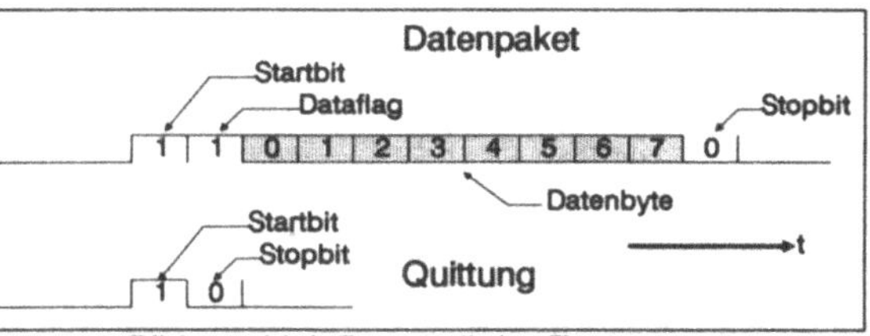

Bild 9.5: Link-Protokoll des Transputers

9.2.1.2 Bootstrapping

Nachdem das RESET-Signal inaktiv geworden ist, wird zunächst die Speichersteuerung[2] initialisiert. Anschließend starten der Prozessor und die Links. Das Urladeprogramm (Bootstrap) kann wahlweise einem externen Festwertspeicher ((E)PROM oder ROM) entnommen oder über eine der verfügbaren Links empfangen werden. Falls der Transputer für *BootFromLink* konfiguriert ist, akzeptiert er die auf einer beliebigen Link zuerst eingehenden Daten als Bootstrap-Programm, das zunächst in den Hauptspeicher eingelesen und anschließend gestartet wird. Diese Funktion ist besonders hilfreich, wenn ganze Netzwerke von Transputern urgeladen werden müssen.

9.2.1.3 Taktversorgung

Alle Transputer werden von einem niederfrequenten Takt versorgt. Die Taktfrequenz von üblicherweise 5 MHz wird intern entsprechend der Arbeitstaktfrequenz des spezifischen Transputers vervielfacht. Beispielsweise erzeugt der IMS T800-17

[1] Am Fachbereich Nachrichten-/Feinwerktechnik wurde deshalb ein Kommunikationskontroller entwickelt, der dieses Linkprotokoll umsetzt und für die Übertragung über große Entfernungen über Lichtwellenleiter bei automatischer Fehlererkennung und -korrektur ermöglicht.

[2] Das Speichersteuerungs-Interface ist häufig für unterschiedliche RAM-Speicherchips konfigurierbar.

daraus eine interne Taktfrequenz von 17.0 MHz, während der IMS T800-30 daraus 30 MHz ableitet. Die Philosophie, einen einheitlichen externen Grundtakt zu verwenden, entspricht dem Transputerkonzept als einheitliches Computerbauelement.

9.2.1.4 Familienüberblick

Der erste Transputer war der IMS **T414** mit einer internen 32-Bit-Architektur und einem 32-Bit breitem Speicherinterface. Adreß- und Datenbus werden im Multiplexbetrieb über dieselben I/O-Pins des Transputer-Chips übertragen. Der T414 verfügt über einen 2 kByte großen on-chip RAM-Speicher. Der **T800** ist Pin-kompatibel mit dem IMS T414-20 und enthält zusätzlich einen 64-Bit Gleitpunkt-Arithmetikprozessor auf dem Chip. Er verfügt wie der T414 über vier Links mit 5, 10 und 20 MBit/Sekunde maximale Datenrate. Der on-chip RAM-Speicher ist beim T800 4 kByte groß. Der **T212/222** besitzt eine interne 16-Bit-Architektur, ein 16-Bit Speicherinterface und vier LINKs. Der **M212** ist ein 16-Bit Transputer mit einem on-chip Disk-Controller für ST506/ST412 kompatible Plattenlaufwerke. Er ist lediglich mit zwei LINKs ausgestattet. Die Steuerung der Disk-Controller-Hardware wird durch Programme in einem 4 kByte großen on-chip ROM unterstützt[1]. Neuere Vertreter, die teilweise noch nicht auf dem Markt verfügbar sind, sind der T801, der T805 und der T425.

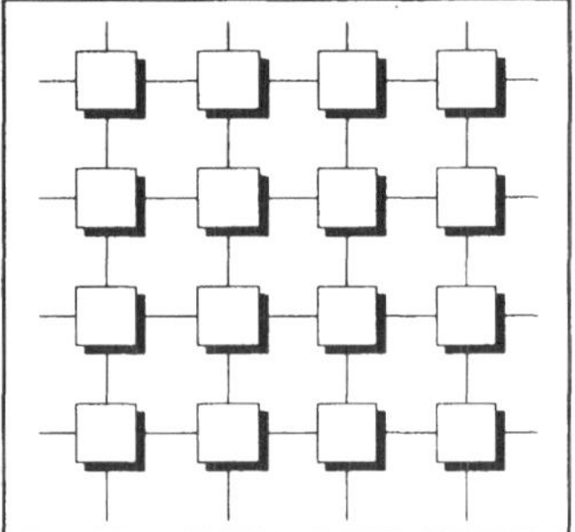
Bild 9.6: Array von Transputern

9.2.2 Multiprozessoren mit Transputern

9.2.2.1 Homogene Multiprozessoren

Transputer eignen sich besonders gut für den Aufbau von *lose gekoppelten* homogenen Multiprozessorstrukturen. Homogen soll hier bedeuten, daß jeder Rechner des Multiprozessorsystems mit Transputern aufgebaut ist. Jeder Transputer verfügt dazu über einen Lokalspeicher geeigneter Größe. Die Kommunikation mit anderen Transputern erfolgt über die Links. Ein Beispiel ist in Bild 9.6 dargestellt. Es zeigt ein Array von 16 Transputern. Jeder Knoten des Arrays (symbolisiert durch das Quadrat) ist

[1] Am Fachbereich Nachrichten-/Feinwerktechnik der Georg-Simon-Ohm Fachhochschule in Nürnberg wurde für den M212 ein MSDOS-kompatibles Filesystem entwickelt und in OCCAM implementiert.

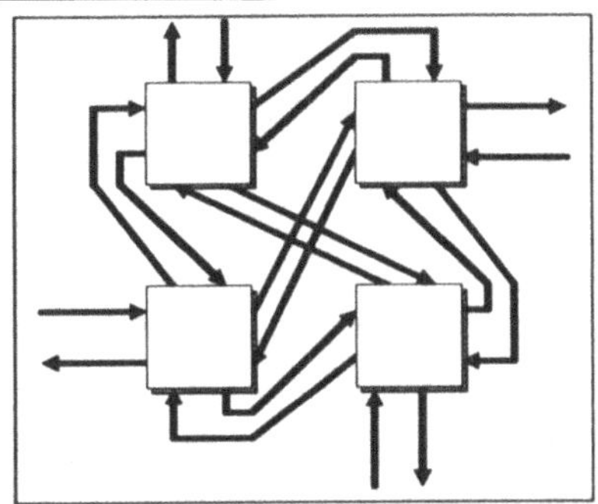

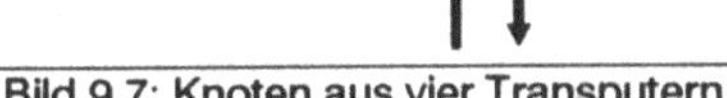

Bild 9.7: Knoten aus vier Transputern

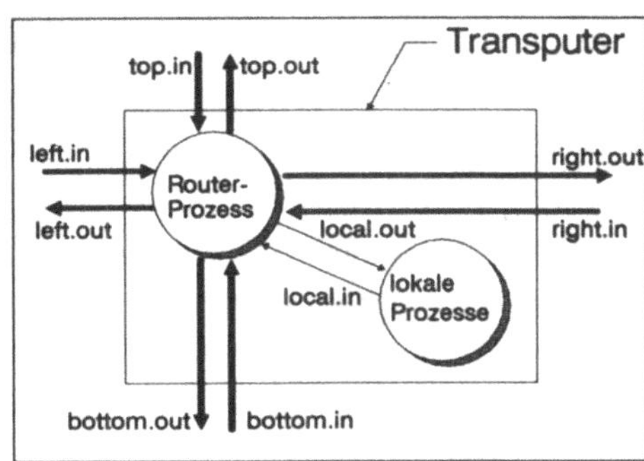

Bild 9.8: Routing von Linkdaten

ein mit Lokalspeicher ausgestatteter Transputer. Die Verbindungslinien der Knoten stellen eine Link dar, über die Nachbartransputer kommunizieren können. Durch geeignete Verbindung von Transputern über Links können so zahlreiche andere Topologien von Multitransputersystemen, angefangen von einer Linie (Pipeline) über einen Baum, ein Array bis zu irregulären Formen realisiert werden. Beispielsweise könnte jeder Knoten des Transputerarrays in Bild 9.6 selbst aus mehreren Transputern bestehen (siehe Bild 9.7). Als wesentliches Merkmal muß jedoch hervorgehoben werden, daß eine unmittelbare Kommunikation immer nur zwischen nächsten Nachbarn möglich ist. Sind Daten zwischen weiter entfernten Knoten auszutauschen, so müssen die dazwischenliegenden Knoten als *Router* wirken, d.h. sie müssen eingehende Daten empfangen und anhand einer Zieladreßinformation ermitteln, an welchen nächsten Nachbarn die Daten weiterzureichen sind. Dies ist schematisch in Bild 9.8 dargestellt. Wenn beispielsweise über die Link *left.in* Adressen und Daten eingehen, prüft der Prozeß *Router* die Adreßinformation. Falls die Adresse mit der Adresse des lokalen Transputerknotens übereinstimmt, werden die Daten über den Kanal *local.out* an den Prozeß *local process* weitergegeben. Andernfalls werden die Daten zusammen mit der Zieladresse gemäß einer Routingstrategie beispielsweise über die Link *top.out* weitergereicht.

9.2.2.2 Inhomogene Multiprozessoren

Ein Beispiel einer einfachen inhomogenen Multiprozessorkonfiguration ist in Bild 9.9 dargestellt. Dort ist ein Transputersystem mit einem gewöhnlichen Mikroprozessorsystem gekoppelt. Die Kopplung erfolgt über eine Ein-/Ausgabeschnittstel-

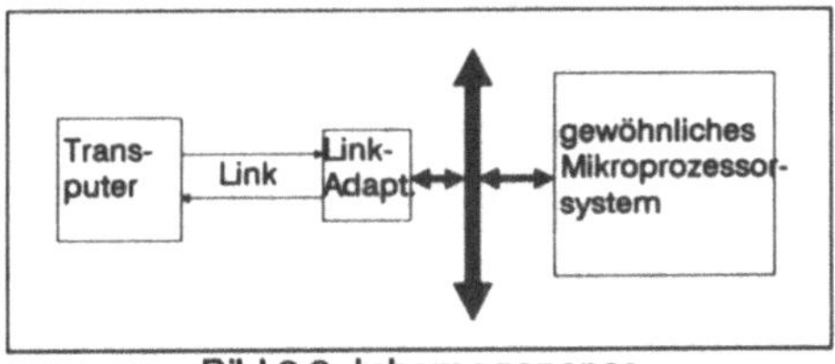

Bild 9.9: Inhomogenenes Multiprozessorsystem

le des gewöhnlichen Mikroprozessorsystems, die an dessen Bus angeschlossen ist. Als Verbindungselement wird ein *Link-Adaptor* eingesetzt. Der Link-Adaptor verhält sich aus der Sicht des gewöhnlichen Mikroprozessorsystems wie eine 8-Bit-Parallel-Ein-/Ausgabeschnittstelle. Aus der Sicht des Transputersystems verhält er sich wie die Link eines anderen Transputers. Ein Prozessor oder DMA-Controller des gewöhnlichen Mikroprozessorsystems kann über diese 8-Bit-Parallelschnittstelle Daten ausgeben, die ein Prozeß auf dem angeschlossenen Transputer über die Link einliest. Umgekehrt kann ein Prozeß auf dem Transputer über die Link Daten ausgeben, die von dem gewöhnlichen Mikroprozessorsystem übernommen werden. Sowohl das gewöhnliche Mikroprozessorsystem als auch das Transputersystem können für sich einfache Prozessoren oder bereits Multiprozessorsysteme sein. Diese Struktur wird sehr häufig als Softwareentwicklungsrechner benützt. Das gewöhnliche Mikroprozessorsystem ist dabei ein IBM-PC/AT-kompatibler Personalcomputer, in den ein Transputerrechner als zusätzliche Platine eingesteckt wird. Eine Link des Transputers stellt die Verbindung zum PC über einen Linkadaptor her. Die restlichen Links können beispielsweise für den Anschluß weiterer Transputer benützt werden. Der in den PC eingesteckte Transputer wird mit Hilfe eines MSDOS-Programms über die verbindende Link gebootet und das Softwareentwicklungssystem (z.B. Transputer Development System, TDS II) geladen. Das Ladeprogramm wirkt anschließend als *Server* und ermöglicht so dem Transputersystem Zugriff zur Tastatur, dem Bildschirm und der Speicherplatte des PCs.

9.2.2.3 Transputersysteme variabler Topologie

Transputer werden durch elektrische Verschaltung der Links untereinander verbunden. Dadurch entsteht ein Multitransputersystem mit fester Topologie, bei der ein Transputer (zur Zeit) maximal vier nächste Nachbarn haben kann. Alternativ ist es möglich, die Linkverbindungen mit Hilfe eines einstellbaren Kreuzschienenverteilers vorzunehmen. Ein geeigneter Kreuzschienenverteiler ist z.B. der IMS **C004** von INMOS, das ist ein integrierter Kopplerbaustein, an den bis zu 32 Transputerlinks anschließbar sind. Über eine weitere Link kann ein Steuertransputer oder auch ein gewöhnlicher Mikroprozessor mit einem Linkadaptor die Verbindungen einstellen und ggf. auch verändern. Mit einem dieser Kreuzschienenverteiler lassen sich alle möglichen Verbindungstopologien von insgesamt acht Transputern herstellen. Mit vier dieser Kreuzschienenverteiler lassen sich alle möglichen Netzwerke von bis zu 32 Transputern einstellen. Die Netzwerke können zur Laufzeit des Systems dynamisch rekonfiguriert werden, sofern auf der Linkverbindung, die augenblicklich rekonfiguriert wird, keine Datenübertragung stattfindet.

9.3 Die Prozessorarchitektur

Der Transputer wurde mit dem Ziel entwickelt, das Sprachkonzept von OCCAM effizient zu unterstützen. Als Folge davon entstand eine Prozessorarchitektur, die in vielen Aspekten deutlich von anderen Mikroprozessoren abweicht.

9.3.1 Das Programmiermodell

Das Programmiermodell bzw. der Registersatz des Transputers ist in Bild 9.10 dargestellt. Der Registersatz besteht aus den drei Arbeitsregistern A, B und C. Das *Next Instruction* Register entspricht dem Programmzähler in üblichen Mikroprozessoren. Es enthält die Adresse des nächsten Befehls. Das *Workspace* Register enthält die Adresse des lokalen Datenbereichs (*workspace, locals*) des laufenden Programms (Prozesses). Alle Register sind 32 Bit breit. Im Gegensatz zu 'normalen' Mikroprozessoren sind die Arbeitsregister nicht explizit adressierbar. Die Register A, B und C werden als *Evaluation Stack* benützt. Beispielsweise müssen die Operanden für arithmetische Operationen erst auf diesen Stack geladen werden.

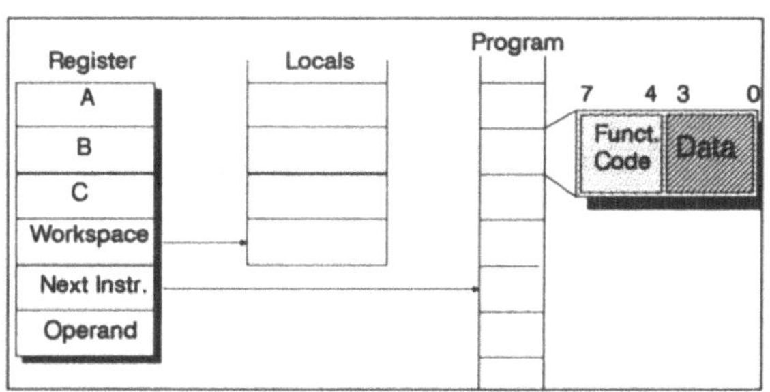

Bild 9.10: Programmiermodell des Transputers

Die erste Ladeoperation schreibt den Operanden in das Register A, das den *Top Of Stack* darstellt. Die folgende Ladeoperation überträgt den Inhalt des Registers A in das Register B und lädt A mit dem neuen Operanden. Wird dann beispielsweise eine Additionsoperation ausgeführt, wird der Inhalt des Registers B zum Inhalt des Registers A addiert. Das Ergebnis steht anschließend in A. Der Inhalt von B ist danach undefiniert.

Das I-Register (next instruction pointer) enthält die Byte-Adresse der Folgeinstruktion. Entsprechend der Philosophie der *reduced instruction set* Prozessoren verwendet der Transputer ein festes Befehlsformat, das hier, als weiteres ungewöhnliches Merkmal, nur acht Bit breit ist. Jedes Byte des Programm-Code-Bereichs ist ein Transputerbefehl. Die Bits 4..7 enthalten den Funktionscode, die Bits 0..3 den Operanden eines Befehls als *immediate* Datum. Dementsprechend kennt der Transputer nur 16 Grundbefehle. Der Befehl *ADD CONSTANT* (Assemblerschreibweise: *adc #A*, Maschinencode $8A_{16}$) addiert den dezimalen Zahlenwert 10 zum Inhalt des Registers A. Das Ergebnis steht anschließend in A.

Diese 16 Grundbefehle werden auch *direkte Funktionen* genannt, da sie direkt ausführbare Befehle enthalten. 13 dieser Befehle sind die am häufigsten benötigten Befehle. Hierzu gehören das Laden von Konstanten und Variablen. Beispielsweise adressieren die Befehle *LOAD LOCAL* (Maschinencode *7x*)bzw. *STORE LOCAL* (Maschinencode *Dx*) 16 Wort-Operanden relativ zum Workspace-Pointer, während die Befehle *LOAD NON LOCAL* (Maschinencode *3x*) bzw. *STORE NON LOCAL* (Maschinencode *Ex*) 16 Wort-Operanden relativ zum A-Register als Basiszeiger referenzieren.

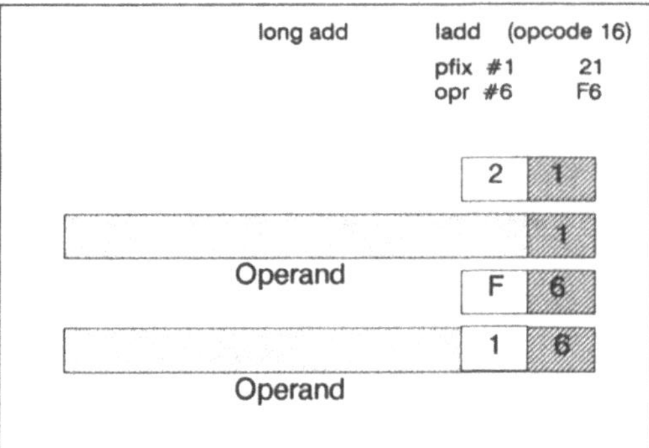

Bild 9.11: Synthese langer Befehle

9.3.1.1 Erweiterte Befehle

Zu den 16 Grundbefehlen gehören auch die Anweisungen *PREFIX* (Assemblerschreibweise *pfix*, Maschinencode *2x*) und *NEGATIVE PREFIX* (Assemblerschreibweise *nfix*, Maschinencode *6x*). Mit diesen Befehlen lassen sich schrittweise die Funktionscodes weiterer Befehle im Operand-Register (siehe Bild 9.10 und Bild 9.11) aufbauen. Beispielsweise hat der Befehl *LONG ADD* den *Befehls*code 16 und ist deshalb nicht unmittelbar im Befehlsformat darstellbar. Deshalb wird dieser Befehl in zwei Schritten aufgebaut:

- *Mit dem Befehl PFIX #1 (Maschinencode 21) wird die Konstante '1' in das Operandenregister geladen und vier Bitpositionen nach links geschoben.*

- *Mit dem Befehl OPERATE #6 (Assemblerschreibweise OPR #6, Maschinencode F6) wird in die niederwertigen Bits (0..3) die Konstante 6 übertragen. Das Operand-Register enthält damit den Befehlscode des LONG ADD Befehls, der als Folge des OPR Befehls ausgeführt wird.*

Der *lange* Transputerbefehl *LADD* mit dem eigentlichen Befehlscode *16* ist deshalb im Programmspeicher nicht unmittelbar aufzufinden. Vielmehr ist er im Programmspeicher durch die Codesequenz 21 F6 ersetzt. Unter Berücksichtigung der so möglichen Erweiterbarkeit des Befehlsvorrats kennt beispielsweise der Transputer T414 folgende Befehlsgruppen:

- *Die direkten Funktionen umfassen die am häufigsten vorkommenden Befehle wie Laden von Konstanten und Variablen, Sprünge u.a.*
- *Die Befehle zur Prozessorinitialisierung und Fehleranalyse*
- *Die Befehle für lange Ganzzahlarithmetik*
- *Allgemeine indirekte Operationen wie z.B. Wortprüfung oder Worterweiterung*
- *Die Befehle zur Bedienung und Abfrage der eingebauten (Zeitgeber) Timer*
- *Arithmetische und logische Operationen*
- *Befehle zur Fehlerbehandlung*
- *Index-Operationen wie z.B. BYTE SUBSCRIPT oder MOVE MESSAGE*
- *Ein-/Ausgabebefehle zur Interprozeßkommunikation über Kanäle oder Links*
- *Befehle für die Unterstützung von Gleitpunktarithmetik*
- *Befehle zur Ablaufkontrolle wie z.B. RETURN oder LOOP END (loop or exit)*

und schließlich

- *Befehle zur Prozeßverwaltung wie z.B. START PROCESS oder RUN PROCESS u.a.*

Zur Illustration dieser Besonderheiten seien einige kurze Codesequenzen dargestellt:

OCCAM	*Befehlsfolge*	*Bytes*	*Taktzyklen*
X := 0	*load constant 0*	*1*	*1*
	store local X	*1*	*1*
X := #24	*prefix 2*	*1*	*1*
	load constant 4	*1*	*1*
	store local X	*1*	*1*
X := Y	*load local Y*	*1*	*2*
	store local X	*1*	*1*
Y + Z	*load local Y*	*1*	*2*
	load local Z	*1*	*2*
	operate #5 (=add)	*1*	*1*
*(V + W) * (Y + Z)*	*load local V*	*1*	*2*
	load local W	*1*	*2*
	operate #5 (=add)	*1*	*1*
	load local Y	*1*	*2*
	load local Z	*1*	*2*
	operate #5 (=add)	*1*	*1*
	prefix #5, operate #3 (=multiply)	*2*	*39*

9.3.2 Parallele Prozesse

9.3.2.1 Prozeßverwaltung

Die Verwaltung nebenläufiger oder paralleler Softwareprozesse und die Zuteilung von Prozessorzeit ist normalerweise eine Grundaufgabe von Betriebssystemen. Als weitere Besonderheit des Transputers ist er in der Lage, diese Funktion selbständig wahrzunehmen. Dazu enthält der Transputer die Elemente eines Schedulers bzw. Dispatchers. In Betriebssystemen werden Prozesse üblicherweise mit Hilfe von Prozeß-beschreibenden Datenstrukturen, den Prozeßkontrollblöcken, verwaltet. Die Prozeßkontrollblöcke werden meistens als verkettete Liste geführt. Prozesse können dabei einen von mehreren Zuständen einnehmen und unter definierten Bedingungen von einem zum anderen Zustand wechseln.

In Transputern wird eine gegenüber Betriebssystemen stark vereinfachte Prozeßverwaltung durchgeführt. Die Funktion von Prozeßkontrollblöcken übernimmt der Prozeß-lokale Datenbereich (*Workspace*), der zusätzlich zu Prozeß-lokalen Variablen, Verwaltungsdaten für die Prozeßverwaltung enthält. Ein Prozeß kann zu jeder Zeit einen von mehreren Zuständen einnehmen:

- *Aktiv: der Programmcode des Prozesses wird augenblicklich vom Prozessor ausgeführt (dem Prozeß wurde die CPU zugeteilt).*
- *Bereit: der Programmcode des Prozesses kann vom Prozessor ausgeführt werden (der Prozeß wartet auf die Zuteilung der CPU). Bereite Prozesse sind in einer von zwei Listen eingereiht (siehe auch Bild 9.12). Vorrangige Prozesse sind in die priorisierte Prozeßliste "0", nachrangige Prozesse in die nichtpriorisierte Prozeßliste "1" eingereiht*[1].
- *Wartend: der Programmcode des Prozesses kann vom Prozessor nicht ausgeführt werden, da ein Ein-/Ausgabevorgang noch nicht beendet ist oder eine Zeitbedingung (z.B. Verzögerungszeit) noch nicht abgelaufen ist (der Prozeß wartet auf Ein-/Ausgabe oder Zeitgeber). Auf Ablauf einer Zeitbedingung wartende Prozesse sind entweder in die vorrangige Timerliste "0" oder in die nachrangige Timerliste "1" eingereiht.*
- *Angehalten: der Programmcode des Prozesses kann vom Prozessor nie mehr ausgeführt werden (der Prozeß existiert nicht mehr, da er aus den Prozeßverwaltungslisten entfernt wurde. Programmcode und Workspace des Prozesses belegt aber weiterhin den Speicher).*

In Bild 9.12 ist die Prozeßverwaltung priorisierter *bereiter* Prozesse und des (einzigen) *aktiven* Prozesses dargestellt. Das Workspace-Register des Transputers zeigt auf den Anfang des Workspaces des aktiven Prozesses[2]. Das *Next Instruction*-Register zeigt auf den als nächstes auszuführenden Befehl, das ist eine Instruktion aus dem Programmcodebereich des aktiven Prozesses.

Die Workspaces *bereiter* Prozesse hoher Priorität sind in einer verketteten Liste zusammengefaßt. Das *Front Pointer Register 0* FPtr0 zeigt auf den Anfang des Workspaces des ersten Prozesses in dieser Liste (hier Prozeß 3)[3]. Das zweite Langwort unterhalb des Beginns des Workspaces enthält die Workspace-Adresse des Nachfolgeprozesses in der Liste (hier Prozeß 1). Dieses Verweisschema wird fortgesetzt, bis das letzte Element der Liste (hier der Workspace von Prozeß 4) keine gültige Folgeadres-

---

[1] Vorrangige Prozesse sind priorisierte Prozesse, nachrangige Prozesse sind nichtpriorisierte Prozesse. Zur Identifikation eines Prozesses wird die Workspace-Adresse benützt. Bit "0" einer Workspace-Adresse ist immer "0", d.h. Workspaces beginnen immer an geraden Adressen. Zur Beschreibung der Prozeßpriorität wird dieses sonst nicht benötigte Bit benützt. Der Wert "0" kennzeichnet den Prozeß als priorisierten, der Wert "1" als nicht priorisierten Prozeß

[2] "zeigt auf" ist synonym zu "enthält die Adresse von"

[3] Für nicht priorisierte Prozesse wird eine gleichartig aufgebaute Liste geführt. Das Register FPtr1 zeigt dabei auf den Listenanfang, das Register BPtr1 auf das Listenende

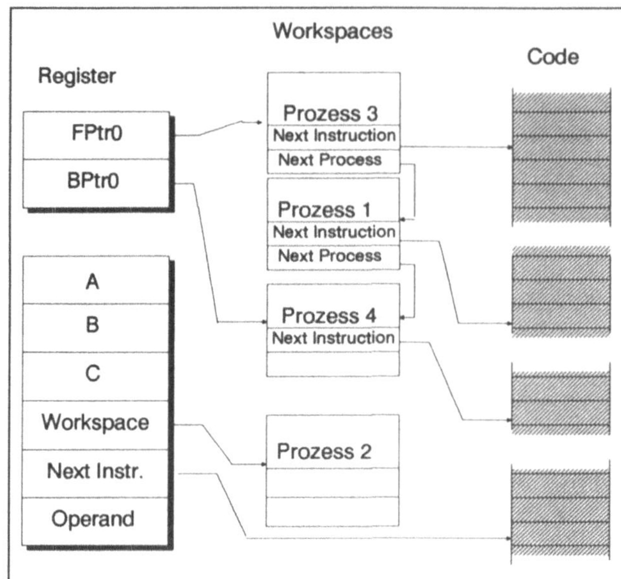

Bild 9.12: Aktiver und bereite Prozesse (priorisiert)

se mehr enthält. Das *Back Pointer Register 0* BPtr0 zeigt unmittelbar auf das letzte Listenelement.

Das erste Langwort unterhalb des Workspaces eines *bereiten* Prozesses (Next Instruction) zeigt auf die Stelle des Programmcodes des Prozesses, bei der die CPU beginnen oder weitermachen soll, falls der Prozeß *aktiv* wird.

Bei einem *Prozeßwechsel* entnimmt der Scheduler das erste Element der Workspace- bzw. Prozeßliste (hier Prozeß 3) und lädt das Workspace-Register mit dessen Adresse. Das *Next Instruction* Register wird mit dem Inhalt des *Next Instruction Words* im Workspace geladen. Der bisher aktive Prozeß (hier Prozeß 2) kann in den Wartezustand übergehen, angehalten werden oder an das Ende der Liste *bereiter* Prozesse eingefügt werden[1], wobei der Inhalt des Next Instruction Registers im Next Instruction Word des Workspaces gesichert wird.

Ein niedrig priorisierter *aktiver* Prozeß kann nach jeder Instruktion durch einen *bereit werdenden* priorisierten Prozeß verdrängt werden[2]. Die Inhalte der Register A, B, C, Workspace-Pointer, Instruction-Pointer und weitere interne Flags werden dabei in den reservierten Adressen des *on chip* RAMs zwischengespeichert. Nach Beendigung des priorisierten Prozesses wird der unterbrochene nicht priorisierte Prozeß fortgeführt.

[1] Dies ist nur bei nicht priorisierten Prozessen, also in Liste "1" möglich, da priorisierte Prozesse den aktiven Zustand nur verlassen wenn sie terminieren oder in den Wartezustand übergehen.

[2] Nach einer PREFIX Anweisung wird noch die Folgeinstruktion abgewartet. Lange andauernde Instruktionen wie z.B. MOVE MESSAGE, INPUT/OUTPUT MESSAGE oder TIMER INPUT sind direkt unterbrechbar.

Nicht priorisierte Prozesse werden zyklisch für jeweils zwei Zeitscheibenintervalle (ungefähr 1 ms) von der CPU bearbeitet, falls sie nicht vorzeitig terminieren oder in einen Wartezustand übergehen. Der Prozeßwechsel wird nur nach den Instruktionen *jump* oder *loop end* durchgeführt. Nach diesen Befehlen sind die Inhalte der Register A..C undefiniert, so daß diese Register beim Prozeßwechsel weder gesichert noch neu geladen werden müssen.

9.3.2.2 Zeitlisten

Der Transputer enthält zwei 32-Bit Timer. Der Timer *Clock0* wird für priorisierte Prozesse verwendet und jede Mikrosekunde inkrementiert. Der Timer *Clock1* wird für nicht priorisierte Abläufe benützt und alle 64 Mikrosekunden inkrementiert. Der momentane Zählerstand des Timers kann mit *load timer* gelesen werden. Mit *timer input* wird der Prozeß suspendiert, bis der Zählerstand des Timers größer ist als der Inhalt des A-Registers. Die Workspaces der wartenden Prozesse sind in eine von zwei Listen eingereiht. Die Timerliste priorisierter Prozesse wird über das Register *TPtrLoc0*, die Timerliste nicht priorisierter Prozesse über das Register *TPtrLoc1* referenziert (siehe Bild 9.13). Die Prozesse werden nach aufsteigenden Zeiten in die Liste einsortiert. Die Timerablaufzeit des ersten Prozesses der Liste wird in das Vergleichsregister *TNextRegX* des zugeordneten Timers übernommen und mit dem aktuellen Zählerstand des Timers verglichen. Überschreitet der Zählerstand die Frist des wartenden Prozesses, so wird dieser Prozeß von der Zeitliste entfernt und an das Ende der entsprechenden Liste *bereiter* Prozesse eingefügt.

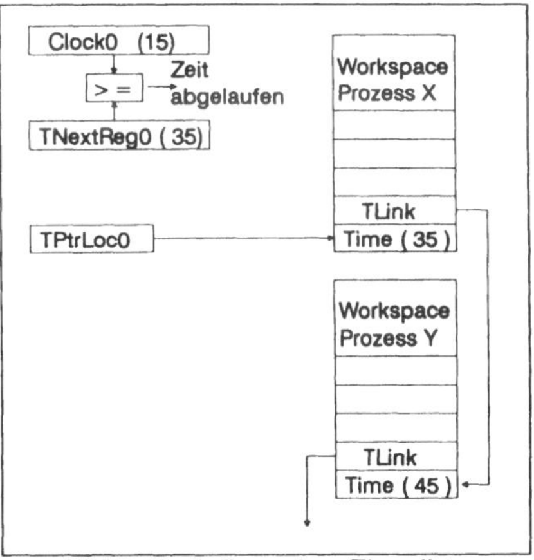

Bild 9.13: Aufbau einer Timerliste

9.3.3 Interprozeßkommunikation

9.3.3.1 Interne Kanalkommunikation

Kanäle werden für die synchrone Interprozeßkommunikation von Prozeßpaaren benützt. Für die Transputer-interne Interprozeßkommunikation kann jedes Hauptspeicherwort benützt werden (siehe Bild 9.14). Bevor ein Wort als Kanal benützt werden kann, muß es als *leer* (empty) initialisiert werden. Dazu wird das Wort mit der größten negativen Ganzzahl (MinInt) vorgeladen. Ein kommunikationsbereiter Prozeß lädt in das C-Register die Adresse des für die Kommunikation benützten Datenbereichs (Data Pointer). Das B-Register wird mit der Adresse des Kanalworts (Channel) und das A-Register mit der Datenpuffergröße in Bytes (Count) geladen.

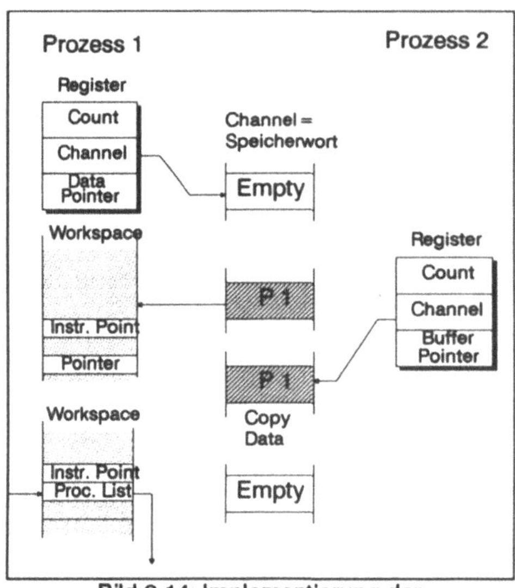

Bild 9.14: Implementierung der Kanalkommunikation

Falls der kommunikationsbereite Prozeß den Datenblock senden möchte, löst er den Befehl *OUTPUT MESSAGE* aus. Falls der Transputer bei der Befehlsausführung feststellt, daß das Kanalwort *empty* ist, wird das Kanalwort mit dem Inhalt des Workspace-Pointer Registers geladen. Es enthält damit die Workspace-Adresse des zuerst kommunikationsbereiten Prozesses. Dem Prozeß selbst wird die CPU entzogen, ohne ihn wieder in die *bereit*-Liste einzureihen. Dadurch wird er effektiv in einen Wartezustand versetzt, da der Scheduler des Transputers ihn nicht mehr auffinden kann.

Im Workspace des so deaktivierten Prozesses wird dabei die Adresse des Datenpuffers (Pointer) abgelegt (siehe Bild 9.14). Falls irgendwann der Partnerprozeß der Kommunikation kommunikationsbereit ist, lädt dieser in gleicher Weise die Register A..C und löst (in diesem Beispiel) den Befehl *INPUT MESSAGE* aus. Bei der Ausführung dieses Befehls stellt der Transputer jetzt fest, daß das Kanalwort eine gültige Adresse enthält, die den Komunikationspartner identifizieren muß. Aus dem so aufgefundenen Workspace entnimmt er die Adresse des Datenpuffers und kopiert die Daten in den Pufferbereich um, der durch das C-Register angegeben wird (copy data). Nach erfolgter Umspeicherung der Daten wird der wartende Partnerprozeß wieder in die *bereit*-Liste der Prozesse eingefügt und dadurch wieder in die Lage versetzt fortzufahren. Anschließend wird das Kanalwort wieder mit *empty* reinitialisiert.

Das folgende Code-Beispiel zeigt den Befehlsablauf für das Einlesen von 12 Bytes in das Array *x* ab dem Element *k* über den Kanal *c*:

OCCAM	*Befehlsfolge*	*Bytes*	*Taktzyklen*
c ? x[k FOR 12]	*load local k*	*1*	*2*
	load local pointer x	*1*	*1*
	byte subscript	*1*	*1*
	load local pointer c	*1*	*1*
	load constant 12	*1*	*1*
	input message	*1*	*25*[1]

Die ersten beiden Instruktionen laden das B-Register mit dem Index *k* und der Anfangsadresse des Arrays *x*. *BYTE SUBSCRIPT* errechnet daraus die effektive Adresse des Elements *x[k]*. Die folgenden zwei Instruktionen schieben diese Adresse in das C-Register und laden dabei das B-Register mit der Adresse des Kanalworts und das A-Register mit der Zahl der zu übertragenden Bytes. *INPUT MESSAGE* führt die Übertragung der Daten aus.

9.3.3.2 Kommunikation über Links

Die Kommunikation über Links erfolgt in gleicher Weise mit denselben Instruktionen. Statt der Adresse eines beliebigen Speicherworts wird als Kanaladresse die Adresse eines Links verwendet. Im T414 sind dies die Adressen 80000000 .. 8000001C (Link0Output .. Link3Output, Link0Input .. Link3Input). Jeder Link-Kontroller übernimmt dazu den Workspace-Pointer, die Datenpufferadresse und den Transferzähler in lokale Register. Der Prozeß wird dabei deaktiviert. Sobald die kommunizierenden Links zur Datenübertragung bereit sind, wird der eigentliche Datenaustausch vorgenommen. Wenn die festgelegte Byteanzahl übertragen ist, wird der wartende Prozeß reaktiviert und dazu ans Ende der *bereit*-Liste der Prozesse eingefügt.

Mit Ausnahme der Kanaladressen ist der Programmcode unabhängig von interner oder externer Interprozeßkommunikation. Allerdings sind interne Kanäle richtungsunabhängig, während durch die Wahl einer Linkadresse als Kanal gleichzeitig die Übertragungsrichtung festgelegt wird. Die Einheitlichkeit der Behandlung interner und externer Interprozeßkommunikation ermöglicht es, parallele Programme für den Transputer, speziell in OCCAM, zu entwickeln und wahlweise auf einem Transputer oder auf einem Multitransputersystem zur Ausführung zu bringen. In Bild 9.15 sei ein Programm aus den Prozessen A und B für die Ausführung auf einem Prozessor *konfiguriert*. Beide Prozesse kommunizieren über einen Kanal mit dem Namen *link*. Alter-

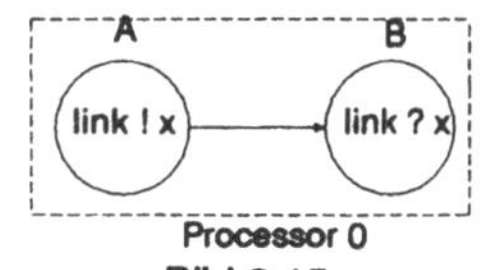

Bild 9.15: Kommunizierende Prozesse auf einem Prozessor

[1] 17 Taktzyklen, falls der Kommunikationspartner nicht kommunikationsbereit ist.

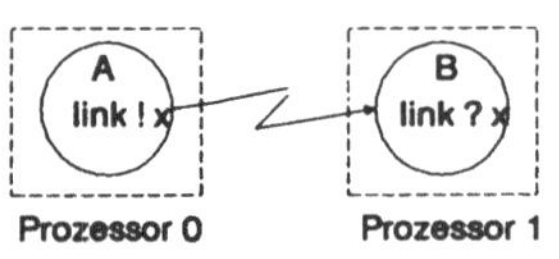

Bild 9.16: Kommunizierende Prozesse auf zwei Prozessoren

nativ kann durch andere *Konfigurationsvorgaben* ohne Änderungen des OCCAM-Programmes der Prozeß A auf dem Prozessor 0 und Prozeß B auf dem Prozessor 1 zur Ausführung kommen. Als Teil der Konfigurationsanweisung wird dem Kanalnamen *link* auf jedem Prozessor die Adresse des Linkkontrollers zugewiesen, der zur Link-Kommunikation mit dem Nachbarprozessor benützt wird (siehe Bild 9.16). Die wesentlichen Konfigurationsanweisungen sehen etwa so aus:

```
CHAN OF ANY linkAB :

PLACED PAR
  PROCESSOR 0 T8-- Prozeß A auf Prozessor 0 vom Typ T800
    PLACE linkAB AT 0 :
    A(linkAB)
  PROCESSOR 1 T4-- Prozeß B auf Prozessor 1 vom Typ T414
    PLACE linkAB AT 4 :
    B(LinkAB)
```

9.4 Parallelverarbeitung

9.4.1 Parallele Matrixmultiplikation

In diesem Abschnitt soll skizziert werden, wie mit Transputern und OCCAM parallelisierbare Probleme bearbeitet werden können. Als Beispiel sei die Multiplikation zweier Matrizen herangezogen.

9.4.1.1 Aufgabenstellung

Zwei quadratische Matrizen $\underline{A}$ und $\underline{B}$ mit den Zeilen- bzw. Spaltenbreiten n sollen multipliziert werden. Jedes Element der Ergebnismatrix $\underline{C}$ c_{ij} berechnet sich zu

$$c_{ij} = a_{i1}b_{1j} + a_{i2}b_{2j} + .. + a_{in}b_{nj}$$

Gesucht wird ein paralleler Algorithmus, der für die Ausführung auf Transputern geeignet ist.

9.4.1.2 Lösung mit einem Transputer

Der Lösung liegt die Idee zugrunde, jedes Element der Ergebnismatrix $\underline{C}$ durch einen eigenen Prozeß berechnen zu lassen, da dies nach den Parallelisierbarkeitskriterien möglich ist (siehe Kapitel 3). Diese Prozesse können danach auf eine gewünschte Zahl von Transputern verteilt werden. Die Struktur dieser Lösung ist in Bild 9.17 dargestellt. Beispielsweise symbolisiert der mit *11* bezeichnete Kreis den Prozeß, der das Matrixelement c_{11} berechnet. Der Prozeß soll von *oben* die Spaltenelemente b_{k1} der Matrix $\underline{B}$ und von *links* synchron die Zeilenelemente a_{1k} der Matrix $\underline{A}$ erhalten, miteinander multiplizieren und aufaddieren. Der Prozeß *12* benötigt die Spaltenelemente b_{k2} und die Zeilenelemente a_{1k}. Deshalb muß jeder Prozeß seine Eingangsmatrixelemente zusätzlich unverändert seinem rechten und unteren Nachbarn weiterreichen. Dazu werden die Kanäle *rechts* und *unten* benützt (siehe Bild 9.18). Dieser Algorithmus läßt sich in OCCAM in wesentlichen Zügen folgendermaßen formulieren[1], wobei das Kanalnumerierungsschema von Bild 9.18 zugrundegelegt ist.

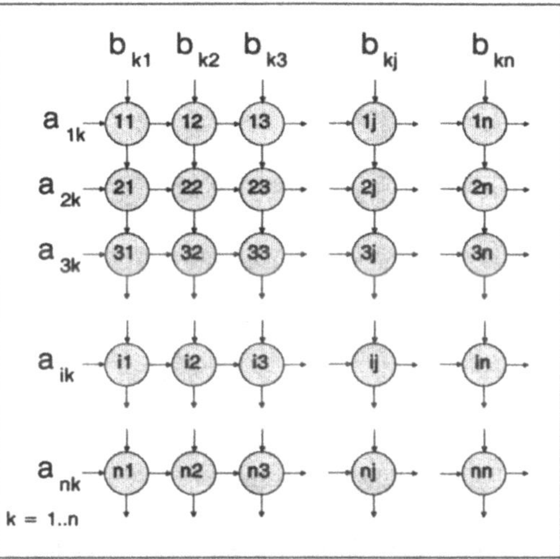

Bild 9.17: Array der Multiplikationsprozesse

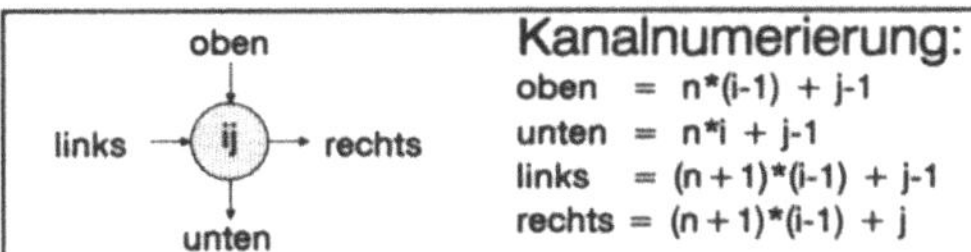

Bild 9.18: Kommunikationsstruktur der Rechenprozesse

[1] Die Eingabe der Elemente der Matrizen $\underline{A}$ und $\underline{B}$, sowie die Ausgabe der Elemente der Ergebnismatrix $\underline{C}$ ist nicht mit dargestellt.

```
VAL n IS Zeilen- bzw. Spaltenbreite der Matrix :
PROC multiply(CHAN OF REAL64 oben, unten, links, rechts)
  REAL64 summe, a, b, atemp, btemp :
  SEQ
    summe := 0.0
    INT i :
    SEQ i = 0 FOR n
      SEQ
        PAR
          SEQ
            oben ? b
            btemp := b
          SEQ
            links ? a
            atemp := a
        PAR
          rechts ! a
          unten  ! b
          summe := summe + (atemp*btemp)
  ... Ergebnisausgabe
:
[n*(n+1)] CHAN OF REAL64 vertikal :
[n*(n+1)] CHAN OF REAL64 horizontal :
PAR
  INT i :
  PAR i = 1 FOR n
    INT j :
    PAR j = 1 FOR n
      multiply(vertikal[(n*(i-1)) +j-1],
               vertikal[(n*i) +j-1],
               horizontal[((n+1)*(i-1)) +j-1],
               horizontal[((n+1)*(i-1)) +j])
  ... Ein-/Ausgabeprozesse
```

Die Prozedurdeklaration **PROC ... :** enthält die Formulierung eines einzelnen Knotenprozesses der Prozeßmatrix von Bild 9.17. Der sich anschließende Programmteil deklariert Arrays der vertikalen und horizontalen Kanäle, über die die Knotenprozesse mit den nächsten Nachbarn kommunizieren. Die beiden geschachtelten PAR-Konstrukte erzeugen die Matrix aus n^2 Prozessen und weisen ihnen die Kommunikationskanäle zu.

Der erste Berechnungsschritt wird von Prozeß *11* mit der Multiplikation der Matrixelemente a_{11} und b_{11} ausgeführt. Beim zweiten Berechnungsschritt berechnet der

Prozeß *12* das Produkt aus a_{11} und b_{12} und der Prozeß *21* das Produkt aus a_{21} und b_{11}. Für beide Prozesse ist dies die erste Aktivität, da sie beim ersten Berechnungsschritt noch nicht über die notwendigen Daten verfügten. Der Prozeß *11* ist deshalb mit der Multiplikation der Matrixelemente a_{12} und b_{21} ein Rechenschritt voraus. Dadurch bewegt sich eine Berechnungsfront von der linken oberen Ecke zur linken unteren Ecke des Prozeßarrays[1].

9.4.1.3 Lösung mit n^2 Transputern

Die vorstehende Form der parallelen Matrixmultiplikation kann auf einem Transputer ausgeführt werden. Alternativ wäre es möglich, jedem Prozeß einen eigenen Transputer zuzuordnen. Unter Beibehaltung der Formulierung des Einzelprozesses *multiply* kann die Prozeßerzeugung und -verteilung folgendermaßen umgeformt werden.

```
VAL n IS Zeilen- bzw. Spaltenbreite der Matrix :
INT i :
VAL INT prozessorzahl IS n*n :
PLACED PAR i = 1 FOR prozessorzahl
  PROCESSOR (i-1) T8
    CHAN OF REAL64 von.oben, von.links, nach.unten, nach.rechts :
    PLACE von.oben AT link.oben.adresse.ein :
    PLACE von.links AT link.links.adresse.ein :
    PLACE nach.unten AT link.unten.adresse.aus :
    PLACE nach.rechts AT link.rechts.adresse.aus :
    multiply(von.oben, nach.unten, von.links, nach.rechts)
```

Die Zuordnung der Prozesse zu den Prozessoren wird durch den äußersten Prozeß mit dem Konstruktor *PLACED PAR* erreicht. Dabei wird keine Kanalindizierung mehr benötigt, da die vier Kommunikationskanäle des Prozesses *multiply* mit der *PLACE ... AT* - Konfigurationsanweisung fest den Linkadressen des lokalen Prozessors zugewiesen ist. Die richtige Prozeßverbindung muß durch korrekte externe Verschaltung der Link-Leitungen sichergestellt werden.

9.4.1.4 Lösung mit n Transputern

Als letztes Beispiel sei eine Lösungsmöglichkeit mit n Transputern skizziert. Dabei wird die Idee zugrunde gelegt, jede Zeile der Ergebnismatrix von einem eigenen

[1] Weil sich die Berechnung wie eine Wellenfront ausbreitet, wird dies auch als "Wavefront Computing" bezeichnet.

Transputer praktisch gleichzeitig berechnen zu lassen. Unter Beibehaltung der Formulierung des Einzelprozesses *multiply* kann die Prozeßerzeugung und -verteilung folgendermaßen umgeformt werden.

```
VAL n IS Zeilen- bzw. Spaltenbreite der Matrix :
INT i :
PLACED PAR i = 1 FOR n
  PROCESSOR (i-1) T8
    PROTOCOL aus.ein IS INT; REAL64 :
    CHAN OF aus.ein link.oben, link.unten :
    PLACE link.oben AT link.oben.adresse :
    PLACE link.unten AT link.unten.adresse :
    [n] CHAN OF REAL64 vertikal.ein, vertikal.aus :
    [n+1] CHAN OF REAL64 horizontal :
    PAR
      WHILE TRUE  -- Eingangsdemultiplexer DeMux
        INT j :
        REAL64 b :
        SEQ
          link.oben ? j; b
          vertikal.ein[j] ! b
      WHILE TRUE  -- Ausgangsmultiplexer Mux
        INT j :
        REAL64 b :
        ALT j = 0 FOR n
          vertikal.aus[j] ? b
            link.unten ! j; b
      INT j :
      PAR j = 0 FOR n
        multiply(vertikal.ein[j], vertikal.aus[j],
                 horizontal[j], horizontal[j+1])
```

Die Prozeß-/Prozessorstruktur ist in Bild 9.19 dargestellt. Über die Link *link.oben* von Prozessor 0 werden die Elemente der Matrix **B** zeilenweise eingelesen. Dabei sei angenommen, daß das Matrixelement b_{kj} zusammen mit dem Index j in der Reihenfolge j,b_{kj} eingelesen wird. Dies wird durch die Kanalprotokolldeklaration *PROTOCOL ... IS* festgelegt.

Der endlose Prozeß *WHILE TRUE* des *DeMux* liest j und b_{kj} ein und gibt das Matrixelement über den Kanal *vertikal.ein[j]* an den zugeordneten Rechenprozeß weiter.

Der endlose Prozeß *WHILE TRUE* des *Mux* übernimmt die Matrixelemente b_{kj}, die von den Rechenprozessen weitergereicht werden und übergibt sie über die Link *link.unten* dem Nachfolgeprozessor.

Das *PAR*-Konstrukt schließlich erzeugt auf jedem Prozessor die Rechenprozesse für die Berechnung der Matrixelemente c_{ij} für jeweils eine Zeile dieser Matrix.

Die Elemente der Matrix $\underline{A}$ a_{ik} sollen zeilenweise von jedem Prozessor über den Kanal *horizontal[0]* eingelesen werden.

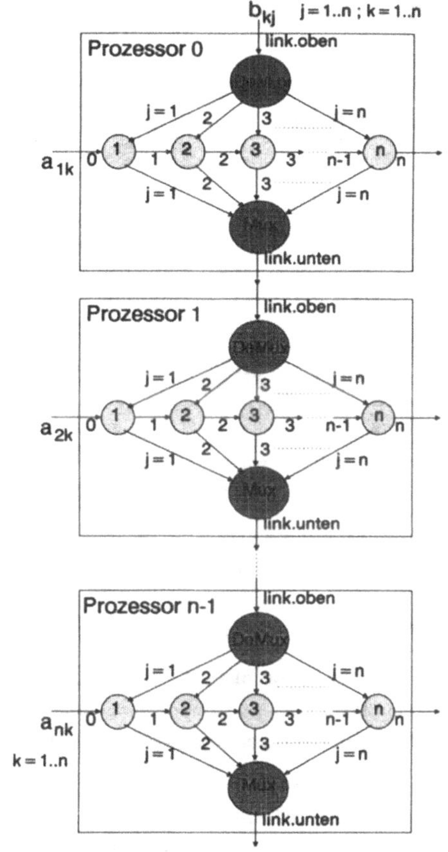

Bild 9.19: n-Transputer-Parallelberechnung von C

9.5 Literatur

9.5.1 Bücher

9.5.1.1

R. Steinmetz
OCCAM 2
Hüthig Verlag 1988, ISBN 3-7785-1654-X

9.5.2 Einzelartikel

C.A.H. Hoare
Communicating sequential processes
Comm. ACM, 21-8(1978) Seite 666-677

K. Leppäla
UTILIZATION OF PARALLELISM IN TRANSPUTER-BASED REAL-TIME CONTROL SYSTEMS
Microprocessing and Microprogramming 21 (1987) 629-636

J. Vaughan, G. Brookes, D. Chalmers, M. Walts
Transputer application to speech recognition
Microprocessors and Microsystems Vol 11 No 7 Sept. 1987 Seite 377-382

verschiedene Autoren
Special Issue on Transputers
Microprocessors and Microsystems Vol 13 No 2 März 1989 / Vol 13 No 3 April 1989

E. Verhulst
Solving the Equation of Laplace on a Network of Transputers; Some General Conclusions
Proc. Europ. Simulation Multiconference Jun 1-3 1988 Seite 313 f., ISBN 0-911801-39-1

Ch. Jesshope
Parallel processing, the transputer and the future
Microprocessors and Microsystems Vol 13 No 1 1989 Seite 33 f.

10 Speicherverwaltung und Speicherschutz

10.1 Einführung

10.1.1 Speicherschutz

In einfachen Mikroprozessorsystemen hat ein Prozessor bzw. das auf ihm laufende Programm Zugriff auf den vollständigen Adreßraum. Bei Multitasking- und Multiuseranwendungen ist eine Prozessorarchitektur bzw. -organisation erforderlich, die einerseits Unterstützung für Schutz- und Sicherheitsvorkehrungen anbietet, andererseits die Leistungsfähigkeit des Gesamtsystems erhöht und die Systemimplementierung vereinfacht. Grundsätzlich können die Schutz- und Sicherheitsmaßnahmen eingeteilt werden in

- *Speicherschutz*
- *Programmschutz*
- *Benutzerschutz*

und

- *Informationsschutz*

Speicherschutzmechanismen sollten in der Lage sein, Adressierungsfehler zu erkennen, bevor daraus eine Beeinträchtigung der Funktion des Systems entsteht und Folgeschäden entstehen. Fehladressierungen sollten bei jeder Instruktion erkannt und abgefangen werden.

Programmschutzmaßnahmen sollen verhindern, daß Anwendungsprogramme unzulässige Modifikationen am Betriebssystem oder seinen Datenstrukturen vornehmen können. Die Kommunikation und die Übergabe der Kontrolle zwischen den Anwendungsprogrammen und dem Betriebssystem müssen so erfolgen, daß "absolute Zuverlässigkeit" gegeben ist.

Benutzerschutzmaßnahmen sollen konkurrierende Anwender oder Anwendungen voreinander schützen und die *Informationsschutzmaßnahmen* sollen nur begrenzt und kontrolliert den Zugriff auf Informationen erlauben.

Illegale Zugriffe, die Aktionen der Schutzmaßnahme auslösen, müssen nicht böswillige Anwender zur Ursachen haben. Genau so wichtig ist die Erkennung und Behandlung von nicht beabsichtigtem Fehlverhalten oder von Programmfehlern in der Anwendungsebene.

10.1.2 Speicherverwaltung

Mit Hilfe der Speicherverwaltungstechniken kann eine wirkungsvolle Unterstützung der oben skizzierten Schutzmaßnahmen implementiert werden. Zusätzlich ist es damit möglich, hierarchische Speicherstrukturen zu realisieren, Adreßumsetzungen vorzunehmen und die Erfordernisse der dynamischen Belegung bzw. Freigabe von Speicherbereichen effizient zu unterstützen. Schließlich ist es möglich, mit Hilfe *virtuellen Speichers* große Programme auszuführen, auch wenn nur einige wenige Blöcke des Programms in den Hauptspeicher (Primärspeicher) eingeladen sind.

Zur Realisierung solcher Eigenschaften ist das enge Zusammmenwirken mehrerer Elemente erforderlich. Zum Einen müssen die Hardwarevoraussetzungen gegeben sein. Hierzu gehört eine geeignete Ausprägung einer Speicherverwaltungseinheit (MMU, memory management unit) und spezifische Prozessoreigenschaften. Zusätzlich muß das Betriebssystem bzw. die Softwarestruktur die Fähigkeiten der Hardware geschickt nutzen.

In den folgenden Abschnitten wird in diese Technik Schritt für Schritt eingeführt. Dabei werden erst die allgemeinen Grundsätze erläutert und schließlich anhand von Beispielen vertieft. Die Beispiele beziehen sich überwiegend auf die 680xx-Prozessorfamilie von Motorola, können aber unschwer auf andere Prozessorfamilien übertragen werden.

10.2 Speicherschutzmaßnahmen (1)

10.2.1 Elementare Schutzmaßnahmen

Die elementarsten Speicherschutzmaßnahmen lassen sich auf einfache Weise durch Ausnutzung von Adreß-Qualifizierern realisieren. Als Beispiel sei an die Prozessorfamilie 680xx von Motorola erinnert. Diese Prozessoren qualifizieren die angelegte Speicheradresse mit den drei Funktions-Code-Bits FC0..FC2 (siehe Tabelle 10.1). FC2 kennzeichnet den User- oder Supervisor-Modus des Prozessors. Mit den beiden anderen Funktions-Code-Bits werden u.a. Zugriffe auf Daten- oder Programmadressen gekennzeichnet. Da das Betriebssystem üblicherweise im Supervisor-Modus, Anwendungsprozesse im User-Modus laufen, kann durch einfache externe Dekodierung von FC2 das *Betriebssystem* vor den Anwendungsprozessen *geschützt* werden. Auf ähnliche Weise kann verhindert werden, daß der *Programm-Code*-Bereich von Prozessen verändert oder kopiert wird. Dazu müssen FC0 und FC1 durch die Adreßdekodierlogik zusätzlich ausgewertet werden. Auf diese Weise kann eine Fehladressierung keinen Programmcode zerstören. Auch wenn diese Schutzabstufungen sehr grob sind, so wird dadurch bereits eine beträchtliche Steigerung der Zuverlässigkeit durch *Störwirkungsbegrenzung* ermöglicht.

FC2	FC1	FC0	Adressraum
0	0	0	reserviert für Motorola
0	0	1	User Data Space
0	1	0	User Program Space
0	1	1	definierbar v. Anwender
1	0	0	reserviert für Motorola
1	0	1	Supervisor Data Space
1	1	0	Supervisor Program Space
1	1	1	CPU Space

Tabelle 10.1: Adressräume der 680xx Prozessorfamilie

Die Funktions-Code-Signale können in einem VMEbus-Multiprozessorsystem unter Ausnutzung der Address-Modifier-Signale als Adreßraum-Qualifizierer übertragen werden. Trotzdem wird auch hiermit ein Schutz der Anwendungsprozesse voreinander und der Datenbereiche der Anwendungsprozesse noch nicht erreicht.

10.2.2 Hierarchische Schutzmaßnahmen

10.2.2.1 Protection Ringe und Access Levels

Hierarchische Schutzmaßnahmen basieren auf Hierarchien von Zugriffsebenen (access levels) oder Ringen. Die Hierarchie erstreckt sich von der höchst privilegierten zur niedrigst privilegierten Ebene. Die Anwendungsprinzipien eines solchen Schutzsystems sind:

- *Ein Programm kann nur auf Daten zugreifen, die demselben oder einem weniger privilegierten Ring zugeordnet sind.*
- *Ein Programm kann Dienste (Prozeduren) aufrufen, die demselben Ring oder einem höher privilegierten Ring zugeordnet sind.*

Zur Veranschaulichung sei Bild 10.1 herangezogen, in dem eine dreistufige Hierarchie dargestellt ist. Dem niedrig privilegierten Application Ring sei ein Anwenderprozeß zugeordnet, der seinem Anwender Zugriff auf Information einer Datenbank ermöglichen soll. Zur Sicherung der Datenkonsistenz besitzt dieser Anwenderprozeß aber keinen unmittelbaren Zugriff auf die Datenbank, sondern muß sich eines Database-Managers (DBM) bedienen. Dieser ist zwar auch eine nichtprivilegierte Applikation in dem betrachteten Rechner, läuft aber in einem höher privilegierten Protection Ring (hier als DBMS Ring bezeichnet) und hat Zugriff auf die Datenelemente der Datenbank. Der Anwenderprozeß kann die Dienste des DBMS-Managers nur über geschützte Aufrufschnittstellen (CALL-GATEs) erreichen. Dadurch wird sichergestellt, daß nur ganz bestimmte Dienste zugänglich sind.

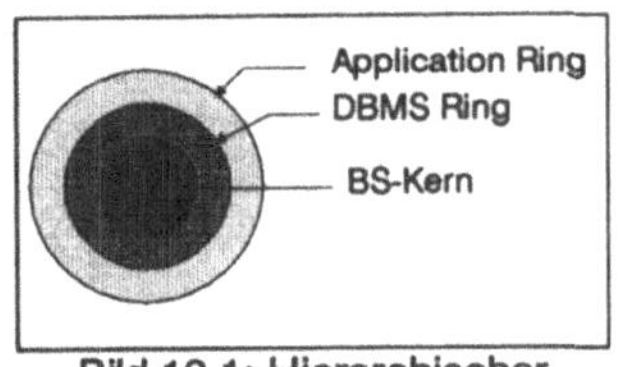

Bild 10.1: Hierarchischer Schutz durch Protection Ringe

Der Database-Manager kann seinerseits Dienste des Betriebssystems aufrufen, das selbst im höchst privilegierten Ring läuft. Durch die Call-Gates zwischen dem mittleren und dem inneren Ring wird das Betriebssystem geschützt.

Protection Ringe dieser Art werden von den Prozessoren 80286/386/486 von Intel unterstützt. Der höchst privilegierte Ring (level 0) wird typischerweise zum Schutz des Betriebssystemkerns und der nächst niedrig privilegierte Ring (level 1) von den Betriebssystemdiensten benützt. Die weiteren noch weniger privilegierten Ringe (level 2 und 3) werden häufig für anwendungsspezifische Erweiterungen des Betriebssystems bzw. die Applikationsprozesse eingesetzt. Je weniger vertrauenswürdig, d.h. weniger sorgfältig getestet eine Softwarekomponente ist, desto höher wird der zugewiesene Level gewählt (geringere Privilegien). Zur weiteren Isolation der Protection Levels wird jedem Level ein eigener Stack und ein eigener Stackpointer zugewiesen.

10.2.2.2 68020 Module Call und Access Levels

In diesem Abschnitt sei anhand des Mikroprozessors 68020 eine erweiterte Form der Protection Ringe erläutert. Für dieses *ACCESS LEVEL PROTECTION* Schema kann der Befehl CALLM (call module) benützt werden. Dieser Befehl ist in Bild 10.2 mit dem JSR-Befehl (jump to subroutine) verglichen. Ein Softwaremodul A kann mit JSR eine Prozedur in einem Softwaremodul B aufrufen. Diese Prozedur kehrt mit RTS (return from subroutine) zum Aufrufer zurück. Alternativ kann das Modul A die Instruktion CALLM benutzen. Dieser Befehl referenziert das aufzurufende Modul B über eine beschreibende Datenstruktur, den Module-Descriptor. Das referenzierte Modul B kehrt mit der Instruktion RTM (return from module) zum Aufrufer zurück. Der Module-Descriptor enthält Kontrollinformation für den Zugriff auf das neue Modul (siehe Bild 10.3). CALLM erzeugt einen Stackbereich (module stack frame), sichert dort den Status des aufrufenden Moduls (siehe Bild 10.4) und lädt den Status des neuen Moduls aus dem Descriptor. Dabei kann eine externe Hardware-Einrichtung die *ACCESS* Control Information prüfen. Der 68020 interpretiert diese Information nicht selbst, sondern kommuniziert zu diesem Zweck mit der externen Prüfhardware[1]. Dazu wird ein ACCESS CONTROL ZYKLUS ausgeführt, das ist ein CPU-Space-Zyklus[2], der durch das Adreßwort in Bild 10.5 gekennzeichnet ist. Das *REG*-Adreßfeld adressiert das Kommunikationsregister der ex-

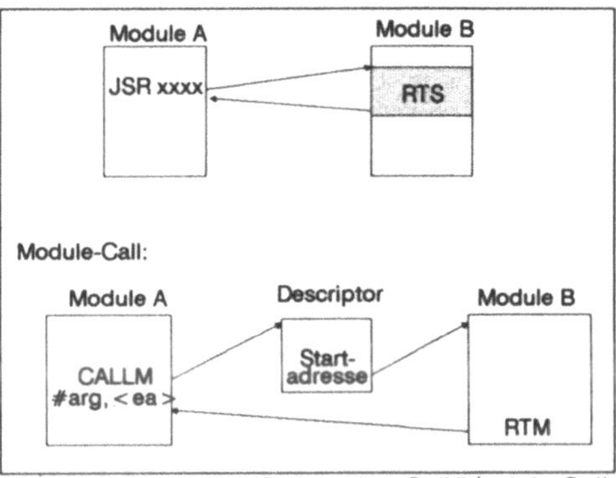

Bild 10.2: Vergleich Subroutine Call/Module Call

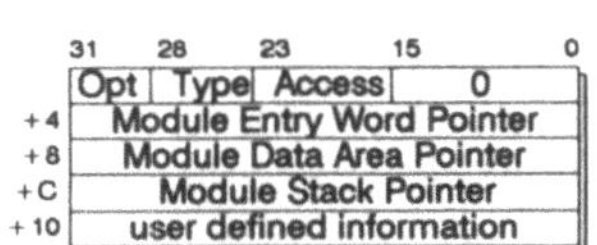

Bild 10.3: 68020 Module-Descriptor

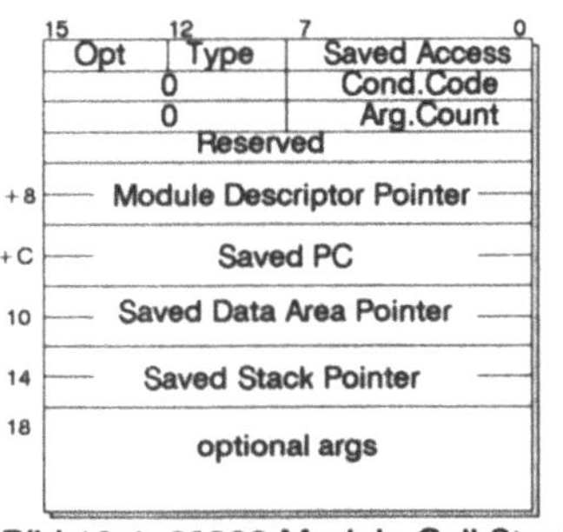

Bild 10.4: 68020 Module Call Stack Frame

31–20	19–16	15–7	6–0
0	0001	0	Reg

Bild 10.5: 68020 Access Control Cycle

[1] Die ACCESS LEVEL Prüfung wird nur initiiert, wenn das Typ-Feld im Module-Descriptor den Wert "1" enthält (Typ 1 Descriptor).

[2] dabei ist FC0..FC2 = "111", siehe hierzu auch Kapitel 8.

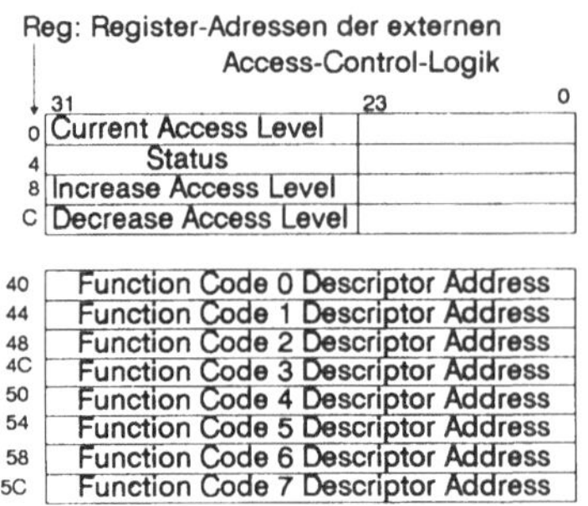

Bild 10.6: 68020 Access Control Interface Register

ternen ACCESS CONTROL Logik (siehe Bild 10.6).

Der Ablauf eines *Module Calls* mit *ACCESS LEVEL CHECK* umfaßt mehrere Schritte, die als Teil der CALLM-Instruktion ausgeführt werden:

- *Lese den augenblicklichen ACCESS LEVEL aus dem "current access level" Register (CAL) der externen Prüfhardware.*
- *Schreibe die Adresse des Module-Descriptors (module descriptor pointer) in eines der acht "function code descriptor address" Register*[1].
- *Schreibe den neuen ACCESS LEVEL aus dem Module-Descriptor in das "increase access level" Register (IAL) der externen Prüfhardware.*

Die externe Hardware führt daraufhin ACCESS LEVEL Prüfungen durch und kann beispielsweise folgende Entscheidungen treffen[2]:

- *Ist die übergebene Descriptor-Adresse eine erlaubte Module-Descriptor Adresse? Falls nein, handelt es sich um einen illegalen Zugriffsversuch, der im Statusregister der Prüfhardware vermerkt wird. Auf diese Weise kann verhindert werden, daß ein aufrufendes Modul sich in seinem Datenbereich einen Module-Descriptor aufbaut und sich so einen sonst unerlaubten Zugriff "erschleicht".*
- *Falls der neue ACCESS Level im IAL-Register größer ist als der ACCESS Level im CAL-Register, handelt es sich um einen unerlaubten Zugriffsversuch. Dies wird im Status-Feld des Statusregisters der externen Prüfhardware vermerkt.*
- *Falls der Neue ACCESS Level im IAL-Register kleiner oder gleich dem ACCESS Level im CAL-Register ist, handelt es sich um einen erlaubten Zugriff*[3]*. Bei Gleichheit wird im Statusregister "no change in access rights" vermerkt. Andernfalls wird der neue ACCESS Level ins CAL-Register übernommen und im Statusregister "access level changed" vermerkt. Zusätzlich kann die*

[1] Die ausgegebene Adresse wird vom Funktionscode FC0..FC2 beim Aufruf der CALLM Instruktion abgeleitet.

[2] Der 68020 hat keinen Einfluß auf die Entscheidungsgesichtspunkte. Er erfrägt lediglich das Entscheidungsergebnis aus dem Status-Feld des Statusregisters der Prüfhardware. Die hier erläuterte Entscheidungsstrategie wird von der PMMU (paged memory management unit) 68851 von MOTOROLA durchgeführt.

[3] Kleinere ACCESS Level Werte bedeuten hier größere Privilegien.

Prüfhardware im Statusregister signalisieren, ob für diesen Module-Aufruf der Stackpointer verändert werden soll.

Nach diesen externen Prüfungen liest der 68020 das Statusregister der externen Prüfhardware. Falls darin ein illegaler Zugriffsversuch angezeigt wird, nimmt der Prozessor eine *Format Error Exception*, d.h. das Betriebssystem erhält die Möglichkeit einzugreifen. Falls der Stackpointer abgeändert werden muß, wird er mit dem Wert aus dem Module-Descriptor neu geladen und der *Module-Call-Stack-Frame* samt Aufrufparameter umkopiert (Opt = '000', siehe Bild 10.3). Bei einem Opt='100' Module-Descriptor werden die Aufrufparameter über einen *indirect Pointer* im Stack-Frame des aufrufenden Modules referenziert und im neuen Module-Stack-Frame lediglich ein Pointer auf den *alten* Stack-Frame hinterlegt. Schließlich wird die Adresse des Datenbereichs des aufgerufenen Moduls aus dem Module-Descriptor in ein Register geladen.

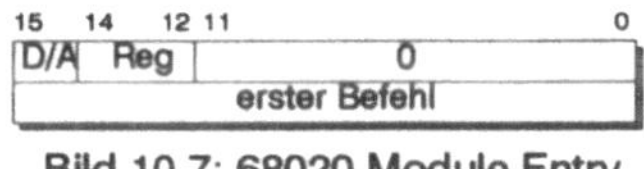

Bild 10.7: 68020 Module Entry Word und erster Befehl

Dieses Register wird im *Module-Entry-Word*, das ist das erste Wort des Moduls spezifiziert (siehe Bild 10.7). Anschließend wird die Abarbeitung des Modules mit dem auf das Module-Entry-Word folgenden Wortes begonnen.

Die RTM-Instruktion kehrt zum *alten* Modul zurück. Dabei wird der alte ACCESS Level durch beschreiben des *decrease access level* Registers (DAL) wiederhergestellt und bei illegalen Zugriffen ggf. eine Exception ausgelöst.

Da das ACCESS-Feld des Module-Descriptors acht Bit breit ist, können bis zu 256 ACCESS Levels oder Protection Ringe implementiert werden. Die Paged Memory Management Unit (PMMU) 68851 von Motorola unterstützt allerdings nur 0, 2, 4 oder 8 ACCESS Levels, wobei der Level mit dem Wert "0" die höchste Zugriffsebene und der Level mit dem Wert "7" die niedrigste Zugriffsebene bedeutet.

Die bisherigen Prüfungen betrafen nur die *Änderung* eines ACCESS Levels. Zusätzlich ist sicherzustellen, daß Speicherzugriffe ohne vorherigen Module-Call unmöglich sind, d.h. jeder Speicherzugriff muß daraufhin geprüft werden, ob er mit dem *richtigen* ACCESS Level erfolgt. Zu diesem Zweck wertet beispielsweise die PMMU 68851 die höchstwertigen Bits der (logischen) Adresse des Prozessors aus (siehe Bild 10.8). Diese maximal drei höchstwertigen Adreßbits werden als *BUS CYCLE*

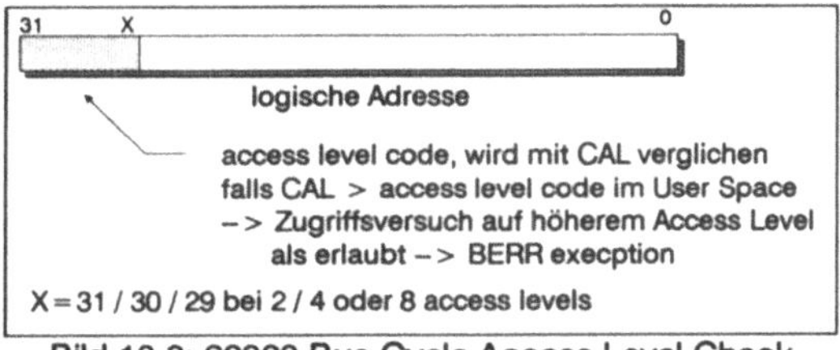

Bild 10.8: 68020 Bus Cycle Access Level Check

ACCESS LEVEL Code benützt. Dieser Wert wird bei jedem Zugriff mit dem Inhalt des CAL-Registers verglichen. Falls im USER MODE das "current access level" Register (CAL) einen höheren Wert[1] enthält als der versuchte BUS CYCLE ACCESS LEVEL Wert, so handelt es sich um einen illegalen Zugriffsversuch und eine *BUS ERROR EXCEPTION* wird ausgelöst.

10.2.3 Nichthierarchische Schutzmaßnahmen

Nichthierarchische Schutzmaßnahmen werden auch als *Capabilitiy Based Protection Systems* bezeichnet[2]. Dabei wird für jeden Prozeß eine Tabelle erlaubter Operationen definiert. Diese Tabelle beschreibt insbesondere die Operationen, die andere Prozesse im System beeinflussen. Um eine solche Operation ausführen zu können, muß die entsprechende *Capability* in seiner Operationstabelle eingetragen sein. Capability-basierende Schutzsysteme sind komplex und werden deshalb von heutigen Mikroprozessoren nicht unmittelbar unterstützt. Lediglich der 32-Bit-Mikroprozessor iAPX432 von Intel, der sich jedoch aus einer Reihe von Gründen am Markt nicht durchgesetzt hat, unterstützt dieses Konzept.

10.2.3.1 Objektadressierung und Permits

Aus heutiger Sicht ist der 432 ein *Very Complex Instruction Set Computer*, der hauptsächlich für hochzuverlässige und hochleistungsfähige Multiprozessoranwendungen gedacht war und eine ganze Reihe ungewöhnlicher Eigenschaften hat. Hier soll jedoch nur in sehr knapper Form auf die Schutzmaßnahmen eingegangen werden, die der Prozessor implementiert.

Jegliche Information im Speicher des 432 ist in *typisierte* Datenstrukturen zusammengefaßt. Einige dieser Datenstrukturen werden nur von der Prozessorhardware und dem Betriebssystemkern benützt. Andere werden durch die Applikationen definiert. Jede Datenstruktur wird durch einen *Descriptor* in einer zentralen Descriptor-Tabelle dargestellt, die von den Prozessoren in einer Multiprozessorkonfiguration verwaltet wird. Ein solcher Descriptor enthält die *Adresse* der Datenstruktur, ihre *Größe* und ihren *Typ*.

[1] gleichbedeutend mit "niedrigerer Zugriffsebene" oder "niedrigere Zugriffsprivilegien".

[2] capability = Befähigung

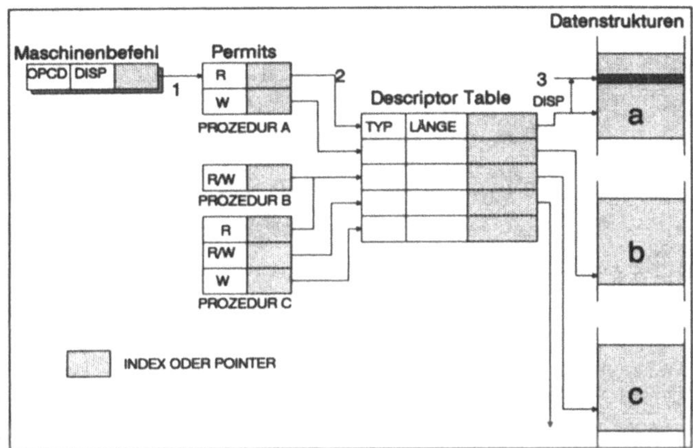

Bild 10.9: Capability-Adressierung beim iAPX432

Jeder Prozedur wird eine eindeutige Liste von *Permits* zugeordnet. Jedes Permit legt fest, welche Datenstrukturen die Prozedur adressieren kann. Dazu enthält ein Permit einen Satz von Zugriffsrechten (nur lesen, nur schreiben, schreiben und lesen, u.a. Typ-abhängige Operationen), die angeben, wie der Zugriff sein darf. Zusätzlich enthält ein Permit einen Index in die Descriptor-Table für die zugeordnete Datenstruktur (siehe Bild 10.9). Die Permit-Liste einer Prozedur kann wachsen, wenn dynamisch weitere Datenstrukturen angelegt werden. Dies wird automatisch von der Prozessorhardware durchgeführt.

Eine Prozedur hat *keinen Datenzugriff* auf die Permits oder Descriptoren und kann sie deshalb nicht selbst modifizieren. Eine Vererbung von Permits an aufgerufene Prozeduren ist nicht möglich. Deshalb besitzt jede Prozedur ihr eigenes *Access Environment*. Lediglich die explizit als Parameter übergebenen Zugriffe sind möglich.

Maschinenbefehle des 432 enthalten *keine Adressen* als Operanden. Statt dessen ist als Operand eine Referenz zum Permit auf die Datenstruktur kodiert, die das Datenelement enthält. Der Prozessor liest bei der Befehlsausführung das Permit und prüft die Zugriffsrechte (Schritt 1 in Bild 10.9). Anschließend liest er den Descriptor, auf den das Permit zeigt, prüft den Typ und vergleicht die Verschiebungsangabe (Disp) im Maschinenbefehl mit der Längenangabe im Descriptor (Schritt 2 in Bild 10.9). Schließlich addiert der Prozessor den Verschiebungswert zur Basisadresse der Datenstruktur und greift auf den Operanden zu (Schritt 3 in Bild 10.9).

Falls eine Zugriffsrechtsverletzung oder eine Inkonsistenz festgestellt wird, wird die Befehlsausführung abgebrochen und eine Fehlerbehandlungsprozedur angesprungen.

Die in Bild 10.9 dargestellte Zugriffsrechtsstruktur erlaubt beispielsweise nur lesende Zugriffe auf die Datenstruktur *a* und dies auch nur durch die Prozedur *A*. Die Datenstruktur *b* kann von Prozedur *A* nur geschrieben werden. Während die Datenstruktur *c* von Prozedur *B* geschrieben und gelesen werden kann, hat die Prozedur *C* nur lesenden Zugriff.

10.2.3.2 Software Capabilities

Da Capability-Adressierung von heutigen Mikroprozessoren nicht unterstützt wird, beschränkt sich die Anwendung dieser Schutzmaßnahmen auf die Anwendung in Betriebssystemen. Dies gilt insbesondere für Betriebssysteme in lose gekoppelten Multiprozessoren, d.h. verteilte Betriebssysteme[1]. Solche Systeme verwalten *Objekte* wie z.B. Directories, Prozesse, Geräte oder auch Datenstrukturen, wobei diese Objekte jeweils einem *Objektservice* zugeordnet sind, der Operationen auf diesem Objekt als Service für einen *Servicenehmer* in dessen Auftrag durchführt. Wenn ein solches Objekt im System erzeugt wird, wird dem Prozeß, der die Erzeugung des Objekts angefordert hat, eine *Capability* für die spätere Benützung des Objekts übergeben. Die Zahl und Art der erlaubten Operationen legt der Service fest, der das Objekt erzeugt hat und in dessen Besitz es ist. Ein Bitfeld (permission bit map) in der Capability zeigt an, welche der möglichen Operationen auf dem Objekt dem Halter der Capability erlaubt sind. Capablilities werden vollständig von den Anwenderprozessen verwaltet. Um zu verhindern, daß die Anwenderprozesse die Permission Bit Map verändern, liegt diese in der Capability verschlüsselt vor, wobei der Schlüssel nur für den Service, d.h. den Objektbesitzer bekannt ist.

Jeder Server kann sein Protection Schema unabhängig von anderen festlegen. Als Kryptographierschlüssel wird üblicherweise eine bei der Objekterzeugung gewählte Zufallszahl gewählt.

Wenn ein Prozeß später eine Operation auf dem Objekt durchführen möchte, muß er an den Server eine Nachricht senden, die die Capability enthält. Ein unverschlüsseltes Objekt-Kennfeld in der Capability identifiziert dabei das Objekt, anhand dessen der Server den passenden Dechiffrierschlüssel in seinen internen Tabellen auffinden kann, um die verschlüsselte Zugriffsberechtigung zu prüfen. Das verteilte Betriebssystem *HELIOS*, das Netzwerke von Transputern unterstützt, verwendet zu diesem Zweck 64 Bit breite Capabilities mit einem 8-Bit breiten Klartextkenner und einen verschlüsselten 56 Bit breiten Zugriffs-*Validator*.

[1] siehe hierzu A. S. Tanenbaum, Distributed Operating Systems

10.3 Speicherverwaltung

10.3.1 Übersetzung von Adreßräumen

10.3.1.1 Logische und physikalische Adressen

Bei einfacher Mikroprozessortechnik wird üblicherweise davon ausgegangen, daß jede im Programm verwendete Speicheradresse eindeutig eine physikalisch implementierte Speicherzelle identifiziert. Dabei ist es unbedeutend, ob es sich dabei um eine ROM- oder RAM-Speicherzelle oder ein Register eines memory-mapped I/O-Bausteins handelt. Die Adressen, die ein-eindeutig physikalisch implementierte, d.h. real verfügbare Speicherzellen identifizieren, spannen den *physikalischen Adreßraum* auf. Die Menge dieser Speicherzellen bilden den *Realspeicher*.

Da das Programm eines Rechners zwar Adressen benützt, aber nicht unbedingt Kenntnis von der physikalischen Realisierung der benützten Speicherstruktur hat, wird der vom Programm, bzw. vom Prozessor benützte Adreßbereich zur Unterscheidung als *logischer Adreßraum* bezeichnet. Für das oben genannte Beispiel eines einfachen Mikroprozessorsystems kommen beide Adreßräume zur Deckung, d.h. es gilt *logische Adresse = physikalische Adresse*.

Diese Speicherstruktur hat bei komplexeren Anwendungen mit dynamischem Speicherbedarf oder gar wechselnden Programmen den Nachteil, daß die Belegungsverhältnisse des physikalischen Speichers sich unmittelbar auf die (logischen) Programmadressen auswirken. Falls beispielsweise ein weiteres Programm (Prozedur, Prozeß) in einen noch freien Speicherteil nachgeladen und ausgeführt werden soll, müssen vorher programminterne Adressen entsprechend angepaßt werden.

Anders liegen die Verhältnisse, wenn Relativadressen benützt werden. Der einfachste Fall besteht darin, einen konstanten Wert (Offset) zur logischen Adresse zu addieren und das Additionsergebnis als physikalische Speicheradresse zu benützen (*physikalische Adresse := logische Adresse + Offset*). Dabei ist es nicht mehr erforderlich, Adressen innerhalb eines Programms anzupassen, da die logischen Adressen

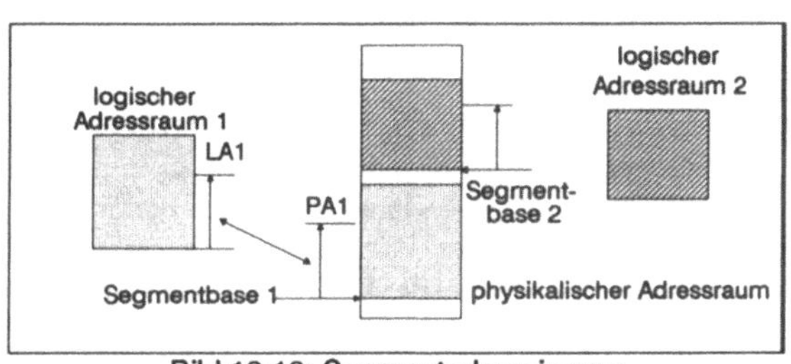

Bild 10.10: Segmentadressierung

durch die pauschale Anpassung des Offset-Wertes korrekte physikalische Speicherzellen referenzieren. Üblicherweise wird die Relativadressierung mit einem konstanten Offset als *Segment-Adressierung* bezeichnet (siehe Bild 10.10). Dabei ist es möglich, den gesamten logischen Adreßraum eines Programms in mehrere Segmente zu zerlegen und diese mit unterschiedlichen Offset-Werten in einen physikalischen Adreßraum abzubilden. Ein Segment ist durch folgende Merkmale gekennzeichnet:

- *Ein zusammenhängender (lückenloser) Adreßbereich des logischen Adreßraums wird in einen gleich großen zusammenhängenden Adreßbereich des physikalischen Adreßraums abgebildet.*
- *Ein Segment ist durch seine Anfangsadresse im physikalischen Adreßraum (Segmentbase) und seine Länge gekennzeichnet, d.h. physikalische Segmentadresse := logische Segmentadresse + Segmentbase.*

Die Programmsegmente werden deshalb bei der Programmerstellung bezüglich einer einheitlichen Basisadresse (üblicherweise "0") gebunden. Zur Ausführungszeit wird die geeignete Segmentbasisadresse pauschal festgelegt. Diese Technik wird von einer Reihe von einfachen Standardmikroprozessoren wie z.B. der 8086-Familie direkt unterstützt. Dort wird zur 16-Bit-breiten logischen Adresse das 16-Fache des Inhalts eines der vier Segmentregisters[1] addiert und als physikalische Adresse ausgegeben.

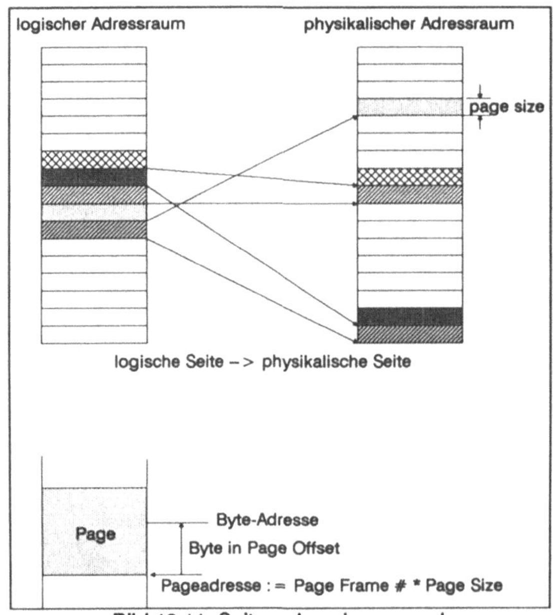

Bild 10.11: Seitenadressierung und Seitenadreßumsetzung

Die segmentierte Abbildung zwischen logischen Adreßräumen und physikalischen Adreßräumen ist relativ einfach zu implementieren und zu verwalten, da die Zahl der Segmente üblicherweise klein ist. Schwierigkeiten bzw. Nachteile entstehen aus der unterschiedlichen Länge der einzelnen Seg-

[1] Die vier Register sind das Codesegmentregister CS, das Stacksegmentregister SS, das Datasegmentregister DS und das Extrasegmentregister ES). Ein Segment des 8086 kann an jeder 16-Bytegrenze des physikalischen Adreßraums beginnen und maximal 64 kByte groß sein.

mente. Soll beispielsweise ein neues Segment im physikalischen Speicher angelegt werden, so muß ein zusammenhängender freier Bereich im physikalischen Speicher aufgesucht werden, der mindestens so groß ist, wie das neu anzulegende Segment. Dabei kann es vorkommen, daß kein genügend großes physikalisches Segment verfügbar ist, oder daß nicht weiter nutzbare *Löcher* im physikalischen Speicher entstehen. Als weiterer Nachteil kann angesehen werden, daß eventuell definierbare Zugriffsattribute nur für ein Segment als ganzes und nicht für Teile davon möglich sind.

Aus diesen Gründen wurde die Alternative entwickelt, sowohl den logischen, als auch den physikalischen Adreßraum in Blöcke fester Größe aufzuteilen, die *Speicherseiten* (Pages) genannt werden. Wesentlich dabei ist, daß die Seiten im physikalischen und logischen Adreßraum gleich groß sind. Typische Seitengrößen liegen zwischen 256 Byte und 16 kByte in Zweierpotenzabstufung. Die Abbildung einer logischen Adresse in eine physikalische Adresse erfolgt immer seitenindividuell (siehe Bild 10.11). Jede Adresse wird dazu konzeptionell in eine *Seitenadresse* und in eine *Relativadresse* zum Seitenanfang zerlegt. Die Seitenadresse ergibt sich aus der *Seitennummer* (page frame number) multipliziert mit der *Seitengröße* (page size). Als unmittelbare Folge dieses Konzepts ist ein zusammenhängender logischer Adreßraum normalerweise nicht mehr im physikalischen Adreßraum zusammenhängend (siehe Bild 10.11).

10.3.1.2 Prinzip der Seitenumsetzung

Für die Umsetzung einer logischen Adresse in eine zugeordnete physikalische Adresse wird für jede umzusetzende logische Seitennummer die zugehörige physikalische Seitennummer benötigt. Dazu werden *Pagetables* benützt, die das Auffinden und Verwalten dieser Information ermöglichen. Das einfachste Verfahren ist die *einstufige* Seitenumsetzung (siehe Bild 10.12). Die höherwertigen Bits der logischen Adresse werden als Index in eine Tabelle physikalischer Seitennummern (Pagetable) benützt. Diese Tabelle ist im physikalischen Speicher abgelegt und wird über den *Pagetable-Pointer* refe-

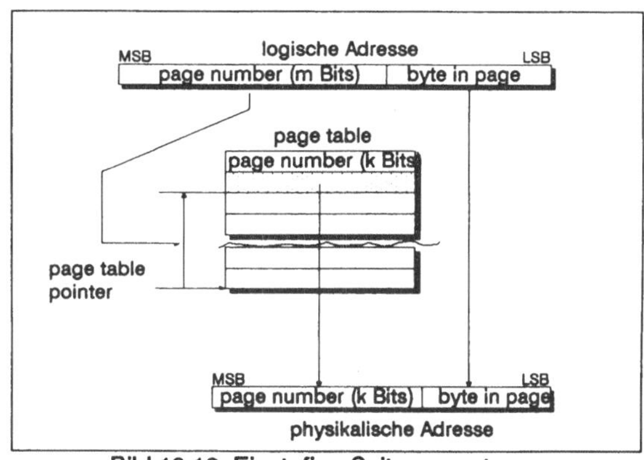

Bild 10.12: Einstufige Seitenumsetzung

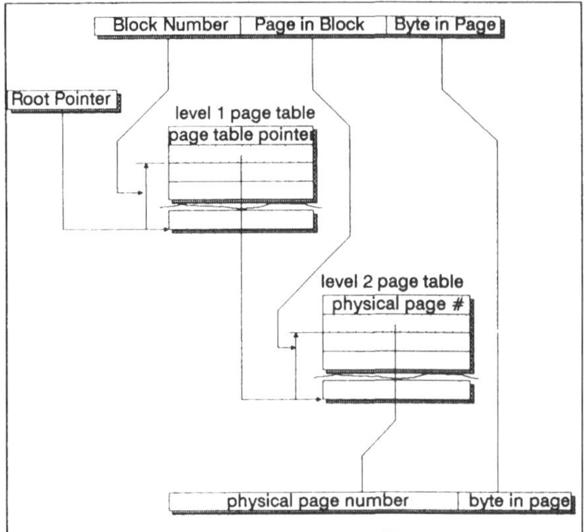

Bild 10.13: Zweistufige Seitenumsetzung

renziert. Als Pagetable-Pointer wird ein Register benützt, das die physikalische Adresse des Pagetable-Anfangs enthält. Der mit Hilfe der logischen Seitennummer aufgefundene Tabelleneintrag enthält die dieser logischen Seite zugeordnete physikalische Seitennummer. Diese wird ausgelesen und ergibt zusammen mit dem niederwertigen Teil der logischen Adresse die physikalische Adresse. Die Zahl der logischen Seiten (2^m) kann sich durchaus von der Zahl der physikalischen Seiten (2^k) unterscheiden, d.h. logischer Adreßraum und physikalischer Adreßraum können unterschiedlich groß sein (siehe Bild 10.12).

Jedem eigenständigen Programm (Prozeß) wird üblicherweise eine eigene Pagetable zugeordnet. Dadurch kann für jeden Prozeß eine individuelle Seitenumsetzung vorgenommen werden. Die einstufige Seitenumsetzung ist zwar übersichtlich aber unzweckmäßig. Sie wird deshalb nur für Sonderfälle angewandt. Der Hauptnachteil liegt in der starren Struktur. Bei einstufigen Pagetables muß für jede logische Seite eines Prozesses von der Adresse "0" bis zur maximalen logischen Adresse ein Eintrag in der Pagetable vorgesehen werden. Dies ist kein Nachteil, wenn dieser logische Adreßraum auch lückenlos benützt wird. Dies ist aber oft nicht der Fall, da sehr häufig Bereiche des verfügbaren logischen Adreßraums nicht genutzt werden. Die Pagetables werden deshalb unnötig groß, wie folgendes Zahlenbeispiel erläutern soll:

Gegeben sei ein Prozeß, der die logischen Adreßbereiche $0..7FFF_{16}$ (32 kByte) und $7\,800\,000_{16}..7\,EFF\,FFF_{16}$ (8 MByte) in einem Rechner mit einem physikalischen Adreßraum von 16 MByte Größe und einer Page-Size von 256 Bytes benützt.

Der logische Adreßraum des Prozesses umfaßt also die Seiten $0..7E\,FFF_{16}$ oder insgesamt $520\,192_{10}$ Seiten. Davon werden tatsächlich die Seiten $0..7F_{16}$ (128_{10} Seiten) *und 78 000$_{16}$..7E FFF$_{16}$ (28 672$_{10}$ Seiten) zusammen also 28 800$_{10}$ Seiten benützt. Die einstufige Pagetable benötigt jedoch 520 192$_{10}$ Einträge. Da jeder Eintrag mindestens 16 Bit groß sein muß[1], belegt die Pagetable selbst 1016$_{10}$ kByte physikalischen Speicher.*

Aus diesen quantitativen Überlegungen ergibt sich die Forderung nach mehrstufigen Seitenumsetzungen. In Bild 10.13 ist diese Form für eine zweistufige Umsetzung erläutert. Die logische Adresse wird konzeptionell in drei Bereiche aufgeteilt. Die niederwertigen Adreßbits adressieren wiederum ein Byte innerhalb einer Seite. Die höchstwertigen Adreßbits werden als Index in eine erste Pagetable (pointer table, level 1 page table) benützt. Der so aufgefundene Eintrag enthält die physikalische Seitennummer des Anfangs einer zweiten Pagetable (eigentliche Pagetable, level 2 page table). Durch die mittleren Adreßbits der logischen Adresse wird ein Eintrag der Level 2 Page Table referenziert, der die gesuchte physikalische Seitennummer enthält. Diese Tabellenstruktur bildet also einen zweistufigen Baum von Umsetzungstabellen. Die Wurzel des Baumes ist ein *Root-Pointer*, der die physikalische Adresse der Level 1 Page Table enthält. Der Vorteil liegt jetzt darin, daß einzelne Äste und Blätter des Baumes leer sein können. Dies illustriert das folgende Beispiel:

Die zweistufige Umsetzungsstruktur sei auf das vorstehende Beispiel zur einstufigen Pagetable angewandt. Dazu werde angenommen, daß das Block Number Feld[2] und das Page in Block Feld der logischen 32 Bit Adresse jeweils 12 Bit breit ist. Die Level 1 Page Table umfaßt die Blöcke 0..7E$_{16}$ (127 Einträge). Davon werden die Einträge 0 und 78$_{16}$..7E$_{16}$ tatsächlich benützt (insgesamt 8 Einträge). Die Level 2 Page Table umfaßt die Einträge 0..FFF$_{16}$ für die Blöcke 78$_{16}$..7E$_{16}$ (zusammen 7(FFF$_{16}$ + 1) = 28 672$_{10}$ Einträge) und die Einträge 0..7F$_{16}$ für den Block 0 (zusammen 128$_{10}$ Einträge). Insgesamt werden also 127 + 28 672 + 128 = 28 927 Pagetable-Einträge benötigt mit einem minimalen Speicherbedarf von ca. 56,5 kByte[3]. Dies sind nur noch ca. 5,5 % verglichen mit der einstufigen Umsetzung.*

Es ist offensichtlich, daß die flexiblere Baumstruktur mehrstufiger Pagetables bei nicht zusammenhängenden logischen Adreßräumen platzsparend ist. Darüberhinaus

[1] 16 MByte physikalischer Adreßraum erfordern mindestens 24 Adreßbits. Davon geben die oberen 16 Bits die physikalische Seitennummer und die unteren 8 Bits die Byteadresse innerhalb der Seite an.

[2] Statt BLOCK NUMBER wird häufig auch der Begriff SEGMENT oder (PAGE) DIRECTORY benützt.

[3] Dabei ist angenommen, daß die Pagetables an Seitengrenzen beginnen. Ein Pagetable-Pointer enthält also minimal 24-8 = 16 Bit, wenn ein physikalischer Adreßraum von 16 MByte zugrunde gelegt wird.

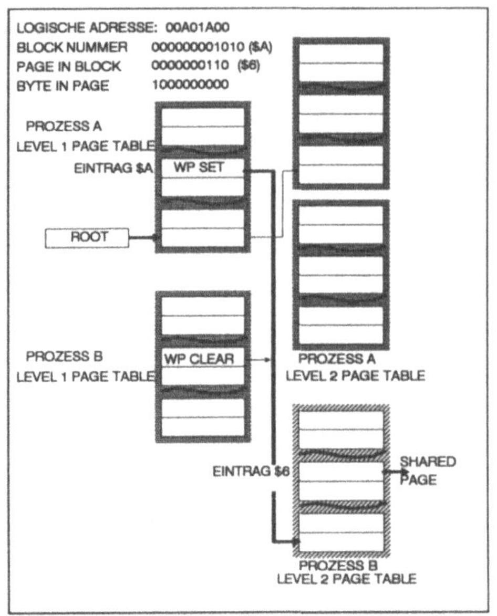

Bild 10.14: Zweistufige Umsetzung mit Pagetable sharing

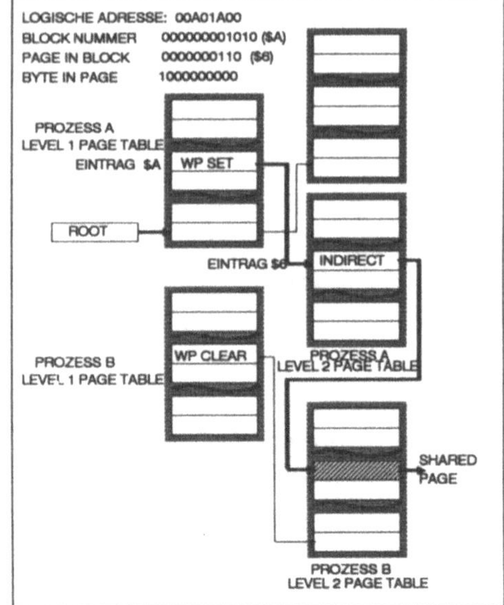

Bild 10.15: Zweistufige Seitenumsetzung mit Page Sharing

ergeben sich weitere nützliche Möglichkeiten, wie in den folgenden Abschnitten dargestellt ist.

10.3.1.3 Pagedescriptoren

Die minimale Information in einem Pagetable-Eintrag ist die physikalische Seitennummer der zu referenzierenden Speicherseite bzw. Pagetable. Diese Beschränkung ist unzweckmäßig, da gleichzeitig weitere Beschreibungsinformation in der Pagetable ablegbar ist. Einige Beispiele solcher Zusatzinformation sind:

- *Zugriffs- oder Protection-Attribute erlauben die Verwaltung von Zugriffsrechten für jede einzelne Seite oder auch ganze Pagetables. Solche Attribute können u.a. sein: "kein Zugriff", "Schreibzugriff erlaubt", "Lesezugriff erlaubt", "Schreib-/Lesezugriff erlaubt" oder nur "Ausführung des Programmcodes erlaubt".*
- *Verwaltungsinformation wie z.B. "wurde die Seite referenziert?" (history information), "wurde die Seite modifiziert?" (dirty page), "ist der Pagetable-Eintrag gültig" oder "wird die Seite von mehreren Prozessen gemeinsam benützt" (shared page).*

Unter Anwendung geeignet definierter Descriptoren kann die Benutzung des physikalischen Speichers mit der minimalen Granularität von einer Seite kontrolliert werden. Dabei ist es ohne weiteres möglich, daß Prozesse einzelne Seiten, Pagetables oder auch Blöcke gemeinsam nutzen, aber trotzdem unterschiedliche Zugriffsrechte haben können.

10.3.1.4 Beispiele mehrstufiger Seitenumsetzungen

Die folgenden Beispiele für Übersetzungsbäume lehnen sich an die Möglichkeiten an, die mit den Prozessoren 68020 in Verbindung mit der PMMU 68851, bzw. mit dem Prozessor 68030 alleine gegeben sind. Hierzu gehört die Möglichkeit, mit Hilfe von *Translation-Control-Registern* die Adreßumsetzung zu konfigurieren. Maximal sind fünfstufige Umsetzungsbäume möglich. Bild 10.14 zeigt eine zweistufige Umsetzung für 1 kByte große Seiten, bei der zwei Prozesse eine Level 2 Page Table gemeinsam nutzen (Page Table Sharing). Jeweils ein Eintrag der Level 1 Page Table beider Prozesse verweist auf dieselbe Level 2 Page Table. Alle Seiten, die von dieser Pagetable verwaltet werden, sind gemeinsam nutzbar. Da für Prozeß A angenommen ist, daß im entsprechenden Descriptor der Level 1 Page Table das *Write Protect Bit* (WP) gesetzt ist, hat Prozeß A allerdings nur *lesenden* Zugriff, während Prozeß B schreibend *und* lesend zugreifen darf (WP clear).

Bild 10.15 zeigt eine modifizierte Form der Page Tables für diese zwei Prozesse. Hier wird nicht eine ganze Level 2 Page Table gemeinsam genutzt, sondern ein Eintrag einer Level 2 Page Table von Prozeß A verwendet einen *indirekten* Pointer, der auf einen Eintrag einer Level 2 Page Table von Prozeß B zeigt. In diesem Fall wird nur diese eine Speicherseite

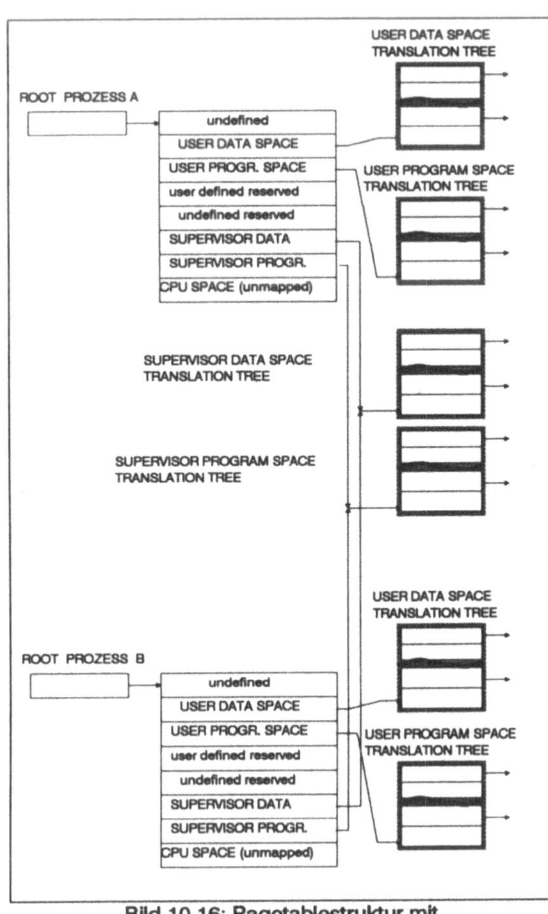

Bild 10.16: Pagetablestruktur mit Function-Code-Lookup

von beiden Prozessen gemeinsam genutzt, möglicherweise zum direkten Datenaustausch.

Zum *Kontext* eines jeden Softwareprozesses gehört insbesondere auch der Root-Pointer auf den Pagetable-Tree des Prozesses. Durch einen entsprechenden Aufbau der Pagetables aller Prozesse können deren Adreßräume und der des Betriebssystems völlig entkoppelt werden. Andererseits besteht auch die Möglichkeit, die Adreßraumqualifizierung durch die Funktionscodes FC0..FC2 für die Adreßumsetzung mit zu nutzen (function code lookup). Dabei zeigt der Root-Pointer nicht mehr direkt auf den Anfang des Pagetable-Trees sondern auf eine Pointer-Tabelle, die mit dem aktuellen Funktionscode des Prozessors indiziert wird. Jedes Element dieser Pointer-Tabelle zeigt seinerseits auf den Pagetable-Baum des durch den Funktionscode angezeigten Adreßraums. Falls die Supervisor Pagetable-Tree-Pointer aller Prozesse auf dieselben beiden Pagetable-Trees zeigen, wird für alle Prozesse dasselbe Betriebssystem bzw. derselbe Betriebssystemadreßraum benützt (siehe Bild 10.16).

10.3.2 Hardwareunterstützung

10.3.2.1 Segmentübersetzung

Einfache segmentierte Adreßumsetzung zwischen logischer und physikalischer Adresse wird beispielsweise als Teil der Adreßrechnung in der 8086-Prozessorfamilie durchgeführt. Dazu werden die Segmentregister durch entsprechende Maschinenbefehle vorgeladen. Weitere Zusatzmaßnahmen, sei es in Hardware oder in Software, sind nicht erforderlich, wenn man vom gelegentlichen Umladen von Segmentregistern absieht, wie es typischerweise bei einem Prozeßwechsel durch ein Betriebssystem vorkommt.

Einfache Erweiterungen dieses Konzepts sind *Memory Management Units* (MMU) für die Umsetzung mehrerer unabhängiger logischer Segmente in die zugehörigen physikalischen Segmente. Als Referenz sei die MMU *MC68451* herangezogen, die zwischen den Adreßleitungen der CPU (logische Adressen) und denen des Speicherarrays (physikalische Adressen) geschaltet ist. Diese MMU enthält 32 *Descriptoren*, die jeweils ein logisches Segment und dessen Umsetzung in den physikalischen Adreßraum beschreiben. Dazu enthält jeder Descriptor die Basisadressen der beiden einander zugeordneten logischen und physikalischen Segmente. Die Segmentlänge wird über eine Bitmaske festgelegt. Eine zusätzliche *Address Space Table* (AST), die über die Funktionscodes FC0..FC3[1] indiziert wird, gibt an, welche der Descriptoren für den jeweiligen Speicherzyklus benützt werden können. Durch Vergleich der vom Prozessor angelegten logischen Adresse mit den in diesen Descriptoren abgelegten logischen Segmentbasisadressen unter Berücksichtigung der Segmentlänge wird schließlich der Descriptor aufgefunden, der das richtige physikalische Segment beschreibt. Die MMU bildet aus der anliegenden logischen Adresse und der physikalischen Segmentbasisadresse die physikalische Speicheradresse für den von der CPU begonnenen Zyklus. Die Segmentbeschreibungen, d.h. die 32 Descriptoren und die Address Space Table werden durch entsprechende Programmanweisungen von der CPU geladen und erforderlichenfalls von Zeit zu Zeit verändert.

10.3.2.2 Seitenübersetzung

Ein Merkmal der Segmentübersetzung ist die geringe Zahl der Segmente und die relativ selten erforderliche Änderung der Segmentdescriptoren. Seitenverwaltete Speichersysteme müssen, um die Pagetables klein zu halten, baumstrukturierte Pagetables einsetzen. Bei typischen Programmen sind diese Tabellen viel zu groß, als daß eine MMU den Übersetzungsbaum als Ganzes aufnehmen kann. Eine Adreßübersetzung als Teil des auszuführenden Programms ist schon gar nicht durchführbar. Aus diesen Gründen wird bei der seitenübersetzten Speicheradressierung eine Aufgabentrennung vorgenommen:

- *Der Aufbau und die Verwaltung des Pagetable-Baumes obliegt der (Betriebssystem-)Software (table administration). Der Pagetable-Baum ist dabei das Abbild der Memory-Management-Politik des Betriebssystems.*
- *Die operationelle Adreßumsetzung wird von der MMU vorgenommen, die einen (üblicherweise kleinen) Teil der Blätter des Pagetable-Baumes in einem Address-Translation-Cache (ATC)[2] als aktuelle Übersetzungsinformation enthält.*
- *Nachladen des ATC's. Da die MMU nur einen kleinen Ausschnitt des Pagetable-Baums enthält, muß der ATC häufig umgeladen werden. Dies kann explizit durch eine Nachladeprozedur des Betriebssystemes erfolgen, wie z.B. bei dem Basic-Memory-Access-Controller (BMAC) 68905 von Valvo/Signetics oder eigenständig durch die MMU, wie z.B. bei der Paged-Memory-Management-Unit (PMMU) 68851 von Motorola.*

[1] Das vierte Funktionscode-Bit FC3 wird von einem zweiten Bus-Master, wie z.B. einem DMA-Kontroller benützt.

[2] manchmal auch als "Translation-Look-Aside-Buffer" (TLB) bezeichnet.

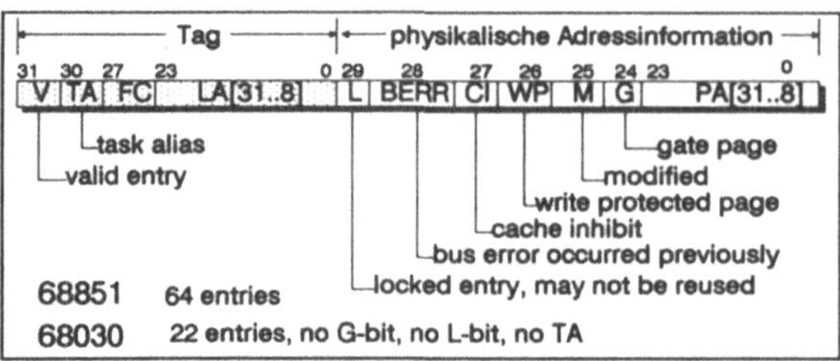

Bild 10.17: Format eines Translation Cache Eintrags

Das Funktionsprinzip sei hier anhand der PMMU 68851 bzw. dem Prozessor 68030 in den wesentlichen Zügen erläutert. Die PMMU 68851 ist ein Memory-Management-Coprozessor für den Mikroprozessor 68020, der die logischen Seitenadressen des 68020 aufnimmt und als physikalische Adressen an den Speicherbus weitergibt. Die Programmierung und sonstige Kommunikation zwischen dem 68020 und der 68851 erfolgt über die Coprozessorschnittstelle des 68020 und die zugehörigen Coprozessorbefehle. Beim 68030 ist eine 68851-kompatible MMU bereits auf dem Chip mit integriert.

Bild 10.17 zeigt den Aufbau eines ATC-Eintrags der 68851- bzw. 68030 PMMU. Er enthält als wesentlichste Information die logische Seitenadresse (LA[31..8], incl. Funktionscode FC) im Tag-Feld und die zu dieser logischen Seite gehörige physikalische Seitenadresse PA[31..8] im physikalischen Adreßfeld. Bei jeder Ausgabe einer logischen Adresse werden gleichzeitig die Seitenadreßbits des Tagfelds aller Cacheeinträge mit dieser Seitenadresse verglichen[1] (siehe hierzu auch Bild 10.19). Falls eine Übereinstimmung in einem Cacheeintrag festgestellt wird, wird die zugehörige physikalische Seitenadresse aus dem so aufgefundenen Cacheeintrag ausgelesen und ausgegeben. Falls für die angelegte logische Adresse im Cache kein Eintrag aufgefunden wird, liegt ein ATC-Miss vor und die PMMU beginnt ohne Mithilfe der CPU einen *Table Walk.* Bei einem Table Walk durchsucht die PMMU den Pagetable-Tree im physikalischen Hauptspeicher, beginnend bei der Wurzel, bis das zur anliegenden logischen Adresse gehörige Blatt des Baumes gefun-

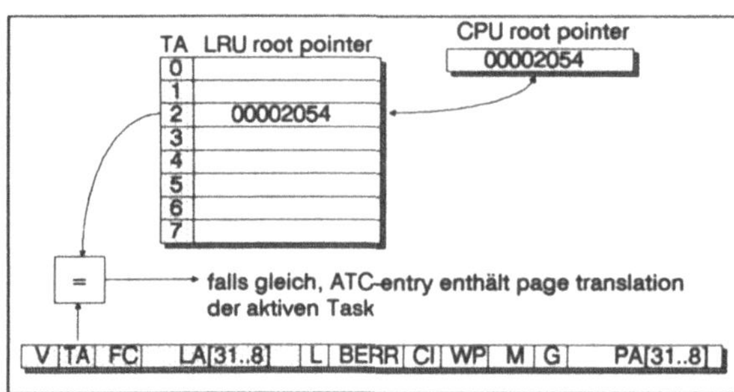

Bild 10.18: 68851 Rootpointer-Cache und Task-Alias

[1] Diese Speicherzugriffstechnik wird auch als "inhaltsadressierter Speicher" (content addressable memory, CAM) bezeichnet.

den ist. Die benötigte Information wird aus dem zugehörigen Pagetable-Eintrag entnommen, ein neuer ATC-Eintrag angelegt und gegebenenfalls ein belegter Eintrag nach dem *least recently used* (LRU)[1]Prinzip ersetzt.

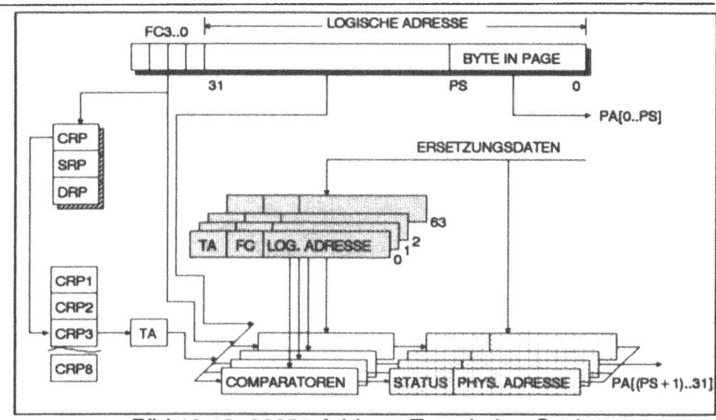

Bild 10.19: 68851 Address Translation Cache

Eine Besonderheit des ATC-Tags (siehe Bild 10.17) ist das *Task-Alias*-Feld bei der 68851 PMMU. Üblicherweise ist die Software multitasking-strukturiert, d.h. der Prozessor bearbeitet mehrere oder viele konkurrierende Softwareprozesse (Tasks). Das Betriebssystem teilt den Tasks im Wechsel den Prozessor zu (context switch). Bevor die CPU mit der Bearbeitung der neuen Task beginnen kann, muß der ATC invalidiert werden und das Rootpointer-Register der PMMU mit der Adresse des Pagetable-Trees der neuen Task geladen werden. Bei einer hohen Kontextswitch-Rate reduziert dies die ATC-Hitrate. Deshalb enthält die 68851 PMMU einen *Rootpointer-Cache* mit acht Einträgen. Dieser Rootpointer-Cache enthält die Pagetable-Pointer der acht zuletzt aktiven Softwareprozesse (Tasks). Die Eintragsnummer wird als *Task-Alias*[2] benützt. Bei der Adreßumsetzung wird der Inhalt des aktuellen Pagetable-Rootpointer-Registers mit den Einträgen des Rootpointer-Caches verglichen (siehe Bild 10.18). Falls eine Übereinstimmung festgestellt wird, ist die Eintragsnummer der Task-Alias der aktuell laufenden Task. Der Task-Alias wird beim Tag-Vergleich des ATC mit ausgewertet, d.h. mehrere Einträge des ATC können dieselbe logische Adresse enthalten. Die Zuordnung zur jeweiligen Task ist über das TA-Feld eindeutig möglich (siehe auch Bild 10.19[3]). Bei einem Kontext-Switch muß deshalb der ATC nicht oder nicht vollständig invalidiert werden. Lediglich diejenigen ATC-Einträge, deren Task-Alias-Feld die Nummer des ersetzten Rootpointer-Cache-Eintrags enthalten, werden von der PMMU invalidiert.

---

[1] least recently used = der am längsten nicht mehr benützte Eintrag wird wiederverwendet

[2] Ersatzkennung oder Ersatznamen für die Task

[3] Abkürzungen im Bild: CRP = CPU Root Pointer, SRP = Supervisor Root Pointer, DRP = DMA Root Pointer

10.3.2.3 Page- und Pagetable-Descriptoren

Bild 10.20 zeigt exemplarisch einige Page- bzw. Pagetable-Descriptoren. Der Rootpointer-Descriptor wird durch die PMOVE-Coprozessor-Instruktion in eines der Rootpointer-Register geladen. Der Descriptor enthält als wesentliche Information die Angabe des *Descriptor-Typs* (DT).

Der Rootpointer kann bereits ein Pagedescriptor sein. In diesem Fall enthält das physikalische Adreßfeld PA[31..4] bereits die gesuchte physikalische Seitenadresse. Andernfalls enthält PA[31..4] die physikalische Adresse eines kurzen (vier Byte) oder langen (8 Byte) Pagetable- oder Pagedescriptors. Das *Limit*-Feld gibt die Indexbegrenzung für die nächst niedrigere Tabelle an. Bei jeder Übersetzung wird die Indizierung dieser tieferliegenden Tabelle gegen diese maximal zulässige Grenze geprüft. Wahlweise kann eine obere oder eine untere Indexgrenze spezifiziert werden (*L/U*).

Ein Table-Descriptor enthält neben der physikalischen Adresse der Nachfolgetabelle und der Indexgrenzenangabe weitere Attribute. Das Descriptortyp-Feld DT beschreibt wie beim Rootpointer den Typ der Folgetabelle. Zusätzlich ist der Typ *invalid* möglich, d.h. dieser Tabelleneintrag enthält keinen gültigen Verweis auf einen Folgeeintrag. Die Felder RAL/WAL spezifizieren den erforderlichen *ACCESS LEVEL*, falls dieser Zugriffsschutzmechanismus benützt werden soll. Das *WP*-Bit kennzeichnet die Folgeseiten als *schreibgeschützt*. Das *S*-Bit erlaubt nur Zugriffe im Supervisor Mode. Schließlich kann mit *SG* angezeigt werden, ob es sich um eine von mehreren Prozessen

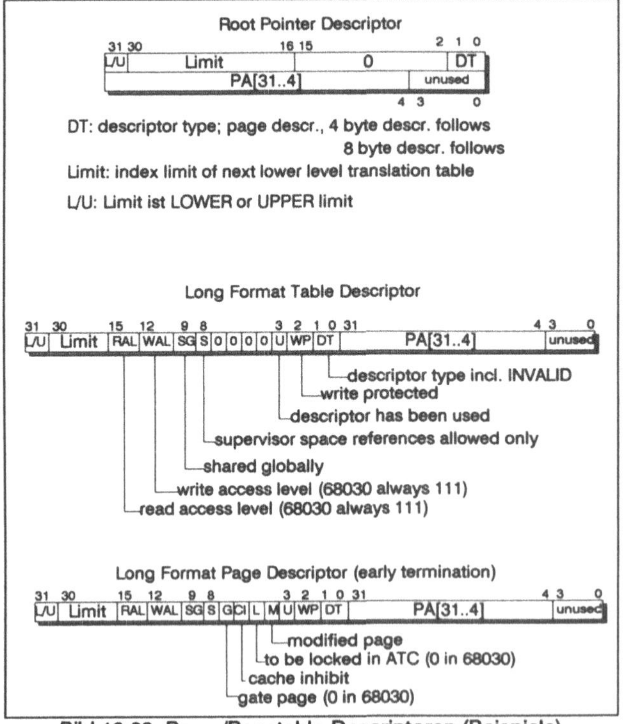

Bild 10.20: Page-/Pagetable-Descriptoren (Beispiele)

gemeinsam genutzte Page oder Pagetable handelt. Das *U*-Bit kennzeichnet den Descriptor als *in der Vergangenheit referenziert*.

Ein Pagedescriptor enthält weitere *Page-Attribute*:

- *Modified Page: Die Seite wurde in der Vergangenheit beschrieben.*
- *Cache Inhibit: Die Seite darf nicht in den Daten- oder Befehlscache übernommen werden. Dies ist eine einfache Möglichkeit zur Erzwingung von Cache-Kohärenz beim Einsatz in Multiprozessorsystemen oder bei Memory-mapped-I/O. Der Zustand des CI-Bits wird bei der Adreßumsetzung nach außen signalisiert und kann von einem Cache-Controller berücksichtigt werden.*
- *Gate Page: Dieses Attribut kennzeichnet Pages als zulässige Seiten für die Aufnahme von Module-Descriptoren (siehe hierzu Abschnitt 2.2.2).*
- *To be locked: Der Descriptor soll in den ATC übernommen aber nicht mehr freigegeben werden.*

Falls ein Pagedescriptor in einer *Pointer-Table* steht, beschreibt der Descriptor ein *Segment*, dessen Basisadresse durch PA[31..4] und dessen Länge in Zahl von Seiten durch *Limit* angegeben wird (*early termination descriptor*). Andernfalls beschreibt der Descriptor genau eine Seite.

10.3.2.4 Tablewalk

Ein Tablewalk ist erforderlich, wenn zu einer logischen Adresse kein Descriptor im ATC vorhanden ist. Zu Beginn des Tablewalks bestimmt die MMU, welches Rootpointer-Register zur Auffindung des Pagetable-Trees zu benützen ist. Der 68030 unterscheidet hier zwischen *Supervisor-Rootpointer* (SRP) und einem CPU-Rootpointer (CRP)[1]. Der CRP wird im User Mode benützt[2], d.h. das CRP-Register zeigt auf die Wurzel des Pagetable-Baums des aktiven Prozesses. Der Ablauf des Tablewalks ist in groben Zügen in Bild 10.21 dargestellt.

Falls der Rootpointer ein Page-Descriptor ist, wird ein neuer ATC-Eintrag angelegt. Im anderen Fall enthält der Rootpointer die Basisadresse einer Nachfolgetabelle, wobei die niederwertigen Adreßbits der logischen Adresse entnommen werden. Diese Tabelle wird entsprechend der logischen Adresse indiziert. Der dabei aufgefundene neue Descriptor kann wiederum ein Table-Descriptor, ein Page-Descriptor, ein indirekter oder ein ungültiger Descriptor sein. Falls nach der höchsten zulässigen

[1] Die PMMU 68851 verfügt über ein zusätzliches DMA-Rootpointer-Register (DRP).

[2] Im Supervisor-Mode wird das SRP-Register benützt, falls das Supervisor-Root-Enable-Bit im Konfigurationsregister gesetzt ist.

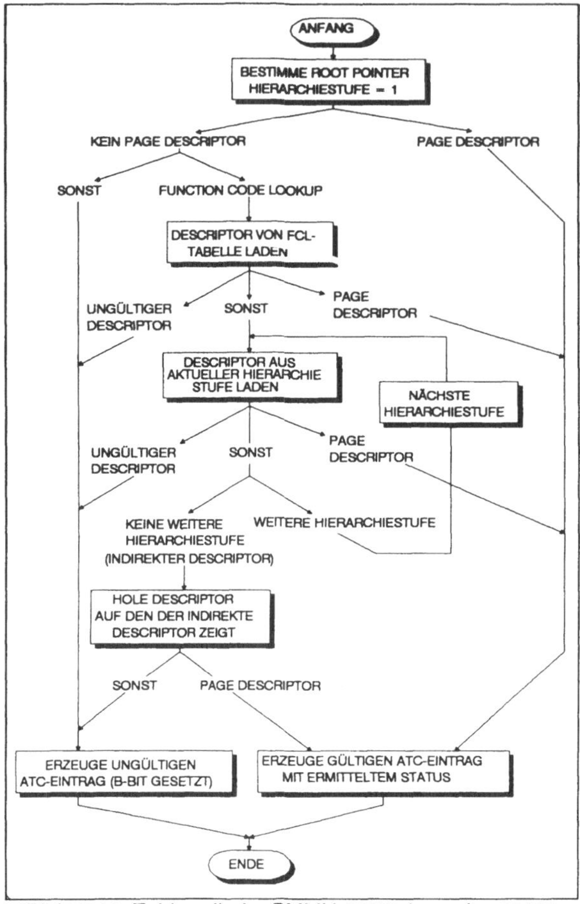

Bild 10.21: Tablewalk der PMMU 68851 bzw. des 68030

Übersetzungsstufe kein gültiger Page-Descriptor aufgefunden wird, wird ein ungültiger ATC-Eintrag erzeugt. Andernfalls wird ein gültiger ATC-Eintrag erzeugt. Dieser enthält neben der zur logischen Adresse zugehörigen physikalischen Seitenadresse noch Statusinformation (*bus error, cache inhibit, write protect, modified, gate page*) als Ergebnis des Tablewalks.

Nach erfolgreicher Einrichtung eines neuen ATC-Eintrags kann der eigentliche Speicherzugriff erfolgen. Um den Tablewalk in einem Multiprozessorsystem konsistent durchführen zu können, wird der *gesamte* Tablewalk als *read-modify-write* Buszyklus, signalisiert durch den *RMC*-Anschluß, durchgeführt.

10.3.2.5 Speicherschutzmaßnahmen (2)

Die Descriptoren von Pagetables können zahlreiche Schutzattribute enthalten. Nach einem erfolgreichen Tablewalk enthält ein neu erzeugter ATC-Eintrag in seinem Statusfeld die effektiven Schutzattribute.

Das *effektive Schreibschutzattribut* WP (write protection) ist das logische ODER aller WP-Bits der beim Tablewalk benützten Descriptoren. Bei der PMMU 68851 wird zusätzlich eine Adreßprüfung gegen die Read- und Write-Access-Level-Felder

(RAL, WAL) durchgeführt. Eine Verletzung eines dieser Access-Levels wird als *schreibgeschützt* interpretiert.

Der *effektive Leseschutz* ergibt sich in gleicher Weise aus einem Adreßvergleich gegen die Read-Access-Level-Felder der Descriptoren während des Tablewalks. Bei einer Read-Access-Level-Violation wird das B-Bit gesetzt (bus error bit).

Ein "gesetztes" Supervisor Protection Bit (S-Bit) in einem Descriptor ergibt im ATC-Status S = 1, d.h. Zugriffe auf die entsprechende Seite sind nur im Supervisor Mode möglich.

Wird *Function Code Lookup* beim Tablewalk benützt, so ist jedem Funktionscode des Prozessors ein getrennter Pagetable-Baum zugeordnet. Die vorstehenden Schutzattribute werden also durch Trennung ganzer Tabellenbäume erweitert.

Falls beim Tablewalk eine Zugriffsverletzung festgestellt wird, wird in jedem Fall das B-Bit (bus error bit) und gegebenenfalls das WP-Bit im neu erzeugten ATC-Eintrag gesetzt. Der unmittelbar auf den Tablewalk und alle weiteren Zugriffe auf eine solche logische Adresse führen zu einer BERR-Exception, die in der Regel vom Betriebssystem behandelt wird.

10.4 Virtueller Speicher

10.4.1 Einführung

Unter virtuellem Speicher versteht man üblicherweise die Abbildung eines großen logischen Adreßraums auf einen kleineren physikalischen Adreßraum. Heutige 32-Bit-Prozessoren unterstützen logische Adreßräume von 4 GByte, während die physikalischen Hauptspeicher vielleicht nur wenige bis einige Hundert MByte groß sind. Ohne weitere Maßnahmen kann trotz des großen logischen Adreßraums solcher Prozessoren ein Programm nur einen kumulativen Speicherbedarf haben, der die physikalische Speichergröße nicht überschreitet. Da üblicherweise mehrere Programme gleichzeitig geladen sind, reduziert sich die Größe des einzelnen Programms weiter.

10.4.1.1 Programmlokalität und Working Set

Sequentielle Programme besitzen die Eigenschaft der *Lokalität.* Dies bedeutet, daß die folgenden Speicherreferenzen mit hoher Wahrscheinlichkeit bei Adressen erfolgen, die zur vorangegangenen Speicherreferenz eng benachbart sind. Anders ausgedrückt bedeutet dies, daß während jeder Phase[1] der Programmausführung nur ein Teil der Speicherseiten eines Prozesses (Programms) referenziert wird. Dies ist in Bild 10.22 dargestellt. Es zeigt in Abhängigkeit der Ausführungszeit die Speicheradressen, die innerhalb eines Zeitintervalls von einem Programm referenziert wurden. Es ist deutlich zu erkennen, daß während solcher Zeitabschnitte nur ein Teil des Programmadreßraums referenziert wird und daß sich dieses Referenzmuster zeitlich relativ langsam verändert. Deshalb genügt es, im physikalischen Hauptspeicher nur die aktuell benützten Seiten des logischen Adreßraums bereitzuhalten. Die Menge der im physikalischen Speicher geladenen Seiten eines Prozesses (Programms) wird als *Working Set* bezeichnet.

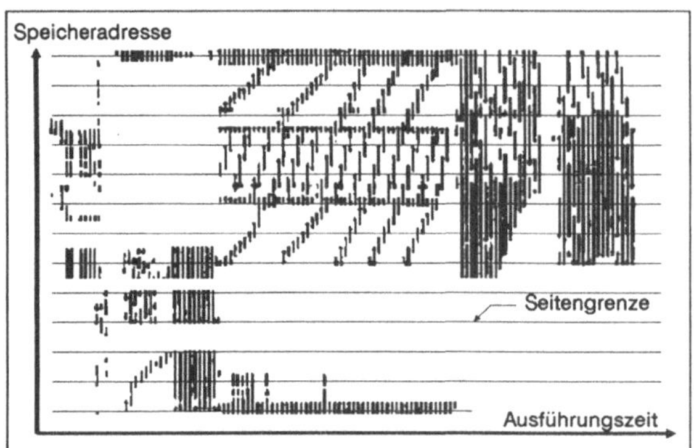

Bild 10.22: Laufzeitabhängigkeit der Speicherreferenzen

10.4.1.2 Paging

Durch Begrenzung der Working Set Größe können auch in einem Rechner mit vergleichsweise kleinem physikalischen Speicher viele Prozesse (quasi)gleichzeitig aktiv sein, auch wenn deren kumulativer Speicherbedarf weitaus größer ist. Es muß lediglich dafür gesorgt werden, daß der Working Set an die zeitlich wechselnden Seitenreferenzen angepaßt wird. Dazu müssen logische Seiten aus dem Working Set entfernt und die neu benötigten Seiten in den Working Set eingefügt werden. Die neu in den Working Set einzufügenden Seiten werden dazu von einer Speicherplatte gelesen und bisher zum Working Set gehörige Seiten auf eine Speicherplatte ausgelagert.

[1] Unter "Phase" sei hier eine Zeitspanne verstanden, die klein gegen die Gesamtausführungszeit des Programms ist.

Das Speichersystem eines Rechners bekommt damit eine hierarchische Struktur (siehe Bild 10.23). Der Prozeß, dessen Instruktionen augenblicklich vom Prozessor bearbeitet werden, referenziert Information in seinem logischen Adreßraum. Die Information kann dabei von einem Cache-Speicher geliefert werden, falls sie dort vorrätig ist. Bei einem Cache-Miss wird der Zugriff zum (physikalischen) Hauptspeicher weitergereicht. Falls die gesuchte Information im aktuellen Working Set enthalten ist, liefert der Hauptspeicher die Information aus dem physikalischen Adreßraum an die CPU. Falls sie nicht im Working Set enthalten ist, liegt ein *Page Fault* vor. Der Page Fault ist eine Ausnahmesituation, die vom Betriebssystem abgefangen und bearbeitet wird. In diesem Falle müssen physikalische Hauptspeicherseiten auf die Platte aus- bzw. von der Platte eingelagert werden. Der physikalische Hauptspeicher ist dabei der *Primärspeicher*, die Platte der *Sekundärspeicher* des Rechners. Der Sekundärspeicher bildet mit Hilfe des Speicherverwaltungsteils des Betriebssystems (*virtual memory manager*) eine Erweiterung des physikalischen Hauptspeichers. Aus der Sicht des Anwenderprogramms ist der Unterschied zwischen Primär- und Sekundärspeicher unsichtbar[1].

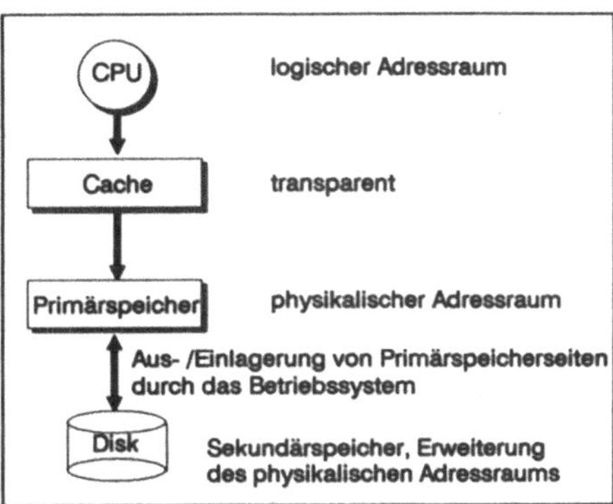

Bild 10.23: Speicherhierarchie

Zusammenfassend bietet eine virtuelle Speicherverwaltung folgende Möglichkeiten:

- *Große logische Adreßräume können auf einen, in der Regel kleineren, physikalischen Adreßraum dynamisch abgebildet werden.*
- *Durch die Einbeziehung von Plattenspeichern als Sekundärspeicher können Programme auf einen großen permanenten Arbeitsspeicher zurückgreifen und sind nicht auf Dateien angewiesen.*
- *Mehrere Adreßräume können in einen anderen Adreßraum bei individuellen Zugriffsrechten abgebildet werden.*
- *Durch Begrenzung der Working Sets kann der Primärspeicherbedarf stark reduziert werden.*

[1] Der einzig feststellbare Unterschied besteht in der geringeren Geschwindigkeit des Sekundärspeichers.

10.4.2 Implementierung von virtuellem Speicher

10.4.2.1 Pagetable und Seitenersetzung

Eine wesentliche Software-Voraussetzung für die Implementierung von *Paged Virtual Memory* ist eine erweiterte Anwendung der in Abschnitt 3.1 erläuterten Pagetables. Dort enthält ein Blatt des Pagetable-Baums die einer logischen Seite zugeordnete physikalische Seite des Primärspeichers. Zur Implementierung von virtuellem Speicher muß zugelassen werden, daß statt einer Seitennummer des physikalischen Hauptspeichers auch eine Blocknummer eines Plattenspeichers enthalten sein kann. So kann der *Virtual Memory Manager* des Betriebssystems eine nicht hauptspeicherresidente Seite auffinden und bei Bedarf von der Platte in den Primärspeicher einladen. Umgekehrt kann eine hauptspeicherresidente Seite auf den Sekundärspeicher (temporär) ausgelagert werden. Dazu wird die Seite auf einen freien Block der Platte kopiert und in der Pagetable die Seitennummer durch die Blocknummer der Platte ersetzt. Die dadurch freiwerdende Hauptspeicherseite kann anschließend andere Seiten eines Prozesses aufnehmen.

Bei der Verwaltung des virtuellen Speichers kann ein *Virtual Memory Manager* einige Optimierungsgesichtspunkte verwenden:

- *Unmodifizierte Seiten (clean pages) sollten vor modifizierten Seiten (dirty pages) wiederverwendet werden, da der Seiteninhalt nicht gesichert werden muß. Der Zeitverzug für den Datentransport auf die Platte wird vermieden.*

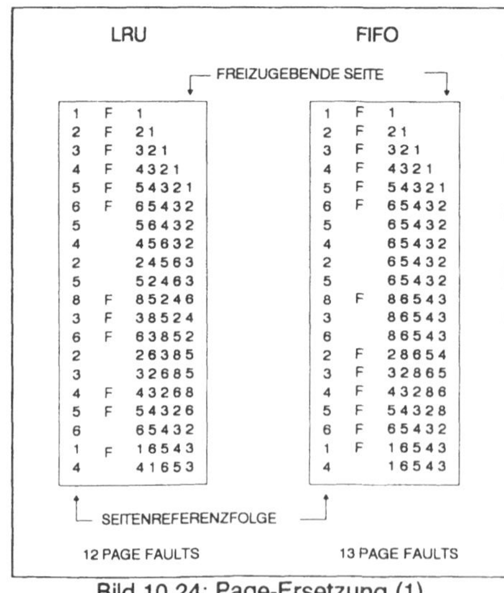

Bild 10.24: Page-Ersetzung (1)

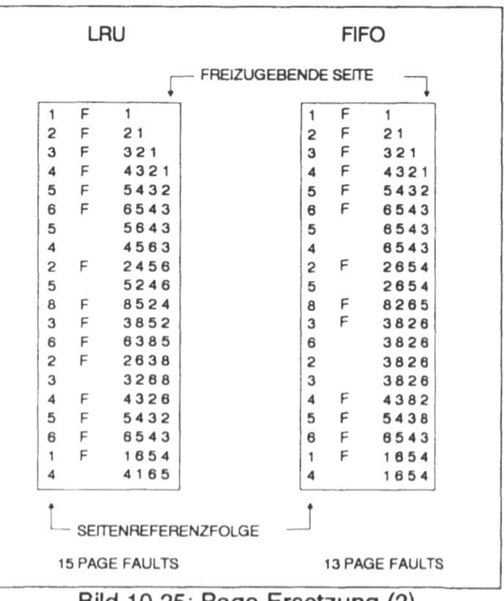

Bild 10.25: Page-Ersetzung (2)

- *Mehrfach genutzte Seiten (shared pages) sollten zuletzt wiederverwendet werden.*
- *Selten oder längere Zeit nicht referenzierte Seiten sollten vor häufig referenzierten Seiten ersetzt werden.*
- *Anpassung der Größe des Working Sets an das zu bearbeitende Problem.*

Die letzten beiden Punkte sollen etwas genauer erläutert werden, da die *optimale* Strategie problemabhängig ist. Dazu sei ein Prozeß betrachtet, der die in den Bildern 24/25 dargestellte Seitenreferenzreihenfolge 1,2,3,4,5,6,5,4,2... habe. In Bild 10.24 ist ein Working Set mit maximal fünf Seiten angenommen, die nach der *LRU*- bzw. *FIFO*-Strategie wiederverwendet werden[1]. Zu Beginn der Programmausführung erfolgt ein *Page Fault*, der durch *F* gekennzeichnet ist. Daraufhin wird vom *Virtual Memory Manager* die Seite *1* in den Hauptspeicher geladen, worauf die Programmausführung beginnen kann. In deren Folge werden der Reihe nach die Seiten 2,3,4,5 und 6 referenziert. Dies führt jedesmal zu einem Page Fault (demand paging). Vor dem Einladen der Seite *6* muß allerdings eine Seite aus dem Working Set entfernt werden. Dies ist in Bild 10.24 für beide Ersetzungsstrategien (LRU, FIFO) die Seite *1*. Die folgenden Seitenreferenzen 5,4,2,5 führen zu keinen Page Faults, da diese Seiten im Working Set enthalten sind. Erst die Referenz der Seite *8* führt zu einem Page Fault, in dessen Folge eine Seite des Working Sets durch die Seite *8* ersetzt werden muß. Bei der *FIFO*-Ersetzungsstrategie ist dies die Seite *2*, während die *LRU*-Ersetzungsstrategie die Seite *3* ersetzt. Nach der Referenz der Seite *8* wird die Seite *3* erneut referenziert. Bei der *FIFO*-Strategie führt dies zu keinem weiteren Page Fault, da die Seite *3* noch im Working Set enthalten ist. Bei der *LRU*-Strategie führt das Beispiel von Bild 10.24 zu einem erneuten Page Fault, da die Seite *3* beim vorangegangenen Page Fault aus dem Working Set entfernt wurde.

Dies ist ein Beispiel dafür, daß die scheinbar plausible *LRU*-Strategie, die am längsten nicht benützten Seiten als erstes wiederzuverwenden, dazu führen kann, daß genau diejenigen Seiten ersetzt werden, die als nächstes wieder referenziert werden sollen. Für das Beispiel von Bild 10.24 führt die *FIFO*-Strategie zwar noch zu mehr Page Faults (13) als die *LRU*-Strategie (12 Page Faults). Der Schluß, daß deshalb *LRU* generell vorzuziehen wäre, ist aber nicht allgemein gültig, wie Bild 10.25 erläutert. Dort ist lediglich der Working Set auf vier Seiten reduziert, was zur Folge hat, daß *LRU* jetzt schlechter ist als *FIFO*. Die optimale Seitenersetzungsstrategie ist deshalb

[1] LRU = least recently used (am längsten nicht mehr benützt); FIFO = first in first out (die zuerst benützte Seite wird als erste wiederverwendet bzw. ausgetauscht)

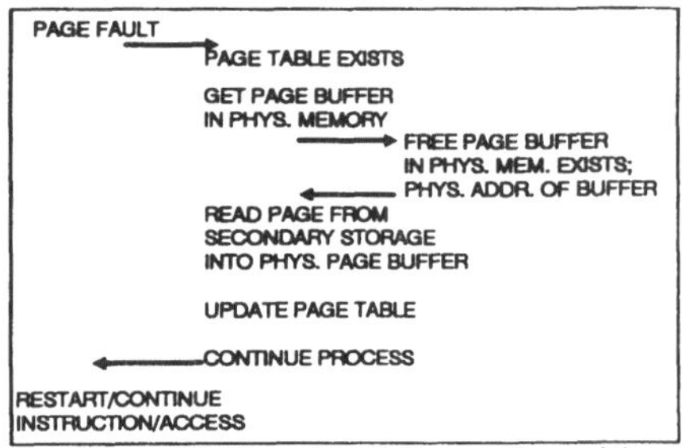

Bild 10.26: Page Fault Behandlung (1)

von Parametern wie Working Set Größe und Seitenreferenzreihenfolge stark beeinflußt. Ungünstige Verhältnisse führen zu einer hohen *Page Fault Rate* und damit zu einer Verlangsamung der Programmausführung. In vielen Fällen kann ein Programmierer das *Paging-Verhalten* seines Programms unmittelbar beeinflussen. Berücksichtigt er das Prinzip der Lokalität der Programm-Referenzen *nicht*, so kann die Programmausführungszeit drastisch erhöht werden. Dies sei an einem Beispiel erläutert:

*Gegeben sei ein Rechner mit virtuellem Speicher bei einer Seitengröße von 512 Byte und einer Working Set Größe von 256 Seiten. Ein Programm addiere zu den Ganzzahlelementen (16 Bit) einer Matrix $\underline{M}$ der Dimension 256*256 eine Konstante K ($M_{ij} := M_{ij} + K$).*

Unter der Annahme, daß der Compiler die Matrixelemente zeilenweise im Speicher anlegt, belegt jede Matrixzeile genau eine Seite. Die Matrix paßt also als Ganzes in den Working Set. In diesem Fall ist es unwesentlich, ob bei der Addition erst der Zeilenindex oder der Spaltenindex inkrementiert wird.

*Wird aber der Working Set um nur eine Seite reduziert, paßt die Matrix nicht mehr als Ganzes in den Working Set. Jetzt ist es wesentlich, zuerst den Spaltenindex zu erhöhen, da dadurch zunächst die Elemente innerhalb einer Seite referenziert werden. Wird unzweckmäßigerweise erst der Zeilenindex erhöht, so ist jedes referenzierte Element auf einer anderen Seite. Für den Fall einer LRU-Strategie führt so jede Referenz zu einem Page Fault. Dies sind 256 * 256 = 65536 Page Faults. Da es sich um "dirty" Page Faults handelt, sind jedesmal zwei Plattentransfers (je ca. 20 msec) erforderlich[1]. Der damit verbundene Zeitaufwand beträgt 65536 * 40 msec = 44 Minuten. Wird zunächst der Spaltenindex erhöht, so führt lediglich jede 256. Referenz eines Matrixelements zu einem Page Fault. Der Zeitbedarf für die Seitenein- bzw. Auslagerung reduziert sich dadurch auf etwa 10 sec!*

10.4.2.2 Prinzip der Page Fault Behandlung

Ein Page Fault ist eine Ausnahmebedingung, die vom *Virtual Memory Manager* des Betriebssystems behandelt wird. Der einfachste Ablauf ist in Bild 10.26 dargestellt. Dabei ist angenommen, daß der Pagetable-Eintrag für die logische Adresse, die zum

[1] Es sei denn, es werden weitere Optimierungen bezüglich der Ein-/Auslagerungen von Seiten vorgesehen.

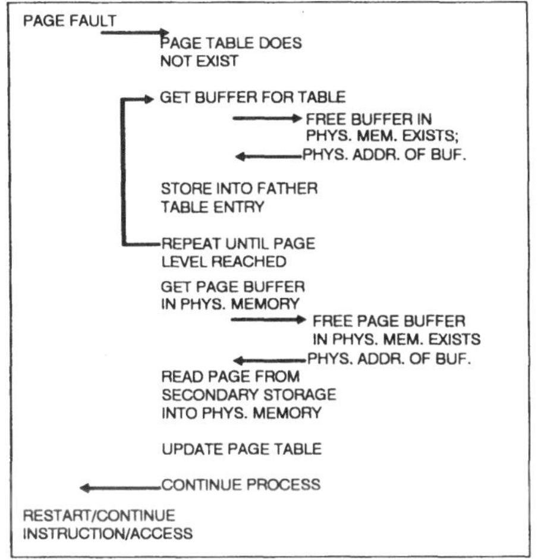

Bild 10.27: Page Fault Behandlung (2)

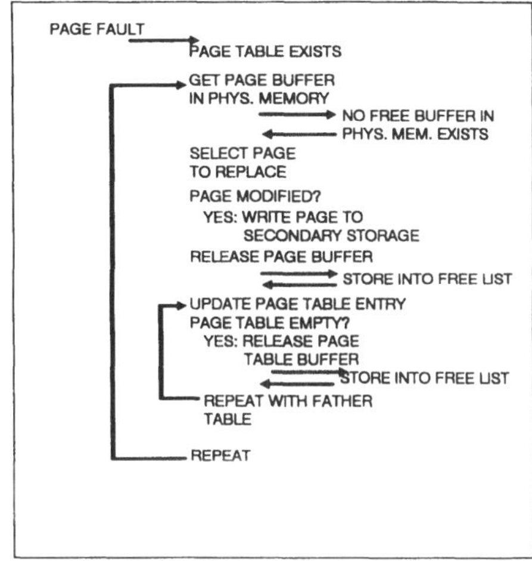

Bild 10.28: Freigabe belegter Seiten

Page Fault geführt hat, existiert und daß im Hauptspeicher eine freie Seite verfügbar ist.

Bild 10.27 zeigt den Ablauf, wenn zwar freie Seiten im Hauptspeicher verfügbar sind, für die Behandlung des Page Faults aber kein Pagetable Eintrag verfügbar ist. In diesem Fall muß erst die Pagetable erweitert oder gar erst angelegt werden. Dies erfolgt in einer Schleife, bis die erforderliche Tiefe in der Pagetable-Hierarchie erreicht ist. Schließlich kann die benötigte Seite im Hauptspeicher angelegt und der Pagetable-Eintrag erfolgen.

Ein aufwendigerer Fall ist in Bild 10.28 dargestellt. Hier ist, wie in Bild 10.26, die Pagetable vollständig, aber es ist keine freie Seite im Hauptspeicher verfügbar. Falls der Veruch, eine freie Seite im Hauptspeicher aufzufinden (*get page buffer in phys. memory*) ergibt, daß keine freie Seite verfügbar ist, muß eine belegte Seite für die Ersetzung ausgewählt werden. Falls die Seite modifiziert wurde, muß ihr Inhalt auf der Sekundärspeicherplatte gesichert und anschließend die Seite in die Liste freier Speicherseiten eingefügt werden. Die Pagetable, der diese Seite angehörte, muß korrigiert werden. Dabei kann es erforderlich sein, nicht nur einen Pagetable-Eintrag zu modifizieren, sondern es können auch Teile der Tabelle überflüssig werden, deren Seiten ebenfalls in die Freispeicherliste einzutragen sind. Schließlich kann wie in Bild 10.26 die benötigte Speicherseite bereitgestellt werden.

10.4.2.3 Hardware-Voraussetzungen

Für die Implementierbarkeit von *Paged Virtual Memory* sind zwei Voraussetzungen erforderlich:

- *Die Speicherverwaltungs-Hardware und -Software muß die Existenz eines Page Faults detektieren können. Die Erkennung wird meistens durch Signalisierung eines Bus-Übertragungsfehlers oder einer Zugriffsverletzung ausgelöst (BERR), in deren Folge entsprechende Statusprüfungen erfolgen. Ein Page Fault liegt dann vor, wenn durch Prüfung der Pagetable festgestellt wird, daß für die logische Seite, für die der Zugriffsversuch erfolgte, keine zugeordnete physikalische Seite existiert oder daß die gesuchte Seite auf den Sekundärspeicher ausgelagert ist*[1].

- *Nachdem üblicherweise Befehle aus mehreren Bytes bestehen, kann sich ein Befehl über Seitengrenzen erstrecken und so während der Bearbeitung eines Befehls einen Page Fault auslösen. Ein Prozessor muß deshalb in der Lage sein, die begonnene Instruktion abzubrechen (instruction abort) und zum Virtual Memory Manager des Betriebssystems zu verzweigen. Nach Bereitstellung der fehlenden Seite muß die abgebrochene Instruktion entweder von der Unterbrechungsstelle durch Wiederholung des Buszyklus fortgeführt werden (instruction continuation) oder der gesamte Befehl von Anfang an erneut versucht (instruction retry/restart)*[2]. *In beiden Fällen müssen dazu vom Prozessor zusätzlich zum Software-Kontext weitere prozessorinterne Zustandsinformationen gesichert und später restauriert werden.*

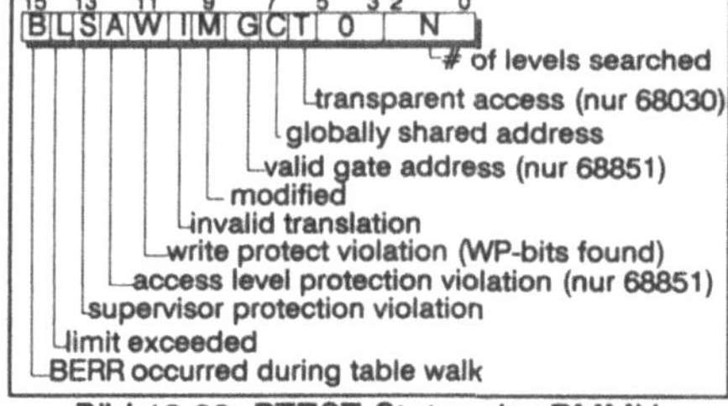

Bild 10.29: PTEST-Status der PMMU

Diese Prozessoreigenschaften sind eine *Fundamentalvoraussetzung*. So ist es beispielsweise nicht möglich, mit einem 68000-Prozessor Paged Virtual Memory zu implementieren, da dieser über diese Fähigkeit nicht verfügt.

Als Beispiel für die Hardware-Unterstützung seien die hierfür wesentlichen Merkmale der Motorola PMMU 68851 bzw. die PMMU des 68030 Mikroprozessors kurz erwähnt.

- *Mit dem "used" Bit (U) kennzeichnet die PMMU Zugriffe auf eine Seite, unabhängig davon, ob sie lesend oder schreibend waren. Dieses Bit wird von der*

[1] Diese Bedingung wird auch häufig mit "translation not valid" bezeichnet.

[2] Die Motorola-Prozessorfamilie 68010, 68020, 68030 macht "instruction continuation", während die Intel-Prozessorfamilie 80286, 80386, 80486 "instruction retry" anwendet.

PMMU nur gesetzt. Eine Prozedur des Betriebssystems kann von Zeit zu Zeit die U-Bits prüfen und zurücksetzen und so eine Benutzungsstatistik der Speicherseiten als Basis für eine Ersetzungsstrategie erstellen.

- *Mit dem "modified" Bit (M) vermerkt die PMMU, ob eine Seite verändert wurde. Der Virtual Memory Manager braucht unmodifizierte Seiten bei einer Ersetzung nicht vorher sichern.*
- *Die Pagetable-Einträge enthalten eine Angabe des Descriptor-Typs (DT). Falls durch DT "invalid" gekennzeichnet wird, ist die zugehörige Seite oder Pagetable nicht im physikalischen Hauptspeicher, sondern auf der Sekundärspeicherplatte abgelegt (oder nicht existent). Die Sekundärspeicheradresse kann im PA-Adreßfeld und im "unused"-Feld abgelegt sein (siehe Bild 10.20).*
- *Die PMMU-Coprozessor-Instruktion "PTEST FC,ea,level" veranlaßt die PMMU, den Address Translation Cache (ATC) und die Pagetable nach der Adresse "FC ea" zu durchsuchen und alle Statusinformationen über die vorangegangene Bus Error Exception (BERR) zu gewinnen (siehe Bild 10.29). Zusätzlich stellt die PMMU die physikalische Adresse des letzten von ihr referenzierten Descriptors bereit, so daß die BERR-Behandlungsprozedur weitere Analysen der Ausnahmebedingung vornehmen kann.*

Die Auswertung des MMU-Statusworts durch den *Bus-Error-Handler* erlaubt im wesentlichen die Ermittlung folgender BERR-Ursachen:

- *BERR nicht von der PMMU ausgelöst: Dies kann der Fall sein, wenn z.B. ein Bus-Timeout erfolgte oder bei einem fehlerkorrigierenden Speicher ein Wortfehler erkannt wurde.*
- *Write-Protection-Violation: Es wurde versucht, auf eine schreibgeschützte Seite schreibend zuzugreifen.*
- *Supervisor-Violation: Es wurde versucht, im User-Mode des Prozessors Seiten zu referenzieren, die nur im Supervisor-Mode referenzierbar sind (S-Bit gesetzt).*
- *Limit-Violation: Beim Zugriff auf die Pagetable wurde die Pagetable mit einem illegalen Index indiziert.*
- *Bus Error während einer Tabellensuche durch die PMMU: Bei einem Tablewalk wurde BERR signalisiert. Dies kann bedeuten, daß ein Speicherfehler vorliegt.*
- *Invalid Descriptor: In diesem Fall handelt es sich um einen Page Fault. Entweder betrifft dies die benötigte Seite allein oder die Pagetable ist selbst nicht vollständig hauptspeicherresident. Nur in diesem Fall wird vom Bus-Error-Handler der Virtual Memory Manager aufgerufen.*

10.5 Literatur

10.5.1 Bücher

MOTOROLA
MC68020 32-Bit Microprocessor User's Manual
Prentice Hall Int. 1984, ISBN 0-13-541418-0

MOTOROLA
MC68030 ENHANCED 32-BIT MICROPROCESSOR USER'S MANUAL
Prentice Hall Int. 1989, ISBN 0-13-566951-0

Perihelion Software
THE helios OPERATING SYSTEM
Prentice Hall Int. 1989, ISBN 0-13-386004-3

10.5.2 Einzelartikel

A. S. TANENBAUM, R. VAN RENESSE
Distributed Operating Systems
Computing Surveys, Vol. 17 No. 4, Dez. 1985, Seite 419..470

11 Eine Fehlertolerante Rechnerarchitektur

11.1 Einführung

11.1.1 Aufgabenstellung und Entwurfsziel

In diesem Kapitel wird eine fehlertolerante Rechnerarchitektur systematisch erarbeitet werden. Dazu soll zunächst eine Aufgabenstellung definiert werden. Aus dieser Aufgabenstellung wird das Entwurfsziel abgeleitet. Schließlich wird nach einer Lösung gesucht, mit der das Ziel erreichbar ist. Dazu wird als Lösungsbeispiel eine Architektur gewählt, die wenig bekannt ist, aber erstaunliche Merkmale hat und auf einer geschickten Anwendung mathematischer Kodierungstheorie und endlicher Algebra beruht[1]. Es muß allerdings darauf hingewiesen werden, daß der hier beschriebene Lösungsweg nicht zwingend ist. Das Entwurfsziel läßt sich genau so gut auch auf andere Weise erreichen.

11.1.1.1 Aufgabenstellung

Für eine Steuer- bzw. Überwachungsaufgabe wird ein langzeitzuverlässiges, ausfallsicheres Prozessorsystem benötigt. Ausfallsicher bedeutet hier, daß das Rechnersystem auch bei möglicherweise auftretenden Hardwarefehlern ohne Unterbrechung funktionsfähig bleiben muß (Fehlertoleranz). Langzeitzuverlässig bedeutet, daß trotz

[1] Als Grundlage wird die Publikation von Th. Krol, 1983, verwendet, in der der sogenannte '(4,2) concept' fehlertolerante Computer beschrieben wird. Die Ausführungen von Th. Krol werden in diesem Kapitel durch Rechenbeispiele so weit ergänzt, daß sie für den Leser, der mit diesem Gebiet erstmalig in Berührung kommt, leichter verständlich sind.

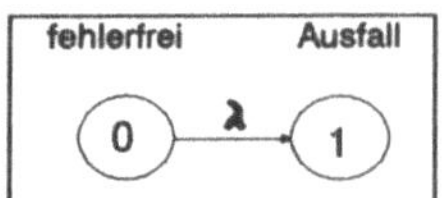

Bild 11.1: Nicht-fehlertolerantes System(Markov Modell)

der Unvermeidbarkeit von Fehlern, diese Eigenschaft über lange Zeiträume (Jahre) gegeben sein muß.

Hierzu seien die Begriffe Zuverlässigkeit und Fehlertoleranz knapp erläutert[1]. Unter der Zuverlässigkeit R(t) versteht man die Wahrscheinlichkeit, daß das System in einem Zeitintervall 0..t seine Funktion fehlerfrei erfüllt:

$$R(t) ::= \text{Prob}\{\text{kein Fehler in } [0,t]\}$$

Da jedes System mit einer gewissen Wahrscheinlichkeit $\lambda(t)$ pro Zeiteinheit ausfällt, nimmt die Zuverlässigkeit im Zeitintervall $t..t+dt$ gemäß

$$dR(t) = -\lambda(t)\, R(t)\, dt$$

ab, d. h. das System geht aus dem fehlerfreien Zustand 0 in Bild 11.1 mit einer Übergangs- bzw. Ausfallrate λ in den Ausfallszustand 1 über. Falls λ konstant ist, nimmt die Zuverlässigkeit exponentiell mit der Zeit ab:

$$R(t) = e^{-\lambda t}$$

Mit dem Übergang in den Ausfallzustand 1 (siehe Bild 11.1) erfüllt das System seine Funktion nicht mehr. Für die Beurteilung der Zuverlässigkeit ist deshalb die *Ausfallrate* λ und die *Einsatz-* bzw. *Missionszeit* erforderlich. Da das zu entwickelnde Rechnersystem ausfallsicher sein muß, müssen Hardware-Fehler durch Fehlertoleranzmaßnahmen maskiert werden, so daß nach außen kein fehlerhaftes Systemverhalten auftritt. Als typisches Beispiel sei das TMR-Prinzip[2] herangezogen (siehe Bild 11.2). Dabei arbeiten drei Rechner P1..P3 parallel. Ein Mehrheitsentscheider (Voter) V überprüft die von den Rechnern gelieferten Ergebnisse. Wenn mindestens zwei Rechner dasselbe Ergebnis liefern, wird das Gesamtsystem als funktionsfähig angesehen. Das Ausfallverhalten kann jetzt vereinfachend durch drei Zustände beschrieben werden (siehe Bild 11.3)[3]:

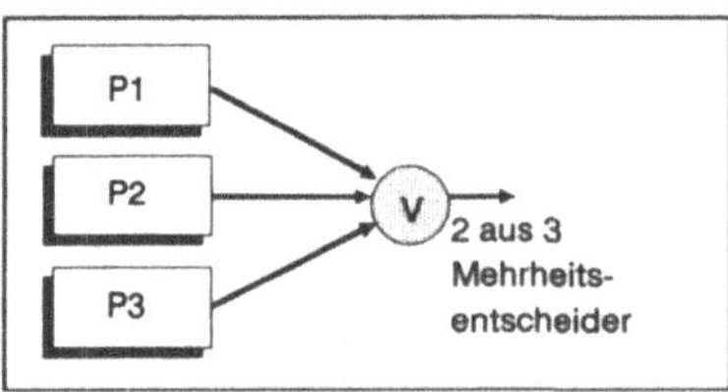

Bild 11.2: Modell eines TMR-Systems

- *Im Zustand 0 funktionieren alle drei Rechner und liefern korrekte Ergebnisse. Das Gesamtsystem ist funktionsfähig.*

[1] Siehe hierzu auch Kapitel 2.

[2] TMR = triple modular redundancy

[3] Als Idealisierung sei angenommen, daß der Voter ideal zuverlässig sei, d.h. daß der Voter selbst nicht ausfallen kann.

- *Im Zustand 1 ist einer der drei Rechner ausgefallen. Zwei Rechner liefern korrekte Ergebnisse. Das Gesamtsystem ist funktionsfähig.*
- *Im Zustand 2 sind zwei Rechner ausgefallen. Das Gesamtsystem ist funktionsunfähig und damit ausgefallen.*

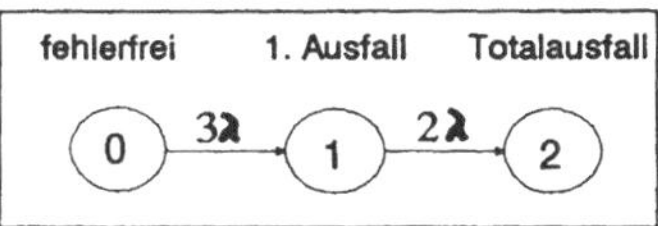

Bild 11.3: Einfaches Markov Modell eines TMR-Systems

Wenn jeder Rechner durch die Ausfallwahrscheinlichkeit pro Zeiteinheit (Ausfallrate) λ charakterisiert ist, hat die Übergangsrate von Zustand 0 in den Zustand 1 den Wert 3λ, da jeder der drei intakten Rechner im Zustand 0 mit der Ausfallrate λ ausfallen kann. Die Übergangsrate von Zustand 1 in den Gesamtausfallzustand 2 beträgt entsprechend 2λ. Wenn mit S_i die Wahrscheinlichkeit bezeichnet wird, daß sich das System im Zustand i befindet (siehe Bild 11.3), so lassen sich Änderungen dieser Wahrscheinlichkeiten folgendermaßen beschreiben:

$$\begin{aligned} dS_0 &= -3\lambda S_0\,dt \\ dS_1 &= +3\lambda S_0\,dt - 2\lambda S_1\,dt \\ dS_2 &= +2\lambda S_1\,dt \end{aligned}$$

Zu Beginn sei das Gesamtsystem fehlerfrei ($S_0 = 1$, $S_1 = 0$, $S_2 = 0$ für $t = 0$). Damit ergeben sich die Lösungen

$$\begin{aligned} S_0 &= e^{-3\lambda t} \\ S_1 &= 3(e^{-2\lambda t} - e^{-3\lambda t}) \end{aligned}$$

Daraus folgt für die Zuverlässigkeit R(t)

$$R(t) = S_0 + S_1 = 3e^{-2\lambda t} - 2e^{-3\lambda t}$$

Die Wahrscheinlichkeit, genau im Zeitintervall $[t, t+dt]$ auszufallen, ist $-[R(t+dt) - R(t)] = -dR(t) = -(dR/dt)dt$. Die MTTF[1] errechnet sich daraus durch Integration von $(-t\,dR)$ über den Zeitbereich $0..\infty$. Durch partielle Integration folgt daraus:

$$MTTF = \int_0^\infty R(t)\,dt = {}^5/_{6\lambda}$$

11.1.1.2 Entwurfsziel

Da der im vorangehenden Abschnitt ermittelte Wert für die MTTF schlechter ist als der für ein einfaches System ($MTTF_{simplex} = {}^1/_\lambda$), muß die Möglichkeit der Repa-

[1] MTTF = mean time to failure

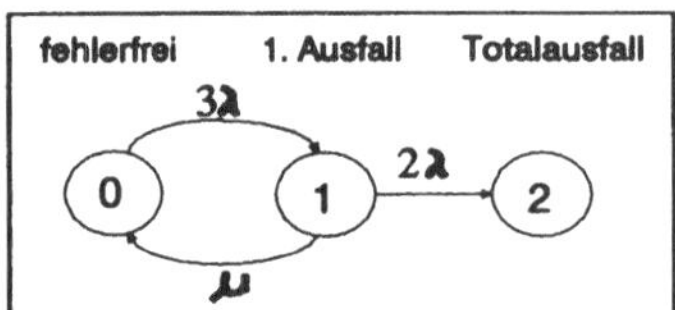

Bild 11.4: Einbeziehung der Reparatur im Markov Modell

ratur im laufenden Betrieb vorgesehen werden. Für die Analyse des erzielbaren Effekts muß das Modell des Ausfallverhaltens (siehe Bild 11.3) um diesen Reparaturvorgang erweitert werden. Dazu ist in Bild 11.4 ein Übergang von Zustand 1 in den Zustand 0 ergänzt worden, der durch eine mittlere Reparaturdauer $^1/_\mu$ charakterisiert sei. Falls die Reparaturrate μ wesentlich größer ist als die Ausfallrate 2λ, wird das Gesamtsystem durch die Reparatur erfolgreich in den fehlerfreien Zustand 0 zurückgeführt, bevor ein weiterer Rechner ausfällt. Dies wird quantitativ durch die folgenden Gleichungen beschrieben:

$$\begin{aligned} dS_0 &= -3\lambda S_0\,dt + \mu S_1 dt \\ dS_1 &= +3\lambda S_0\,dt - (2\lambda + \mu) S_1\,dt \\ dS_2 &= +2\lambda S_1\,dt \end{aligned}$$

Hieraus errechnet sich ähnlich wie oben eine mittlere Zeit zum ersten Ausfall von

$$\mathrm{MTTF} = \frac{5}{6\lambda} + \frac{\mu}{6\lambda^2}$$

Die Wirkung der *Reparatur im laufenden Betrieb* wird anhand des folgenden Zahlenbeispiels besonders deutlich. Dazu sei angenommen, daß ein einzelner Rechner eine mittlere Ausfallzeit von $^1/_\lambda$ = 20000 Stunden (≈ 2 Jahre) hat. Die mittlere Ausfallzeit MTTF des TMR-Konzepts *ohne Reparatur* beträgt damit $\mathrm{MTTF} = {}^{5\cdot 20000}/_6 \approx 16600$ Stunden (≈ 1,9 Jahre).

Unter der Annahme einer mittleren Reparaturdauer von $^1/_\mu$ = 24 Stunden (1 Tag) ergibt sich für das TMR-Konzept *mit Reparatur* eine MTTF von $\mathrm{MTTF} = {}^{5\cdot 20000}/_6 + 20000^2/_{6\cdot 24} \approx 2{,}8\cdot 10^6$ Stunden (≈ 319 Jahre).

Aus diesen Vorüberlegungen wird deutlich, daß das zu entwickelnde System Hardwarefehler *erkennen* und *maskieren* muß. Ein erkannter Fehler muß eine Reparaturmaßnahme auslösen. Die Reparatur bzw. der Austausch der defekten Komponente des fehlertoleranten Systems muß im laufenden Betrieb der noch funktionsfähigen Teile möglich sein. Nach dem Ersatz der defekten Komponente muß diese wieder in den laufenden Betrieb *integrierbar* (synchronisierbar) sein.

Diese Entwurfsziele sollen mit einer Architektur erreicht werden, bei der die Fehlererkennung und -maskierung durch die Hardware autonom erfolgt. Dazu wird ein datenredundantes Schema angewandt.

11.2 Informationskodierung durch Block-Codes

11.2.1 Einführung

In diesem Abschnitt soll zunächst in die Anwendung von kodierter Information eingeführt werden. Später wird ein spezieller Code konstruiert und dessen Eigenschaften informell vorgestellt.

11.2.1.1 Informationsübertragung und -sicherung

Informationsübertragung dient üblicherweise der Übermittlung einer Nachricht von einer Nachrichtenquelle zu einer Nachrichtensenke. Dabei wird ein vereinbarter Vorrat an Informationssymbolen in der erforderlichen Reihenfolge ausgetauscht. Als Beispiel sei der ASCII-Zeichensatz erwähnt, bei dem ein Block von sieben bzw. acht Bits ein Zeichen repräsentiert. Wenn immer ein oder mehrere Bits verändert werden, repräsentiert der Block ein anderes Zeichen aus dem vereinbarten Zeichenvorrat. Üblicherweise verändern die Übertragungskanäle zwischen Informationsquelle und -senke mit einer gewissen Wahrscheinlichkeit einzelne oder eventuell auch mehrere Bits eines Symbols. Die Informationssenke erhält damit verfälschte Information. Um diese Verfälschung erkennen zu können, wird ein Informationssymbol vor der Übertragung über den Nachrichtenkanal redundant umkodiert (encode, siehe Bild 11.5). Dies bedeutet, daß das Informationssymbol durch mehr Bits repräsentiert wird, als zur Unterscheidung von allen anderen Informationssymbolen minimal erforderlich wäre. Die Informationssenke entfernt die Redundanz und rekonstruiert so die ursprünglichen redundanzfreien Informationssymbole (decode, siehe Bild 11.5). Falls während der Übertragung eine Verfälschung der Information eingetreten ist, kann dies dazu führen, daß das von der Quelle gesendete redundante Symbol vor der Dekodierung bei der Senke als ungültiges Symbol ankommt. Die Verfälschung ist dadurch erkennbar.

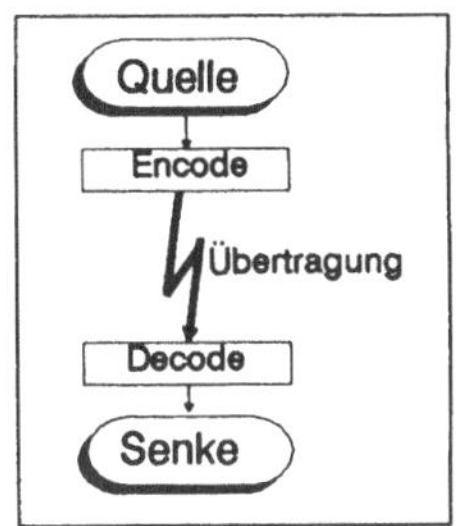

Bild 11.5: Übertragung redundanter Nachrichtensymbole

Dies ist in Bild 11.6 an einem (**3**,1,*3*)-Code geometrisch veranschaulicht. Die Bezeichnung (**3**,1,*3*) bedeutet, daß ein 1-Bit-breites redundanzfreies Informationssymbol (=Datenwortbreite) für die Übertragung in ein redundantes Code-Symbol aus **3** Bits mit der Hamming-Distanz *3* kodiert wird. Die drei

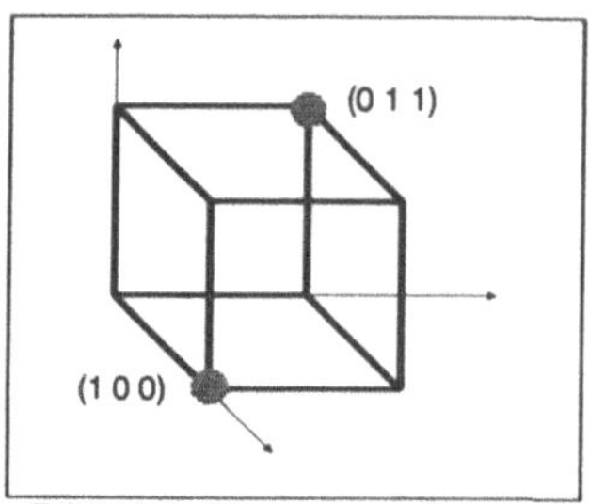

Bild 11.6: Veranschaulichung eines (3,1,3)-Codes

Koordinatenachsen entsprechen den drei Bits des Codes. Die Ecken des eingezeichneten Kubus repräsentieren die acht möglichen Bitkombinationen. Von diesen werden zur Kodierung eines redundanzfreien 1-Bit-Symbols nur zwei benötigt. In Bild 11.6 sind hierfür die Kombinationen (1 0 0) und (0 1 1) gewählt. Die Wahl wurde so getroffen, daß sich diese beiden Codesymbole um die maximale Zahl von Bits unterscheiden. Diese *Hamming-Distanz* beträgt hier *3* Bits.

Falls während einer Übertragung eine Verfälschung der Code-Symbole auftritt, könnte z.B. bei der Senke das Symbol (1 1 1) eingehen, das kein zulässiges Code-Symbol ist (siehe Bild 11.7). Daran kann die Senke die Fehlerhaftigkeit der Übertragung erkennen. Sie hat die Wahl, die eingegebene fehlerhafte Information zu verwerfen, oder das nächstliegende gültige Code-Symbol (hier (0 1 1)) als Ersatzwert zu nehmen. Diese Vorgehensweise ist gerechtfertigt, falls Mehr-Bit-Fehler wesentlich unwahrscheinlicher sind als Ein-Bit-Fehler. Auf diese Weise kann die Nachrichtensenke bzw. deren Decoder einen Übertragungsfehler korrigieren.

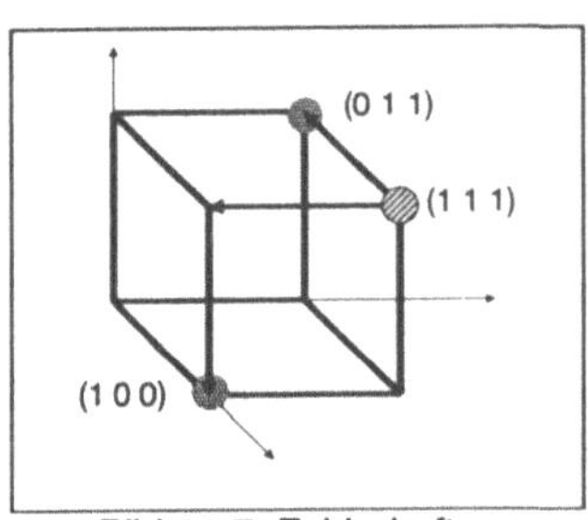

Bild 11.7: Fehlerhaftes Code-Symbol und Korrektur

Diese Wahrscheinlichkeitsannahme garantiert natürlich nicht, daß bei einer so durchgeführten Korrektur das richtige Code-Symbol gefunden wird. Deshalb wäre ein Code viel zweckmäßiger, der eine eindeutige Zuordnung zum korrekten Code-Symbol zuläßt. Die Konstruktion eines solchen Codes wird weiter unten behandelt.

11.2.1.2 Mathematische Struktur

Die mathematische Struktur der Informationsübertragung und -sicherung läßt sich folgendermaßen beschreiben. Die Quelle verfügt über einen *Nachrichtenraum*, dessen Elemente aus Nachrichtengrundsymbolen zusammengesetzt sind. Diese werden zum Zwecke der Übertragung in einen *Codewort-Raum* abgebildet. Dazu werden die Grundsymbole mit einer *Generatormatrix* $\underline{\mathbf{G}}$ multipliziert und so die Code-Symbole generiert (siehe Bild 11.8). Die *Dekodiermatrix* $\underline{\mathbf{D}}$ übernimmt die umgekehrte Abbildung. Ein gültiges Code-Symbol wird in ein Datensymbol und damit der Codewort-Raum in den Datenwort-Raum abgebildet. Der Datenwort-Raum sollte dabei mit dem Nachrichtenraum übereinstimmen. Die Überprüfung auf Verfälschung der Code-Symbole durch Übertragungsfehler erfolgt durch Abbildung des Code-Worts in einen *Syndrom-Raum* mit Hilfe einer *Paritäts-Prüfmatrix* $\underline{H}$. Diese Syndrom-Information kann zur Erkennung der Fehlerart verwendet werden. Bei geeignet konstruierten Codes ist eine weitgehende Fehlererkennung und -korrektur möglich.

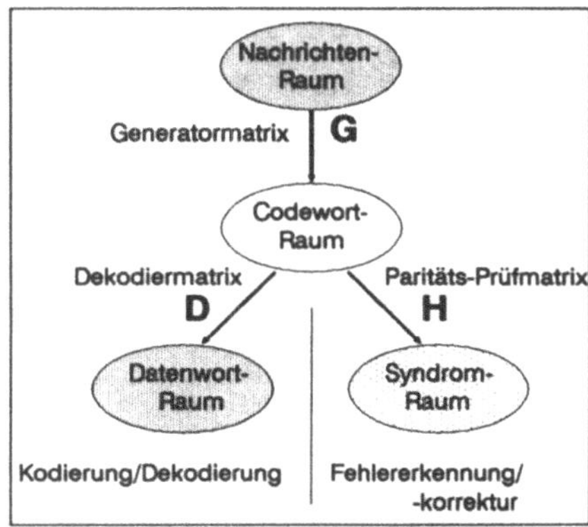

Bild 11.8: Mathematische Struktur der Datenübertragung

11.2.2 Galois Felder und (4/2)-Codes

11.2.2.1 Einführung

Die gewöhnliche Algebra umfaßt eine unendliche Zahl unterschiedlicher Elemente, die Zahlen. Auf diesen Elementen können alle arithmetischen Operationen wie Addition, Subtraktion, Multiplikation und Division ausgeführt werden. Im Unterschied dazu sind Galois Felder Zahlenkörper, die eine endliche Zahl unterschiedlicher Elemente umfassen. Arithmetische Operationen auf den Elementen von Galois Feldern sind so definiert, daß als Ergebnis immer ein Element des Felds entsteht. Ein Galois Feld mit 2^s Elementen wird mit $GF(2^s)$ bezeichnet[1]. Jedes Element eines Galois Felds $GF(2^s)$ kann man sich als die möglichen Kombinationen von s Bits vorstellen. Dabei kann jedes Element, mit Ausnahme des Nullelements $\varnothing$, aus einem Grundelement α durch Potenzieren von α mit 0, 1, 2,...,2^s-2 erzeugt werden. Deshalb heißt α auch *primitives Element* [2].

[1] Allgemein besitzt ein Galois Feld GF(q) q Elemente mit $q = p^m$, wobei p eine Primzahl und m eine ganze Zahl ist.

[2] Das Nullelement wird auch häufig als das Neutralelement φ der Additionsgruppe bezeichnet. Das Neutralelement der Multiplikationsgruppe ist α^0 (= 1).

11.2.2.2 Ein-Bit-Symbole und das Galois Feld GF(2)

Für die in diesem Kapitel zu entwickelnde fehlertolerante Rechnerarchitektur werden (4/2)-Codes angewandt. Dabei ist das Code-Wort doppelt so breit wie das Datenwort. Datenworte und Code-Worte sind dabei aus den Symbolen eines (endlichen) Alphabets zusammengesetzt. Wenn z.B. ein Symbol aus einem Bit besteht, so sind diese Symbole die Elemente aus dem Zahlenkörper GF(2). Ein solches Symbol kann dabei wie gewohnt die Werte "0" oder $\varnothing$ bzw. "1" oder α^0 annehmen. Unter der Annahme, daß ein Datenwort zwei Bit breit ist, setzt es sich aus zwei Symbolen zusammen. Das zugehörige Code-Wort ist dann vier Bit breit und setzt sich aus vier Symbolen aus dem Galois Feld GF(2) zusammen (siehe Bild 11.9).

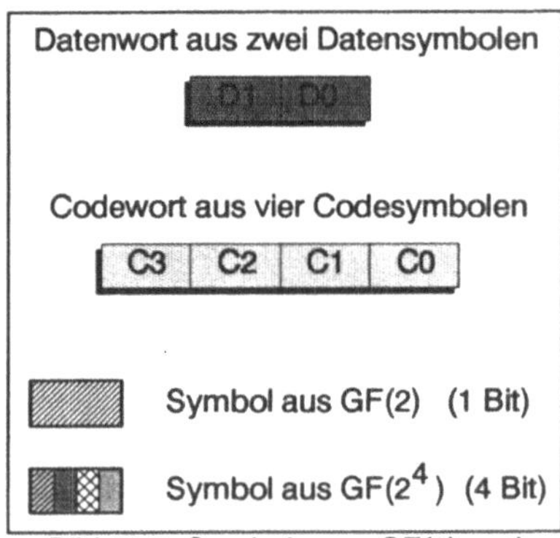

Bild 11.9: Symbole aus GF(2) und GF(2^4)

11.2.2.3 Vier-Bit-Symbole und die Galois-Felder GF(2^4)

Die hier interessierende Erweiterung besteht in der Verwendung von vier Bit breiten Symbolen, die gemäß den vorstehenden Ausführungen die Elemente eines Galois Felds GF(2^4) sind. Das Datenwort ist damit acht Bit (ein Byte bzw. zwei Symbole), das zugeordnete Code-Wort 16 Bit (2 Byte bzw. vier Symbole) breit (siehe Bild 11.9). Jedes der Elemente $\varnothing, \alpha^0, \alpha^1, \ldots, \alpha^{14}$ von GF(2^4) entspricht damit einem spezifischen Symbol (eine spezifische 4-Bit-Kombination).

Die Zuordnung zwischen einem Element aus GF(2^4) und einem Symbol läßt sich mit Hilfe der Konstruktionsregeln für Galois Felder GF(p^m) ermitteln: s(x), a(x), r(x) und P(x) seien Polynome, deren Koeffizienten aus GF(p) sind. Der Grad des Polynoms P(x) sei m. P(x) sei irreduzibel, d.h. P(x) kann selbst nicht als Produkt zweier Polynome mit Koeffizienten aus GF(p) dargestellt werden[1]. Der Grad von r(x) ist

[1] Beispiel: das Polynom x^2+1 ist reduzibel in GF(2), da $x^2+1 = (x+1)\cdot(x+1)$; andererseits ist das Polynom x^2+x+1 irreduzibel.

$0 \leq \text{Grad}(r) < m$. Damit läßt sich jedes Polynom s(x) mit beliebigem Grad und Koeffizienten aus GF(p) darstellen als

$$s(x) = a(x) \cdot P(x) + r(x)$$

mit dem Restpolynom

$$r(x) = s(x) \text{ modulo } P(x)$$

Die Koeffizienten dieses Restpolynoms sind die den Elementen des Galois Felds $GF(p^m)$ zugeordneten Symbole:

$$\{ r(x) \mid r(x) = s(x) \text{ modulo } P(x) \} = GF(p^m)$$

Die Symbole von $GF(2^4)$ lassen sich beispielsweise durch Berechnung von

$$r(x) = x^i \text{ modulo } (x^4 + x + 1) \; ; i = 0, 1, 2, \ldots$$

ermitteln (siehe Tabelle 11.1). Zur Erläuterung sei x^5 modulo $(x^4 + x + 1)$ hier berechnet:

$$x^5 : (x^4 + x + 1) = x + r$$

i	x^i modulo (x^4+x+1)	Bezeichnung und Symbol	
0	1	α^0	0001
1	x	α^1	0010
2	x^2	α^2	0100
3	x^3	α^3	1000
4	$x+1$	α^4	0011
5	x^2+x	α^5	0110
6	x^3+x^2	α^6	1100
7	x^3+x+1	α^7	1011
8	x^2+1	α^8	0101
9	x^3+x	α^9	1010
10	x^2+x+1	α^{10}	0111
11	x^3+x^2+x	α^{11}	1110
12	x^3+x^2+x+1	α^{12}	1111
13	x^3+x^2+1	α^{13}	1101
14	x^3+1	α^{14}	1001
15	1	α^0	0001
16	x	α^1	0010

zuzüglich Nullelement $\varnothing$

Tabelle 11.1: Berechnung der Elemente von $GF(2^4)$

Probe:

$$x \cdot (x^4 + x + 1) = x^5 + x^2 + x$$

Rest:

$$r = x^5 - (x^5 + x^2 + x) = x^5 + x^2 + x^2 + x + x - (x^5 + x^2 + x) = x^2 + x$$

Dementsprechend ist dem Element α^5 von $GF(2^4)$ das Symbol *0110* zugeordnet. Bei der Berechnung wurde benützt, daß $x + x = 0$ und $x^2 + x^2 = 0$, da die Koeffizienten von x bzw. x^2 aus GF(2) sind[1]. Zum praktischen Rechnen mit den Elementen ist es zweckmäßig, sich Additions- und Multiplikationstafeln zu erstellen (siehe Tabelle 11.2 und 11.3). Die Ziffern der Tafeln sind die Exponenten von α, $\varnothing$ ist das Nullelement. So ist z.B. $\alpha^1 \cdot \alpha^1 = \alpha^2$, $\alpha^2 \cdot \alpha^1 = \alpha^3$ oder $\alpha^{14} \cdot \alpha^1 = \alpha^0$. Für die Ermittlung der Additionstafel müssen die Koeffizienten der Restpolynome (Bits der Symbole) modulo 2 addiert werden, so ergibt z.B: $\alpha^0 + \alpha^0 = \varnothing$ oder $\alpha^{12} + \alpha^2 = \alpha^7$.

[1] Das ist gleichbedeutend mit $0 + 0 = 0$; $1 + 0 = 1$ und $1 + 1 = 0$.

Tabelle 11.2: Additionstafel in GF(2^4)

+	ø	0	1	2	3	4	5	6	7	8	9	10	11	12	13	14
ø	ø	0	1	2	3	4	5	6	7	8	9	10	11	12	13	14
0	0	ø	4	8	14	1	10	13	9	2	7	5	12	11	6	3
1	1	4	ø	5	9	0	2	11	14	10	3	8	6	13	12	7
2	2	8	5	ø	6	10	1	3	12	0	11	4	9	7	14	13
3	3	14	9	6	ø	7	11	2	4	13	1	12	5	10	8	0
4	4	1	0	10	7	ø	8	12	3	5	14	2	13	6	11	9
5	5	10	2	1	11	8	ø	9	13	4	6	0	3	14	7	12
6	6	13	11	3	2	12	9	ø	10	14	5	7	1	4	0	8
7	7	9	14	12	4	3	13	10	ø	11	0	6	8	2	5	1
8	8	2	10	0	13	5	4	14	11	ø	12	1	7	9	3	6
9	9	7	3	11	1	14	6	5	0	12	ø	13	2	8	10	4
10	10	5	8	4	12	2	0	7	6	1	13	ø	14	3	9	11
11	11	12	6	9	5	13	3	1	8	7	2	14	ø	0	4	10
12	12	11	13	7	10	6	14	4	2	9	8	3	0	ø	1	5
13	13	6	12	14	8	11	7	0	5	3	10	9	4	1	ø	2
14	14	3	7	13	0	9	12	8	1	6	4	11	10	5	2	ø

ø Nullelement 0...14 Exponent von α

Tabelle 11.3: Multiplikationstafel in GF(2^4)

*	ø	0	1	2	3	4	5	6	7	8	9	10	11	12	13	14
ø	ø	ø	ø	ø	ø	ø	ø	ø	ø	ø	ø	ø	ø	ø	ø	ø
0	ø	0	1	2	3	4	5	6	7	8	9	10	11	12	13	14
1	ø	1	2	3	4	5	6	7	8	9	10	11	12	13	14	0
2	ø	2	3	4	5	6	7	8	9	10	11	12	13	14	0	1
3	ø	3	4	5	6	7	8	9	10	11	12	13	14	0	1	2
4	ø	4	5	6	7	8	9	10	11	12	13	14	0	1	2	3
5	ø	5	6	7	8	9	10	11	12	13	14	0	1	2	3	4
6	ø	6	7	8	9	10	11	12	13	14	0	1	2	3	4	5
7	ø	7	8	9	10	11	12	13	14	0	1	2	3	4	5	6
8	ø	8	9	10	11	12	13	14	0	1	2	3	4	5	6	7
9	ø	9	10	11	12	13	14	0	1	2	3	4	5	6	7	8
10	ø	10	11	12	13	14	0	1	2	3	4	5	6	7	8	9
11	ø	11	12	13	14	0	1	2	3	4	5	6	7	8	9	10
12	ø	12	13	14	0	1	2	3	4	5	6	7	8	9	10	11
13	ø	13	14	0	1	2	3	4	5	6	7	8	9	10	11	12
14	ø	14	0	1	2	3	4	5	6	7	8	9	10	11	12	13

ø Nullelement 0...14 Exponent von α

11.2.2.4 Generator-/Dekoder-Matrix

Nach der Bereitstellung des Zahlenkörpers und der Additions- bzw. Multiplikationsregeln kann nach einer Matrix gesucht werden, die z.B. ein aus zwei Symbolen bestehendes Datenwort in ein Codewort aus vier Symbolen abbildet. Dazu wird das Datenwort als Vektor aus zwei Symbolen und das Codewort als Vektor aus vier Symbolen aufgefaßt. Die Generatormatrix muß deshalb eine 4*2-Matrix sein. Die Codegenerierung besteht dann aus einer einfachen Matrixmultiplikation unter Anwendung der Additions- und Multiplikationstafeln des oben konstruierten Galois Felds (siehe Tabelle 11.2 und 11.3).

Beim Entwurf der Generatormatrix $\underline{G}$ sucht man zweckmäßigerweise eine *systematische Form*. Bei der systematischen Form zerfällt die 4*2-Matrix $\underline{G}$ in eine 2*2-Einheitsmatrix $\underline{U}$ und eine 2*2 Matrix $\underline{B}$.

$$\underline{G} = \begin{pmatrix} \underline{U} \\ \underline{B} \end{pmatrix}$$

Nachdem jedes der sechs möglichen Paare von Codesymbolen (C_i,C_j; $i \neq j$) durch Multiplikation der beiden Datensymbole D_0 und D_1 mit einer 2*2 Untermatrix g_{ij} bestehend aus zwei Zeilen i,j von $\underline{G}$ entsteht, enthalten C_0 und C_1 das unveränderte Datenwort D_0 und D_1, während C_2 und C_3 die veränderte Dateninformation enthalten:

$$\begin{pmatrix} C_i \\ C_j \end{pmatrix} = \begin{pmatrix} G_{i1} & G_{i2} \\ G_{j1} & G_{j2} \end{pmatrix} \cdot \begin{pmatrix} D_0 \\ D_2 \end{pmatrix} = \mathbf{g}_{ij} \cdot \begin{pmatrix} D_0 \\ D_1 \end{pmatrix} \quad ; \; i,j = 0..3; \; i \neq j$$

Wenn $\underline{\mathbf{G}}$ so konstruiert wird, daß jede der sechs Untermatrizen $\mathbf{g}_{ij}$ regulär ist[1], kann zu jeder Untermatrix die Inverse $\mathbf{g}_{ij}^{-1}$ berechnet werden. Damit ist die Gleichung umkehrbar:

$$\begin{pmatrix} D_0 \\ D_1 \end{pmatrix} = \mathbf{g}_{ij}^{-1} \cdot \begin{pmatrix} C_i \\ C_j \end{pmatrix} \quad ; i,j = 0..3; \; i \neq j$$

Die vollständige Dateninformation kann somit aus jedem beliebigen Paar von Symbolen (C_i,C_j) des Codeworts (C_0,C_1,C_2,C_3) zurückgewonnen werden, d.h. bis zu zwei Codesymbole können fehlerhaft sein, ohne daß ein Informationsverlust auftritt. Die Entwicklung einer Generatormatrix erfordert deshalb die Untersuchung aller Möglichkeiten, die den obigen Einschränkungen genügen. Dies kann mit Rechnerunterstützung und formalen mathematischen Beweisen durchgeführt werden. Ziel ist dabei, die besten Fehlerkorrektureigenschaften durch den Code zu erhalten. Ein möglicher, auf diese Weise gewonnener Code lautet[2]:

$$\begin{pmatrix} C_0 \\ C_1 \\ C_2 \\ C_3 \end{pmatrix} = \begin{pmatrix} \alpha^0 & \varnothing \\ \varnothing & \alpha^0 \\ \alpha^7 & \alpha^{11} \\ \alpha^{11} & \alpha^7 \end{pmatrix} \cdot \begin{pmatrix} D_0 \\ D_1 \end{pmatrix} = \underline{\mathbf{G}} \cdot \begin{pmatrix} D_0 \\ D_1 \end{pmatrix}$$

Gemäß dieser Kodierungsgleichung errechnet sich beispielsweise das Codewortsymbol C_2 zu

$$C_2 = \alpha^7 \cdot D_0 + \alpha^{11} \cdot D_1.$$

Die Berechnung der inversen Kodiermatrizen (Decoder-Matrizen) folgt den üblichen Rechenregeln für Matrizen. Sie sei am Beispiel des Codesymbolpaares (C_1,C_2) erläutert:

$$\begin{pmatrix} C_1 \\ C_2 \end{pmatrix} = \begin{pmatrix} \varnothing & \alpha^0 \\ \alpha^7 & \alpha^{11} \end{pmatrix} \cdot \begin{pmatrix} D_0 \\ D_1 \end{pmatrix} = \mathbf{g}_{12} \cdot \begin{pmatrix} D_0 \\ D_1 \end{pmatrix}$$

Die Determinante von $\mathbf{g}_{12}$ ist:

$$\det(\mathbf{g}_{12}) = \varnothing \cdot \alpha^{11} - \alpha^0 \cdot \alpha^7 = \varnothing - \alpha^7 = \alpha^7$$

[1] d.h. die Determinante der Matrix ist $\neq 0$.

[2] siehe Th. Krol 1983

Für die Inverse g_{12}^{-1} errechnet sich deren Element kl gemäß den Rechenregeln für die Matrixinversion zu

$$(g_{12}^{-1})_{kl} = \frac{|\, g_{12} \,|_{lk}}{\det(g_{12})}$$

wobei $|\, g_{12} \,|_{lk}$ die Unterdeterminante von g_{12} ist, die durch Streichung der Zeile l und der Spalte k entsteht. So ist z.B. das Element kl = 01 von g_{12}^{-1}

$$(g_{12}^{-1})_{01} = \frac{\alpha^0}{\alpha^7} = \alpha^8$$

Insgesamt ergibt sich für die Inverse von g_{12}

$$g_{12}^{-1} = \begin{pmatrix} \alpha^4 & \alpha^8 \\ \alpha^0 & \varnothing \end{pmatrix}$$

Die sechs Dekodiermöglichkeiten lauten damit:

$$\begin{pmatrix} D_0 \\ D_1 \end{pmatrix} = \begin{pmatrix} \alpha^0 & \varnothing \\ \varnothing & \alpha^0 \end{pmatrix} \cdot \begin{pmatrix} C_0 \\ C_1 \end{pmatrix} \qquad \begin{pmatrix} D_0 \\ D_1 \end{pmatrix} = \begin{pmatrix} \alpha^0 & \varnothing \\ \alpha^{11} & \alpha^4 \end{pmatrix} \cdot \begin{pmatrix} C_0 \\ C_2 \end{pmatrix}$$

$$\begin{pmatrix} D_0 \\ D_1 \end{pmatrix} = \begin{pmatrix} \alpha^0 & \varnothing \\ \alpha^4 & \alpha^8 \end{pmatrix} \cdot \begin{pmatrix} C_0 \\ C_3 \end{pmatrix} \qquad \begin{pmatrix} D_0 \\ D_1 \end{pmatrix} = \begin{pmatrix} \alpha^4 & \alpha^8 \\ \alpha^0 & \varnothing \end{pmatrix} \cdot \begin{pmatrix} C_1 \\ C_2 \end{pmatrix}$$

$$\begin{pmatrix} D_0 \\ D_1 \end{pmatrix} = \begin{pmatrix} \alpha^{11} & \alpha^4 \\ \alpha^0 & \varnothing \end{pmatrix} \cdot \begin{pmatrix} C_1 \\ C_3 \end{pmatrix} \qquad \begin{pmatrix} D_0 \\ D_1 \end{pmatrix} = \begin{pmatrix} \alpha^6 & \alpha^{10} \\ \alpha^{10} & \alpha^6 \end{pmatrix} \cdot \begin{pmatrix} C_2 \\ C_3 \end{pmatrix}$$

11.2.2.5 Die Paritäts-Prüfmatrix

Der oben eingeführte (4/2)-Code erlaubt sechs unabhängige Rekonstruktionsmöglichkeiten der Datensymbole. Falls nicht mehr als zwei Codesymbole gleichzeitig fehlerhaft sind, ist die Datenrekonstruktion immer möglich. Dazu ist Voraussetzung, daß festgestellt werden kann, welche zwei Codesymbole noch korrekt sind. Diese Aufgabe wird von der Paritäts-Prüfmatrix $\underline{H}$ übernommen. Die Paritäts-Prüfmatrix wird so konstruiert, daß die Multiplikation eines gültigen Codeworts aus vier Codesymbolen mit $\underline{H}$ den Nullvektor $\varnothing$ ergibt. Da ein Codewort aus einem *beliebigen* Datenwort durch Multiplikation mit der Generatormatrix $\underline{G}$ entsteht, ist dies gleichbedeutend mit der Bedingung

$$\underline{H} \cdot \underline{G} = \underline{\varnothing}$$

wobei $\underline{\varnothing}$ die Nullmatrix ist. Die Lösung dieser Gleichung ergibt die Paritäts-Prüfmatrix

$$\underline{\mathbf{H}} = \begin{pmatrix} \alpha^7 & \alpha^{11} & \alpha^0 & \varnothing \\ \alpha^{11} & \alpha^7 & \varnothing & \alpha^0 \end{pmatrix}$$

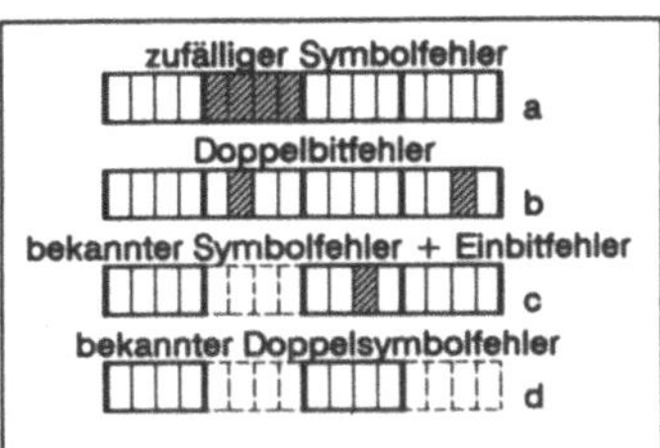

Bild 11.10: korrigierbare Fehlerarten

Ein fehlerhaftes Codewort **C'**, das als Addition eines gültigen Codeworts **C** und eines Fehlervektors **E** aufgefaßt werden kann (**C'** = **C** + **E**), ergibt bei der Multiplikation mit $\underline{\mathbf{H}}$

$$\underline{\mathbf{H}} \cdot \mathbf{C'} = \underline{\mathbf{H}} \cdot \mathbf{C} + \underline{\mathbf{H}} \cdot \mathbf{E} = \boldsymbol{\varnothing} + \mathbf{S}$$

Die Multiplikation des Fehlervektors mit $\underline{\mathbf{H}}$ führt dabei zu einem nicht verschwindenden Ergebnisvektor, dem *Syndrom* **S**, falls der Fehlervektor aus einem gültigen Codewort **C** kein neues, ebenfalls gültiges Codewort erzeugt.

Aufgrund der mathematischen Eigenschaften eines Codes ergeben sich seine spezifischen Fehlererkennungs- bzw. Korrektureigenschaften. Für den Fehlervektor **E** aus den Symbolen (E_0, E_1, E_2, E_3) ergibt sich der Syndromvektor

$$\mathbf{S} = \begin{pmatrix} \alpha^7 E_0 + \alpha^{11} E_1 + E_2 \\ \alpha^{11} E_0 + \alpha^7 E_1 + E_3 \end{pmatrix}$$

Unter der Annahme, daß nur ein Symbol fehlerhaft ist[1], ergeben sich vier eindeutig unterscheidbare Syndromvektoren: $S_1 = (\alpha^7 E_0; \alpha^{11} E_0)$; $S_2 = (\alpha^{11} E_1; \alpha^7 E_1)$; $S_3 = (E_2; \varnothing)$ und $S_4 = (\varnothing; E_3)$. Jeder Fehler in einem einzelnen Symbol eines fehlerhaften Codeworts **C'** ist damit eindeutig lokalisierbar. Die Daten können somit rekonstruiert werden. Insgesamt lassen sich die Fehlererkennungs- und -korrektureigenschaften dieses Codes folgendermaßen zusammenfassen[2]:

- *Eine beliebige Zahl fehlerhafter Bits in* einem *Symbol wird erkannt und kann korrigiert werden (siehe Bild 11.10 a).*
- *Je ein beliebiges fehlerhaftes Bit in zwei Symbolen wird erkannt und kann korrigiert werden (siehe Bild 11.10 b).*
- *Falls ein Symbol bekanntermaßen fehlerhaft ist, kann dieses permanent maskiert werden. Ein weiterer Ein-Bit-Fehler in einem der restlichen drei Symbole kann noch erkannt und korrigiert werden (siehe Bild 11.10 c).*
- *Falls zwei Symbole als fehlerhaft bekannt und deshalb maskiert sind, können die Daten rekonstruiert werden, falls kein weiterer Fehler eintritt (siehe Bild 11.10 d).*

[1] d.h. nur eines der Fehlervektorsymbole $E_0..E_3$ ist $\neq \varnothing$.

[2] siehe Th. Krol 1982

Da alle diese Fehlerfälle eindeutig identifizierbar sind, kann aus den sechs möglichen Datenrekonstruktionen die richtige ausgewählt werden (siehe Abschnitt 11.2.2.4).

11.3 Anwendung des Codes

11.3.1 Das Fehlertoleranzprinzip

11.3.1.1 Einführung

Das Entwurfsziel ist ein langzeitzuverlässiger Rechner. Wie in Abschnitt 11.1.1.2 deutlich wurde, sind zur Erreichung dieses Ziels Fehlererkennung, Fehlermaskierung und Reparaturfähigkeit im laufenden Betrieb erforderlich. Dies soll hier durch Anwendung des in Abschnitt 11.2.2.4 vorgestellten Codes erreicht werden. Dabei wird besonders die Fähigkeit des Codes ausgenutzt, den Ausfall ganzer Codesymbole zu erkennen und zu korrigieren.

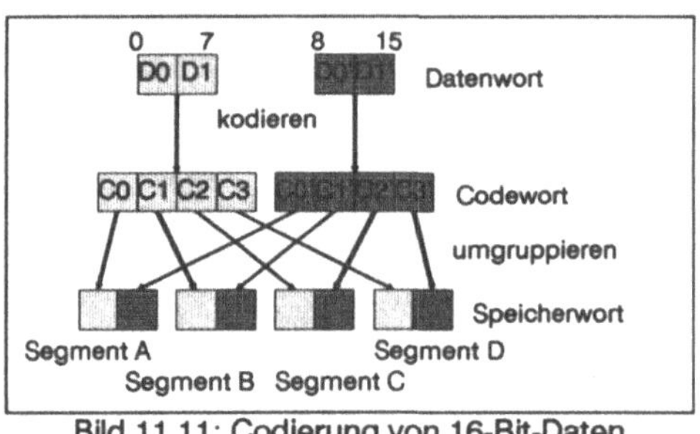

Bild 11.11: Codierung von 16-Bit-Daten (Beispiel)

11.3.1.2 Speicherung codierter Daten

Die Grundidee ist, Programme und Daten eines Rechners in codierter Form im Speicher abzulegen und beim Wiederauslesen auf möglicherweise vorhandene Fehler zu überprüfen. Nachdem ein Byte (8 Bit) als vier Symbole zu speichern wäre und jedes dieser Symbole ausfallen darf, ohne daß Information verloren geht, ist es naheliegend, jedes Symbol in ein eigenes Speichermodul abzulegen. Falls dieses ausfiele, würden die restlichen drei intakten Speichermodule noch alle Information enthalten. Selbst wenn eines dieser Speichermodule noch Einzelbitfehler aufweisen würde, wäre kein Informationsverlust zu erwarten. Eine mögliche Erweiterung auf Wort-Daten (16 Bit) ist in Bild 11.11 dargestellt. Das zu speichernde Datenwort besteht jetzt aus 2*2 Datensymbolen (D_0;D_1) und (D'_0;D'_1). Jedes wird in ein Codewort (C_0;C_1;C_2;C_3) bzw.

$(C'_0;C'_1;C'_2;C'_3)$ umgewandelt und nach einer zweckmäßigen Umgruppierung in einem unabhängigen Speichermodul abgespeichert.

11.3.1.3 Die fehlertolerante Rechnerorganisation

Wird einem Speichermodul (siehe vorstehender Abschnitt) noch ein (Mikro)Prozessor zugeordnet, so läßt sich die in Bild 11.12 dargestellte Rechnerorganisation festlegen. Der Rechner besteht demnach aus vier Prozessorsegmenten. Jedes Prozessorsegment besteht im wesentlichen aus einem Prozessor und einem Speichermodul zur Aufnahme *eines* Codesegments gemäß Bild 11.11. Jeder Prozessor *beschreibt sein* Speichermodul mit einem der vier Codesegmente. Er *liest sein* Speichermodul aus, erhält aber gleichzeitig von den anderen Prozessorsegmenten die zusätzlich benötigten drei Codesymbole zur Rückgewinnung der Programm- und Dateninformation. Hierbei wird vorausgesetzt, daß alle vier Prozessorsegmente *mikrosynchron* arbeiten, d.h. mit jeder Taktphase denselben Arbeitsschritt ausführen: alle Prozessoren schreiben gleichzeitig an die gleiche Adresse dieselbe Information, aber in Form unterschiedlicher Codesymbole in ihr Speichermodul; sie lesen gleichzeitig von derselben Adresse aus ihrem Speichermodul und verteilen ihr ausgelesenes Symbol an die anderen Prozessorsegmente. Jedes Prozessorsegment führt unabhängig aber gleichzeitig eine Fehlerprüfung durch und dekodiert bzw. korrigiert die gelesene Information. Falls die Information ein Maschinenbefehl war, wird dieser von allen vier Prozessorsegmenten synchron ausgeführt.

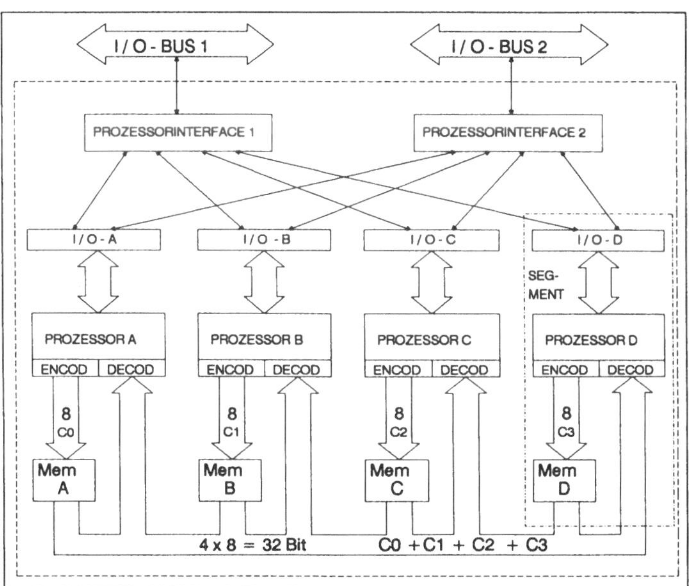

Bild 11.12: Fehlertolerante Rechnerorganisation

11.3.1.4 Globale Fehlertoleranzeigenschaften

Die vorstehende Erläuterung des Prozessor-Grundzyklus, *Auslesen*, *Ausführen* und *Speichern*, macht klar, daß jedes Prozessorsegment synchron zu den anderen Prozessorsegmenten das vollständige Programm bearbeitet. Selbst wenn *sein* Speichermodul ausfällt, ist die Funktionsfähigkeit dieses Prozessorsegments nicht beeinträchtigt. Der Speicherfehler wird vollständig maskiert. Alle vier Prozessorsegmente detektieren diesen Ausfall anhand des Syndroms unabhängig voneinander. Das ausgefallene Speichermodul kann im laufenden Betrieb ausgetauscht werden und füllt sich automatisch mit den aktuellen Daten. Der Aktualisierungsprozeß der Daten im ausgetauschten Speichermodul ist abgeschlossen, wenn der ganze physikalische Adreßraum dieses Moduls nach dem Austausch einmal beschrieben wurde.

Der Ausfall eines Prozessors teilt sich den anderen Prozessorsegmenten wie der Ausfall eines Speichermoduls mit, da der ausgefallenen Prozessor nicht mehr synchron zu den anderen arbeitet und so fehlerhafte Codesymbole abliefert. Der Rechner als Ganzes bleibt jedoch funktionsfähig, da die Ein-/Ausgabeschnittstellen die fehlerhaften Ausgaben auf der Basis einer Mehrheitsentscheidung maskieren. Nach Austausch des ausgefallenen Prozessors kann dieser wieder mit den noch in Betrieb befindlichen Prozessoren synchronisiert werden, wodurch automatisch der Inhalt des zugehörigen Speichermoduls aktualisiert wird.

Da jeder Prozessor nur *sein* Speichermodul adressiert, kann es nicht vorkommen, daß eine Fehladressierung durch Hardwarefehler die Speicherinformation des Rechners unkontrolliert verändert. Eine solche Fehladressierung eines Prozessors würde sich wie ein ausgefallenes Speichermodul bemerkbar machen. Die restlichen drei Prozessorsegmente könnten diesen Fehler maskieren. Der Rechner bleibt funktionsfähig.

Somit ist dieses Fehlertoleranzkonzept durch folgende Merkmale gekennzeichnet:

- *Hardware-implementierte Fehlertoleranz. Die Fehlererkennungs- und -korrekturmaßnahmen erfolgen vollständig in Hardware.*
- *Software-Transparenz. Die Anwendungssoftware dieser fehlertoleranten Rechnerorganisation muß keine Vorkehrungen für den Fehlerfall vorsehen*[1].

[1] Dies bedeutet allerdings nicht, daß auf Diagnostik- bzw. Wartungssoftware verzichtet werden könnte. Diese ist jedoch von der Applikationssoftware vollständig entkoppelt.

- *Dezentrale Fehlererkennung und -korrektur. Jeder Prozessor erkennt und korrigiert mit seinem Dekoder unabhängig von allen anderen mögliche Fehler. Es gibt kein zentrales ausfallgefährdetes Element.*
- *Reparatur im laufenden Betrieb. Die Ausfall- bzw. Austauscheinheiten "Speichermodul" oder "Prozessor" können im laufenden Betrieb ersetzt und reintegriert werden, wodurch Langzeitzuverlässigkeit möglich wird.*
- *Hohe Fehlerabdeckung. Durch die besonderen Eigenschaften des Codes können alle Fehler erkannt und korrigiert werden, die zu eindeutig auswertbaren Codefehlern führen, d.h. die Fehlererkennung und -korrektur ist nicht auf Speicherfehler beschränkt.*
- *Mikrosynchroner Betrieb. Ein latenter Fehler wird unmittelbar während des Speicher-Lesezugriffs detektiert und maskiert, bei dem er zum aktiven Fehler geworden wäre. Eine Fehlerausbreitung wird unmöglich.*

11.3.1.5 Input/Output

Die mikrosynchrone Arbeitsweise der vier Prozessorsegmente erfordert, daß alle *gleichzeitig dieselben* Eingangsdaten erhalten. Würde beispielsweise das Prozessorsegment D von Bild 11.12 vom Prozessorinterface 1 andere Information als die Prozessorsegmente A..C erhalten, so würde als Folge davon im Speichermodul von Prozessorsegment D ein falsches Symbol abgelegt werden. Beim nächsten Lesezugriff auf diese Information würden alle Prozessoren dies korrekt als Fehler detektieren. Dasselbe trifft zu, falls der Prozessor D aufgrund der fehlerhaften Eingangsdaten abweichende Entscheidungen träfe. Wenn ein Prozessorsegment, wie in Bild 11.12 dargestellt, eine Ausfalleinheit sein soll, so ist die dort gezeigte I/O-Struktur unzureichend. Unter der Annahme, daß das I/O-Interface einem der Prozessorsegmente fehlerhafte Daten weiterreicht, würde fälschlicherweise das Prozessorsegment als fehlerhaft detektiert werden. Deshalb muß jede der I/O-Schnittstellen I/O-A..I/O-D an jeweils alle anderen die vom Prozessorinterface erhaltene Information weiterreichen. Dadurch kann jedes Prozessorsegment überprüfen, welches andere Segment oder es gar selbst fehlerhafte Eingangsdaten erhalten hat. Ein vorgetäuschter Ausfall eines Prozessorsegments aufgrund falscher Daten ist so nicht mehr möglich.

11.3.1.6 Takt- und Stromversorgung

Das oben vorgestellte fehlertolerante Rechnerkonzept kommt ohne zentrale Elemente aus, muß aber mikrosynchron betrieben werden. Das bedeutet unmittelbar, daß alle vier Prozessorsegmente mit einem Takt versorgt werden müssen. Da *ein*

Taktgenerator wiederum ein zentrales Element wäre, dessen Ausfall zu einem Gesamtausfall führen würde, muß für jedes Prozessorsegment ein Taktgeber vorgesehen werden. Zur Erreichung einer einheitlichen Frequenz und Phase muß sich jeder Taktgeber auf die Frequenz und Phase aller anderen drei Taktgeber synchronisieren[1].

Weniger kritisch ist die Forderung nach vier unabhängigen Stromversorgungen erfüllbar. Vier unabhängige Stromversorgungen sind aber unabdingbar, um kein zentrales Ausfallelement zu haben.

11.3.1.7 Eine fehlertolerante Multiprozessorkonfiguration

Bild 11.13 zeigt das Konzept einer Anwendung des (4/2)-Prozessorkonzepts für ein eng gekoppeltes Multiprozessorsystem. Jedes Prozessorsegment von Bild 11.12 besteht jetzt aus mehreren Prozessoren, die über einen gemeinsamen Bus einen globalen Speicher benützen. Dieser Speicher enthält die dem Segment zugeordneten Codesymbole. Zur Abwicklung des I/O-Datenverkehrs wird je Segment ein I/O-Pro-

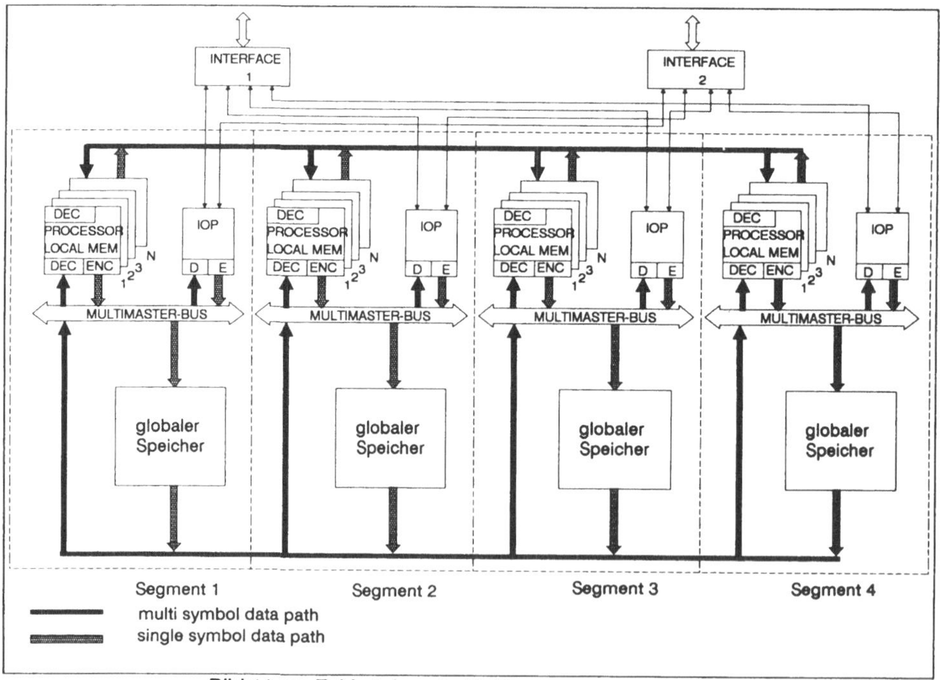

Bild 11.13: Fehlertolerante Multiprozessororganisation

[1] siehe z.B. J. Kessels 1984

zessor eingesetzt, der über zwei unabhängige Prozessor-Interfaces die Peripheriegeräte erreichen kann. Wie beim einfachen (4/2)-Prozessor sind auch hier unabhängige Stromversorgungen und Taktgeber vorzusehen.

11.3.2 Entwurf des Encoders und Decoders

11.3.2.1 Binäre Multiplikation in GF(2^4)

Der Entwurf der Generatormatrix, der Dekodermatrizen und der Paritäts-Prüfmatrix wurde in den Abschnitten 11.2.2.4 und 11.2.2.5 beschrieben. Die Implementierung eines Encoders bzw. Dekoders erfordert die digitale Realisierung der Multiplikation und Addition von Elementen aus GF(2^4). Dies ist aber besonders einfach, da die Polynomkoeffizienten aus GF(2) stammen, deren Arithmetik modulo 2, d.h. ohne Übertrag erfolgt. Zur Ableitung der binären Multiplikation sei das Produkt $C = A \cdot B$ berechnet. A, B, C seien Elemente aus GF(2^4) mit den Polynomkoeffizienten a_i, b_i und c_i ($i = 0..3$) aus GF(2).

$$
\begin{aligned}
C &= A \cdot B = (a_0 + a_1x + a_2x^2 + a_3x^3) \cdot (b_0 + b_1x + b_2x^2 + b_3x^3) \\
&= a_0b_0 + a_0b_1x + a_0b_2x^2 + a_0b_3x^3 + \\
&\qquad a_1b_0x + a_1b_1x^2 + a_1b_2x^3 + a_1b_3x^4 + \\
&\qquad\qquad a_2b_0x^2 + a_2b_1x^3 + a_2b_2x^4 + a_2b_3x^5 + \\
&\qquad\qquad\qquad a_3b_0x^3 + a_3b_1x^4 + a_3b_2x^5 + a_3b_3x^6 \\
&= [a_0b_0 + a_3b_1 + a_2b_2 + a_1b_3] + \\
&\quad [a_1b_0 + (a_0 + a_3)b_1 + (a_2 + a_3)b_2 + (a_1 + a_2)b_3] \cdot x + \\
&\quad [a_2b_0 + a_1b_1 + (a_0 + a_3)b_2 + (a_2 + a_3)b_3] \cdot x^2 + \\
&\quad [a_3b_0 + a_2b_1 \cdot + a_1b_2 + (a_0 + a_3)b_3] \cdot x^3
\end{aligned}
$$

Hierbei wurde berücksichtigt, daß $x^4 = x + 1$, $x^5 = x^2 + x$ und $x^6 = x^3 + x^2$ (siehe Tabelle 11.1).

Werden B und C als Vektoren aufgefaßt, deren Vektorkomponenten die Polynomkoeffizienten b_i und c_i ($i = 0..3$) sind, so läßt sich diese Gleichung in Matrizenform umschreiben:

$$
C = \begin{pmatrix} a_0 & a_3 & a_2 & a_1 \\ a_1 & a_0 + a_3 & a_2 + a_3 & a_1 + a_2 \\ a_2 & a_1 & a_0 + a_3 & a_2 + a_3 \\ a_3 & a_2 & a_1 & a_0 + a_3 \end{pmatrix} \begin{pmatrix} b_0 \\ b_1 \\ b_2 \\ b_3 \end{pmatrix} \equiv A \cdot B
$$

Die Matrix $\underline{A}$ ist die binäre *Begleitmatrix* des Elements A aus dem Galois Feld $GF(2^4)$. Da die Elemente der vorstehenden Matrixgleichung aus GF(2) sind, müssen alle Operationen modulo 2 ausgeführt werden. Deshalb berechnet sich beispielsweise c_3 gemäß der Bool'schen Gleichung zu

$$c_3 = (a3 \wedge b_0) \oplus (a2 \wedge b_1) \oplus (a1 \wedge b_2) \oplus (a0 \wedge b_3) \oplus (a3 \wedge b_3)$$

wobei $\wedge$ die binäre UND-Operation und $\oplus$ die binäre EXKLUSIV-ODER-Operation ist.

11.3.2.2 Die Kodiergleichungen

Entsprechend Abschnitt 11.2.2.4 werden für die Kodierung die Elemente $\varnothing$, α^0, α^7 und α^{11} benötigt. Die Begleitmatrix von $\varnothing$ ist eine binäre 4*4 Matrix, deren Elemente alle "0" sind. Die Begleitmatrix von α^0 ist eine binäre 4*4 Matrix, deren Hauptdiagonalelemente "1" und alle restlichen Elemente "0" sind. Schließlich ergeben sich gemäß Abschnitt 11.3.2.1 für die Begleitmatrizen von α^7 und α^{11}

$$\alpha^7 = \begin{pmatrix} 1101 \\ 1011 \\ 0101 \\ 1010 \end{pmatrix} \qquad \alpha^{11} = \begin{pmatrix} 0111 \\ 1100 \\ 1110 \\ 1111 \end{pmatrix}$$

Werden mit $d_0..d_3$ die Bits des Datensymbols D_0 und mit $d_4..d_7$ die Bits des Datensymbols D_1 bezeichnet, so ergeben sich wegen $C_2 = \alpha^7 \cdot D_0 + \alpha^{11} \cdot D_1$ mit den vorstehenden Begleitmatrizen die Bool'schen Gleichungen für die vier Bits des Codesymbols C_2 $c_8..c_{11}$ zu (siehe auch Abschnitt 11.2.2.4):

$$\begin{aligned} c_8 &= d_0 \oplus d_1 \oplus d_3 \oplus d_5 \oplus d_6 \oplus d_7 \\ c_9 &= d_0 \oplus d_2 \oplus d_3 \oplus d_4 \oplus d_5 \\ c_{10} &= d_1 \oplus d_3 \oplus d_4 \oplus d_5 \oplus d_6 \\ c_{11} &= d_0 \oplus d_2 \oplus d_4 \oplus d_5 \oplus d_6 \oplus d_7 \end{aligned}$$

Genauso einfach lassen sich die Bool'schen Gleichungen für die Bits der übrigen Codesymbole C_0 ($c_0..c_3$), C_1 ($c_4..c_7$) und C_3 ($c_{12}..c_{15}$) angeben:

$$c_0 = d_0 \quad c_1 = d_1 \quad c_2 = d_2 \quad c_3 = d_3$$
$$c_4 = d_4 \quad c_5 = d_5 \quad c_6 = d_6 \quad c_7 = d_7$$
$$c_{12} = d_1 \oplus d_2 \oplus d_3 \oplus d_4 \oplus d_5 \oplus d_7$$
$$c_{13} = d_0 \oplus d_1 \oplus d_4 \oplus d_6 \oplus d_7$$
$$c_{14} = d_0 \oplus d_1 \oplus d_2 \oplus d_5 \oplus d_7$$
$$c_{15} = d_0 \oplus d_1 \oplus d_2 \oplus d_3 \oplus d_4 \oplus d_6$$

11.3.2.3 Dekodierung und Paritätsprüfung

Die Dekodiergleichungen in Abschnitt 11.2.2.4 können nach Aufstellung der Begleitmatrizen für die noch benötigten Elemente α^4, α^6, α^8 und α^{10} genauso einfach erstellt und schaltungstechnisch implementiert werden.

Die Bits $s_0..s_7$ des Syndroms **S** lassen sich praktisch direkt aus der Paritäts-Prüfmatrix $\underline{\mathbf{H}}$ ablesen (siehe Abschnitt 11.2.2.5):

$$s_0 = c_0 \oplus c_1 \oplus c_3 \oplus c_5 \oplus c_6 \oplus c_7 \oplus c_8$$
$$s_1 = c_0 \oplus c_2 \oplus c_3 \oplus c_4 \oplus c_5 \oplus c_9$$
$$s_2 = c_1 \oplus c_3 \oplus c_4 \oplus c_5 \oplus c_6 \oplus c_{10}$$
$$s_3 = c_0 \oplus c_2 \oplus c_4 \oplus c_5 \oplus c_6 \oplus c_7 \oplus c_{11}$$
$$s_4 = c_1 \oplus c_2 \oplus c_3 \oplus c_4 \oplus c_5 \oplus c_7 \oplus c_{12}$$
$$s_5 = c_0 \oplus c_1 \oplus c_4 \oplus c_6 \oplus c_7 \oplus c_{13}$$
$$s_6 = c_0 \oplus c_1 \oplus c_2 \oplus c_5 \oplus c_7 \oplus c_{14}$$
$$s_7 = c_0 \oplus c_1 \oplus c_2 \oplus c_3 \oplus c_4 \oplus c_6 \oplus c_{15}$$

Die so gefundenen Informations-Rekonstruktions- und Fehleranalysegleichungen können schaltungstechnisch einfach realisiert und zu einem Dekoder nach Bild 11.14 kombiniert werden. Die 16 Bits des Codeworts gelangen auf das Informations-Rekonstruktionsnetzwerk und das Fehleranalysenetzwerk. Die Syndrominformation des Fehleranalysenetzwerks wählt von den sechs möglichen Rekonstruktionen der acht Datenbits eine fehlerfreie aus. Die Fehlerinformation kann zusätz-

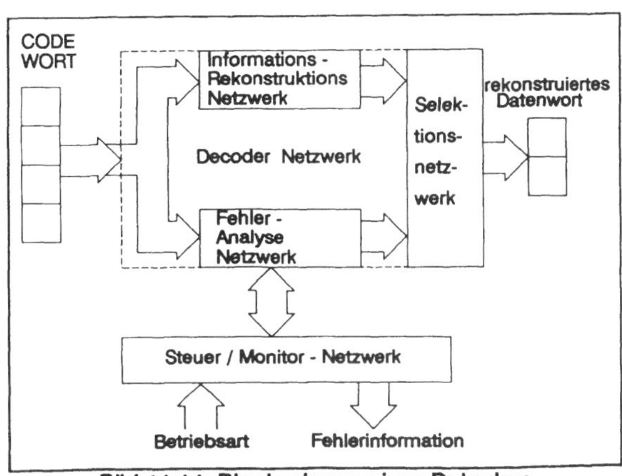

Bild 11.14: Blockschema eines Dekoders

lich über das Steuer-/Monitornetzwerk abgegriffen werden. Zusätzlich kann hierüber dem Fehleranalysenetzwerk mitgeteilt werden, welches Codesymbol oder welche beiden Codesymbole möglicherweise bereits als defekt bekannt sind. So läßt sich das Verhalten des Fehleranalysenetzwerks an die codespezifischen Fehlererkennungseigenschaften anpassen (siehe Abschnitt 11.2.2.5). Für die Rekonstruktion breiterer Datenworte (siehe Bild 11.11) werden einfach mehrere dieser Dekoder verwendet.

11.4 Literatur

11.4.1 Bücher

S. Lin
An introduction to error correcting codes
Prentice Hall, Englewood Cliffs 1970

F.J. MacWilliams, N.J.A. Sloane
The theory of error correcting codes
North-Holland, Amsterdam 1977

Shu Lin, D.J. Costello
Error Control Coding: Fundamentals and Applications
Prentice Hall, 1983, ISBN 0-13-283796-X

D.P. Siewiorek, R.S. Swarz
The Theory and Practice of Reliable System Design
DIGITAL Press 1982, ISBN 0-932376-13-4

11.4.2 Einzelartikel

Th. Krol
The '(4,2) concept' fault-tolerant computer
PHILIPS TECHNICAL REVIEW, Vol. 41, 1983/84, No. 1

Th. Krol
The '(4,2) concept' fault-tolerant computer
12th Ann. Int. Symp. on Fault-tolerant computing (FTCS-12), Santa Monica 1982, Digest of Papers, pg. 49-54

Th. Krol, W, J. van Gils
The Input/Output Architecture Of The '(4,2) concept' fault-tolerant computer
15th Ann. Int. Symp. on Fault-tolerant computing (FTCS-15), Ann Arbor 1985, Digest of Papers, pg. 254-259

J.L.W. Kessels
Two Designs of a Fault-Tolerant Clocking System
IEEE Transactions on Computers, Vol. C-33, No. 10, Oktober 1984, Seite 912-919

12 Betriebssysteme

12.1 Einführung

12.1.1 Definition und Aufgaben

12.1.1.1 Schichtenmodell

In der Norm DIN 44300 wird eine Definition des Begriffs *Betriebssystem* versucht. Diese Definition lautet ungefähr:

> *Unter Betriebssystem versteht man alle Programme eines digitalen Rechnersystems, die zusammen mit den Eigenschaften der Rechenanlage die Basis der möglichen Betriebsarten des digitalen Rechnersystems bilden, die die Abwicklung von Programmen steuern und überwachen.*

Diese Umschreibung enthält als wesentliche Elemente die *Abwicklung von Programmen*, die *Steuerung und Überwachung* sowie die *Rechenanlage*. Wird "Abwicklung von Programmen" mit *Anwendungen* bzw. *Anwendungsprogrammen* assoziiert, die von der "Rechenanlage" (*Hardware*) ausgeführt werden, so kann die "Steuerung und Überwachung" mit dem Begriff *Betriebssystem* assoziiert werden. Das Betriebssystem erfüllt offensichtlich eine "Vermittlerrolle" zwischen Anwendungsprogramm und Rechnerhardware. Dieses Schichtenkonzept ist in seiner einfachsten Form in Bild 12.1 skizziert. Jede Schicht repräsentiert dabei eine *Funktionseinheit* mit definierten Eigenschaften und Zuständigkeiten. Die horizontalen Trennlinien stellen *Schnittstellen* zwischen diesen Funktionseinheiten dar. Bei strenger Interpretation des Schichtenmodells in Bild 12.1 bedeutet dies, daß das Anwenderprogramm nur die Schnittstellen zum Betriebssystem nutzen kann oder darf. Ein unmittelbarer Zugriff zur Hardware ist nicht möglich oder auch nur per Konvention verbo-

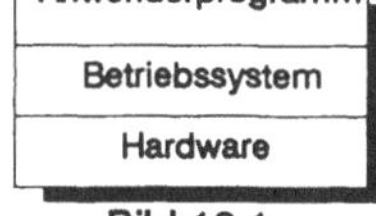

Bild 12.1: Schichtenmodell

ten, da die Hardware-/Software-Schnittstelle nur dem Betriebssystem zugänglich ist (oder sein soll).

In modernen Rechnersystemen wird durch kombinierte Hardware-/Software-Schutzmaßnahmen verhindert, daß Anwenderprogramme direkt, d.h. unter Umgehung des Betriebssystems, direkt auf Hardwarefunktionen zurückgreifen[1]. Jeder Versuch, diese Konvention zu durchbrechen, führt zu einer Ausnahmebehandlung durch das Betriebssystem. Das im Personalcomputerbereich weit verbreitete Betriebssystem MSDOS kann direkte Manipulation der Hardware durch Anwenderprogramme nicht verhindern. Dies führt dazu, daß sehr viele, wenn nicht sogar die meisten Anwenderprogramme unmittelbar auf Hardware-Register zugreifen oder Interrupt-Vektoren verändern. Die Konsistenz des Hardwarezustands und des Betriebssystemzustands wird dadurch verletzt und die Verläßlichkeit des Rechnersystems reduziert. MSDOS kann deshalb, trotz seiner weiten Verbreitung, *nicht* als typisches Betriebssystem bezeichnet werden.

12.1.1.2 Portierung und Wartung von Programmen

Rechnersysteme bzw. Rechneranwendungen haben eine *Benutzerfunktion* zu erfüllen. Insbesondere im industriellen Anwendungsbereich muß eine Benutzerfunktion über eine längere Zeit stabil bleiben. Die Hardware-Technologie unterliegt andererseits sehr schnellen Änderungen. Höhere Verarbeitungsleistung, niedrigere Preise, kleinere Abmessungen, niedrigere Verlustleistungen, höhere Zuverläßlichkeit oder mangelnde Marktverfügbarkeit der alten Technologie sind nur einige der Gründe, die Hardware in bestehenden Rechnersystemen zu erneuern. Da die Benutzerfunktion in wesentlichen Teilen durch Software bereitgestellt wird, muß mit der Veränderung der Hardware immer das Anwendungsprogramm umentwickelt werden, falls dieses unmittelbar auf Hardwarefunktionen (Hardware-/Software-schnittstelle) aufsetzt (siehe Bild 12.2). Ein Hersteller, der N verschiedene Softwareapplikationen für M unterschiedliche Rechnerhardware anbietet und bei Kunden im Einsatz hat, muß in der Größenordnung von N*M Varianten entwickeln und möglicher-

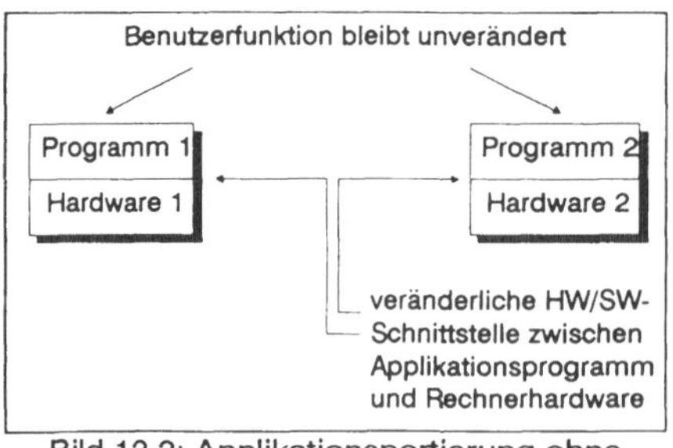

Bild 12.2: Applikationsportierung ohne Betriebssystem

[1] siehe hierzu Kapitel 8 und 10

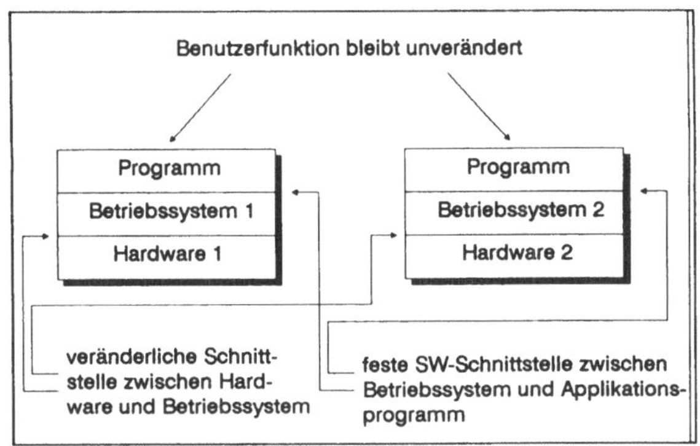

Bild 12.3: Applikationsportierung mit Betriebssystem

weise über längere Zeit warten. Dies ist ohne Zweifel eine kostenträchtige Situation.

Die Alternative zum o.g. Vorgehen besteht in der Einführung eines Betriebssystems als Vermittler zwischen Applikation und Hardware (siehe Bild 12.3). Die Hardware-/Softwareschnittstelle ist bei Austausch oder Modifikation der Hardware nach wie vor veränderlich und erfordert Anpassungen oder Umentwicklungen von Teilen des Betriebssystems. Die Schnittstelle zwischen den Applikationsprogrammen und dem Betriebssystem kann jedoch (idealerweise) stabil gehalten werden, d.h. das Betriebssystem verbirgt die Hardware-Details vor der Applikation. Die Applikationsprogramm-Betriebssystemschnittstelle wirkt wie ein *virtueller Rechner* mit unveränderlichen Funktionsmerkmalen. Der Wartungs- bzw. Umentwicklungsaufwand beschränkt sich dabei auf M Betriebssystemportierungen. Da die Zahl der Applikationen N in der Regel wesentlich größer als die Zahl der Hardwarevarianten ist, wird hier eine beträchtliche Wartungsvereinfachung und Kostenersparnis erreicht.

12.1.1.3 Modulare Softwaresysteme

Betriebssysteme erlauben, komplexe Softwaresysteme in überschaubare Teile zu zerlegen. Diese Teile können untereinander kommunizieren und kooperieren. Dies ist in Bild 12.4 veranschaulicht. Das komplexe Softwaresystem soll ein Prozeßsteuer- und -überwachungssystem sein, das zahlreiche Meßstellen und Aktuatoren bedienen soll. Die noch relativ grobe Zerlegung des Softwaresystems umfaßt eine Koordinationsfunktion und viele untergeordnete Funktionen, die als Software-Prozesse realisiert seien. Jeder dieser Prozesse ist für eine begrenzte Teilaufgabe spezialisiert. So ist beispielsweise der Prozeß 2 das "Spiegelbild" eines bestimmten Sensors, d.h. er ist darauf und nur darauf ausgelegt, diesen Sensor zu bedienen. Vom Koordinator wird dieser Prozeß möglicherweise von Zeit zu Zeit aufgefordert, die vorverarbeiteten Daten des Sensors zu melden (Status). Darüberhinaus kann der Koordinator Plausibilitätskriterien und Vertrauensbereiche vorgeben. Aufgabe des Prozesses wäre es, ständig die Sensorergebnisse gegen diese Kriterien prüfen und bei Abweichungen

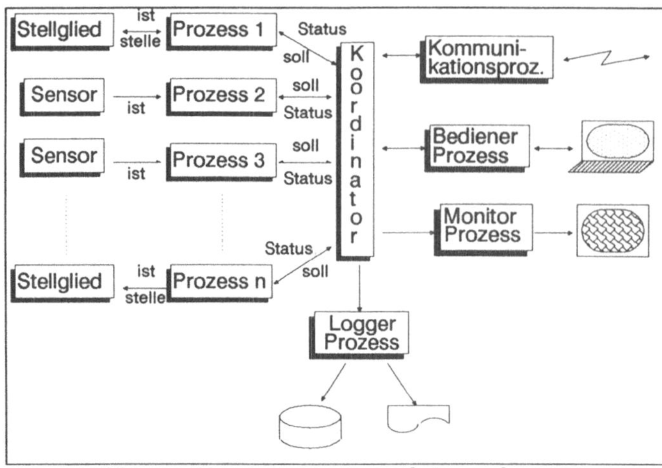

Bild 12.4: Modulares Hardware-/Software-System

Alarme zu signalisieren. Ähnlich kann der Koordinator den Prozeß 1 anweisen, z.B. ein Stellglied (z.B. einen Roboterarm) innerhalb einer vorgegebenen Zeit in eine vorgeschreibene Position zu fahren. Es liegt dann in der Verantwortung dieses Prozesses, anhand der vorliegenden Daten eine optimale Bahnkurve zu errechnen und Motoren entsprechend anzusteuern. Neben der einfacheren Struktur bietet ein solches Implementierungsmodell weitere Vorteile:

- *Spezialisierung bedeutet Vereinfachung der Software des Einzelprozesses. Ein Prozeß ist damit leichter implementierbar und leichter testbar.*
- *Ein Prozeß kann bei Bedarf einem eigenen Prozessor in einem Multiprozessorsystem zugeordnet werden.*
- *Bei Austausch einer Peripherieeinheit (Sensor, Stellglied, ...) kann der Prozeß mit ausgetauscht werden. Modifikationen der übrigen Prozesse oder des Koordinators sind nicht erforderlich. Das System ist durch kleine Austauscheinheiten wartungsfreundlich und einfach an die technologische Weiterentwicklung anpaßbar.*

12.1.2 Betriebssystemaufgaben

Die vorstehenden Betrachtungen können in vielerlei Hinsicht erweitert, verbreitert und vertieft werden. Bei der notwendigen Analyse lassen sich nötige, wünschenswerte und mögliche Aufgaben für Betriebssysteme ableiten. Dabei würde klar werden, daß die Betriebssystemschnittstelle zu Applikationsprogrammen eine *Dienstleistungsschnittstelle* ist. Applikationsprogramme rufen diese Dienste auf und warten ggf. auf die Fertigstellung. Die Betriebssystemaufgaben lassen sich einteilen in:

- **Einfache Dienste:** *Hierzu zählt die Bereitstellung elementarer Ein-/Ausgabe-Funktionen, wie z.B. Ausgabe eines Zeichens auf ein Terminal oder eines Blocks auf einen Magnetplattenspeicher und die Verwaltung einer Echtzeituhr.*
- **Geräteverwaltung:** *Wenn Applikationsprogramme keine Detailkenntnis über die zugrundeliegende Hardware benötigen sollen, wird eine Abbildung von logischen Gerätebezeichnungen auf physikalische Geräte benötigt. Die physikalischen Geräte sind dabei diejenigen, die aktuell durch die Hardware bereitgestellt sind. Die Geräteverwaltung muß auch Möglichkeiten vorsehen, einzelne oder mehrere Geräte einem Softwareprozeß exklusiv zuzuordnen.*
- **Prozessorverwaltung:** *Sowohl die durch das Betriebssystem bediente Ein-/Ausgabe, als auch die Softwareprozesse benötigen Prozessorzeit. Die Aufteilung der verfügbaren Prozessorzeit zwischen I/O und den Softwareprozessen ist Aufgabe der Prozessorverwaltung.*
- **Prozeßverwaltung:** *Die Anwendungssoftware und möglicherweise auch Teile des Betriebssystems sind als eigenständige Prozesse implementiert, die konkurrierend zueinander von einem oder mehreren Prozessoren bearbeitet werden. Dazu gehört Start und Stop von Prozessen, die Ablaufsteuerung nebenläufiger Prozesse, die Interprozeßkommunikation, die Synchronisation zwischen den Prozessen und die Prioritätenverwaltung.*
- **Speicherverwaltung:** *Neben der CPU ist der verfügbare Arbeitsspeicher eine der wichtigsten Ressourcen. Die Speicherverwaltung muß den Prozessen Programm- und Datenspeicher zuweisen können. In vielen Systemen gehört hierzu die Organisation des Speicherschutzes und die Verwaltung von realem und virtuellem Speicher.*

Die vorstehenden Grundaufgaben bzw. Grunddienste beschreiben knapp die *Minimalfunktionalität* von Betriebssystemen. Solche Minimalbetriebssysteme werden deshalb auch als *Betriebsystemkerne* bezeichnet[1]. Auf solchen Kernbetriebssystemen setzen weitere Betriebssystemfunktionen auf. Hierzu gehören:

- **Dateiverwaltung:** *Die Dateiverwaltung hat die Aufgabe, die Datenhaltung permanenter Daten zu organisieren, d.h. eine Datenorganisation durch ein Dateisystem und eine Directorystruktur bereitzustellen, die Datenablage und Zugriffe auf die abgelegten Daten zu ermöglichen.*
- **Datenschutz:** *Zum Datenschutz gehört z.B. der Schutz von Programmen vor unberechtigter Benutzung und der Überwachung des Zugriffs und der Veränderung von Daten durch die Einrichtung, Verwaltung und Prüfung von Zugriffsrechten.*

[1] Manche Betriebssystemkerne beschränken sich sogar auf die Prozeß-/Prozessorverwaltung.

- **Fehlerbehandlung:** *Zur Fehlerbehandlung gehört die Erkennung und die Behandlung von Hard- und Softwarefehlern. Typische Hardwarefehler sind z.B. Speicherfehler oder unerwartete Interrupts. Sind diese Fehler permanent, so muß z.B. die weitere Benutzung des fehlerhaften Speichers verhindert werden. Treten Fehler nur gelegentlich auf, so müssen solche Ereignisse für eine präventive Analyse protokolliert werden. Zu den Softwarefehlern gehören z.B. Fehladressierungen, Speicherüberlauf oder auch unerlaubte Zugriffsversuche. Alle diese Fehler müssen abgefangen und durch Begrenzung der Störwirkungsbreite die Überlebensfähigkeit des Rechnersystems erhöht werden.*

- **Benutzerkommunikation:** *Hierzu gehört z.B. eine Kommandosprache oder allgemein ausgedrückt, ein Man-Machine-Interface sowie die notwendigen Dienstprogramme. Dabei ist es von untergeordneter Bedeutung, ob die Benutzerschnittstelle alphanumerisch, graphisch oder durch eine Menge von Funktionstasten realisiert wird*[1]*.*

- **Sprachimplementierung:** *Hierunter wird die Bereitstellung einer Laufzeitunterstützung für höhere Programmiersprachen verstanden. Das sind alle die Primitivoperationen, aus denen komplexere Hochsprachenanweisungen zusammengesetzt werden müssen um die entsprechende semantische Wirkung zu haben. Solche Hochsprachenanweisungen werden dazu von einem Compiler in eine geeignete Folge von Betriebssystemaufrufen übersetzt, wobei der Aufruf entweder direkt oder indirekt über Compiler-spezifische Bibliotheksprozeduren erfolgt.*

12.1.2.1 Echtzeitbetrieb und Parallele Prozesse

Die Zerlegung von Softwaresystemen in gleichzeitig ausführbare Teilaufgaben ist charakteristisch für sehr viele Applikationen, insbesondere auch im Echtzeitbereich. "Gleichzeitig" kann dabei *echt gleichzeitig* oder *quasi gleichzeitig* bedeuten. Da die eingesetzten "von Neumann"-Rechner sequentiell arbeiten, ist für echte Gleichzeitigkeit ein Multiprozessorsystem Voraussetzung. Bei Einprozessorsystemen ist durch häufigen Wechsel zwischen den Teilaufgaben immer nur quasi-Gleichzeitigkeit gegeben. Die CPU arbeitet dabei für eine kurze Zeit einige Programmanweisungen der einen Teilaufgabe ab und wechselt dann unter Kontrolle des Betriebssystems zu einer anderen Teilaufgabe. Wenn dies häufig in kurzen Zeitabständen geschieht, werden alle diese Teilaufgaben im zeitlichen Mittel gleichzeitig, d.h. parallel oder konkurrierend bearbeitet. Solche parallelen Aktivitäten können unabhängige Teilaufgaben

[1] Oft besteht das Mißverständnis, daß die Benutzerschnittstelle gleichbedeutend mit "Betriebssystem" sei. Dies drückt sich z.B. in vielen Fachbüchern dadurch aus, daß ein Titel heißt "Das UNIX Betriebssystem", der Inhalt aber nur eine Beschreibung der Kommandosprache und einiger Hilfsprogramme abdeckt.

sein. So kann z.B. in Mehrbenutzersystemen jedem Terminalbenutzer eine Teilaufgabe zugeordnet sein, d.h. der Rechner wird von mehreren Benutzern (quasi)gleichzeitig benützt (Timesharing). Andererseits kann die Bearbeitung kooperierender Teilaufgaben durch die Prozessor(en) eine oder mehrere komplexere Gesamtaufgaben bewältigen. Die Programme zur Bearbeitung der Teilaufgaben sind deshalb eigenständig gleichzeitig oder quasigleichzeitig auf einem Rechnersystem ablauffähig. Die erforderlichere Unterstützung, wie z.B. das Prozessormultiplexen, die Synchronisation und die Kommunikation muß vom Betriebssystem bereitgestellt werden[1] (siehe Bild 3.12).

Ein Betriebssystem für Multiprozessoren enthält dabei alle Funktionalitäten eines entsprechenden Betriebssystems für ein Einprozessorsystem. Zusätzlich muß das Multiprozessorbetriebssystem die echte Parallelität von Abläufen richtig koordinieren und möglicherweise verteilte Daten richtig verwalten. Als Minimalerfordernisse sind hier Funktionen zur Prozessorsynchronisation und zum Nachrichten- bzw. Datenaustausch zwischen Prozessoren zu nennen. Wegen der großen Vielfalt von Multiprozessorsystemen muß die Entwicklung zunächst ein abstraktes Hardware-unabhängiges Architekturmodell definieren, danach die logische Struktur des Betriebssystems entwerfen und die benötigten Betriebssystemdienste und deren Verfügbarkeit auf den einzelnen Prozessoren definieren.

12.2 Grundaufgaben von Betriebssystemen

12.2.1 Prozeßverwaltung

12.2.1.1 Prozeßdefinition

Die Grundausführungseinheit ist die eigenständige Teilaufgabe, die hier als *Task* oder *Prozeß* bezeichnet werde[2]. Zur Bearbeitung eines Prozesses benötigt der Prozessor den (Programm)Code und die zugehörigen Daten. Da Prozesse von der Betriebssystem-Software verwaltet werden, müssen *Prozeß-beschreibende Daten* defi-

[1] siehe hierzu auch Kapitel 3

[2] Die Begriffe *Task* und *Prozeß* werden in der Literatur uneinheitlich verwendet. Hier sind Task und Prozeß *Synonyme* für die hier definierten Objekte.

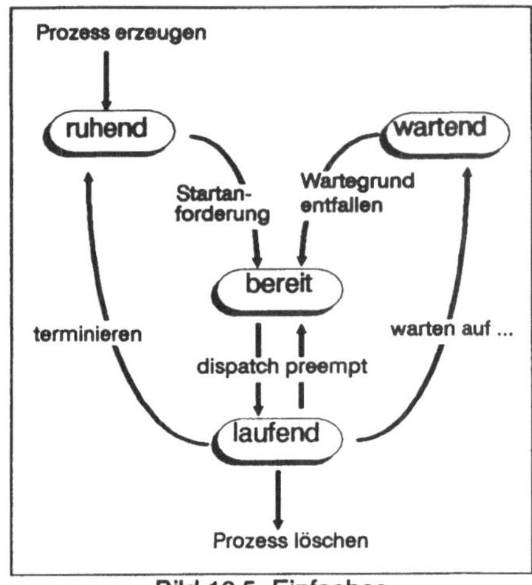

Bild 12.5: Einfaches Prozeß-Zustands-Übergangsdiagramm

niert und in einer zweckmäßigen Datenstruktur bzw. in Datenstrukturen eingebracht sein. Diese Prozeß-beschreibenden Daten bilden den *Prozeß-* bzw. *Taskkontrollblock* (*PCB* bzw. *TCB*).

Ein weiteres Merkmal ist der *Prozeßkontext*. Der Kontext ist das Ausführungsumfeld des Prozesses. Hierzu gehören mindestens die dem Prozeß zugeordneten CPU-Register und deren Inhalte sowie der Ausführungszustand. Je nach Ausprägung eines Betriebssystems bzw. der Prozeßdefinition können zum Kontext die belegten Hardware- oder Software-Ressourcen, wie z.B. die Speicherbelegung, Privilegien oder z.B. auch maximale Belegungsanteile (Quota) an systemglobalen Ressourcen gehören. Die Kontext-beschreibenden Daten werden mit Hilfe des Prozeßkontrollblocks verwaltet.

Der Programm-Code, der im Kontext eines Prozesses von einer CPU ausgeführt wird, heißt *Prozeß-Image*. Ein Prozeß ist damit ein von der CPU ausführbares Softwareobjekt, das von einem Betriebssystem verwaltet wird und (vereinfachend) aus einem *Prozeßkontrollblock* und einem *Prozeß-Image* bzw. dem Programm-Code besteht.

12.2.1.2 Prozeßzustände

Prozesse nehmen im Verlauf ihrer *Existenz* in einem Rechnersystem eine Folge von *Zuständen* ein. Beispielsweise wird ein Prozeß, dessen Programmcode aktuell von einer CPU abgearbeitet wird, als im Zustand *laufend* befindlich angesehen. Ein wesentliches Merkmal des Begriffs *Zustand* ist, daß er *gedächtnislos* ist. Dies bedeutet, daß es unbedeutend ist, auf welchem Weg z.B. der aktuelle Zustand *laufend* erreicht wurde. Ein wichtiger Schritt bei der Entwicklung oder auch nur bei der Auswahl eines Betriebssystems ist die Festlegung der möglichen Prozeßzustände und deren Bedeutung. In Bild 12.5 sind die möglichen Zustände dargestellt, die *ein* Prozeß in einem (hypothetischen) Betriebssystem einnehmen kann.

- *Im Zustand* **laufend** *werden die Instruktionen des Programmcodes des Prozesses von der (einer) CPU abgearbeitet. Synonyme Sprechweisen sind, "dem*

Prozeß wurde die CPU zugeteilt", "der Prozeß besitzt die CPU" oder einfach "der Prozeß läuft"[1]. *Nur Prozesse im Zustand laufend beanspruchen explizit CPU-Zeit.*

- *Im Zustand* **bereit** *wartet der Prozeß auf die Zuteilung des Prozessors durch den Scheduler bzw. Dispatcher des Betriebssystems. Alle Voraussetzungen für den erstmaligen Start oder die Fortführung des Prozesses sind dabei erfüllt.*
- *Im Zustand* **wartend** *wartet der Prozeß auf die Erfüllung einer oder mehrerer Voraussetzungen für die weitere Bearbeitung seiner Aufgabe. Ein einfaches Beispiel wäre der Empfang des nächsten Zeichens von der Tastatur eines Terminals.*
- *Im Zustand* **ruhend** *ist der Prozeß im Rechnersystem definiert (existent), aber es liegt noch kein Bedarf an CPU-Zeit vor.*

Neben der Festlegung der möglichen Prozeßzustände, ist die Festlegung der erlaubten *Übergänge* von einem Zustand in den Folgezustand und die Bedingungen, unter denen der Übergang erfolgen kann, ein wesentlicher Spezifikationsschritt. Im *Prozeß-Zustands-Übergangsdiagramm* in Bild 12.5 ist festgelegt, daß ein noch nicht existierender Prozeß *erzeugt* werden kann und nach der Erzeugung den Zustand ruhend einnehmen soll. Erst nach einer *Startanforderung* erfolgt ein Zustandswechsel in den Zustand *bereit*, in dem der Prozeß auf die Zuteilung der oder einer CPU durch das Betriebssystem wartet. Erst wenn das Betriebssystem eine CPU zuteilt (*dispatch*), geht der Prozeß in den Zustand *laufend* über. Davor ist erforderlich, daß ein vorher laufender zweiter Prozeß *terminiert*, aus dem System entfernt wird (*Prozeß löschen*), wegen eines Wartegrunds in den Zustand *wartend* übergeht oder daß ihm vom Betriebssystem vorzeitig, d.h. vor Beendigung seiner Aufgabe, die CPU entzogen wird (*preempt*). Der Preempt-Übergang ist typisch für die meisten Echtzeit-Betriebssysteme, da dadurch die Möglichkeit eröffnet wird, höher priorisierten Prozessen schnell die CPU zuzuteilen, auch wenn möglicherweise ein rechenintensiver Prozeß niedrigerer Priorität bereits läuft. Während die Übergänge *dispatch* und *preempt* vom jeweiligen Prozeß nicht direkt beeinflußbar sind, werden die Übergänge *Prozeß erzeugen*, *Startanforderung*, *Prozeß löschen*, *terminieren* und *warten auf* explizit durch Betriebssystemdienste ausgelöst oder in unmittelbarem Zusammenhang mit Betriebssystemdiensten durchgeführt.

[1] Es ist üblich, einen Prozeß als agierendes Objekt zu betrachten, das z.B. den Prozessor benützt, auf den Prozessor wartet usw., auch wenn dies kausal falsch ist. Dies entspricht aber besser der Sicht des Anwenders eines Rechner- und Betriebssystems.

Der Übergang *Wartegrund entfallen* wird ausgelöst, wenn z.B. das oben erwähnte Zeichen von einem Terminal eingegangen ist. Der I/O-Dienst des Betriebssystems übergibt dann dieses Zeichen dem Prozeß und ändert den Prozeßzustand von *wartend* nach *bereit*.

Das in Bild 12.5 vorgestellte Zustands-Übergangsdiagramm ist in dieser Form nicht zwingend, sondern allenfalls eine spezifische *Entwurfsentscheidung* eines Betriebssystem-Entwicklers. Beispielsweise ist hier nicht möglich, einen ruhenden Prozeß aus dem System zu entfernen. Dazu müßte erst der Zustand laufend erreicht werden, d.h. ein anderer Prozeß muß erst eine Startanforderung für diesen Prozeß an das Betriebssystem stellen und vormerken, daß er unmittelbar nach Übergang in den Zustand *laufend* zu löschen ist. Ein anderer Betriebssystementwickler könnte zu der Entwurfsentscheidung kommen, einen Übergang *Prozeß löschen* unmittelbar aus dem Zustand ruhend zuzulassen. Als weiteres Beispiel sei erwähnt, daß Prozesse wegen vielerlei unterschiedlicher Wartegründe nicht weiterarbeiten können. Da innerhalb eines Betriebssystems diese unterschiedlichen Warteursachen jeweils anders verarbeitet werden müssen, ist es durchaus sinnvoll, statt einem unspezifischen Wartezustand *wartend*, mehrere spezifische Wartezustände *warte auf Terminaleingabe*, *warte auf Ablauf einer Zeitbedingung* u.a.m. mit den zugehörigen Übergangsbedingungen einzuführen.

12.2.1.3 Zustandsverwaltung

Jeder einzelne Prozeß kann Zustände nach Bild 12.5 einnehmen und zwischen ihnen wechseln. Da normalerweise mehrere oder viele Prozesse existieren, können viele Prozesse in den Zuständen *ruhend*, *bereit* oder *wartend* sein. In einem Einprozessorsystem kann jedoch nur ein Prozeß den Zustand *laufend* einnehmen. In Multiprozessorsystemen ist die Zahl der laufenden Prozesse maximal gleich der Zahl der CPUs. Nachdem Prozesse mit Hilfe der PCBs verwaltet werden, ist es naheliegend, ein Element *Zustand* in dieser Datenstruktur vorzusehen. Alternativ ist es möglich, mehrere Listen von Prozeßkontrollblöcken einzuführen, wobei jede Liste einem Zustand zugeordnet ist. Beispielsweise könnte eine *Bereit*-Liste alle Prozesse enthalten, die im Zustand *bereit* sind. Ein reales Beispiel zeigt Bild 12.6[1]. Dort sind vier

[1] Diese Listenstruktur wird im Realtime-Multitasking-Betriebssystem RMS68K von MOTOROLA angewandt.

Taskkontrollblöcke gleichzeitig in zwei einfach verkettete Listen eingefügt. Jede Liste wird durch einen global bekannten Kopfzeiger (Pointer) aufgefunden. Der Pointer *TCBHD* (**T**ask-**C**ontrol-**B**lock-**H**ea**d**-Pointer) zeigt auf den ersten TCB der Liste, dessen Element *TCBALL* auf den nächsten TCB der Liste zeigt[1]. Dies setzt sich fort, bis kein gültiger Verweis auf einen Nachfolger mehr vorhanden ist. Diese Liste heißt *All-Task-List*, da sie die TCBs aller im System bekannten Tasks enthält.

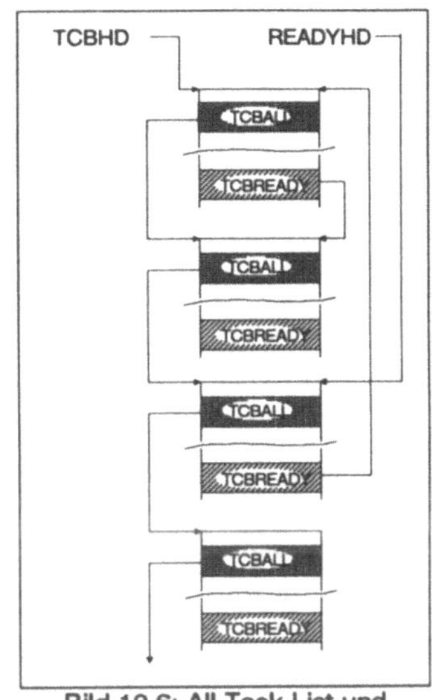

Bild 12.6: All-Task-List und Ready-Queue von RMS68K

Die zweite Liste in Bild 12.6 beginnt mit dem global bekannten Kopfzeiger *READYHD* (**Ready**-**H**ea**d**-Pointer). READYHD zeigt auf den ersten TCB einer Liste von TCBs, dessen Element *TCBREADY* (möglicherweise) auf eine Nachfolgetask zeigt. Auch dies setzt sich fort, bis kein weiterer gültiger Verweis mehr existiert. Alle TCBs dieser Liste gehören zu den Tasks des Systems, die im Zustand *bereit* sind. Deshalb heißt diese Liste auch *Ready-List* oder, da alle diese Tasks auf die CPU warten (siehe Bild 12.5), auch *Ready-Queue*[2].

So wie hier die Ready-Queue alle Tasks im Zustand *bereit* aufnimmt, können weitere Listen die Prozesse (oder Tasks) in den übrigen Zuständen aufnehmen. Nachdem jede Task in mindestens einer Liste enthalten sein muß, könnte auch auf eine eigene All-Task-List verzichtet werden, wenn eine Dormant-List (Zustand ruhend) vorgesehen wird. Auch dies ist eine Entwurfsentscheidung eines Betriebssystementwicklers unter Abwägung aller Vor- und Nachteile der Alternativen.

Unter Zugrundelegung einer Listenstruktur können einige der Betriebssystemdienste zur Prozeßverwaltung definiert werden:

- **CREATE_PROCESS** *erzeugt einen Prozeßkontrollblock, reiht ihn in die Liste aller bekannten Prozesse und in die Dormant-List ein, initialisiert die Prozeß-beschreibenden Elemente des PCBs, wie z.B. die Prozeßpriorität, einen systemweit eindeutigen Prozeßkenner, die Startadresse des Programmcodes ... und stellt die*

[1] Künftig sei auch die Sprechweise "zeigt auf die nächste Task" oder "zeigt auf den nächsten Prozeß" erlaubt, wenn eine Verzeigerung von einem TCB bzw. PCB zum nächsten erfolgt.

[2] Queue = Schlange, Reihe

notwendigen Speicherbereiche (z.B. Stack) bereit. Falls erforderlich, wird das Prozeß-Image von einem Sekundärspeicher geladen.

- **START_PROCESS** *fügt einen Prozeß in die Ready-Queue ein und entfernt ihn aus der Dormant-List. Da üblicherweise bereits mehrere Prozesse auf die Zuteilung der CPU warten, werden Kriterien für die Listenordnung benötigt. Ein einfaches, in Echtzeit-Betriebssystemen typischerweise angewandtes Ordnungsschema ist die Sortierung nach absteigenden Prioritäten vom Listenanfang zum Listenende*[1].
- **DELETE_PROCESS** *entfernt einen Prozeß aus allen Listen, insbesondere aus der All-Process-List und gibt alle noch möglicherweise für den Prozess reservierten Ressourcen wieder frei.*

12.2.1.4 Scheduling und Dispatching

Mit *Scheduling* wird die Aufstellung einer Bearbeitungsreihenfolge der Prozesse im Zustand *bereit* bezeichnet. Die hierfür zuständige Betriebssystem-Komponente heißt *Scheduler*. Der einfachste Fall in Echtzeit-Betriebssystemen besteht im Einfügen eines PCBs in eine bestehende Ready-List oder Ready-Queue. Dabei wird der neu eingefügte PCB unmittelbar vor dem PCB des Prozesses eingefügt, der eine niedrigere Priorität besitzt. Damit wird erreicht, daß Prozesse höherer Priorität vor Prozessen niedrigerer Priorität eingeordnet sind (Prioritätsordnung) und daß Prozesse gleicher Priorität in der Ankunftsreihenfolge sortiert bleiben (FIFO-Ordnung). Dies ist in den Bildern 12.7 und 12.8 veranschaulicht. Der ruhende Prozeß mit der Priorität 4 soll aufgrund einer Startanforderung in den Zustand *bereit*

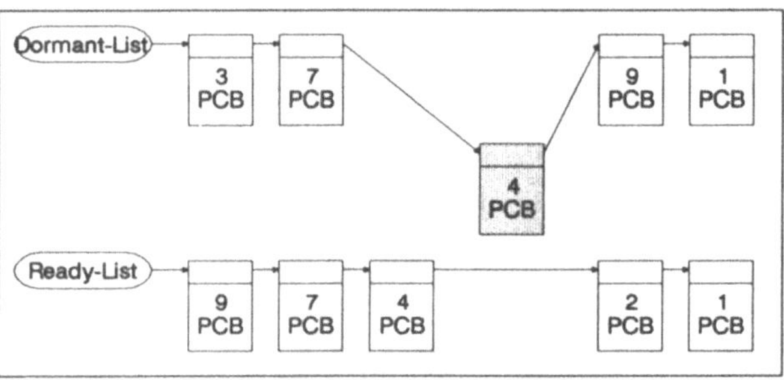

Bild 12.7: Start eines Prozesses der Priorität 4 ...

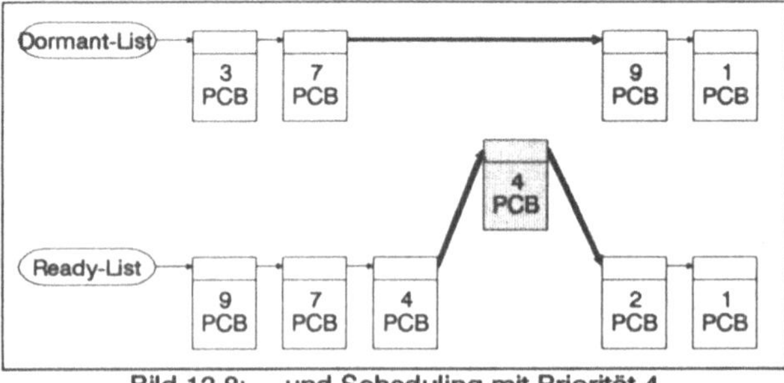

Bild 12.8: ... und Scheduling mit Priorität 4

[1] Ein anderes Ordnungskriterium wäre z.B. die Beibehaltung der Ankunftsreihenfolge.

überführt werden. Dazu muß der Scheduler den PCB dieses Prozesses aus der Dormant-List entnehmen und in die Ready-List vor dem Prozeß mit der Priorität 2 einfügen.

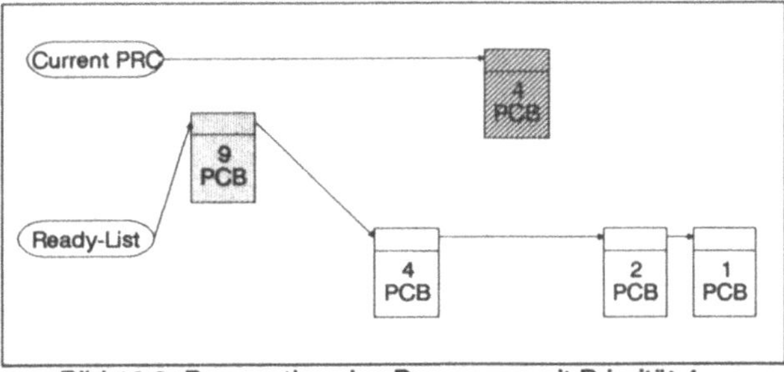

Bild 12.9: Preemption des Prozesses mit Priorität 4 ...

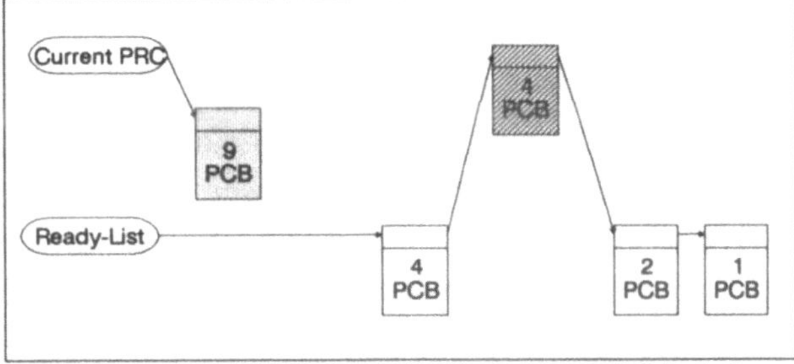

Bild 12.10: ... Dispatching des Prozesses mit Priorit. 9

Die eigentliche Bearbeitung eines Prozesses wird durch die Betriebssystemkomponente *Dispatcher* veranlaßt. Der Vorgang wird *Dispatching* genannt. Der Dispatcher entnimmt den Prozeß am Kopf der Ready-List und *teilt ihm die CPU zu*. Dies ist in den Bildern 12.9 und 12.10 veranschaulicht. Ein Prozeß der Priorität 4 werde augenblicklich von der CPU bearbeitet. Dies ist daran erkenntlich, daß dessen PCB durch den *Current PRC*-Pointer referenziert wird. Dieser globale Pointer zeigt auf den augenblicklich laufenden Prozeß. Zwischenzeitlich soll ein Prozeß mit der höheren Priorität 9 *lauffähig* geworden sein und bereits am Kopf der Ready-List vom Scheduler angeordnet sein. Der dem Scheduler nachfolgende Dispatcher erkennt, daß der *Current Process* eine niedrigere Priorität als der Prozeß am Anfang der Ready-List hat, und fügt deshalb den bisher laufenden Prozeß unmittelbar vor dem Prozeß der Priorität 2 in die Ready-List ein. Damit wird diesem Prozeß die CPU vorzeitig entzogen (Preemption). Schließlich wird der Prozeß mit der Priorität 9 vom Listenanfang entfernt und an den Current PRC-Pointer "angehängt". Er wird dadurch der aktuell laufende Prozeß.

Die bisherigen Erläuterungen beschreiben die *Verwaltungsoperationen* beim Scheduling bzw. Dispatching. Zusätzlich ist noch erforderlich, dem bisherigen Prozeß "real" die CPU zu entziehen und die CPU zur Bearbeitung des Programm-Codes des nachfolgenden Prozesses zu veranlassen. Zu diesem Zweck werden typischerweise periodische Interrupts durch einen Hardware-Timer genutzt. Als Folge davon wird jeder Applikationsprozeß unterbrochen und der Scheduler als Interrupt-Handler aktiviert. Im folgenden wird der Hardware-Kontext des unterbrochenen Prozesses (Programmzähler, Register) auf dem Stack gesichert, der Stackpointer im PCB des aktuellen Prozesses abgelegt und der PCB in eine der Prozeßlisten, z.B. wieder in die Ready-List eingefügt. Nach diesen Scheduleraktionen entnimmt der Dispatcher den ersten PCB der Ready-List und macht ihn zum Current PRC. Aus diesem PCB wird der Stackpointer (des neuen Prozesses) restauriert und so die CPU auf einen anderen Stack verwiesen. Von diesem Stack wird der frühere Hardware-Kontext des jetzt aktiven Prozesses restauriert und mit *Interrupt Return* nicht mehr zum Prozeß zurückgekehrt, der vom Timer-Interrupt unterbrochen wurde, sondern zu dem Prozeß, der durch diesen *Schedule-/Dispatch-Zyklus* neu selektiert wurde[1].

12.2.1.5 Ein einfaches Multitasking-Beispiel

Die im vorstehenden Abschnitt erläuterten Konzepte sollen hier an einem einfachen Übungsbeispiel illustriert werden. Dieses Beispiel zeigt, wie man innerhalb eines PASCAL-Programms die Grundzüge des Multitaskings, die Taskerzeugung und den Taskwechsel nachbilden kann. Es läßt sich an IBM-PC-kompatiblen Rechnern nachvollziehen und kann nach Bedarf erweitert werden.

Diesem Beispiel liegt die Idee zugrunde, PASCAL-Prozeduren als Tasks eigenständig ausführbar zu machen. Dazu müssen die Konventionen des verwendeten Compilers, hier TURBO PASCAL V3, beim Prozeduraufruf bekannt sein. Dies kann anhand des folgenden Programmfragments erläutert werden:

```
PROCEDURE Kaese;
  BEGIN
    { Prozedurkörper }
  END; { Kaese }
BEGIN { Hauptprogramm }
  ...
  Kaese; { Aufruf der Prozedur Kaese }
  ...
END.
```

Dieses Programm wird vom Compiler in folgende Maschinenbefehlsfolge übersetzt:

[1] Der hier skizzierte Ablauf ist nur exemplarisch. Der eigentliche Prozeßwechsel hängt in seinen Details stark von der CPU, der Definition des PCBs und des Kontext ab. Bei speicherverwalteten Systemen mit Segment- oder Seitenumsetzung gehört hierzu insbesondere die Bereitstellung der Segment- oder Pagetables durch Umladen der entsprechenden MMUs.

```
; Hauptprogramm
        ...
        CALL Kaese
        ...
; Prozedur Kaese
Kaese   PUSH  BP     ; Prozedur Prolog
        MOV   BP,SP  ;
        PUSH  BP     ;
;
; Prozedurkörper
;
        MOV   SP,BP  ; Prozedur Epilog
        POP   BP     ;
        RET          ;
```

Der Prozedur-Prolog sichert das Basepointer-Register BP und den Stackpointer SP auf dem Stack. Innerhalb des Prozedurkörpers kann der Stackpointer beliebig verändert werden, da das BP-Register noch den alten Stackpointer-Inhalt als Kopie enthält. Der Prozedur-Epilog restauriert den alten Stackpointer, den alten Inhalt von BP und kehrt zum aufrufenden Hauptprogramm zurück, da der Stack die Rücksprungadresse enthält.

Das beabsichtigte Multitasking innerhalb eines PASCAL-Programms kann damit einfach realisiert werden:

- *Soll eine Prozedur zur Task werden, so muß für sie eine eigene Kopie des Aufrufstacks als Prozedur-lokaler bzw. jetzt Task-lokaler Stack angelegt werden.*
- *Der minimale Hardware-Kontext besteht aus dem Inhalt des Basepointer-Registers BP, das auf den Task-lokalen Stack zeigt. Es ist in einem Taskkontrollblock abzulegen.*

Der komplette Multitasking-Kern ist in Beispiel 12.1 wiedergegeben. Er besteht aus den Komponenten:

- *Definition des Taskkontrollblocks und der möglichen Taskzustände.*
- *Die Prozedur* **Fork** *erzeugt und initialisiert einen neuen TCB, fügt ihn in die (zyklische) Liste aller TCBs ein und legt einen Task-Stackbereich an. Die erfolgreiche Taskerzeugung wird durch die globale Variable CHILD_PROCESS = TRUE angezeigt. Die Handhabung des Stacks ist in Bild 12.11 erläutert.*
- *Die Prozedur* **TaskSwitch** *führt einen Taskwechsel durch. Dazu wird das BP-Register im TCB der bisherigen Task abgelegt, der TCB in die Taskliste eingefügt, eine neue Task ausgewählt und das BP-Register mit dem im TCB abgelegten Wert geladen. Das PASCAL END-Statement schließt den Taskwechsel ab.*

```
CONST
  task_stack_size = 256;
TYPE
  task_state   = (ready,waiting,running);
  tcbptr       = ^tcb;
  tcb          = RECORD
                   link : tcbptr; { list pointer }
                   bptr : INTEGER; { BP storage }
                   state : task_state;
                   id    : BYTE; { task ident}
                 END;
{-----------------------------------------------------------}
VAR
  current_task, { current task pointer }
  new_tcb_ptr, temp_ptr : tcbptr;
  stk, bp, frame_ptr, next_id, i : INTEGER;
  child_process : BOOLEAN;
{-----------------------------------------------------------}
PROCEDURE Fork;
 { creates new task if sufficient room on TURBO's stack
                                          }
 BEGIN
  child_process := FALSE; { prepare for task creation
                                          failure }
  IF ((frame_ptr < 0) OR (frame_ptr >
                                          2*task_stack_size))
  THEN
   BEGIN { enough room for task stack }
    INLINE($89/$26/stk); { get 80xx stackpointer }
    current_task^.bptr := stk+2; { save 80xx base
                                          pointer }
    NEW(new_tcb_ptr); { insert new tcb behind
                                          current task }
    new_tcb_ptr^.link := current_task^.link;
    current_task^.link := new_tcb_ptr;
    new_tcb_ptr^.state := running;
    next_id := next_id + 1;
    new_tcb_ptr^.id := next_id;
    current_task^.state := ready;
    FOR i := 1 TO 4 DO { fill in child's stack frame }
     mem[sseg:frame_ptr - 5 + i ] := mem[sseg:stk
                                          + i+1];
    bp := frame_ptr - 4;
    INLINE($8B/$2E/bp); { set 80xx base page pointer
                                          }
    frame_ptr := frame_ptr - task_stack_size;
    current_task := new_tcb_ptr; { return from fork as
                                          new task }
    child_process := TRUE; { task creation successful
                                          }
   END
  ELSE
   BEGIN
    WRITELN('FATAL: insufficient room on stack');
    Halt
   END; {END IF}
 END; {END Fork}
{-----------------------------------------------------------}
PROCEDURE TaskSwitch; { select new task and dis-
                                          patch to CPU }
 BEGIN
  child_process := FALSE; { no new task created, reset
                                          task creation flag }
  IF current_task^.link <> current_task
  THEN
   BEGIN
    INLINE($89/$26/stk); { get 80xx stackpointer }
    current_task^.bptr := stk+2; { save 80xx base
                                          pointer }
    temp_ptr := current_task;
    WHILE (temp_ptr^.link^.state <> ready) DO
     temp_ptr := temp_ptr^.link;
    current_task := temp_ptr^.link;
    current_task^.state := running;
    bp := current_task^.bptr;
    INLINE($8B/$2E/bp); { set 80xx base pointer }
   END
  ELSE
   BEGIN
    writeln('Fatal Error: only one task existing...');
    halt
   END; {END IF}
 END; {END TaskSwitch}
{-----------------------------------------------------------}
PROCEDURE Relinquish; { voluntary release of CPU }
 BEGIN
  current_task^.state := ready;
  TaskSwitch
 END; {END Relinquish}
{-----------------------------------------------------------}
PROCEDURE Init_Kernel; { initializes multitasking
                                          kernal }
 BEGIN { and creates main program as root task }
  frame_ptr := $FFFE; { set top of all task stack
                                          frames }
  next_id := 0;
  NEW(new_tcb_ptr);
  current_task := new_tcb_ptr;
  current_task^.link := current_task; { cyclic list of
                                          tcb's }
  current_task^.state := running;
  current_task^.id := next_id;
  frame_ptr := frame_ptr - task_stack_size;{ allocate
                                          stack frame of root }
 END; {END Init_Kernel}
```

Beispiel 12.1: PASCAL Code des Multitasking-Kerns

- *Die Prozedur* **Relinquish** *löst explizit einen Taskwechsel aus, da hier kein Timer zu diesem Zweck vorgesehen wurde.*
- **InitKernel** *initialisiert die Datenstrukturen des Multitasking-Kerns.*

Ein triviales Multitasking-Programm ist in Beispiel 12.2 wiedergegeben. Der Multitasking-Kern wird beim Compilieren inkludiert. Vor dem Hauptprogramm werden vier Prozeduren deklariert. Das Hauptprogramm initialisiert zunächst den Kern und erzeugt mit *fork* eine weitere Task. Fork wirkt wie eine Programmaufspaltung, d.h.

```
PROGRAM Multitasking;
 {$I tskswtch.inc}
 PROCEDURE task_4;
  VAR I : INTEGER;
  BEGIN
   I := 300;
   REPEAT
    I := I + 1;
    GotoXY(20,20);
    Writeln(Con,'Task 4: I = ',I);
    Relinquish;
   UNTIL FALSE;
  END;
 {END task_4}
 PROCEDURE task_1;
  VAR I : INTEGER;
  BEGIN
   fork; { task_1 forks another task
                                   }
   if child_process then task_4;
   I := 0;
   REPEAT
    I := I + 1;
    GotoXY(1,1);
    Writeln(Con,'Task 1: I= ',I,'
                                   ');
    Relinquish;
   UNTIL FALSE;
  END;
 {END task_1}
 PROCEDURE task_2;
  VAR I : INTEGER;
  BEGIN
   I := -100;
   REPEAT
    I := I + 1;
    GotoXY(50,1);
    Writeln(Con,'Task 2: I= ',I);
    Relinquish;
   UNTIL FALSE;
  END;
 {END task_2}
 PROCEDURE task_3;
  VAR I : INTEGER;
  BEGIN
   I := 300;
   REPEAT
    I := I + 1;
    GotoXY(1,20);
    Writeln(Con,'Task 3: I = ',I);
    Relinquish;
   UNTIL FALSE;
  END;
 {END task_3}
BEGIN
 ClrScr;
 Init_Kernel;
 fork;
 if child_process then task_1;
 fork;
 if child_process then task_2;
 task_3;
END.
```

Beispiel 12.2: Anwendung des Multitasking-Kerns

fork kehrt im dargestellten Programmtext *zweimal* ins Hauptprogramm zurück! Einmal im Kontext der neuen Task, wobei *child_process* = *TRUE* ist und einmal im Kontext der durch *Init_Kernel* erzeugten *Root-Task*, in deren Kontext das Hauptprogramm weiterläuft. Im Kontext der neuen Task wird die Prozedur *task_1* ausgeführt, die ihrerseits eine weitere Task mit *fork* erzeugt. Ein Taskwechsel wird in diesem Beispiel immer dann ausgeführt, wenn eine Task den Betriebssystemdienst *Relinquish* aufruft[1] und damit freiwillig die CPU abgibt.

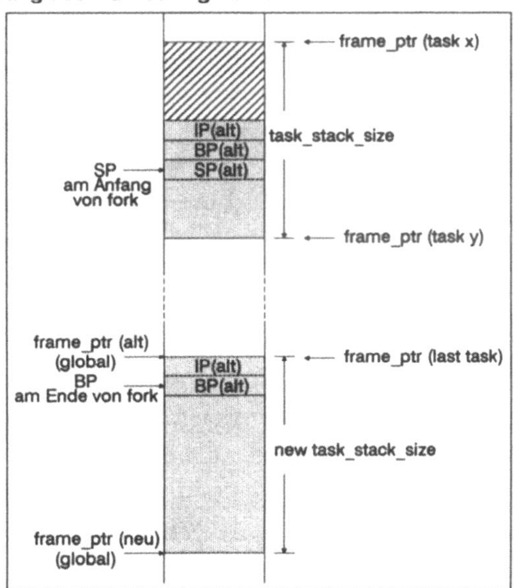

Bild 12.11: Zur Task-Erzeugung durch *fork*

[1] relinquish = verzichten auf, das Recht abtreten

12.2.2 Weitere Grunddienste

12.2.2.1 Prozeßsteuerung

Die eingeführten Grundkonzepte zur Prozeßverwaltung lassen sich leicht erweitern. Einfache Erweiterungsbeispiele sind die Dienste:

- *Mit* **SUSPEND_PROCESS** *wird ein Prozeß für eine unbestimmte Zeit angehalten und zu diesem Zweck der PCB in eine zugeordnete Warteschlange eingefügt. Der Prozeß-Zustand wird "suspended".*
- *Der komplementäre Dienst* **UNSUSPEND_PROCESS** *führt einen "suspended" Prozeß wieder in den Zustand "bereit" über.*

Während SUSPEND_PROCESS von einem Prozeß für sich selbst und für andere Prozesse anwendbar ist, kann ein Prozeß UNSUSPEND immer nur auf andere Prozesse anwenden.

- *Mit* **SET_PROCESS_PRIORITY** *kann die Priorität eines Prozesses verändert werden. Falls im PCB Einschränkungen der möglichen Prioritätswerte vorgesehen sind, kann der neue Prioritätswert gegen den erlaubten Wertebereich geprüft und ggf. die Veränderung verweigert werden.*
- *Mit* **RELINQUISH** *kann ein Prozeß freiwillig die CPU abgeben. Der Scheduler erhält so eine zusätzliche Möglichkeit, die Prozesse zu überprüfen und erforderlichenfalls einen Prozeßwechsel vorzunehmen.*

12.2.2.2 Poolverwaltung

Ein *Pool* ist ein Vorrat einheitlicher Objekte in einem System. Ein typisches Beispiel ist ein Vorrat von freien Speicherblöcken fester Größe. Betriebssystemprozeduren oder/und Prozesse können sich durch die Poolverwaltungsdienste freie Poolelemente zuteilen lassen (anfordern) und ggf. nicht länger benötigte Poolelemente wieder an den Pool zurückgeben. Dies wird sehr häufig benützt, um einem Prozeß einen Speicherblock als Datenpuffer vorübergehend zur Verfügung zu stellen. Die hierfür verfügbaren Betriebssystemdienste umfassen mindestens

- **ALLOCATE_POOL_ELEMENT** *zur Anforderung eines Poolelements durch einen Prozeß*

und

- **RELEASE_POOL_ELEMENT** *zur Freigabe eines nicht mehr benötigten Poolelements durch einen Prozeß.*

Die Verwaltung der Poolelemente kann auf verschiedene Weise durchgeführt werden. Als eine Möglichkeit sei lediglich die Verwaltung als Liste erwähnt. So kann z.B. beim Start eines Rechners während der Initialisierungsphase des Betriebssystems eine Freispeichersuche durchgeführt und ein Teil des Freispeichers in Pools aufgeteilt werden, aus denen während der operativen Betriebsphase die Anforderungen der Prozesse bedient werden.

12.2.3 Prozeßsynchronisation

12.2.3.1 Kritische Abschnitte

In Multitasking-/Multiprocessing-Systemen arbeiten viele Prozesse bzw. Tasks konkurrierend oder auch kooperierend nebeneinander echt oder quasi gleichzeitig. Durch die Scheduler-/Dispatcherfunktion des Betriebssystems werden die Prozesse im ständigen Wechsel ausgeführt. Scheduler-/Dispatcherzyklen werden durch periodische Timer-Interrupts, durch I/O-Interrupts oder in der Folge von Betriebssystemdienstaufrufen ausgelöst. In aller Regel ist nicht vorausbestimmbar, wann aus Sicht eines einzelnen Prozesses ein Prozeßwechsel stattfinden wird. Als Konsequenz sind die Zeitbeziehungen der Nebenläufigkeiten *nichtdeterministisch* und *nicht reproduzierbar*. Wenn immer zwei oder mehrere Prozesse Systemressourcen gemeinsam nutzen, können Benutzungskonflikte entstehen. Dies ist typischerweise bei Ressourcen der Fall, auf die nicht nur *lesend*, sondern auch *schreibend* zugegriffen wird. Dazu gehören globale oder gemeinsam benützte Datenstrukturen, Listen, Warteschlangen oder Ein-/Ausgabegeräte. Charakteristisch dabei ist, daß die Manipulation solcher Ressourcen im Normalfall mehr als einen Zugriff, d.h. mehrere Befehle erfordert, bevor wieder ein konsistenter Zustand erreicht ist. Aufgrund der Nichtvorhersagbarkeit eines Prozeßwechsels kann nicht ausgeschlossen werden, daß dieser gerade *während* der Manipulation einer solchen kritischen Ressource erfolgt. Die betroffene Ressource bleibt dann in einem *inkonsistenten* Zustand. Falls der durch den Prozeßwechsel aktiv gewordene Prozeß in diesem Zustand ebenfalls die Ressource zu benützen versucht, ist das Ergebnis nicht vorhersagbar und in aller Regel fehlerhaft.

Konsistente Manipulation gemeinsam genutzter Ressourcen ist nur dann gewährleistet, wenn Zugriffswechsel nur dann erfolgen, nachdem eine Ressource wieder einen konsistenten Zustand erreicht hat[1]. Dazu müssen alle Operationen, die einen konsistenten Zustand in einen anderen konsistenten Zustand überführen, *unteilbar* oder *atomar* ausgeführt werden. Die Folge von Programmschritten, die dies bewäl-

[1] siehe hierzu auch Abschnitt 8.3.5.2

program increment;
{ sequential increment }
const m = 10;
var n : integer;
 	
procedure incr;
var i : integer;
begin
for i := 1 to m do n := n + 1;
end;
 	
begin (* main *)
n := 0;
incr;
incr;
writeln('the sum is ',n)
end.
	program increment;
	{ concurrent increment }
	const m = 10;
	var n : integer;
	
	procedure incr;
	var i : integer;
	begin
	for i := 1 to m do n := n + 1;
	end;
	
	begin (* main *)
	n := 0;
	cobegin
	incr;
	incr;
	coend;
	writeln('the sum is ',n)
	end.

Beispiel 12.3: kritischer Zugriff auf globale Variable

tigt, heißt *kritischer Abschnitt* oder *kritische Region* (critical region). Kritische Abschnitte müssen sequentiell durchlaufen werden. Keine zwei Prozesse, die denselben kritischen Abschnitt besitzen, dürfen sich gleichzeitig in diesem kritischen Programmabschnitt befinden. Diese Forderung wird mit *mutual exclusion* oder *gegenseitigem Ausschluß* bezeichnet.

Dieses Problem ist auch im Beispiel 12.3 ersichtlich. In beiden PASCAL-Programmen wird die globale Variable *n* zehn mal durch die Prozedur *incr* inkrementiert. Im linken Programm wird diese Prozedur zweimal *sequentiell* aufgerufen. Jeder Lauf dieses Programms ergibt immer dasselbe korrekte Resultat. Im rechten Programm wird *incr* durch die COBEGIN..COEND-Klammerung zweimal *parallel* ausgeführt. Wiederholte Läufe dieser Programmversion ergeben unterschiedliche, meistens falsche Resultate. Die Ursache liegt im kritischen Programmabschnitt $n: = n + 1$, der aus mehreren Maschinenbefehlen besteht und von Prozeßwechseln zwischen den beiden Inkarnationen von *incr* unterbrochen wird.

Betriebssysteme müssen deshalb zur Lösung des Problems der kritischen Abschnitte *Synchronisationsdienste* bereitstellen, durch die verhindert werden kann, daß sich mehr als ein Prozeß in einem kritischen Abschnitt aufhält. Daneben sind Synchronisationsmechanismen erforderlich, mit denen die Ausführung eines Prozesses auf die *Bereitstellung von Dienstergebnissen* synchronisierbar ist. Ein typischer Fall wäre, wenn ein Prozeß einen I/O-Auftrag an das Betriebssystem abgibt und von diesem in einen Wartezustand versetzt wird. Nach Abwicklung des I/O-Auftrags würde der Prozeß aus dem Wartezustand entlassen und so implizit auf die I/O-Fertigstellung synchronisiert werden.

12.2.3.2 Semaphore

Zur Lösung des Synchronisationsproblems und der Sicherung kritischer Abschnitte durch mutual exclusion stehen zahlreiche Möglichkeiten zur Verfügung. Hierzu gehören

- *die unmittelbare gegenseitige Abstimmung der betroffenen Prozesse über gemeinsame Synchronisationsvariable,*
- *die Anwendung der entsprechenden Concurrency-Sprachkonstrukte von Hochsprachen zur Parallelprogrammierung, wie z.B. CHILL, ADA, Concurrent PASCAL, OCCAM o.a.,*
- *die implizite Synchronisation von Anwenderprozessen durch das Betriebssystem*

oder

- *die explizite Anwendung von Synchronisations- und Mutexprimitiven*[1] *(Semaphore) des Betriebssystems.*

Die Synchronisationskonstrukte der Hochsprachen setzen oft auf diesen Primitiven auf. Für Echtzeitanwendungen wird aus Effizienzgründen häufig die Semaphortechnik angewandt. Semaphore sind vom Betriebssystem *zentral verwaltete* Synchronisations- oder Zählvariable mit *zugeordneter Warteschlange* für Prozesse. Die zentrale Verwaltung und die kombinierte Warteschlange sind die wesentlichen Unterscheidungsmerkmale zu "normalen" Synchronisationsvariablen.

Die Wirkungsweise eines Semaphoren *S* läßt sich durch zwei komplementäre Grundoperationen *P(S)* und *V(S)* definieren:

```
P(S): IF S > 0
      THEN S := S-1;
           der auslösende Prozeß läuft weiter
      ELSE
           der auslösende Prozeß wird angehalten
           und dazu in die zugeordnete
           Semaphorwarteschlange eingereiht
      FI.
```

Die Operation P(S) wird ausgeführt, wenn ein Prozeß einen Betriebssystemdienst *WAIT(Ressource_A)* aufruft. Die Zählvariable *S* ist dabei eineindeutig der *Ressource_A* zugeordnet. In der obigen Definition von *P* wird die Ressource als *frei* betrachtet, wenn $S>0$ ist. In diesem Fall wird *S* dekrementiert. Der Betriebssystemdienst kehrt zum aufrufenden Prozeß zurück, der dadurch auf die Ressource zugreifen kann. Falls zum Aufrufzeitpunkt von *WAIT* $S=0$ ist, wird der aufrufende Prozeß in die *S* zugeordnete Warteschlange eingereiht, d.h. in den Zustand *warte auf Zugriff auf Ressource A* versetzt. *WAIT* kehrt also zunächst nicht zum aufrufenden Prozeß zurück.

[1] Mutex = mutual exclusion

V(S): IF Semaphorwarteschlange nicht leer
THEN
aktiviere Prozeß am Listenanfang
ELSE
S := S+1
FI;
der auslösende Prozeß läuft weiter

```
program increment;
{ concurrent increment }
const m = 10;
type semaphor = integer;
var  n : integer;
     mutex : semaphor;

procedure incr;
var i : integer;
begin
 for i := 1 to m do
  begin
   wait(mutex);
   n := n + 1;
   signal(mutex)
  end;
end;

begin (* main *)
 n := 0;
 cobegin
  incr;
  incr;
 coend;
 writeln('the sum is ',n)
end.
```

Beispiel 12.4: Schutz kritischer Abschnitte mit Semaphor

Nach Rückkehr aus dem Semaphordienst *WAIT* kann ein Prozeß seinen kritischen Abschnitt durchlaufen. Das Verlassen des kritischen Abschnitts signalisiert dieser Prozeß durch den Aufruf des komplementären Betriebssystemdienstes *SIGNAL(RESSOURCE_A)*. SIGNAL führt die Operation *V* auf der Semaphorvariablen *S* aus. SIGNAL kehrt in jedem Fall zum aufrufenden Prozeß zurück. Falls ein anderer Prozeß auf die Erlaubnis zum Eintritt in den kritischen Abschnitt wartet, also in der zugeordneten Semaphorwarteschlange eingereiht ist, wird dieser durch SIGNAL wieder in den Zustand *bereit* überführt. Dessen WAIT-Aufruf kehrt damit zum Prozeß zurück, d.h. nach Rückkehr aus WAIT ist die kritische Region immer zugreifbar.

Wird das *concurrent increment*-Programm von Beispiel 12.3 um WAIT und SIGNAL ergänzt, so erzeugt dieses bei wiederholtem Aufruf immer das korrekte Ergebnis (siehe Beispiel 12.4).

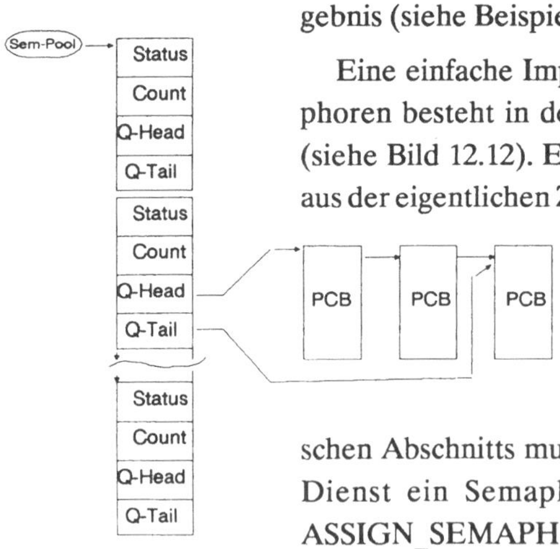

Bild 12.12: Semaphorpool

Eine einfache Implementierungsmöglichkeit von Semaphoren besteht in der Bereitstellung eines *Semaphorpools* (siehe Bild 12.12). Ein Semaphorpoolelement besteht dort aus der eigentlichen Zählvariable *Count*, dem Anfangs- bzw. Endezeiger *Q-Head* und *Q-Tail* für die Semaphorwarteschlange und dem *Status*, der z.B. eine benützt/frei-Kennung für das Poolelement aufnimmt. Vor der Sicherung eines kritischen Abschnitts muß mit einem *ASSIGN_SEMAPHORE*-Dienst ein Semaphorpoolelement reserviert werden. ASSIGN_SEMAPHOR liefert einen Semaphorkenner, z.B. die Elementnummer, die künftig als Argument für WAIT und SIGNAL nutzbar ist. Bei der Reservierung eines Semaphoren muß dieser auch initialisiert werden. *Binäre Semaphore* (MUTEX-Semaphor) werden nach der vorstehenden Definition von *P* und *V* mit "1" initialisiert. *Zählende Semaphore* (counting semaphore) können mit beliebigen Werten > =0 initialisiert werden[1].

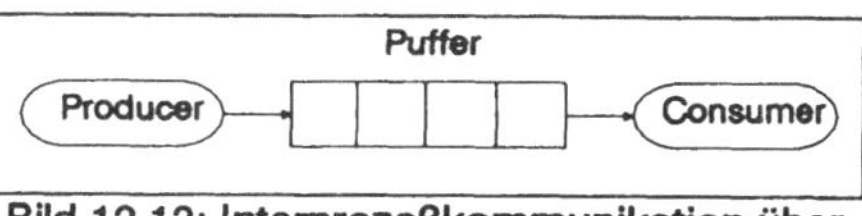

Bild 12.13: Interprozeßkommunikation über FIFO-Puffer

Zählende Semaphore werden gern als Ressourcenzähler eingesetzt. Dies sei am Beispiel des klassischen Producer-Consumer-Problems erläutert (siehe Bild 12.13). Ein Prozeß *Producer* erzeugt Daten (z.B. Meßwerte), die von einem zweiten Prozeß *Consumer* weiterverarbeitet werden sollen. Die Datenübergabe soll über einen FIFO-Puffer begrenzter Länge erfolgen. Das zu lösende Synchronisationsproblem lautet dabei:

- *Der Producer kann neue Daten im Puffer ablegen, wenn mindestens ein freier Platz verfügbar ist. Andernfalls muß er warten, bis freier Platz verfügbar wird.*
- *Der Consumer kann Daten entnehmen, wenn mindestens ein Pufferplatz Daten enthält, andernfalls muß er warten.*

```
program producerconsumer;
const bufferlength = 5;
type semaphore = integer;
var messages : semaphore;  (* counting *)
   places  : semaphore;  (* counting *)
   mutex   : semaphore;  (* binary *)
   buffer  : array[1..bufferlength] of integer;

procedure produce; begin { someactivity } end;

procedure consume; begin { someactivity } end;

procedure producer;
var i,a : integer;
begin
 i := 0;
 repeat
  produce;
  wait(places);
  wait(mutex);
   i := (i + 1); (* cyclic buffer *)
   if i = bufferlength + 1 then i := 1;
   buffer[i] := i;  (* append  *)
  signal(mutex);
  signal(messages);
 until false
end;

procedure consumer;
var j, b : integer;
begin
 j := 0;
 repeat
  wait(messages);
  wait(mutex);
   j := j + 1; (* cyclic buffer *)
   if j = bufferlength + 1 then j := 1;
   buffer[j] := 0; (* take *)
  signal(mutex);
  signal(places);
  consume
 until false;
end;

begin    (* main program *)
 messages := 0;
 places   := bufferlength;
 mutex    := 1;
 cobegin
  producer; consumer
 coend
end.
```

Beispiel 12.5: Anwendung zählender Semaphore

[1] Die Manipulation des Semaphoren ist selbst ein kritischer Abschnitt. In Einprozessorsystemen kann dieser durch zeitweises Abschalten des Interruptsystems ununterbrechbar gemacht werden. In eng gekoppelten Multiprozessorsystemen werden dazu spezielle TEST-AND-SET-Semaphorbefehle benötigt (siehe hierzu auch Abschnitt 8.3.5).

- ***Während der Producer aktuell den Puffer beschreibt, darf der Consumer keine Daten entnehmen und umgekehrt.***

Dieses Problem läßt sich elegant mit zwei zählenden und einem binären Semaphoren lösen. Der Semaphor *messages* zählt die mit Daten belegten Pufferplätze und der Semaphor *places* die freien Pufferplätze. Der Semaphor *mutex* koordiniert den eigentlichen Zugriff auf den Puffer, der ja ein kritischer Abschnitt ist. Da anfänglich keine Daten im Puffer abgelegt sind, muß *messages* mit "0", *places* mit der Pufferlänge initialisiert werden. *Mutex* wird mit "1" initialisiert. Das triviale Beispiel 12.5 zeigt die Anwendung als Concurrent PASCAL-Program. Der Producer prüft mit *wait(places)* die Verfügbarkeit von Pufferplätzen. *Places* wird dabei dekrementiert. Falls *places* "0" ist, wird der Producer angehalten bis der Consumer mit *signal(places)* nach Datenentnahme wieder Pufferplatz geschaffen hat. Umgekehrt prüft der Consumer mit *wait(messages)* die Verfügbarkeit von Daten, deren Vorhandensein vom Producer durch *signal(messages)* angezeigt wird.

12.2.3.3 Deadlocks

Beim "Wettstreit" von Prozessen um den Zugriff auf gemeinsame Ressourcen können Situationen entstehen, bei denen Prozesse *zusätzlich* Zugriff auf weitere Ressourcen benötigen, die von jeweils anderen Prozessen bereits belegt sind. Ein einfaches Beispiel ist in Bild 12.14 dargestellt. Dort ist *Ressource B* von *Prozeß A* und *Ressource A* von *Prozeß B* belegt. Wenn Prozeß A jetzt zusätzlich noch Zugriff auf Ressource A benötigt, muß er warten, bis Prozeß B diese Ressource wieder freigibt. Falls dies nur geschehen kann, wenn Prozeß B zusätzlich noch Zugriff auf Ressource B erhält, warten beide Prozesse auf die Freigabe einer Ressource, die der jeweils andere belegt. Diese Situation, in der keiner der beteiligten Prozesse weiterarbeiten kann, wird als *Deadlock* oder gegenseitige Blockierung bezeichnet. Ein Deadlock ist eingetreten, wenn sich ein geschlossener wait-for-Graph ausbildet, in dem jeder Prozeß über Betriebsmittel verfügt, die von einem nachfolgenden Prozeß der Kette benötigt werden. Die Ausbildung eines geschlossenen wait-for-Graphen ist eine *hinreichende* Bedingung für einen Deadlock. Dies *kann* eintreten, wenn folgende drei *notwendigen* Voraussetzungen erfüllt sind.

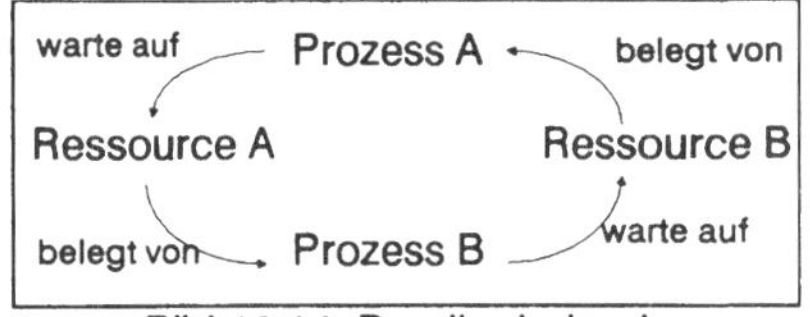

Bild 12.14: Deadlock durch geschlossenen Wait-For-Graph

- **mutual exclusion**: *auf die belegten und benötigten Betriebsmittel muß exklusiv zugegriffen werden.*

- **wait for**: *anfordernde Prozesse warten, falls eine benötigte Ressource nicht verfügbar ist. Bereits belegte Ressourcen werden nicht freigegeben.*
- **no preemption**: *belegte Betriebsmittel können nicht vorzeitig oder zwangsweise freigegeben werden.*

Diese drei Voraussetzungen sind meistens erfüllt, so daß ein System Deadlock-gefährdet ist. Ob und wann der Deadlock aktuell eintritt, kann nicht vorausgesagt werden. Er kann, muß aber nicht eintreten. Dies wird in Bild 12.15 verdeutlicht. Die Koordinatenachsen geben die Rechenzeit der Prozesse *1* und *2* an. Die vier Zeitmarken an jeder Koordinatenachse kennzeichnen die Zeitpunkte, ab denen jeder Prozeß die Ressourcen A und B benötigt bzw. wieder freigibt. Die mit Ressource A bzw. B bezeichneten Rechtecke kennzeichnen die Zeitbereiche, in denen beide Prozesse *diese* Ressource gleichzeitig benötigen. Der Überschneidungsbereich kennzeichnet die Zeiten, bei denen jeder Prozeß *beide* Ressourcen gleichzeitig benötigt. Die eingezeichneten Polygonzüge stellen drei denkbare zeitliche Entwicklungen der Rechenzeiten beider Prozesse dar. Während eines horizontalen Polygonabschnitts wird Prozeß 1, während eines vertikalen Polygonabschnitts Prozeß 2 von einer CPU bearbeitet. Jeder Knickpunkt bedeutet einen Prozeßwechsel. Jeder so mögliche Polygonzug dieser Ebene ist ein mögliches Ausführungsszenario für beide Prozesse. Der fett gezeichnete Polygonzug führt in die grau unterlegte Fläche, in der Prozeß 1 über die Ressource A und Prozeß 2 über die Ressource B verfügt. Nachdem Prozeß 2 zusätzlich die Ressource A benötigt, kann Prozeß 1 noch so lange weiterarbeiten, bis er zusätzlich Ressource B benötigt. Die rechte obere Ecke des grauen Gebiets ist erreicht. Der Deadlock ist eingetreten. Der Deadlock war bereits unvermeidlich, nachdem die graue Fläche erreicht war, die deshalb Deadlockzone heißt. Die beiden anderen, gestrichelt eingezeichneten Trajektorien führen an dieser Deadlockzone vorbei. Ein Deadlock stellt sich nicht ein. Das Entstehen oder auch das Ausbleiben von Deadlocks hängt hier, wie auch in realen Systemen, von Zufälligkeiten des Prozeßwechsels ab. Deadlock-gefährdete

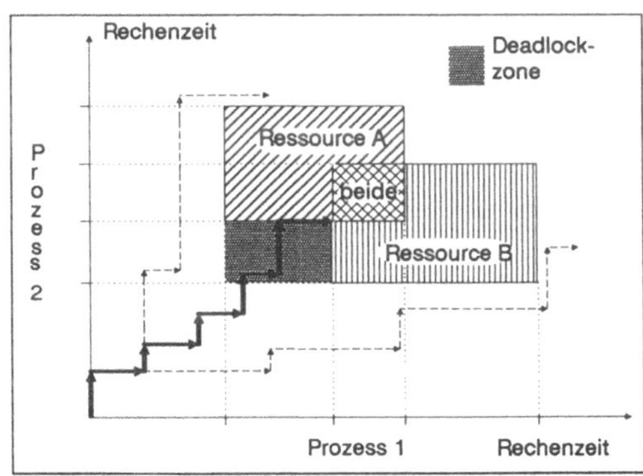

Bild 12.15: Entstehung eines Deadlocks

Systeme können deshalb sehr lange scheinbar korrekt arbeiten, bevor der Deadlock Realität wird.

Nachdem die notwendigen Voraussetzungen für Deadlocks fast immer erfüllt sind, müssen Deadlocks dadurch vermieden werden, daß die Ausbildung zyklischer wait-for-Graphen verhindert wird. Eine einfache Methode ist das Prinzip der *linearen Ordnung*. Dazu werden alle Ressourcen geordnet und ihnen aufsteigende Nummern zugewiesen. Die Resourcenbelegung darf dann nur in aufsteigender Nummernreihenfolge, die Ressourcenfreigabe in absteigender Nummernreihenfolge durchgeführt werden.

12.2.3.4 Eventflags

Eventflags sind binäre Synchronisationsvariable zur Signalisierung binärer Ereignisse zwischen Betriebssystem und Prozeß oder zwischen Prozessen. Zu diesem Zweck bieten Betriebssysteme Dienste an, mit denen Operationen mit diesen Eventflags ausgeführt werden können. Einige solcher Operationen sind:

- *RESET, TEST oder SETze ein oder mehrere Eventflag(s).*
- *Setze ein Eventflag, nachdem eine vorgegebene Zeit verstrichen ist.*
- *Warte, bis ein Eventflag gesetzt wird.*
- *Warte, bis das logische UND/ODER einer Menge von Eventflags wahr ist.*

Die letztere Dienstvariante ist besonders dazu nützlich, wenn ein Prozeß das Betriebssystem beauftragt, mehrere Dienste zu erbringen. Bei Fertigstellung jedes einzelnen Dienstes wird ein Eventflag gesetzt. Der Prozeß wird aber erst dann aus dem Wartezustand entlassen, wenn alle Aufträge abgeschlossen sind, falls die UND-Verknüpfung gewählt würde. Bei einer ODER-Verknüpfung wäre dies der Fall, wenn irgend einer der Dienste beendet wurde.

Die Implementierung von Eventflags ist denkbar einfach. Dazu werden Eventflag-Cluster eingerichtet. Jedes Cluster ist ein Bit-Feld, wobei die Bit-Nummer der Event-Nummer entspricht. Zweckmäßigerweise wird zwischen *lokalen* und *globalen* Eventflags unterschieden. Lokale Eventflags dienen der Kommunikation zwischen Betriebssystem und Prozeß, während globale Eventflags in der Regel der Kommunikation zwischen Prozessen vorbehalten sind. Lokale Eventflags werden üblicherweise im Prozeßkontrollblock angelegt. Globale Eventflags können entweder dynamisch erzeugt werden oder sie werden bei der Konfiguration des Betriebssystems festgelegt.

12.2.4 Interprozeßkommunikation

12.2.4.1 Mailboxes

Neben der binären Kommunikation unterstützt ein Betriebssystem Mechanismen zum Austausch von Nachrichten zwischen Prozessen. Eine *Mail* oder ein *Event* ist ein Datenblock in Form einer Nachricht, die ein sendender Prozeß einem Betriebssystemdienst *SEND_EVENT* oder *SEND_MAIL* zusammen mit dem Prozeßkenner des Empfängers übergibt. Der Empfänger benützt die Betriebssystemdienste *RECEIVE_EVENT* bzw. *RECEIVE_MAIL*, um die Nachricht zu übernehmen. Es ist Aufgabe dieser Dienste, die Nachricht zuverlässig auszutauschen, gegebenenfalls zwischenzupuffern und den gegenseitigen Ausschluß zu gewährleisten.

12.2.4.2 Implementierungsaspekte

Die Implementierung der Mailboxkommunikation variiert sehr stark. Die Mailbox des Empfängerprozesses kann sich auf ein Zeigerpaar einer verketteten Liste beschränken, die die Datenblöcke aufnimmt (siehe Bild 12.16). Dieses Pointerpaar kann einfach im Taskkontrollblock des Empfängerprozesses angelegt werden. Der sendewillige Prozeß wird mit *ALLOCATE_BUFFER* einen Pufferspeicherblock von einem Speicherpool anfordern, in diesen seine Nachricht einschreiben und mit SEND_MAIL abschicken. Als Argument müßte SEND_MAIL die Pufferadresse, den Prozesskenner des Adressaten und ggf. die Länge der Nachricht erhalten. Der SEND_MAIL-Dienst wird diesen Block in die Mailbox-Warteschlange einketten und ggf. den Empfangsprozeß in den Zustand *bereit* setzen, falls dieser wegen fehlender Nachrichten im Zustand *warte auf Nachricht* war.

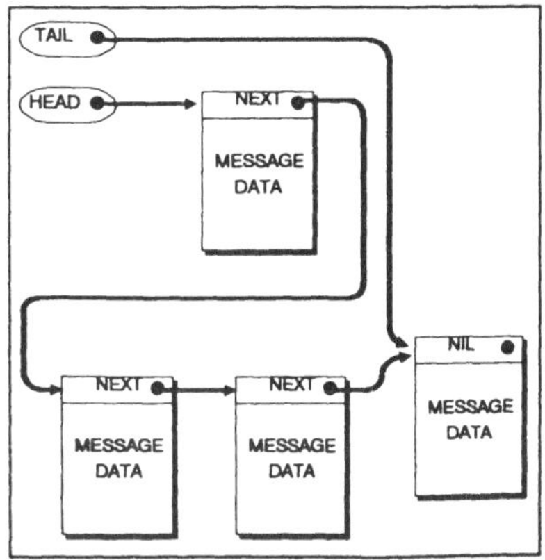

Bild 12.16: Nachrichtenwarteschlange

Diese Form der Kommunikation erfordert lediglich die Manipulation von Listenzeigern durch den SEND_MAIL-Dienst. Damit ist dieses Verfahren nur in einem eng gekoppelten Multiprozessorsystem geeignet, das diese Kommunikation *by reference* unterstützt. Andere Betriebssysteme, wie z.B. RMS68K von MOTOROLA kopieren die Senderdaten um in die Mailbox des Empfängers und von dort wieder in den Datenbereich des Empfangsprozesses. Diese Kommunikation *by value* ist demnach auch für lose gekoppelte Multiprozessorsysteme geeignet.

12.2.5 Zeitsteuerung

12.2.5.1 Timerdienste

Zeitdienste werden von Prozessen sehr häufig in Anspruch genommen. Zu den einfachsten gehört die Möglichkeit, die Systemzeit zu setzen und abzufragen. Typische Timeraufträge sind die Festlegung von Zeitverzögerungen, d.h. ein Prozeß kann vom Betriebssystem verlangen, für eine gewisse Zeit angehalten und nach Ablauf dieser Spanne automatisch wieder aktiviert zu werden. Die möglichen Varianten sind sehr vielfältig. So kann der Dienst auch auf andere Prozesse wirken, die Reaktivierung zeitperiodisch oder zu gewissen Absolutzeiten erfolgen. Auch zur Überwachung von *Time-Outs* sind solche Dienste einsetzbar. Wenn z.B. ein Prozeß auf Daten von einem I/O-Gerät wartet, kann unmittelbar vor Beginn des I/O-Auftrags ein Zeitdienst angefordert werden, der nach dieser Time-Out-Zeit ein Eventflag setzt, das als Time-Out-Marke dienen soll.

12.2.5.2 Implementierungsgesichtspunkte

Nachdem die Zahl von gleichzeitigen Timeraufträgen sehr stark variieren kann, ist es unmöglich, jedem Timerauftrag einen Hardware-Timer zuzuordnen. Vielmehr werden alle Timerdienste durch Software-Timer realisiert. Ein Software-Timer ist dabei eine Datenstruktur, die einen einzelnen Timerauftrag beschreibt. Die Zeit selbst wird von *einer* zentralen Echtzeituhr abgeleitet, deren Hardware-Timer einen periodischen Timer-Interrupt auslöst. Der Timer-Interrupt-Service des Betriebssystems zählt die Timer-Ticks und prüft die Software-Timer. Die Zeitgenauigkeit der Software-Timer (Granularität) ist dabei begrenzt durch den Abstand zweier Timer-Ticks. Kleinere Granularität erfordert eine höhere Interruptrate. Hier muß ein Kompromiß zwischen möglicher Genauigkeit und Bearbeitungsaufwand gefunden werden. Typische Tick-Abstände liegen im Bereich von einigen Millisekunden. Trotzdem ist das Management der Software-Timer sehr aufwendig, da nach jedem Timer-Tick die Software-Timer auf Ablauf einer Zeitbedingung geprüft werden müssen. Deshalb müssen die Datenstrukturen effizient ausgelegt sein. Eine einfache Möglichkeit der Implementierung von Software-Timern sind die Delta-Time-Listen (siehe Bild 12.17). Jedes Listenelement (Software-Timer) enthält die Verzögerungszeit *d_time* in Zahl von Timer-Ticks, die zusätzlich zu der des Listenvorgängers verstreichen muß. Die Liste ist dadurch zeitgeordnet. Der zuerst ablaufende Software-Timer kann also immer direkt über den time-list-Pointer aufgefunden werden. Sein Element *d_time* wird bei jedem Timer-Interrupt dekrementiert. Wird "0" erreicht, ist der Timer abgelaufen. Er wird aus der Liste ausgekettet und über sein Element PCB der zugehörige Prozeßkontrollblock aufgefunden. Weitere Detailbeschreibungen des Timerauftrags können bei Bedarf unter *more info* aufgefunden werden.

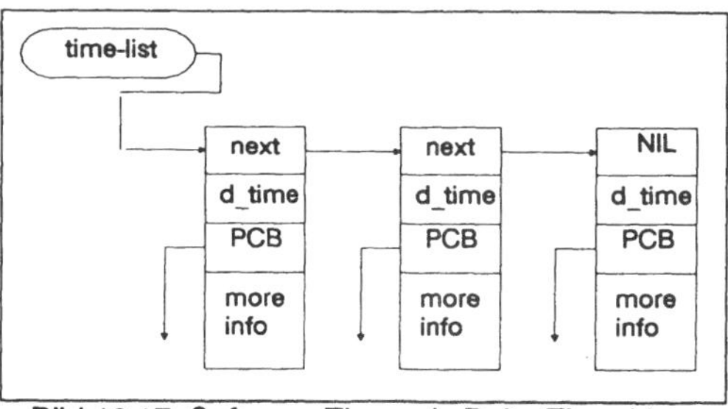

Bild 12.17: Software-Timer als Delta-Time-Liste

12.3 Betriebssystemauswahl

12.3.1 Auswahlgesichtspunkte

12.3.1.1 Antwortzeit

Antwortzeit ist ein unpräzises Synonym für Begriffe wie *Interrupt-Latenz-Zeit* oder *Kontext-Switch-Zeit*. Unter Interrupt-Latenz wird die Zeitdauer zwischen dem Anlegen eines Hardware-Interrupt-Signals und des Reaktionsbeginns des Prozessors durch Bearbeitung der Interrupt-Service-Prozedur verstanden. Die Kontext-Switch-Zeit ist die Zeit, die das Betriebssystem zur Sicherung des bisherigen Prozeßkontext, zur Auswahl des nächsten Prozesses und zum Dispatching des nächsten Prozesses benötigt.

Die Interrupt-Latenz-Zeit wird durch zahlreiche Faktoren beeinflußt, die ihrerseits applikationsabhängig sind. Dazu gehört z.B. die *Interrupt-Aus-Zeit*, die zum Teil durch kurze kritische Regionen und Schedule-/Dispatch-Zyklen bestimmt wird. Messungen solcher Einflußparameter erfordern den Einsatz eines Testsystems aus Testhardware und Testsoftware. Die Ergebnisse sind jedoch vom *Test-Setup*, wie z.B. die Zahl der Tasks, die eingesetzten Synchronisationsverfahren oder die durchlaufenen Taskzustände beeinflußt. Daraus folgt, daß keine einheitliche Bewertung möglich ist und daß die Herstellerspezifikationen nur bedingt vergleichbar sind. Darüberhinaus ist die letztlich interessierende *Applikations-Performance* von der Struktur der Anwendung abhängig. Dazu gehören Parameter wie die eingesetzte Art der Interprozeßkommunikation, wie z.B. Mailboxes oder Shared-Memory, die gewählte Synchronisationsform, die Kontextswitchrate und die Längen von Listen und Warteschlangen.

Als Herstellerangaben findet man für den Kontextswitch Zeitangaben im Bereich von 40..300 μs, bzw. die für eine gegebene Taktfrequenz äquivalente Zahl von Instruktionen. Die Interrupt-Latenz-Zeit wird häufig indirekt als *worst case interrupt turn off* in Zahl von μs oder Instruktionen spezifiziert.

12.3.1.2 Betriebssystemkern oder Voll-Betriebssystem

Voll-Betriebssysteme sind üblicherweise plattenorientierte Betriebssysteme, die beim Systemstart von einer Speicherplatte in den Rechner geladen werden. Sie bestehen aus einem Kern, Dateisystem, Compiler, Debugger, Editoren und andere Hilfsprogramme.

Kerne werden oft als Untermenge von Voll-Betriebssystemen angeboten. Ihr Codevolumen überstreicht den Bereich 2..100 kByte. Für (Multi-)Mikroprozessorsysteme sind Kerne oft ROM-resident. Der Funktionsumfang der Kerne ist begrenzt auf einen Satz von Prozeduren zur Task-/Prozeßverwaltung, Ressourcenverwaltung, Interprozeßkommunikation und -synchronisation. Häufig führt die Forderung nach "Kleinheit" und hoher Performance zu rudimentärer bzw. keiner Fehlerbehandlung durch den Kern. Der auf solchen Kernen aufsetzende Task-Code muß deshalb *trusted code* mit eigener Fehleranalyse sein.

Ein wichtiger Auswahlgesichtspunkt ist die Menge und die Art der angebotenen Betriebssystemdienste und die vom Betriebssystem unterstützten Prozessoren und sonstige Rechnerhardware, wie z.B. Timer-/Uhrenbausteine, Interfaces, Busse u.a.m.. *Prozessorspezifische* Betriebssysteme sind meistens in Assembler implementiert und beanspruchen für sich eine hohe Performance. *Portable* oder *generische* Betriebssysteme sind normalerweise in "C" implementiert mit weitgehend Hardware-unabhängigen, standardisierten Schnittstellen für Hardware-spezifische Ergänzungen.

Betriebssysteme mit Coprozessor- oder MMU-Unterstützung haben durch die höhere Registerzahl meistens eine größere Kontextswitchzeit. Dies gilt auch für Betriebssysteme für *registerreiche RISC-Prozessoren*, wenn beim Kontextswitch immer alle Register gesichert werden.

12.3.1.3 Multiprozessorfähigkeit

Alle marktüblichen Betriebssystem(kerne) müssen natürlich Einprozessorsysteme unterstützen. Für Multiprozessoranwendungen ist aber wesentlich, ob die in einem Betriebssystem realisierten Dienste für die Prozessorarchitektur bzw. -organisation geeignet sind. Hier seien nur einige der Gesichtspunkte erwähnt.

- *Unterstützung von eng oder/und lose gekoppelten Multiprozessoren.*
- *Angepaßte Synchronisations- und Kommunikationsverfahren.*
- *Angepaßte Prozeßdefinition.*
- *Unterstützt das Betriebssystem symmetrisches bzw. asymmetrisches Multiprocessing oder gar beide Varianten?*
- *Kann die Applikationssoftware für ein Multiprozessorsystem unter Funktions- oder unter Lastteilungsgesichtspunkten strukturiert werden und können sowohl Global- wie Lokalspeicher verwaltet werden?*

12.3.1.4 Entwicklungsunterstützung

Während der Auswahlphase sollte auch Art und Verfügbarkeit von Entwicklungswerkzeugen wie z.B. Compiler, Debugger, Bibliotheken, I/O-Treibersoftware, Testhilfen und mögliche Entwicklungsrechner geprüft werden. Die Verfügbarkeit des Betriebssystems und der Entwicklungswerkzeuge in Quellcode-Form erlaubt, Fehler in solchen Produkten zu lokalisieren, während man bei binär verfügbaren Produkten auf Unterstützung und Fehlerkorrekturen durch den Hersteller angewiesen ist.

12.3.2 Ein Beispiel: VRTX32

12.3.2.1 Überblick über VRTX32

Das "Versatile Real-Time Executive"-Betriebssystem VRTX32 von Ready Systems ist ein weit verbreiteter Betriebssystemkern für *eingebettete* Mikroprozessor-Software. Eingebettet heißt, daß die Software Teil der Produktfunktionalität ist, wie z.B. die interne Software eines Meßsystems oder einer rechnergesteuerten Maschine. VRTX32 unterstützt die 68000 Prozessorfamilie von Motorola, die 8086..80386-Prozessorfamilie von Intel, die 32000-Prozessorfamilie von National Semiconductor und die 29000-Prozessoren von AMD. VRTX32 wird in PROM-Form ausgeliefert und enthält praktisch keine spezifischen Annahmen über das Hardwareumfeld. Die Anpassung und die kundenspezifische Hardware erfolgt durch vom Anwender geschriebene Schnittstellenprozeduren und Konfigurationstabellen. Das Betriebssystem selbst ist positionsunabhängig, da es nur Programmzähler-relativ und Basis-relativ adressiert. Die Betriebssystemdienste werden durch Software-Interrupts aufgerufen. Dadurch benötigen die Applikationstasks *keine* Kenntnis der VRTX32-Adressen. Sie müssen deshalb auch nicht gegen VRTX32 *gelinkt* werden. Die Aufrufschnittstelle zu Hochsprachen, wie z.B. "C", erfolgt über kleine Interfaceprozeduren, die compilerspezifische Aufrufkonventionen denen der Dienste von VRTX32 anpassen. Eine Taskerzeugung sähe in "C" formuliert beispielsweise so aus:

```
sc_tcreate(producer,5,16,&err);
if (err != 0) ... /* Fehlerbehandlung */
/* erfolgreich! weitermachen */
```

Die Task *producer* erhält dabei den Task-Kenner "5" und die Priorität "16".

Als maximale *interrupt disable time* wird 10 µs für einen 25 MHz 68020-Prozessor bei einem Wait-State angegeben.

12.3.2.2 Schnittstellen der Softwarekomponenten

Bild 12.18 illustriert den Zusammenhang der Softwarekomponenten eines VRTX32-basierten Softwaresystems. Eine Applikationstask erreicht einen VRTX32-Betriebssystemdienst durch einen Softwareinterrupt, der über die *Interrupt Vector Table* der CPU den VRTX-Code erreicht. Ein Funktionscode in einem Prozessorregister identifiziert die auszuführende Operation und die Softwarekomponente, die diesen Dienst auszuführen hat, falls VRTX ihn nicht selbst ausführen kann. Wenn eine solche Softwarekomponente den Dienst auszuführen hat, findet VRTX mit Hilfe des Komponentenkenners als Index aus der anwenderdefinierten *VRTX Component Table* die Adresse dieser Softwarekomponente. Solche Softwarekomponenten können benutzerdefinierte Applikationskomponenten, I/O-Erweiterungen (IOX) oder Filemanagement-Erweiterungen (FMX) von VRTX sein. Die Component Table zeigt auch auf einen VRTX Arbeitsbereich für VRTX-lokale Variablen, Freispeicherpool und z.B. Zeiger auf Tasklisten.

12.3.2.3 Einige VRTX32-Dienste

Die folgenden Dienste stellen eine Auswahl der VRTX32 Betriebssystemdienste dar. Sie sollen lediglich illustrieren, wie die in diesem Kapitel vorgestellten Konzepte in kommerziellen Betriebssystemen in Erscheinung treten.

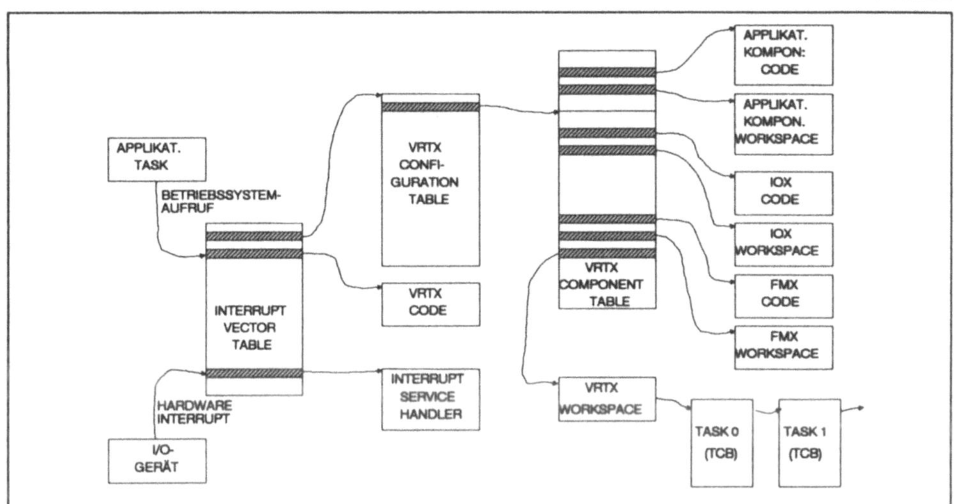

Bild 12.18: Zusammenhang der VRTX-Softwarekomponenten

- **SC_TCREATE** *erzeugt eine neue Task, weist ihr eine Priorität und einen Task-Kenner zu.*
- **SC_TDELETE** *löscht eine Task.*
- **SC_TSUSPEND** *suspendiert die Taskausführung.*
- **SC_TRESUME** *nimmt die Ausführung einer suspendierten Task wieder auf.*
- **SC_LOCK** *der laufenden Task kann nicht mehr vorzeitig die CPU entzogen werden, d.h. sie kann ohne Preemption durch andere Tasks weiterarbeiten.*
- **SC_UNLOCK** *der laufenden Task kann wieder vorzeitig die CPU entzogen werden.*
- **SC_POST** *übergibt eine Nachricht in die Mailbox des Empfängers.*
- **SC_ACCEPT** *übernimmt eine Nachricht aus der Mailbox.*
- **SC_QCREATE** *erzeugt eine Nachrichtenwarteschlange.*
- **SC_FCREATE** *erzeugt eine Event Flag Gruppe (Cluster).*
- **SC_FCLEAR** *löscht ein oder mehrere Event Flags.*
- **SC_SCREATE** *erzeugt einen neuen zählenden Semaphoren.*
- **SC_SPEND** *dekrementiert Semaphore (entspricht WAIT(semaphore)).*
- **SC_SPOST** *inkrementiert Semaphore (entspricht SIGNAL(semaphore)).*
- **SC_GBLOCK** *reserviert einen Freispeicherblock.*

- **SC_RBLOCK** *gibt einen Speicherblock wieder frei.*
- **SC_TDELAY** *suspendiert eine Task für eine angegebene Zahl von Timer-Ticks.*
- **SC_PUTC** *gibt ein Zeichen in den Ausgabepuffer für ein Ausgabegerät.*
- **SC_WAITC** *wartet, bis ein spezifisches Zeichen von einem Eingabegerät eingetroffen ist.*

12.4 Literatur

12.4.1 Bücher

C. Schmidt, D. Albrecht
Echtzeit Betriebssysteme für Mikrocomputer
Markt & Technik Verlag 1984, ISBN 3-922120-84-9

S.H. Kaisler
The Design of Operating Systems for Small Computer Systems
J. Wiley & Sons 1983, ISBN 0-471-07774-7

J.A. Stankovic
TUTORIAL Hard Real Time Systems
IEEE Tutorial 1988, ISBN 0-8186-0819-6

R. Steinmetz
OCCAM 2
Hüthig Verlag 1988, ISBN 3-7785-1654-X

J. Lenzer, Th. Letschert, A. Lingen, D. Hollis
Eine Einführung in die Programmiersprache CHILL
Hüthig Verlag 1987, ISBN 3-7785-1037-1

M. Ben-Ari
Principles of Concurrent Programming
Prentice-Hall 1982, ISBN 0-13-701078-8

12.4.2 Einzelartikel

K. Marrin
Real-Time operating systems prove difficult to evaluate
EDN, 11. Juli 1985

A. Tanenbaum, R.V. Renesse
Distributed Operating Systems
Computing Surveys, 17-4(Dezember 1985) Seite 419 ff.

C.H. Small
Real-time operating systems
EDN, 7. Jan. 1988

F. Tuynman
A Distributed Real Time Operating System
Software Practice & Experience, 16-5(1986), Seite 425 ff.

READY SYSTEMS
VRTX32 Versatile Real-Time Executive
Product Brief 1988, RSC #MC02703

Stichwortverzeichnis

H

I

J

K

L

M

N

O

P

R

S

T

U

V

W

Z